Die Zerspanbarkeit der metallischen und nichtmetallischen Werkstoffe

Von

Dr.-Ing. habil. Karl Krekeler
Professor an der Technischen Hochschule Aachen

Mit 148 Abbildungen

Springer-Verlag
Berlin Heidelberg GmbH
1951

ISBN 978-3-642-49019-4 ISBN 978-3-642-92552-8 (eBook)
DOI 10.1007/978-3-642-92552-8

Alle Rechte,

insbesondere das der Übersetzung in fremde Sprachen, vorbehalten.

Copyright 1951 bySpringer-Verlag Berlin Heidelberg
Ursprünglich erschienen bei Springer-Verlag OHG., Berlin/Göttingen/Heidelberg 1951
Softcover reprint of the hardcover 1st edition 1951

Vorwort.

Bücher über ein bestimmtes Fachgebiet stellen meist eine Art Bilanz dar. Die vielen Einzel- und Teilergebnisse, die sowohl bei der systematischen Forschung wie auch bei den praktischen Betriebserkenntnissen anfallen, sollen im Sinne einer Ganzheitsbetrachtung geordnet und klargestellt werden. Von den in neuerer Zeit erschienenen zusammenfassenden Werken über die Zerspanbarkeit behandelt das Buch von LEYENSETTER[1] fast ausschließlich das Drehen und ein Betriebshandbuch von SCHALLBROCH[2] die Bohrbarkeit und die Bohrmaschinen. Das jetzt in 3. Auflage erschienene Werkstattbuch von KREKELER[3] gibt entsprechend dem für diese Buchreihe vorgesehenen Umfang nur einen konzentrierten Überblick über das Gesamtproblem. Ein Buch von SCHALLBROCH und BETHMANN[4] über die Kurzprüfverfahren, das bis Kriegsende zwar noch gedruckt, aber nicht mehr fertiggestellt werden konnte, ist jetzt erschienen. Weiterhin sei noch auf ein Buch von BRÖDNER[5] über Zerspanung und Werkstoff hingewiesen.

Es ist daher dringend notwendig, jetzt einmal eine systematische und kritische Zusammenfassung des gesamten Gebietes der Zerspanungstechnik auf Grund abgeschlossener Versuche und Erkenntnisse zu geben.

Die Wirtschaft braucht, wie die bisherige Erfahrung auch in fortschrittlichen Industrieländern zeigt, sehr lange Zeit, um die Ergebnisse der Forschung für die Fertigung auszunutzen.

Dies rührt in erster Linie davon her, daß die beiden Stellen nicht genügend kurz geschlossen sind. Als bestes Mittel, diesem Übelzustand abzuhelfen, hat sich der Erfahrungsaustausch zwischen Wissenschaft und Praxis erwiesen.

---

[1] LEYENSETTER, W., Grundlagen und Prüfverfahren der Zerspanung, im besonderen des Drehens. Reichskuratorium für Wirtschaftlichkeit. RKW Veröffentl. Nr. 114. B. G. Teubner 1938.

[2] SCHALLBROCH, H., Bohrarbeit und Bohrmaschine. Carl Hanser Verlag, München 1951.

[3] KREKELER, K., Die Zerspanbarkeit der Werkstoffe. Werkstattbücher H 61, 3. Aufl., Berlin: Springer 1949.

[4] SCHALLBROCH, H. und H. BETHMANN, Kurzprüfverfahren der Zerspanbarkeit. B. G. Teubner Verlagsgesellschaft, Leipzig 1950.

[5] BRÖDNER, E., Zerspanung und Werkstoff. Verlag W. Giradet, Essen. 2. Aufl. 1950.

Daher soll in dem vorliegenden umfassenden Buch für das Gesamtgebiet der Zerspanbarkeit die Grundlage für diesen Erfahrungsaustausch geschaffen werden. Es werden erstmalig die wichtigsten metallischen und nichtmetallischen Werkstoffe und die wichtigsten Zerspanungsverfahren in einem Buch behandelt.

Für die deutsche Wirtschaft gilt als oberstes Gesetz: Mehrproduktion bei geringerem Aufwand an Werkstoff und Arbeit.

Die Zerspanungstechnik soll uns für die Verarbeitungsbetriebe das Rüstzeug geben, um ein Werkstück von vorgeschriebener Form nach dem obigen Grundsatz möglichst billig und rationell herzustellen.

Aachen, Frühjahr 1951. **K. Krekeler**

Inhaltsverzeichnis.

I. Die Begriffe Zerspanbarkeit der Werkstoffe und Schneideigenschaft der Werkzeuge 1

II. Die kennzeichnende Wirkung der Legierungselemente in Schneidstoffen und Werkstoffen sowie die Herkunft der oft schwer verständlichen Bezeichnungen 2

III. Die Schneidstoffe 7

    A. Die geschichtliche Entwicklung der Schneidstoffe 7

    B. Die unlegierten Werkzeugstähle 8
        1. Zusammensetzung, Verwendungszwecke 8

    C. Die niedriglegierten Werkzeugstähle 10
        1. Die Gewindeschneidstähle 10
        2. Die Riffelstähle 11

    D. Die Schnellarbeitsstähle 11
        1. Zusammensetzung und Wärmebehandlung 11
        2. Die Verwendung der Schnellarbeitsstähle 14
        3. Maßnahmen zur Leistungssteigerung bei Schnellarbeitsstählen ... 15
            a) Das Hartverchromen 15
            b) Das Nitrieren von Werkzeugen 17
            c) Das Karbonitrieren von Schnellarbeitsstahlwerkzeugen (Zyanieren) 18
            d) Die Tiefkühlung beim Härten von Schnellarbeitsstahl 20
            e) Das Auftragschweißen von Schnellarbeitsstahl 21

    E. Die Hartmetalle 23
        1. Die gegossenen Stellite 23
        2. Die gegossenen Hartmetalle 24
        3. Die gesinterten Hartmetalle 25
            a) Zusammensetzung und Anwendungsgebiete der Hartmetalle ... 25
            b) Die besondere Eignung der Titankarbide für die Zerspanung von Stahl 28
            c) Das Entfernen von Hartmetallschneiden bei unbrauchbar gewordenen Werkzeugen 30
            d) Die Erzeugung von Hartmetallen in den Jahren 1926–1944 31

    F. Der Diamant als Schneidstoff 32
        1. Die geschichtliche Entwicklung 32
        2. Der Diamantwerkstoff 32
        3. Die Arten der Diamanten und deren Auswahl für Schneidwerkzeuge 33
        4. Die Formgebung der Diamantschneide 36
        5. Die Fassung der Schneiddiamanten 40
        6. Die Schnittbedingungen (Spantiefe, Vorschub und Schnittgeschwindigkeit) 43

Inhaltsverzeichnis.

7. Die Oberflächengüte diamantgedrehter Oberflächen	47
8. Richtlinien für die Verwendung von Diamanten bei der Zerspanung	49
9. Die Abrichtdiamanten	52
a) Richtlinien für die Auswahl u. Befestigung der Abrichtdiamanten	52
b) Die Normung der Abrichtdiamanten	54
c) Die Einstellung und Handhabung der Abrichtdiamanten	55
10. Diamantkorn und seine Verwendung	56
a) Herstellung von Diamantkorn	56
b) Klassifizierung des Diamantkornes	57
c) Verwendung von Diamantkorn in loser Form	59
d) Sonderscheiben der Edelsteinindustrie	59
e) Verwendung von Diamantkorn in gebundener Form	66
G. Die Schleifmittel	69
1. Die geschichtliche Entwicklung der Schleifmittel	69
2. Der chemische Aufbau und Verwendungszweck der Schleifmittel	70
3. Die Härte der Schleifmittel, aus denen die Schleifkörper hergestellt werden	73
4. Bindung und Härte	74
5. Die Härteprüfung der Schleifkörper mit keramischer Bindung	76
H. Die Poliermittel	79
I. Die keramischen Werkzeuge	80
IV. Die Verfahren zur Prüfung der Zerspanbarkeit	80
A. Die Hauptbewertungspunkte	80
B. Die Verfahren zur Ermittlung der Hauptbewertungspunkte	81
1. Die verschiedenen Arten der Standzeitermittlung	82
a) Die Temperaturstandzeit	82
Die Blankbremsung S. 82. – Die Schnittemperaturmessung S. 85. – Die Temperaturmeßverfahren S. 86. – Die Abhängigkeit der Schnittemperatur von der Schnittgeschwindigkeit S. 87. – Die Abhängigkeit der Schnittemperatur von der Schnittiefe S. 89. – Einfluß des Vorschubes auf die Schnittemperatur S. 89. – Die Bestimmung der Schnittemperatur aus der Anlaßfarbe der Späne S. 90. – Die bei der Wärmebehandlung der Stähle auftretenden Anlaß- und Glühfarben S. 91. – Die Bestimmung der Schnitttemperaturen nach temperaturangebenden Farbanstrichen S. 92.	
b) Die Verschleißstandzeit	93
c) Die Verschleißstandzeit im Einstechversuch	94
d) Die Schnittkraftmessung	96
Die Verfahren und Einrichtungen zur Schnittkraftmessung S. 96. – Auswahl der Schnittkraftmesser S. 97. – Richtwerttafel für spezifische Schnittkräfte S. 100. – Die Abhängigkeit der Schnittkraft von der Schnittgeschwindigkeit S. 101. – Der Einfluß der Werkzeugwinkel auf die Schnittkraft S. 103. – Der Einfluß des Spanquerschnittes auf die spez. Schnittkraft S. 103.	
e) Die Oberflächengüte bei der spanabhebenden Formgebung	104
Allgemeines über die Oberflächengüte S. 104. – Die verschiedenen Verfahren zur Prüfung der Oberflächenbeschaffenheit S. 106. – Die Oberflächengeometrie in Deutschland, England	

Inhaltsverzeichnis. VII

und USA. S 112. — Längenmaßeinheiten für Oberflächenrauhigkeitsmessungen S. 115. — Die Vorschläge für die Normung der Oberflächengüte in Deutschland, England und USA. S. 117.—Vorschlag für die höchstzulässige Rauhtiefe der Oberflächen S. 119. — Die Prüfung der Oberfläche durch Elektronenübermikroskopie S. 121. — Die Strukturuntersuchung bearbeiteter Flächen mittels Elektroneninterferenzen S. 127. — Die Strukturuntersuchung bearbeiteter Flächen mit dem Geiger-Spitzenzähler S. 130.

    f) Die Spanbildung der Werkstoffe 132

V. Kurzprüfverfahren der Zerspanbarkeit 139

  A. Vergleichsverfahren 140

  B. Ergebnisse der Vergleichsversuche 140

  C. Der Wert der Kurzprüfverfahren 142

VI. Die einzelnen Zerspanungsarten 143

  A. Das Drehen 143
    1. Die Bedeutung der Schnittgeschwindigkeit 143
    2. Die Richtwerttafeln für die Schnittgeschwindigkeit 143

  B. Das Bohren... 144
    1. Die Bedeutung der $V_L\,2000$ 145
    2. Der Einfluß der Zerspanungsbedingungen 147
    3. Das Tieflochbohren 148

  C. Das Senken... 148

  D. Das Reiben... 149

  E. Das Schaben (Formschaben) 151

  F. Das Fräsen 152
    1. Die Bestimmung der Verschleißmarkenbreite 153
    2. Die Berechnung und Bedeutung der Mittenspandicke 154
    3. Die günstigsten Schnittbedingungen 155
    4. Das Gegenlauf- und Gleichlauffräsen 156
    5. Die Herstellung hinterdrehter Fräser 157

  G. Sägen 158
    1. Die Bedeutung des Sägens................................. 158
    2. Die Bügelsägen 158
    3. Die Kaltkreissägen 158
    4. Die Warmsägen.. 159
    5. Die Metallbandsägen 162
    6. Die Schmelzbandsägen 163

  H. Das Feilen 163

  I. Das Gewindeschneiden und Gewindefräsen..................... 166
    1. Der Schneidstahl, Strehler, Schneideisen, Schneidkopf ... 166
    2. Der Gewindebohrer 167
    3. Das Gewindeschleifen..................................... 168

Inhaltsverzeichnis.

4. Das Gewindefräsen	169
K. Das Räumen	170
1. Begriff und Bedeutung des Räumens	170
2. Innen- und Außenräumen	170
3. Kräfte und Schnittgeschwindigkeiten beim Räumen	173
L. Das Schleifen	174
1. Allgemeines über das Schleifen	174
2. Zusammenhang zwischen Schnittdruck und Schnittgeschwindigkeit beim Schleifen	175
M. Das Trennschleifen	180
1. Die verschiedenen Kühlverfahren	182
2. Die Gratbildung	182
3. Die Grenzen der Anwendbarkeit des Trennens	182
N. Ziehschleifen, Läppen und Feinziehschleifen (Superfinish)	183
1. Ziehschleifen (Honen)	183
2. Läppen	184
3. Feinziehschleifen (Superfinish)	186
4. Die Kosten der Fein- und Feinstbearbeitung	189
O. Das Polieren und Schwabbeln	189
1. Wirkungsweise des Polierens	189
2. Das Schwabbeln	191
3. Richtlinien f. das Polieren u. Schwabbeln verschiedener Werkstoffe	191
VII. Die rechnerische Ermittlung der Schnittgeschwindigkeit und des Schnittdrucks bei der Zerspanung	194
A. Allgemeines	194
B. Mathematische Zusammenhänge	195
C. Die Errechnung der Schnittgeschwindigkeit	196
D. Die Errechnung der Schnittkraft	198
VIII. Die Schneidenwinkel und Schneidflächen am Werkzeug	200
IX. Die Anwendung des negativen Spanwinkels bei der Zerspanung	203
X. Die zu zerspanenden Werkstoffe	207
A. Der Einfluß der Metallurgie auf die Zerspanbarkeit	208
1. Die Wirkung von Einschlüssen auf die Zerspanbarkeit	208
2. Der Einfluß des Verarbeitungsganges auf die Zerspanbarkeit	208
3. Der Einfluß der Gefügeausbildung auf die Zerspanbarkeit von Kohlenstoffstählen	209
4. Der Einfluß der Brinellhärte auf die Zerspanbarkeit	215
5. Der Einfluß der Zugfestigkeit auf die Zerspanbarkeit	215
B. Die unlegierten Kohlenstoffstähle u. Apparatebaustähle n. DIN 1611	216
C. Die Erläuterung der neuen Norm für unlegierte und legierte Stähle	217
D. Zusammenstellung der unlegierten und niedriglegierten Einsatz- und Vergütungsstähle	219
E. Die Zerspanbarkeit der nickellegierten Stähle f. d. Großmaschinenbau	221

Inhaltsverzeichnis. IX

    F. Die Zerspanbarkeit des Stahlgusses 222

    G. Die Zerspanbarkeit des Gußeisens 222

    H. Die Zerspanbarkeit von Temperguß 225

    I. Die Zerspanbarkeit der Nitrierstähle 227

    K. Die Zerspanbarkeit der verschleißfesten Stähle 233

    L. Nichtrostende und säurebeständige Stähle 234

XI. Die Zerspanbarkeit von Automatenstahl 235

    A. Begriffbestimmung der Automatenstähle 235

    B. Die Normung der Automatenstähle und Prüfung der Zerspanbarkeit 236

    C. Die Wirkung der Zusätze Schwefel, Blei und Selen bei austenitischen Stählen 242

    D. Die Verteilung und der Nachweis von Bleieinschlüssen in Stahl ... 243

    E. Die Wirkung anderer Elemente auf die Zerspanbarkeit von Automatenstahl 244

    F. Richtwerte für die Zerspanbarkeit von Automatenstählen 247

    G. Der Zusatz von Natriumsulfit zur Verbesserung der Zerspanbarkeit von Automatenstählen 249

    H. Der Zusatz von Natriumsulfit, um die Zerspanbarkeit höher gekohlter Stähle zu verbessern 250

    I. Der Zusatz von Selen, um die Zerspanbarkeit rostsicherer Stähle zu verbessern 251

XII. Die Zerspanbarkeit der Dauermagnetwerkstoffe 251

XIII. Die Zerspanbarkeit von Auftragschweißungen 253

XIV. Die Zerspanbarkeit von Walzen für die bildsame Verformung 256

    A. Einteilung der Walzen 256

    B. Die Zerspanbarkeit der Walzen im Drehvorgang 258

        1. Ballendrehen 258

        2. Das Zapfendrehen 259

    C. Das Schleifen der Walzen 262

        1. Das Schleifen der Stahlwalzen 264

        2. Das Schleifen von Hartgußwalzen 266

        3. Das Schleifen von verchromten Walzen 266

XV. Die Zerspanbarkeit von Kupfer 268

    A. Das Kupfer und seine Legierungen 268

    B. Richtwerte für die Zerspanbarkeit von Kupfer 269

    C. Die Zerspanbarkeit von Bronze und Rotguß 270

    D. Die Zerspanbarkeit von Beryllium-Kupfer 272

    E. Die Zerspanbarkeit von Messing 273

Inhaltsverzeichnis.

  F. Die Zerspanbarkeit von Monelmetall 275
XVI. Die Zerspanbarkeit von Zinklegierungen 276
  A. Zinklegierungen für eine spanabhebende Bearbeitung 277
  B. Die Spanbildung 278
  C. Die spanbrechenden Zusätze 280
  D. Richtlinien für die Anwendung der übrigen Zerspanungsvorgänge 281
XVII. Die Zerspanbarkeit der Aluminiumwerkstoffe 282
  A. Die Arten und die Zusammensetzung der Aluminiumwerkstoffe... 282
  B. Allgemeines über die Zerspanbarkeit der Aluminiumwerkstoffe 282
  C. Der Abstumpfvorgang der Werkzeuge bei der Aluminiumbearbeitung 283
  D. Richtwerte für die Zerspanbarkeit der Aluminiumwerkstoffe 284
    1. Richtwerte für das allgemeine Drehen unter Berücksichtigung einer wirtschaftlichen Standzeit 284
    2. Richtlinien für die Anwendung der übrigen Zerspanungsvorgänge 286
    3. Die Automatenlegierungen 289
    4. Das Schleifen der Aluminiumwerkstoffe 290
XVIII. Die Zerspanbarkeit von Magnesiumlegierungen 292
  A. Allgemeines über Magnesiumlegierungen 292
  B. Richtwerte für die spanabhebende Bearbeitung 294
    1. Tieflochbohren in Magnesiumlegierungen 295
    2. Die übrigen Zerspanungsarbeiten 296
XIX. Die spanabhebende Bearbeitung von natürlichen Steinen 296
  A. Einteilung der Steine und ihre Eigenschaften 297
  B. Das Sägen von Stein mit glattrandigen Stahlbändern und Zusatz von Quarzsand, Verwendung von Sägeblättern, mit und ohne Diamanten 300
  C. Das Steintrennen mittels Siliziumkarbidscheiben 302
  D. Die Verwendung von Hartmetall beim Drehen, Hobeln und Bohren von Gestein 303
  E. Die Zerspanung im Bergbau und in der Tiefbohrtechnik 304
    1. Die Zerspanung der Kohle mittels Schrämwerkzeugen 304
    2. Die Zerspanung der Kohle mittels Drehbohrwerkzeugen 304
    3. Die Zerspanung von Salzen (Kali) mittels Drehbohrwerkzeugen 306
    4. Die Zerspanung von Gestein mittels Drehbohrwerkzeugen 307
    5. Die Zerspanbarkeit von Gestein mittels Schlagbohren 309
    6. Der Einsatz von Hartmetall in der Tiefbohrtechnik 310
    7. Das Aufschweißverfahren und seine Anwendungsgebiete 312
  F. Der Einsatz von Diamantbohrkronen beim Rotarybohrverfahren. 313
  G. Die Bearbeitung von Steinen durch Schleifkörper 315
    1. Das Schleifen von Marmor, Schiefer usw. 315
    2. Das Schleifen von Granit 315

Inhaltsverzeichnis. XI

3. Die Verwendung von kombinierten Werkzeugen bei der Steinverarbeitung 316

XX. Die Zerspanbarkeit von Holz 317

A. Allgemeine Bemerkungen über den Werkstoff Holz 317
B. Die technologischen Eigenschaften des Holzes und die Zerspanbarkeit 318
C. Die Zerspanbarkeit des Holzes 320
   1. Das Sägen von Holz 320
      a) Die vertikalen Vollgatter 320
      b) Die Größe des Spanraumes der Sägen. 321
      c) Die Horizontalgatter 321
      d) Die Blockbandsägen 322
      e) Die Kreissägen 322
      f) Die Vielblattkreissägen 322
   2. Vergleich zwischen Gattersägen und Blockbandsägen 323
   3. Das Hobeln von Holz 324
   4. Das Langlochfräsen 325
   5. Das Kettenfräsen 325
   6. Das Bohren von Holz (Zentrumsbohren) 326
   7. Das Schleifen von Holz 326
   8. Der Einfluß der Hartverchromung bei Holzbearbeitungswerkzeugen 328
   9. Die Verwendung von Hartmetall bei der Holzzerspanung 328
  10. Der Zusammenhang zwischen den Eigenschaften des Holzes und seiner Zerspanbarkeit 329

XXI. Die Zerspanbarkeit von Glas 331

A. Die Spanbildung beim Glas 331
B. Das Drehen, Bohren, Fräsen von Glas 333
C. Das Schleifen und Polieren von Glas 334

XXII. Die Zerspanbarkeit von Steingut und Porzellan 335

XXIII. Die Zerspanbarkeit der Kunststoffe 336

A. Übersicht über die Kunststoffe und deren Aufbau............. 336
   1. Naturstoffe 336
   2. Modifizierte Naturstoffe 336
      a) Kunststoffe auf der Basis von Zellulose 336
          α) Vulkanfiber (Hydratzellulose) 337
          β) Zellglas (Hydratzellulose, Cellophan, Heliozell, Transparit) 337

γ) Zellhorn oder Zelluloid (Zellulosenitrat) 337
δ) Cellon, Cellit, Ecarit (Zelluloseazetat) 337
ε) Trolit W (Zelluloseazetat), Trolit F (Zellulosenitrat) 337
b) Kunststoffe auf der Basis von Proteinen 338
Das Kunsthorn (Galalith [Milchstein], Akalit) 338

3. Synthetische Kunststoffe 338
   a) Polymerisate 338
   b) Polykondensate 339
      α) Phenoplaste....................................... 339
      β) Aminoplaste 340
      γ) Melaminharze 340
      δ) Anilinharze 340
   c) Verwendungsarten der Polykondensationsharze 340

B. Die Zerspanbarkeit der Kunststoffe 341

1. Zerspanbarkeit der Polymerisate 341
   a) Drehen 341
   b) Bohren 342
   c) Fräsen 342
   d) Hobeln 342
   e) Sägen 342
   f) Polieren 343
2. Zerspanbarkeit von Schichtpreßstoffen 343
   a) Drehen 344
   b) Fräsen 344
   c) Bohren 344
   d) Gewindeschneiden................................... 344
   e) Polieren 344
3. Die Zerspanbarkeit von Kunstharzpreßstoffen 344

XXIV. Einfluß der Kühlmittel auf die Zerspanbarkeit................ 346

A. Schneidöle 347
B. Kühlmittelöle 348
C. Physiologische Wirkungen der Schneid- und Kühlmittelöle...... 349
D. Die Starkkühlung von Schneid- und Kühlmittelölen 349
E. Richtlinien für die Verwendung der Schneid- und Kühlmittelöle bei der Zerspanung 350

Sachverzeichnis 352

I. Die Begriffe Zerspanbarkeit der Werkstoffe und Schneideigenschaft der Werkzeuge.

Das Verhalten der Werkstoffe unter dem Schnitt der Werkzeuge bezeichnet man als Zerspanbarkeit. Man spricht je nach dem Arbeitsvorgang von Drehbarkeit, Bohrbarkeit, Fräsbarkeit usw.

Das Verhalten der Schneidstoffe (Werkzeuge) jedoch bezeichnet man als Schneideigenschaft. Man spricht dann von der Schneideigenschaft des Schnellarbeitsstahles, des Hartmetalls usw. bei verschiedenen Werkstoffen und Arbeitsbedingungen.

Beide stehen in Wechselwirkung, so daß eine vom Schneidstoff unabhängige Definition der Zerspanbarkeit, wenigstens zur Zeit, noch nicht gegeben werden kann.

Ebensowenig ist eine vom Zerspanungswerkstoff unabhängige Beurteilung eines Schneidstoffes möglich.

Außerdem können weder die Zerspanbarkeitseigenschaften noch die Schneideigenschaften durch einen einzigen Versuch oder eine Kennzahl festgelegt werden. Man kann also nicht ohne weiteres sagen, daß ein Werkstoff, der sich gut drehen läßt, nun auch gut gebohrt oder gefräst werden kann.

Das gleiche gilt für die Schneideigenschaften, die bei den verschiedenen Werkstoffen und bei den einzelnen Zerspanungsarten unterschiedlich sein können.

Es sind vielmehr eine Reihe von Prüfungen erforderlich, deren Bewertungsgröße zwar unterschiedlich ist, die aber als Ganzes betrachtet einen guten Anhaltspunkt geben.

Im nachstehenden werden vorzugsweise die Zerspanbarkeitseigenschaften behandelt und die Prüfung der Schneidstoffe nur soweit dies für die Beurteilung der Zerspanbarkeit erforderlich ist.

Um die Aufgabenstellung dieses Buches noch genauer abzugrenzen, wird darauf hingewiesen, daß nur die reinen Schnittbedingungen, wie Schnittgeschwindigkeit, Vorschub, Spantiefe u. a. m., betrachtet werden. Die formbedingten Einflußgrößen, wie Gestalt des Werkstückes, Verhältnis von Länge zum Durchmesser, Einspannung, Zustand der Maschine u. a. m., werden nicht behandelt, da dies über den Rahmen dieses Buches hinausgehen würde.

II. Die kennzeichnende Wirkung der Legierungselemente in Schneidstoffen und Werkstoffen sowie die Herkunft der oft schwer verständlichen Bezeichnungen.

Bei den Schneidstoffen und den zu zerspanenden Werkstoffen werden eine Reihe von Legierungselementen entweder allein oder in Verbindung miteinander verwendet, um die gewünschten Eigenschaften zu erhalten.

Es erleichtert daher das Verständnis der späteren Ausführungen, wenn die kennzeichnende Wirkung dieser Elemente auf die Eignung der Schneidstoffe oder die Beeinflussung der Zerspanbarkeit der Werkstoffe vorweg behandelt wird.

Es hat sich auch als zweckmäßig erwiesen, die Herkunft der Bezeichnungen der Elemente anzugeben, da dadurch dem Leser manche begriffliche und gedankliche Hilfe gegeben wird.

Aluminium (Al).

Von alumen, dem lateinischen Wort für Alaun, eine schon im Altertum bekannte Aluminiumverbindung.

Aluminium als Beruhigungsmittel in der Pfanne zugesetzt, beeinflußt die Zerspanbarkeit von Automatenstahl. Es beeinflußt in Verbindung mit Silizium und Chrom die Zunderbeständigkeit günstig. Die Zerspanbarkeit wird, wie auch bei den Nitrierstählen, ungünstig beeinflußt. Als selbständige Werkstoffgruppe hat es ein großes Anwendungsgebiet und folgt seinen eigenen Zerspanungsgesetzen.

Antimon (Sb).

Aus dem Lateinischen. Vom Wort Stibium (Bezeichnung stammt von Plinius) für den Spießglanz. Der Name Antimunium für Spießglanz findet sich zuerst bei Constantius Afrikanus (um 1050). Um 1600 erschien das Buch des sog. Basilius Valentius „Currus triumphalis antimonii", in welchem die medizinische Bedeutung der Antimonverbindungen gepriesen wurde.

Beryllium (Be).

Nach dem Edelstein Beryll benannt, verbessert es in geringen Zusätzen (1–2%) die Zerspanbarkeit von Kupfer. Bei höheren Zusätzen (2,3–2,5%) wirkt es durch Erhöhung der Festigkeit. Berylliumhaltige Schnellarbeitsstähle haben eine gute Warmhärte.

Blei (Pb).

Vom lateinischen plumbum metallicum. Blei verbessert schon in geringen Zusätzen die Zerspanbarkeit von Automatenstahl, Messing und anderen Werkstoffen.

Bronze
vom griechischen Chalkos (ehern) dient als Baustoff für Schnecken und Schneckenräder und andere Konstruktionsteile. Gut zerspanbar.
Cadmium (Ca).
Cadmia im Altertum gleich Galmei. Da sich Cadmium stets in Begleitung des Zinks befindet, wurde der alte Name auf das neue Metall übertragen. Ein Einfluß auf die Zerspanbarkeit war bisher nicht festzustellen.
Cer (Ce).
Die Entdeckung des Cers erfolgte durch KLAPROTH 1803. Dieser benannte das Element nach dem 1801 entdeckten Planeten Ceres.
Chrom (Cr).

Chrom hat seinen Namen (Chroma = Farbe) wegen der intensiven Farbwirkung der chromsauren Salze. Die Festigkeit von Stahl wird durch 1% Cr um 8—10 kg/mm² gesteigert. Chrom wirkt in Gemeinschaft mit Nickel oder auch Molybdän stärker als jedes für sich allein. Chrom wirkt karbidbildend. Da Karbide auf das Werkzeug stark verschleißend wirken, wird dadurch auch die Zerspanbarkeit beeinflußt.

Chrom ist das meist verwendete Legierungsmetall bei Stählen, die in Öl oder an der Luft gehärtet werden. Außerdem werden die Zähigkeit und der Widerstand gegen Verschleiß erhöht. Chrom und Nickel ergänzen sich in ihren guten Eigenschaften.
Kobalt (Co).

Wenn man früher ein Erz fand, welches beim Einschmelzen nur einen schwarzen Rückstand ergab, so sagte man, daß es durch Kobolde verzaubert sei.

Die Festigkeit der Grundmasse wird durch Kobalt stark heraufgesetzt. Mit Wolfram und Chrom erhöht es die Anlaßbeständigkeit und verbessert bei Schnellarbeitsstahl damit die Standfestigkeit bei hohen Temperaturen. Es dient als Hilfs- und Grund-Metall bei der Herstellung von Hartmetallen.
Kohlenstoff (C).

Vom lateinischen carbo = Kohle. Der Kohlenstoff ist das kennzeichnende Element der unlegierten Stähle. Durch Erhöhung um je 0,1% C (Gewichtsprozent) wird in technischen Stählen:

Die Zugfestigkeit um etwa 9 kg/mm² erhöht.

Die Streckgrenze um etwa 4—5 kg/mm² erhöht.

Die Dehnung sinkt um etwa 5% je 10 kg/mm² Festigkeitssteigerung bei geringerem und um 2,5% bei höherem Kohlenstoffgehalt.

Die Warmfestigkeit wird mit steigendem Kohlenstoffgehalt bis 400° verbessert.

Die Zerspanbarkeit wird, da mit steigendem Kohlenstoffgehalt die Festigkeit erhöht wird, schlechter und kann bis auf 30% absinken.

Stähle mit geringem C-Gehalt sind ebenfalls schwer zu bearbeiten, da sie zum Verschmieren neigen. Der günstigste C-Gehalt liegt für Bessemerstahl bei 0,10% und für SM-Stahl bei 0,20% C.

Kupfer (Cu).

Vom lateinischen cuprum nach dem alten Fundort Cyprium. Kupfer bis zu 1% erhöht Zugfestigkeit und Streckgrenze von Stahl. Ein Kupferzusatz im Leichtmetall verbessert die Zerspanbarkeit durch Aufhärtung der Grundmasse. Die Zerspanbarkeit von reinem Kupfer wird durch geringe Berylliumzusätze verbessert. Cu verbessert auch die Korrosionsbeständigkeit von Stahl.

Mangan (Mn).

Der Name ist entstanden aus Magnisium. Mangan diente im Mittelalter der italienischen Glasmalerei als Entfärbungsmittel. Mangan ist aus metallurgischen Gründen in allen Stählen enthalten. Bei Gehalten von 0,6—0,8% wird jedoch schon die Durchhärtung erhöht. Man macht sich dies bei den unlegierten Werkzeugstählen zunutze. Die Zugfestigkeit steigt je 1% Mn um 10 kg/mm^2 an. Stähle mit über 12% Mn und 0,9% C sind austenitisch und schwer zerspanbar. Sie sind sehr verschleißfest und haben eine große Kalthärtbarkeit.

Magnesium (Mg).

Die Herkunft des Namens ist zweifelhaft. Im Altertum bezeichnete man eisenhaltige Mineralien wegen ihres Magnetismus nach einer Stadt in Kleinasien als Magnesia. Später hieß das heutige Magnesium Magnesia alba zum Unterschied von Braunstein (Magnesia nigra). Später fand man, daß Magnesia alba das Oxyd eines neuen Metalls darstellt, welches dann endgültig Magnesium genannt wurde.

Magnesium ist das Hauptlegierungselement der Leichtmetallegierungen, die sich besonders gut zerspanen lassen.

Molybdän (Mo).

Früher diente der Name Molybdaena als Sammelname für bleihaltige Stoffe, auch Reißblei genannt, weil man damit auf dem Papier einen Strich ziehen konnte. Erst ab 1782 wird mit Molybdän ein neues Metall bezeichnet.

Molybdän beeinflußt die Durchhärtung stärker als jedes andere Legierungselement. Die Wärmefestigkeit wird bis zu Temperaturen von 550° beträchtlich erhöht. Die Verbesserung der Eigenschaften wird mit ganz geringen Molybdänzusätzen, die zwischen 0,1—0,4% liegen, erreicht.

Molybdän setzt die Zerspanbarkeit weniger herab als z. B. Nickel.

Natrium (Na).

Natriumsulfit (Natrium sulfurosum) ist das Natriumsalz der schwefligen Säure (Na_2So_3). Natriumsulfit wirkt als Oxydationsverhinderer, da es dazu neigt, in die stabilere Form des Natriumsulfats überzugehen (Na_2So_4).

Nickel (Ni).

Der Name Nickel ist ursprünglich ein Schimpfwort, weil früher aus nickelhaltigem Erz kein ordentliches Metall niedergeschmolzen werden konnte. Die Zugfestigkeit wird durch 1% Ni um etwa 4 kg/mm² gesteigert. Die Streckgrenze wird stark erhöht und die Einhärtungstiefe gesteigert. Nickel verringert die Zerspanbarkeit mehr als Molybdän, Vanadin oder Chrom.

Niob (Nb).

Der Name Niob wurde von H. ROSE 1844 wegen der Verwandtschaft mit dem Tantal aufgebracht, obwohl das von HATSCHETT 1801 entdeckte Columbium mindestens teilweise aus Niob bestand.

Phosphor (P), griech. phosphoros = Lichtträger.

Bei Stahlguß und Gußeisen wird die Dünnflüssigkeit beim Gießen erhöht. Daher gutes Ausfüllen dünner Querschnitte.

Bei der spanabhebenden Bearbeitung ergibt ein erhöhter Phosphor-Zusatz (bis 0,15%) eine gesunde und glatte Oberfläche. Auch wird zusammen mit höherem Schwefelgehalt die Kurzbrüchigkeit der Späne gefördert und dadurch die Spanabfuhr von der Zerspanungsstelle erleichtert.

Selen (Se).

Selen wird nach dem griechischen selene (Mond) benannt, um die nahe Verwandtschaft mit dem bereits vorher entdeckten Tellur (Kurzzeichen Te von tellus = Erde) anzudeuten. Selen verbessert in geringem Zusatz die Zerspanbarkeit nichtrostender Automatenstähle.

Silizium (Si).

Der Name kommt vom lateinischen silex, der harte Kiesel. Silizium ist in jedem Stahl schon vom Erz und der Ofenauskleidung her enthalten. Die Zugfestigkeit wird je 1% Si um etwa 10 kg/mm² erhöht. Bei hohen Siliziumgehalten (0,5—3%) wird die Zunderbeständigkeit sehr verbessert. Als Beruhigungsmittel der Gießpfanne zugesetzt, beeinflußt es die Zerspanbarkeit. Außerdem wird bei übereutektoiden Gehalten die Zerspanbarkeit sehr verschlechtert.

Schwefel (S).

Lateinisch sulfur. Erhöhter Schwefelzusatz im Automatenstahl verbessert die Zerspanbarkeit und Oberflächengüte ohne Schädigung der mechanischen Eigenschaften. Das gleiche gilt für nichtrostende Automatenstähle. Zu hoher Schwefelgehalt wird im Stahl als schädlich angesehen. Für Automatenstahl liegt die obere Grenze bei etwa 0,30 bis 0,40%.

Stickstoff (N).

Von „nitrogene", Salpeter-Bildner.

Stickstoff im Stahl verschlechtert im allgemeinen die Zerspanbarkeit. Nach neueren Forschungen trägt er bei Schnellarbeitsstählen zur Erhöhung der Standzeiten bei. Bei Nitrierstählen dient die Verstickung zur Erhöhung der Härte in den Randzonen.

Tantal (Ta).

Das tantalhaltige Mineral wurde als Tantalit bezeichnet, weil es sich im Gegensatz zu den sonstigen Metalloxyden auch im starken Säureüberschuß nicht auflöst. Es ist also außerstande, ähnlich wie Tantalus der griechischen Sage, sich in einem Überschuß von Säure zu sättigen. Tantal dient bei nichtrostenden Stählen dazu, bei höherem Kohlenstoffgehalt die interkristalline Korrosion zu verhindern.

Tellur (Te), tellus = Erde.

Tellur dient dazu, die Zerspanbarkeit bei nichtrostenden Automatenstählen und die Kurzbrüchigkeit der Späne zu verbessern.

Thallium (Tl).

Benannt nach dem griechischen thallos = grüner Zweig, weil Glas intensiv grün gefärbt wird. Thallium ist gelegentlich dem Zink zugesetzt worden, um den Span kurzbrüchig zu machen. Wegen seines geringen Schmelzpunktes und seiner geringen Siedetemperatur verdampft es beim Zusatz zum Stahl restlos.

Titan (Ti).

Titan ist nach dem Riesen der griechischen Sage Titan genannt. Von einem Edelstahlwerk wurde das titanhaltige Hartmetall Titanit genannt. Der Titanzusatz im Hartmetall erhöht die Schneidhaftigkeit zur Zerspanbarkeit von Stahl und seinen Legierungen. Außerdem verhindert es im nichtrostenden Stahl die interkristalline Korrosion.

Tombak.

Vom malaiischen tombaga (Kupfer). Die Messingsorten mit hohem Kupfergehalt werden Tombak genannt.

Vanadin (V).

Vanadin ist dem damaligen Sprachgebrauch nach antiken Bezeichnungen folgend nach der nordischen Göttin Vanadis (Göttin des Lichtes) benannt. Vanadin unterstützt die Wirkung der übrigen karbidbildenden Legierungselemente. Die Anlaßbeständigkeit und damit die Schneidleistung wird bei hoher Festigkeit verbessert. Vanadin erschwert, dem Schnellarbeitsstahl zugesetzt, meist die Schleifbarkeit der Werkzeuge.

Wismut (Bi).

Im früheren Mittelalter hat man im Schneeberger Revier Wiesen dieses Metall gemutet, woraus durch Zusammensetzung das Wiesemutung wurde. Daher der Name Wismut. Später wurde dieser Name lateinisiert zu Bismutung, daher das Kennzeichen Bi für Wismut.

Wismut dient in geringen Zusätzen als Austauschmittel für Blei zur Verbesserung der Zerspanbarkeit, insbesondere von Automatenstahl und sonstigen Automatenlegierungen der Metalle.

Wolfram (W).

Der Name kommt von Wolfrig, weil der Zinngehalt, sobald Wolframerz in die Zinkkonzentrate gerät, gewissermaßen aufgefressen wird.

Wolfram ist ein hervorragendes karbidbildendes Element. Infolge ihrer hohen Härte erhöhen die Karbide die Schneidleistung. Die damit verbundene Beständigkeit in der Wärme wirkt in gleicher Richtung.

Zink (Zn).

Der Name ist deutschen Ursprungs. Es wurde für zackige, zinkige Formen des Galmei angewendet. Zink dient in verschiedenen Legierungen dem Kupfer, Mangan, Wismut und Blei als Austausch für Schwermetalle.

Zinn (Sn).

Vom lateinischen stannum. Zinn dient als Zusatz zum Rotguß, zur Gußbronze, um die mechanischen Werte (Härte, Zugfestigkeit) und Seewasserbeständigkeit zu erhöhen.

III. Die Schneidstoffe.

A. Die geschichtliche Entwicklung der Schneidstoffe.

Bevor auf die einzelnen Gruppen der Schneidstoffe näher eingegangen wird, ist es von Interesse, einen kurzen Überblick über die geschichtliche Entwicklung zu geben. Für die Diamanten und Schleifmittel geschieht das gleiche jeweils zu Beginn des betreffenden Abschnittes.

Seit der Jahrhundertwende hat sich nachstehende Entwicklung ergeben.

Jahr	Bezeichnung	v_{60} (m/min) für die Bearbeitung von Stahl bis 60 kg/mm² Festigkeit
bis 1894	Kohlenstoffstahl	5
1900	selbsthärtender Stahl (MUSHET-Stahl)	8
	Schnellarbeitsstahl (TAYLOR-WHITE)	12
1907	Stellite (HAYNES)	30
1908	Verbesserter Schnellstahl	15—20
1913	Schnellstahl mit Kobaltzusatz	20—30
1914	Die gegossenen Wolframkarbide (LOHMANN, VOIGTLÄNDER)	40
1923	gesinterte Wolframkarbide (K. SCHRÖTER)	
1926	gesinterte Wolframkarbide, von Fried. Krupp AG. auf den Markt gebracht	50
1931	Wolframkarbide	200
1934	Wolframkarbide mit Titanzusatz	300

Vergleich der Spanmenge in Kilogramm je Stunde.

Werkstoff	Schnellstahl kg	Hartmetall kg
Grauguß	1	8
Stahl	1	9
Aluminium	1	18
Kunststoffe	1	15

Nachdem eine vom Schneidstoff unabhängige Kennzeichnung der Zerspanbarkeit nicht möglich ist, muß zunächst im Rahmen der Ganzheitsbetrachtung ein Überblick über die kennzeichnenden Eigenschaften der Schneidstoffe gegeben werden.

Hierbei wird folgende Einteilung getroffen:
B. Die unlegierten Werkzeugstähle.
C. Die niedriglegierten Werkzeugstähle.
D. Die Schnellarbeitsstähle.
E. Die Hartmetalle.
F. Die Diamanten als Schneidstoff.
G. Die Schleifmittel.
H. Die Poliermittel.
I. Die keramischen Werkzeuge zum Drehen, Fräsen usw.

B. Die unlegierten Werkzeugstähle.

1. Zusammensetzung, Verwendungszwecke.

Die unlegierten Kohlenstoffstähle werden trotz der steigenden Verwendung legierter Stähle immer ein großes Anwendungsgebiet behalten. Für viele Zwecke sind sie wegen ihres niedrigen Preises wirtschaftlicher und in der Verwendung einfacher und zweckmäßiger. Bei den unlegierten Kohlenstoffstählen beruht die Vielseitigkeit ihrer Verwendungsmöglichkeit ausschließlich auf dem Unterschied im Kohlenstoffgehalt. Diese Stähle sind durchweg Wasserhärter, da sie die größte kritische Abkühlungsgeschwindigkeit notwendig haben, um hart zu werden. Hierunter versteht man das Mindestmaß an Wärmeabfuhr (Erkaltungsgeschwindigkeit pro Sek.), das erforderlich ist, um durch Abschrecken die richtige Härteannahme zu erzielen. Nachstehend sind für einige typische Stähle die kritischen Abkühlungsgeschwindigkeiten angegeben (Tabelle 1).

Oberhalb 0,9 C nimmt die Härte nicht mehr zu, jedoch wird die Menge der freien eingestreuten Karbide größer, wodurch die Schneidhaltigkeit und der Verschleißwiderstand verbessert wird. Für Werkzeuge mit Stoß- und Schlagbeanspruchung nimmt man Stähle mit einem C-Gehalt

Tabelle 1. *Vergleich der kritischen Abkühlungsgeschwindigkeiten und Einhärtungstiefen einiger typischer Stähle.*

C %	Cr %	Mn %	Wo %	Ni %	V %	Mo %	Abschreckmittel	krit Abk.-Geschw. °C/s. untere	obere	Einhärtungstiefe
1,1	—	0,25	—	—			in Wasser	300	600	2—4 mm
0,9	—	0,8	—	—			in Öl	50	200	30 mm
2,0	13,0	—	—	—			in Öl	5	10	100 mm
0,5	1,2	—	—	3,0			in Öl	2	10	150 mm
0,8	4,0	0,25	8,5	—	1,7	1	m. Preßluft	1	2	200 mm

unter 1% und für solche mit Verschleißbeanspruchung *über* 1% C. Die nachstehende Tabelle zeigt die Zusammensetzung und die Verwendungszwecke für einige typische unlegierte Kohlenstoffstähle mit C-Gehalten von 0,6—1,3%.

Tabelle 2. *Zusammensetzung und Verwendungszwecke häufig gebrauchter unlegierter Werkzeugstähle.*

Lfd.Nr.	Markenbezeichnung[1]	C %	Härtetemp. °C	Verwendungszweck
1	C 60 W 3	0,60	800—830 in Öl	Beiß- und Kneifzangen, Gesteinwerkzeuge, Brennholzkreissägen
2	C 75 W 3	0,75	780—810 in Öl	Spannpatronen, Stammblätter für Kreissägen mit eingesetzten Schnellstahlzähnen
3	C 90 W 3	0,9	780—810 in Öl	Messer für Ölhärtung, Gesteinswerkzeuge, ungehärtete Steinsägenblätter
4	C 100 W 2	1,0	760—790 in Wasser	Gesteinswerkzeuge, große Fräser, Holzbearbeitungswerkzeuge
5	C 110 W 1	1,1	750—780 in Wasser	Spiralbohrer, Reibahlen, Gewindebohrer, Fräser, Räumnadeln
6	C 130 W 2	1,3	750—780 in Wasser	Gewindebohrer, Reibahlen, Schaber, sehr harte Messer

Die vorstehende Zusammenstellung gibt einen Überblick über den allgemeinen Einsatz einiger unlegierter Werkzeugstähle für die spanabhebende Bearbeitung. Darüber hinaus gibt es aber noch eine ganze Reihe von Stählen für Sonderzwecke, auf die im Rahmen dieses Buches nicht näher eingegangen werden kann.

[1] Nach Stahl-Eisen, Werkstoffblatt 150-49. Wegen der Bedeutung der Buchstaben und Ziffern s. S. 218.

C. Die niedriglegierten Werkzeugstähle.

Diese enthalten außer Kohlenstoff noch geringe Zusätze an Wolfram, Chrom, Kobalt, Vanadin, entweder jedes für sich allein oder mehrere zusammen.

Diese Legierungen werden dann zugesetzt, wenn infolge höherer Beanspruchung die verlangten Güteeigenschaften der reinen Kohlenstoffstähle nicht mehr ausreichen. Andererseits ist aber die Beanspruchung noch nicht so hoch, daß schon Schnellarbeitsstähle oder gar Hartmetalle eingesetzt werden müssen. Manchmal werden auch Werkzeuge in einer äußeren Form verlangt, die sich am besten aus einem niedriglegierten Stahl herstellen läßt. Im nachstehenden werden aus dieser Gruppe die Gewindeschneidstähle und Riffelstähle angeführt.

1. Die Gewindeschneidstähle.

Diese Gruppe umfaßt Stähle, die als fertige Werkzeuge große Genauigkeit haben müssen und sich möglichst wenig verziehen dürfen. Die schwierigen Bearbeitungsvorgänge erfordern große Schneidhaltigkeit und großen Widerstand gegen Verschleiß. Die nachstehende Tabelle gibt eine Zusammenstellung der gebräuchlichsten Gewindeschneidstähle.

Tabelle 3. *Zusammensetzung und Verwendungszweck der Gewindeschneidstähle.*

Nr.	C %	Si %	Mn %	Cr %	W %	Härtetemp.	Verwendungszweck
1	0,8—1,2	—	—	—	—	770—800° Wasser	Bei Festigkeiten bis 50 kg/mm²
2	0,80—1,0	—	1,9 2,2	—	—	780—810° Öl	… bis 65 kg/mm²
3	1,00—1,3	—	—	—	0,60 2,0	780—810° Wasser	… bis 80 kg/mm²
4	1,0	—	—	0,50	1,20	800—830° Öl	Stehbolzen-Gewindebohrer, Reibahlen, Gewindebohrer (Werkzeuge, die sich beim Härten nicht verziehen dürfen)
5	1,0	—	—	1,00	1,00	820—840° Öl, anlassen bis 180° Öl	Gewindebacken
6	1,0	—	1,0	1,20	0,80	810—830°	wie unter 1, jedoch höhere Beanspruchung
		0,20	0,35	0,75	1,20	820—840°	Schneideisen

2. Die Riffelstähle.

In der Reihe der niedriglegierten Werkzeugstähle müssen noch die sog. Riffelstähle erwähnt werden. Sie wurden vorzugsweise zum Eindrehen der Rillen in Mühlenwalzen, den sog. Riffeln, verwendet. Von diesem Verfahren haben sie auch den Namen erhalten. Sie zerspanen sehr harte Werkstoffe mit geringer Schnittgeschwindigkeit und weisen eine hohe Verschleißfestigkeit auf. Sie werden auch als Laufbohrer, Gravier- und Schabewerkzeuge verwendet, sowie für harte nichtmetallische Stoffe.

Die chemische Zusammensetzung ist im allgemeinen wie folgt:

C %	W %	Cr %	V %
1,2—1,6	4,8—8,0	0,5—1,5	0,2—1,0

Der Stahl wird von 800—820° in Wasser abgeschreckt. Es soll nur die Schneide gehärtet werden. Die Rockwellhärte beträgt bis zu 66—69 Rc-Einheiten.

Die Riffelstähle werden in zunehmendem Maße durch Hartmetall ersetzt. Die Riffelstähle eignen sich auch als Prüfwerkzeug für Verschleißversuche.

D. Die Schnellarbeitsstähle.

Die Schnellarbeitsstähle sind solche Stähle, die durch die Anlaßbeständigkeit der Grundmasse und die Zugabe von karbidbildenden Legierungselementen, wie Chrom, Wolfram, Molybdän, Vanadin und Kobalt, eine Warmhärte bis etwa 600° C besitzen. Dadurch sind sie den unlegierten Werkzeugstählen, die diese Eigenschaften nur bis etwa 300° C haben, in der Verwendung als Zerspanungswerkzeug bedeutend überlegen.

1. Zusammensetzung und Wärmebehandlung.

Da die Schnellarbeitsstähle einen hohen Anteil an devisenbelasteten Legierungsmetallen enthalten, ist die Zusammensetzung immer ein Spiegel der jeweiligen Devisenlage. Früher hatten diese Stähle bis zu 24% Wolfram und außerdem bis 20% Kobalt. Seit vielen Jahren sind nur Stähle der nachfolgenden Zusammensetzung im Gebrauch, die sich gut bewährt haben.

Tabelle 4. *Die Zusammensetzung*[1] *und Umrechnungsziffer für* v_{60} *der gebräuchlichen Schnellarbeitsstähle.*

Bez. nach Stahl-Eisen-Liste / Stahlmarke	C %	Si %	Mn %	Co %	Cr %	Mo %	V %	W %	Umrechnungsziffer für v_{60}
95 WMo 1126 ABC III	0,92 0,98	0,25	0,25	—	3,8 4,3	2,5 2,8	2,2 2,5	2,7 3,0	0,82
74 WV 7411 B 18	0,70 0,78	0,25	0,25	—	3,8 4,3	—	1,0 1,2	18,0 19,0	0,84
82 WV 3419 ABC II	0,75 0,85	0,25	0,25	—	3,8 4,3	0,7 1,0	1,5 1,7	8,5 9,0	0,85
G 90 WV 3419 ABC II	0,85 1,00	0,8 1,0	0,4 0,6	—	3,5 4,0	(<0,3)[2]	1,8 2,0	7,5[2] 8,0	0,85
ABC III W1 u. Werkstoffb. 320/46	0,95	0,3	0,3	—	7,0	2,5	2,5	1,5	0,85
86 W V 4238 D	0,82 0,90	0,25	0,25	—	3,8 4,3	0,7 1,0	2,4 2,6	11,5 12,5	0,87
130 W V 4238 E V 4	1,25 1,35	0,25	0,25	—	4,0 4,5	—	3,5 4,0	10,0 11,0	0,95
91 W Co V 3811 ECo 3	0,82 0,90	0,25	0,25	2,5 3,0	4,0 4,5	0,7 1,0	1,9 2,2	11,5 12,5	0,97
G 95 W CoV 3811 ECo 3	0,87 0,95	0,8 1,1	0,4 0,6	2,5 3,0	3,5 4,0	—	1,9 2,2	9,3 10,0	0,97
Böhler Super Rapid Extra 2 14	0,70	0,25	0,3	3,0	5,0	—	—	18,0	1,00
79 WCo 7447 E 18 Co 5	0,75 0,83	0,25	0,25	4,5 5,0	4,0 4,5	0,50 0,80	1,4 1,7	17,5 18,5	1,10
135 WCo 4647 E V 4 Co	1,30 1,40	0,25	0,25	4,5 5,0	4,0 4,5	0,70 1,0	3,5 4,0	11,5 12,5	1,15

[1] Nach Stahl-Eisen-Liste (1948).
[2] Wenn der Molybdängehalt aus dem Einsatz von Schrott 0,5—0,8% erreicht, muß der Wolframgehalt auf 6,5—7% gesenkt werden.

Die nachfolgende Zusammenstellung gibt die Richtwerte für eine geeignete Glüh-, Härte- und Anlaßbehandlung der vorstehenden Schnellarbeitsstähle.

Tabelle 5. *Die Wärmebehandlung der Schnellarbeitsstähle.*

Stahlmarke	Warm-formgebung	Abkühlung in	Glühung °C	Härten von Meißeln, einfach. Werkzeuge °C	Härten v. schwierig geformten u. Schlichtwerkzg. °C	Härtemittel Temperatur der Warmbäder °C	Anlassen °C
ABC III	1100—900	Asche Sterchamol oder Ablegeofen	740—780	1210—1240	1200—1220	Öl, Warmbad oder trockene Druckluft 500—550	540—560
B 18	1500—900	,,	800—850	1260—1300	1230—1260	,,	550—570
ABC II	1100—900	,,	780—810	1230—1260	1200—1230	,,	540—560
ABC III W 1	1100—900	,,	760—790	1210—1240	1180—1210	,,	530—550
D	1100—900	,,	780—810	1240—1270	1210—1240	,,	550—570
EV 4	1100—900	,,	780—810	1240—1270	1210—1240	,,	550—570
ECo 3	1100—900	,,	800—830	1240—1270	1210—1240	,,	560—580
E 18 Co 5	1250—1000	Asche Sterchamol oder Ablegeofen	800—850	1280—1310	1250—1280	,,	560—580
EV 4 Co	1150—900		800—850	1250—1280	1220—1250	Öl, Warmbad oder trockene Druckluft 500—550	550—570

Die Wärmeleitfähigkeit von Schnellarbeitsstahl nimmt mit zunehmender Härtetemperatur stark ab, beim Wiederanlassen aber von 300° C an immer stärker zu.

Die längere Standzeit der bei 550—580° angelassenen Werkzeuge ist der um 30—40% verbesserten Wärmeleitfähigkeit zuzuschreiben.

Die letzte Zahlenreihe der Umrechnungsziffer gibt an, wie hoch die Leistung, ausgedrückt durch die v_{60}-Ziffern, in der Werkstatt ist, im Vergleich zu dem Schnellstahl Super Rapid Extra 214 der Gebrüder Böhler & Co. AG., mit dem die ersten Zerspanungstafeln des Aachener Werkzeugmaschinenlaboratoriums aufgestellt wurden.

Diese Zahlen sind natürlich nur zu erreichen, wenn die Werkzeuge mit besonderer Vorsicht und unter schärfster Beachtung der Vorschriften wärmebehandelt werden.

Die neuen Schnellstähle haben ein Härteintervall von nur 30° C gegenüber 60—70° C bei denen alter Zusammensetzung. Dies stellt natürlich an die Treffsicherheit der Härterei große Ansprüche.

2. Die Verwendung der Schnellarbeitsstähle.

Die nachfolgende Aufstellung gibt einen Überblick über die Verwendungszwecke der einzelnen Schnellarbeitsstähle.

ABC III	für alle Verwendung als Dreh- und Hobelmeißel, Fräser, Spiralbohrer, Reibahlen, Räumnadeln, Kreissägen.
B 18	für allgemeine Verwendung, große Härteunempfindlichkeit und gute Schnittleistung.
ABC II	allgemeiner Werkstättenbedarf, besonders härte- und schleifunempfindlich. Auch als Schweißzusatzstoff für Auftragschweißungen.
ABC II (Guß)	Schweißzusatzwerkstoff.
ABC III W 1	Gewindebohrer, Gewindefräser, Drehlinge.
D	für Werkstoffe über 40 kg/mm² Zugfestigkeit, Hochleistungsspiralbohrer, Reibahlen, Drehstähle, Zahnsegmente.
EV 4	alle Werkstoffe über 100 kg/mm² Zugfestigkeit Grauguß und Kunststoffe.
ECo 3	für höchste Beanspruchungen. Werkzeuge mit schwer herzustellenden Formen. Beständigkeit in der Rotglut. Auch als Zusatzwerkstoff für Auftragschweißungen.
ECo 3 (Guß)	Schweißzusatzwerkstoff.
E 18 Co 5	für Dreh-, Stoß- und Hobelmesser, sowie für höchstbeanspruchte Fräser bei Schrupparbeiten mit starker Wärmebeanspruchung.
EV 4 Co	zum Bearbeiten von Werkstoffen hoher Festigkeit unter guten Schnittbedingungen oder bei hoher Verschleißbeanspruchung.

3. Maßnahmen zur Leistungssteigerung bei Schnellarbeitsstählen.

Nachdem man bisher auf Grund der metallurgischen und härtetechnischen Erkenntnisse das Höchstmaß an Leistungsfähigkeit bei den Schnelldrehstählen erreicht hatte, mußte man zwecks weiterer Steigerung andere Wege gehen. Es handelt sich vor allen Dingen darum, die Werkzeuge verschleißfest zu machen, um auch bei großen Stückzahlen noch die vorgeschriebene Genauigkeit einhalten zu können. Es wird angestrebt, die Aufbauschneide zu verhindern, Kaltverschweißungen und jeglichen Verschleiß zu vermeiden. Zusätzlich soll auch eine Verbesserung des Spanablaufes erzielt werden. Der Kolkverschleiß mit der großen Wärmebeanspruchung tritt bei den neueren Zerspanungsverfahren immer mehr in den Hintergrund.

Hierzu gibt es drei Möglichkeiten[1].
a) Das Hartverchromen.
b) Das Nitrieren.
c) Das Karbonitrieren (Zyanieren).

Bei allen drei Verfahren ist anzustreben, daß das fertige Werkzeug eine Oberflächenbehandlung erfährt und weder eine folgende Wärmebehandlung noch eine spanabhebende Bearbeitung des Werkzeuges notwendig macht. Da die Anlaßtemperaturen der Schnelldrehstähle bei 540–570° C liegen, darf für diese Oberflächenbehandlung die Temperatur von 500° C nicht überschritten werden, um der Vorteile des Anlassens nicht verlustig zu gehen.

Die Schichten, die durch diese Verfahren zum Zweck einer Verbesserung der Verschleißfestigkeit aufgebracht werden, sind so dünn, daß eine Nacharbeit der Schneidkanten beispielsweise durch Schleifen höchstens bei der Schicht-Verchromung möglich ist. Die Verfahren kommen für Hartmetalle nicht in Frage, da sie keine Verbesserung bringen.

a) Das Hartverchromen.

Bei diesem Verfahren werden die Werkzeuge aus Schnellstahl im elektrolytischen Verfahren mit einer Chromschicht überzogen. Diese Schicht muß sehr hart und fein kristallin sein. Daher auch die Bezeichnung Hartverchromung im Gegensatz zu Glanzverchromung.

Die *Glanzverchromung* dient meist Dekorationszwecken. Sie wird fast immer mit Zwischenschicht, wie Nickel oder Kupfer, ausgeführt. Diese Chromschicht ist unter 0,002 mm dick.

Bei der *Hartverchromung* dagegen wird das Chrom unmittelbar auf den Grundwerkstoff aufgebracht. Die Dicke der Schicht schwankt je nach den Betriebsverhältnissen zwischen 0,05 und 0,3 mm.

---

[1] Das Schrifttumsverzeichnis befindet sich am Schluß dieses Kapitels.

Die Haftfähigkeit der Chromteilchen untereinander und auf dem Grundwerkstoff ist aber nicht übermäßig groß. Bei spezifischen Schnittdrücken von 230—260 kg/mm² wird die Chromschicht leicht rissig und platzt ab. Zu alledem erweicht Hartchrom bei Temperaturen über 400° C. Daher beschränkt sich das Anwendungsgebiet auf Werkzeuge mit geringem Spandruck und Arbeitstemperaturen unter 400° C. Das Drehen von Stahl und Gußeisen kann daher nicht empfohlen werden. Bei Messing, Leichtmetall, Zink und Kunststoffen ist der Erfolg gut. Hier erreicht man eine Verlängerung der Verschleißstandzeit bis zum Zehnfachen.

SCHALLBROCH fand nachstehende Erhöhung der Verschleißstandzeit gegenüber einem unverchromten Meißel aus Werkzeugstahl mit 1,1% C und 1,2% Cr durch Hartverchromung des gleichen Werkzeuges.

Werkstoff	Chrombad mit Schwefelsäure als Fremdsäure		Chrombad mit Flußsäure als Fremdsäure	
	Schichtdicke 10 μ	Schichtdicke 50 μ	Schichtdicke 10 μ	Schichtdicke 50 μ
Al-Automaten-Leg.	2fache (Verschleißstandzeit)	—	3fache	
Zink-Leg.	3fache	—	4fache	—
Hartgewebe	3fache	10fache	6fache	11fache

Durch stark kühlende Schneidflüssigkeit konnten bei Zerspanung an einer siliziumhaltigen Aluminiumkolbenlegierung mit verchromten Meißeln aus Werkzeugstahl Standzeiterhöhungen von etwa dem 25fachen der ursprünglichen Standzeit erzielt werden.

Die Standzeiterhöhung war bei den hartverchromten Schnellstahlwerkzeugen wesentlich geringer als bei den hartverchromten Werkzeugstählen.

Man unterscheidet nun noch die Schichtverchromung und die Hauchverchromung.

Die *Schichtverchromung* wird so durchgeführt, daß abgenutzte und nicht mehr maßhaltige Werkzeuge mit einer Chromschicht versehen werden, die das Fertigmaß des Werkzeuges übersteigt. Dicke der Schicht 0,02—0,03 mm. Durch nachträgliches Schleifen auf Fertigmaß wird das abgenutzte Werkzeug wieder gebrauchsfähig. Dieses Verfahren läßt sich ohne weiteres wiederholen. Es hat sich bei Spiralbohrern, Senkern und Reibahlen bewährt.

Die *Hauchverchromung*. Bei diesem Verfahren wird auf fabrikneue Werkzeuge eine schwache (hauchartige) Chromschicht von 0,005 bis 0,007 mm Dicke aufgetragen, ohne die Abmessungen mehr als zulässig zu verändern. Das Werkzeug darf nicht nachgearbeitet werden. Der Zweck ist ausschließlich, das Werkzeug verschleißfester zu machen und den Spanablauf zu verbessern. Das Verfahren ist für Reibahlen, Fräser und Formstähle zu empfehlen.

Durch Betriebserprobung von verschiedenen hartverchromten Schneidwerkzeugen im Vergleich mit nichtverchromten wurde folgendes festgestellt.

Schwere Schruppstähle zeigen nur eine unwesentliche Leistungssteigerung, da die Chromschicht an den Spitzen ausbröckelt. Die Chromschicht hält bei mehr als 400° C nicht mehr stand. Bei Bearbeitung von Stahl lohnt sich der Aufwand überhaupt nicht.

Bei Einstech- und Abstechstählen ergab sich eine gute Leistungssteigerung. Hierbei empfiehlt es sich, die Spanfläche zu verchromen und Freiflächen nachzuschleifen.

Hobelstähle für Zahnradstoßmaschinen sind zur Verchromung nicht geeignet.

Beim Ausreiben von Bohrungen ergibt sich bei hauchverchromten Reibahlen eine Leistungssteigerung von 50—100%. Jedoch darf nicht mit zu kleiner Zugabe gearbeitet werden. Das Hartverchromen von Reibahlen aus Schnellstahl bringt keinen Erfolg. Die Reibahlen sollen eine Dicke der verchromten Schicht bekommen von 0,005—0,008 mm. Verchromte Schneiden sollen eine Schichtdicke von 0,003—0,005 mm bekommen.

Bei Spiralbohrern ergeben sich Vorteile beim Bohren von Baustählen mit 40—60 kg Festigkeit. Die Bohrer wurden ganz verchromt, und beim Schleifen blieb die Chromschicht sowohl an der Spanfläche wie auch an der Fase unversehrt. Beim Bohren von Stählen hoher Festigkeit wurde der Spandruck zu hoch, und die Hartchromschicht bröckelte ab.

Schrifttum zum Verfahren des Hartverchromens.

SAWIN, N. N., Erfahrungen mit dem Hartverchromen von Schneidwerkzeugen. Masch.-Bau der Betrieb 21 (1942) S. 11.

BALSTER, H. u. LEMCKE, W., Hartverchromungsversuche an Schneidwerkzeugen aus Schnelldrehstahl. T. Z. für prakt. Metallbearbeitung 52 (1942) S. 23.

KRAMER, Die Hartverchromung. Verlag G. Heinze, Leipzig, S. 3.

OPITZ, H., Wirtschaftliches Zerspanen. T. Z. für prakt. Metallbearbeitung 52 (1942) S. 67.

MACCHIA, O., Le chromage elektrolytique. Paris, Dumod 1940.

SCHALLBROCH, H. u. HIELSCHER, H., Hartverchromung von Drehwerkzeugen, Vorteile und Grenzen. Z. VDI. Bd. 88 (1944) Nr. 23/24, S. 321—326.

b) Das Nitrieren von Werkzeugen.

Die ersten grundlegenden Ergebnisse über das Nitrieren (auch oft Versticken genannt) haben die Arbeiten von FRY gebracht. Hierbei kam man zu den folgenden beiden wichtigen Erkenntnissen.

a) Man muß den Stahl unterhalb 580° C nitrieren.

b) Bei Anwesenheit von Vanadin, Aluminium, Molybdän usw. im Stahl wird der Stickstoff leichter und schneller aufgenommen.

Durch die Einbringung von Stickstoff in die Randzone wird eine beachtliche Härtesteigerung und Verbesserung der Verschleißfestigkeit erreicht. Es lag also nahe, die Nitrierung auch bei Schnellstahl anzuwenden. Als technisch beste Lösung des Verfahrens verwendet man heute ausschließlich Salzbäder zur sog. Badnitrierung. Es wird aber lediglich eine Steigerung der Oberflächenhärte, aber keine Verbesserung der Rotgluthärte erreicht. Daher eignet sich das Verfahren für solche Werkzeuge, die auf Verschleiß beansprucht werden — Gewindefräser, Reibahlen usw.

Die angelassenen und fertiggeschliffenen Werkzeuge werden in ein Nitrierbad gebracht, dessen Temperatur 10—20° unter der letzten Anlaßtemperatur, also bei etwa 530—550° C, liegt. Je höher die Temperatur ist, um so geringer ist die erzielte Härte und um so größer die Härtetiefe.

Die Dauer der Badnitrierung beträgt je nach den Abmessungen 10 bis 90 min, die Stärke der Nitrierschicht beträgt nach einer Stunde Nitrierzeit 0,045 mm.

Es ergeben sich Standzeitverlängerungen um das 2—4fache.

Man kennt auch noch das sog. Gasnitrieren, wobei das Nitrierhärten in stickstoffabgebenden Gasen erfolgt. Dieses Verfahren hat sich jedoch für die Werkzeugbehandlung nicht durchgesetzt, da es zu lange Zeit in Anspruch nimmt. Das Nitrieren hat dem Verchromen gegenüber den großen Vorteil, daß keine Schicht aufgebracht wird, die sich ablösen kann, sondern der Schneidstoff selbst durch Diffusion eine Härtesteigerung erfährt.

Werkzeugstähle können wegen der hohen Badtemperatur nicht nitriert werden, da sie durch Anlaßwirkung ihre Härte verlieren.

Schrifttum zum Verfahren des Nitrierens.

OPITZ, H., Wirtschaftliches Zerspanen. T. Z. für prakt. Metallbearbeitung 52 (1942) S. 67.

Nitrieren: Machinist 3. 9. 1941. S. a. Auszug in Werkstatt und Betrieb 80 (1947) S. 73. Werkstoffblätter des Vereins Deutscher Eisenhüttenleute, Schnellarbeitsstähle 520—46.

ALBRECHT, C., Leistungssteigerung von Schnellstahlwerkzeugen durch Nitrieren. T. Z. für prakt. Metallbearbeitung 52 (1942) S. 252.

c) Das Karbonitrieren von Schnellarbeitsstahlwerkzeugen (Zyanieren).

Unter Zyanieren versteht man eine Warmbehandlung von Werkzeugen aus Schnellstahl in zyanhaltigen Salzbädern. Das Zyanieren unterscheidet sich vom Nitrieren dadurch, daß das Werkzeug in seinem Grundgitter Kohlenstoff aufnimmt und an der Oberfläche gleichzeitig eine

Nitrierung (Verstickung) erfolgt. Daher sollte man, wie dies auch in USA. üblich ist, dieses Verfahren als Karbonitrieren bezeichnen. Beim Nitrieren allein wird nur Stickstoff aufgenommen. Die Zyanierung erfolgt bei Temperaturen zwischen 500—580° C, so daß also für die Behandlung nur die Schnellstähle geeignet sind. Eine Zyanierung von unlegiertem Werkzeugstahl ist nicht möglich, da die Temperatur zu hoch ist.

Als Mittel werden gebrauchsfertig gelieferte Salzgemische aus Natriumzyanid und Kalziumzyanid verwendet.

Die Zeit und die Temperatur stehen in Wechselbeziehung, weil sie Eindringtiefe und Oberflächenhärte beeinflussen. Man erreicht nach 1 bis 2 Stunden eine Karbonitrierschicht von 0,05 mm. Bei Gasnitrierung braucht man dazu 60—80 h.

Durch die Zyanierung wird der Widerstand gegen Verschleiß erhöht und der Spanablauf verbessert.

Bei der Durchführung der Zyanierung gibt es 3 Möglichkeiten:
1. Nach dem Härten, jedoch vor dem Anlassen.
2. Nach dem Härten und Anlassen, jedoch vor dem Schleifen.
3. Nach dem Schleifen des Werkzeuges.

Zu 1. Dieses Verfahren ist das älteste und besteht eigentlich nur im Abzweigen des auf Härtetemperatur befindlichen Werkzeuges in ein Zyanabkühlbad von 500°. Es ist dies eigentlich eine Stufenhärtung, die aber eine Erhöhung der Oberflächenhärte mit sich bringt. Die Steigerung der Oberflächenhärtung erfolgt durch die Diffusion von Stickstoff und Kohlenstoff.

Zu 2. Dieses Verfahren wird dann angewendet, wenn die Freifläche nach dem Anlassen nicht mehr geschliffen werden muß. Es sind dies im wesentlichen die Werkzeuge, bei denen die Freifläche vom Verschleiß beansprucht wird. Hierzu gehören hinterdrehte oder hinterfräste Formfräser, Schnellstahlgewindebohrer ohne geschliffene Flanken, hinterdrehte Formbohrer und -senker. Die Werkzeuge werden erst nach dem vorschriftsmäßigen Anlassen in das Zyanbad gebracht. Die Werkzeuge werden später nur an der Spanfläche nachgeschliffen, während die Zyanschicht an der Freifläche erhalten bleiben muß.

Zu 3. Dieses Verfahren hat die größte Bedeutung und wird angewendet bei Spiralbohrern, Senkern, Reibahlen usw. Falls die Werkzeuge nachgeschliffen werden müssen, ist unter Umständen eine neue Zyanierung erforderlich.

Die durch Karbonitrieren erreichbare Verbesserung der Standzeit.

Die Zyanierung hat sich auch bei der Bearbeitung von Stählen hoher Festigkeit bewährt. Bei einem hinterschliffenen Gewindefräser ergab sich, daß man mit dem zyanierten Gewindefräser 2000 mm bei nur 50 μ

Schneidkantenversetzung fräsen konnte, gegenüber 800 mm Länge bei 65 μ Schneidkantenversetzung des nichtzyanierten Gewindefräsers.

Bei hinterdrehten Fräsern zeigte sich ein ähnliches Bild.

Spiralbohrer und Senker werden mit gutem Erfolg zyaniert. Man kann annehmen, daß mit einem zyanierten Spiralbohrer eine Mehrleistung von mindestens 50% erreicht wird.

Die beste Wirkung zeigt das Zyanieren bei Reibahlen. Hier ergibt sich eine Lebensdauer bis zum 20fachen.

Schrifttum zum Verfahren des Karbonitrierens (Zyanieren).

BAERLACKEN, E. F. u. W. LEINEKE, Verstickung von gehärteten Schnellarbeitsstählen in Zyanbändern. Stahl u. Eisen 60 (1940) S. 1190—1192.

GERLAND, J., Machinery London 54 (1939) S. 168—171.

STICKNIKOW, D., Metalling 12 (1937) S. 77—83.

MORRISON, I. A. u. GILL, Trans. Amer. Soc. Met. 27 (1939) S. 935—1014.

JONES, Metal Tretment 3 (1937) S. 165—170.

SCHAUMANN, H., Zyanieren von Schnellstahlwerkzeugen. Masch.-Bau der Betrieb 21 (1942) S. 375.

d) Die Tiefkühlung beim Härten von Schnellarbeitsstahl.

Die Tiefkühlung von Schnellarbeitsstahl gehört ebenfalls zu dem Verfahren, für eine gegebene Legierung noch eine Leistungssteigerung zu erreichen[1].

Die Auswirkung der Tiefkühlung ist jedoch von der vorausgegangenen Wärmebehandlung abhängig. Unter Tiefkühlung bei Schnellstählen versteht man die Behandlung bei Temperaturen von mindestens $-50°$ C und darunter. Hierdurch erreicht man, daß die Umwandlung des Austenits vollständiger wird und der gebildete Martensit feiner ist. Man führt dies auf die ungeheuren Drücke zurück, denen die Werkzeuge bei diesen tiefen Temperaturen ausgesetzt sind.

Es besteht noch keine Klarheit, ob die Tiefkühlung unmittelbar nach dem Anlassen angewendet werden soll. Bei dem geringen vorliegenden Versuchsmaterial ist es daher von Interesse, die nachfolgenden Ergebnisse mit der genauen Behandlungsangabe zu bringen.

Schnellstahl in Plättchenform mit der Analyse C = 0,84, Mn = 0,32, Cr = 4,0, W = 5,28, Mo = 4,26 und V = 1,72% wurde nachstehenden Wärmebehandlungen unterworfen:

1. Vorwärmen auf 870° C, austenitisieren bei 1220° C, abschrecken in Salz auf 570° C, abkühlen in Luft auf 40—60° C. Zweimaliges Anlassen bei 570° C je 2 Stunden.

---

[1] STEWART, M. de Poy, Steel 18. 7. 45, S. 122, 163. Effect of Prior Treatment on Result of Sub-Zero-Process in Hardening High-Speed Steel. — ERNST KUNZE, Die Tieftemperaturbehandlung von Stählen, Stahl u. Eisen 70 (1950) Nr. 6, S. 227 bis 233. Dort ausführliche Schrifttumsangaben.

2. Vorwärmen auf 870° C, austenitisieren bei 1220° C, abschrecken in Salz auf 570° C und abkühlen in Luft auf 40–60° C. Tiefkühlen auf −73° C für 3 Stunden. Zweimaliges Anlassen bei 570° C für 2 Stunden.

3. Vorwärmen auf 870° C, austenitisieren bei 1220° C, abschrecken in Salz auf 570° C für 2 Stunden und abkühlen in Luft auf 40–60° C. Anlassen bei 570° C für 2 Stunden. Tiefkühlen auf −73° C für 3 Stunden. Anlassen bei 570° C für 2 Stunden.

4. Ebenso wie unter 1., jedoch Tiefkühlung nach dem zweimaligen Anlassen auf −73° C für 3 Stunden.

Mit diesen so behandelten Schnellstahlplättchen wurde dann im Trockenschnitt ein Stahlrohr von einer Rockwell-Härte 38–42 bearbeitet mit nachstehenden Ergebnissen:

Behandlung	Leistung bis zum Nachschleifen	Erhöhung der Leistung
1	5,7	—
2	6,7	17,5%
3	8,3	45,7%
4	7,5	31,5%

Demnach hatte die Behandlung 3 das beste Ergebnis. Die mit Formstählen zur Kontrolle durchgeführten Versuche brachten die Bestätigung der vorstehenden Werte.

Es ist allerdings noch die Frage offen, ob man nicht auch eine weitgehende Umwandlung des Restaustenits durch richtiges doppeltes Anlassen zuverlässig und billig erreichen kann.

Das Tiefkühlverfahren ist nicht allein auf Schnellstahlwerkzeuge beschränkt. Seit vielen Jahren wird es bei Lehren angewendet, um die Umwandlung des Austenits zu vervollständigen. Man kann z. B. bei einem 12 proz. Chromstahl eine Härte von 67–68 Rc erreichen.

Es läßt sich auch auf niedriglegierte Stähle und Nichteisenmetalle ausdehnen. Hierbei kommt man mit einer Temperatur von −50° C aus.

Die Tiefkühlung darf nicht mit der auf S. 350 erwähnten Starkkühlung von Emulsionen für die Zerspanung verwechselt werden. Diese werden auf +2 bis +3° C gekühlt, um ein größeres Kühlvermögen und Wärmegefälle zu erzielen.

e) Das Auftragschweißen von Schnellarbeitsstahl.

Die Auftragschweißung, ganz allgemein betrachtet, bringt große Ersparnisse, da der einer Verschleiß- oder Wärmebeanspruchung unterliegende Teil eines Werkstückes wieder hergerichtet und in den alten Zustand versetzt werden kann. Der nicht an der Beanspruchung teilnehmende Teil des Werkstückes kann aus normalen Stahl genügender Festigkeit bestehen.

Dieses Verfahren wird mit bestem Erfolg bei Abgratschnitten, bei Schnitten für Kaltarbeit, bei Baggerzähnen, -schienen, Brikettschwalbungen, Rachenlehren, Ventilkegel und vielen anderen Fällen angewendet.

Es lag daher nahe, im Zuge einer sparsamen Verwendung von Schnellarbeitsstahl, dieses Verfahren nicht nur auf die Reparatur, sondern auch auf die Neuanfertigung von Schnellstahlwerkzeugen auszudehnen.

Man kann sagen, daß dies sehr gut gelungen ist. Es ergänzt daher die bisher üblichen Sparmaßnahmen für das große Gebiet der übrigen Werkzeuge in besonders wertvoller Weise.

Die Auftragsdrähte für Schnellarbeitsstahlwerkzeuge sind in nachstehender Tabelle zusammengestellt:

Tabelle 6. *Die Auftragsdrähte für Schnellarbeitsstahl.*

Bezeichnung nach SEL (1948)	Chemische Zusammenstellung								Markenbezeichnung
	C %	Si %	Mn %	Cr %	Mo %	V %	W %	Co %	
82 WV 34 19	0,78 0,85	— 0,25	— 0,25	3,5 4,0	(0,3)[1] —	1,8 2,0	7,50 8,0	—	Schnellarbeitsstahl ABC II
G 90 WV 34 19	0,85 1,0	0,8 1,0	0,4 0,6	3,5 4,0	0,3[1]	1,8 2,0	7,5 8,0	—	,, ,, (gegossen)
G 110 MoVW 23 23	1,0 1,15	0,8 1,0	0,4 0,6	3,5 4,0	2,2[2] 2,5	2,2 2,5	1,2[2] 1,5	—	Schnellarbeitsstahl ABC III W1
91 WCoV 38 11	0,87 0,95	— 0,25	— 0,25	3,5 4,0	—	1,9 2,2	9,3 10,0	2,5 3,0	Schnellarbeitsstahl ECo 3
G 95 WCoV 38 11	0,9 1,05	0,8 1,1	0,4 0,6	3,5 4,0	—	1,9 2,2	9,3 10,0	2,5 3,0	,, ,, (gegossen)

Man hat die Zahl der Auftragsdrähte für Reparatur und Neuanfertigung von Schnellstahlwerkzeugen bewußt gering gehalten, um die Lagerhaltung zu vereinfachen und die Reparaturkolonnen nicht unnütz zu belasten.

Schrifttum.

RAPATZ-HUMMITZSCH-SCHÜTZ, Hochwertige Auftragschweißungen. Autogene Metallverarb. 33 (1940).

HUMMITZSCH, Hochwertige Auftragschweißung bei Werkzeugen. Autogene Metallbearbeitung 37 (1944) S. 123—129.

HUMMITZSCH-SCHMIDT, Neuanfertigung von spanabhebenden Werkzeugen durch Lichtbogenschweißung. Fertigungstechnik 2 (1944) S. 35/36.

HAUFE, W., Die Auswahl des Schweißverfahrens beim Schweißen von Schnellstahlwerkzeugen. Fertigungstechnik 2 (1944) Nr. 12, 3 (1945) Nr. 1, Werkstatt und Betrieb 79 (1946) S. 138—142.

KREKELER, K. u. KAUHAUSEN, E. Das Standzeitverhalten von Drehmeißeln, die aus Vollmaterial und durch Auftragsschweißung hergestellt sind. Werkstatt und Betrieb 83 (1950), S. 434—438.

Zum Abschluß des Abschnittes über Werkzeugstahl und Schnellarbeitsstahl zeigt Abb. 1 die Erzeugung dieser Stähle im Zusammenhang mit der Rohstahlerzeugung[1].

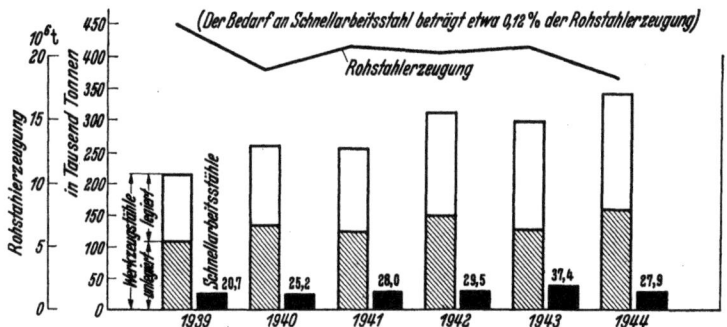

Abb. 1.
Die Erzeugung von Werkzeugstahl, Schnellarbeitsstahl und Rohstahl in den Jahren 1939–1944.

E. Die Hartmetalle.

Von den Schneidstoffen haben die sog. Hartmetalle (oft auch Schneidmetalle genannt) in den letzten Jahren die bedeutendste und dem Umfang der Verwendung nach die größte Entwicklung genommen.

Man unterscheidet drei Gruppen:
1. Die gegossenen Stellite (meist Hartlegierungen genannt).
2. Die gegossenen Hartmetalle.
3. Die gesinterten Hartmetalle.

Es sei gleich vorweggesagt, daß die Gruppen 2 und 3 ausschließlich in Deutschland, die Stellite dagegen in Amerika entwickelt wurden. In der Zerspanungstechnik hat die Gruppe 3 das größte Anwendungsgebiet gefunden.

1. Die gegossenen Stellite.

Den ersten Schritt auf diesem Gebiet hat HAYNES 1907 getan. Er nannte die neue Legierung Stellit. Der Name kommt vom lateinischen stella (Stern). In geschliffenem Zustand haben die Werkzeuge, die aus dieser Legierung hergestellt sind, einen Glanz wie ein heller Stern. Die gebräuchlichsten Legierungen sind auf der Grundlage Kobalt, Chrom, Wolfram aufgebaut und enthalten noch ziemlich viel Eisen.

---

[1] SCHMITZ, H., Die Erzeugung der deutschen Eisenindustrie von 1938—1944. Stahl und Eisen 66/67 (1947) S. 48—56.

Als Richtanalyse kann etwa folgende Zusammensetzung gelten.

C	W	Cr	Co	Fe
%	%	%	%	
3,0	17	25	35	Rest

Die Formgebung erfolgt durch Gießen in Metall- oder Sandformen.
Die spanabhebende Verformung ist zur Fertigbearbeitung des Gusses durch Hartmetalle der Gruppe 3 oder durch Schleifen möglich.
Eine Wärmebehandlung ist nicht erforderlich.
Als Haltermaterial für die Formstückchen wird Stahl von 60 bis 70 kg/mm^2 Festigkeit (St 60.11, St 70.11) benutzt. Die Befestigung erfolgt durch Hartlöten meistens mittels der elektrischen Widerstandserwärmung. Es ist auch ein Auftropfen durch Abschmelzen vom Stäbchen mittels der Sauerstoff-Azetylenflamme möglich. Dieses Verfahren ist wegen der großen Materialersparnis sehr verbreitet. Die gegossenen Stellite sind verschleißfest und haben eine gute Rotgluthärte. Die große Sprödigkeit beeinträchtigt jedoch die Verwendung für Schneidwerkzeuge bei Stahl und Metallen sehr.

Sie werden außerdem für Warmarbeitswerkzeuge und Preßwerkzeuge mit hoher Verschleißbeanspruchung verwendet.

Zur Bestückung von Schrämpicken, Erdbohrmeißeln, Ventilkegeln und Tastflächen von Lehren haben sie sich gut bewährt.

Die gegossenen Stellite wurden vorzugsweise in Amerika entwickelt. Daher war der Verbrauch auch immer höher als der von Hartmetall. Es kommt noch hinzu, daß dort der Preis der Stellite bedeutend niedriger ist.

2. Die gegossenen Hartmetalle.

Die gebräuchlichsten Legierungen sind aus ungesättigten Karbiden des Wolframs, denen noch andere Metalle beigegeben werden, hergestellt. Eine typische Zusammensetzung ist z. B. folgende:

C	W
%	%
3—4,2	95,8—97

Ihre Herstellung im Kohlerohr-Widerstandofen mit Schmelzgefäßen aus Graphit ist bedingt durch die hohen Schmelzpunkte der Karbide, die zwischen 2500—3000° C liegen. Die Formgebung und Weiterbearbeitung erfolgt wie bei den gegossenen Stelliten. Eine Wärmebehandlung vor der Benutzung ist ebenfalls nicht erforderlich. Die Hartmetalle dieser Gruppe sind sehr hart und verschleißfest, aber auch sehr spröde.

Als Verwendungszwecke kommen in Frage: Ziehsteine für feine Drähte, Lagersteine für Uhren und Meßinstrumente, Düsen von Sandstrahlgebläsen und Bohrkronenbestückung. In Pulverform wird es auch für

Schleifzwecke verwendet. Für spanabhebende Formgebung sind die Legierungen mit Ausnahme der Bohrkronen durch die *gesinterten* Hartmetalle ersetzt.

3. Die gesinterten Hartmetalle.
a) Zusammensetzung und Anwendungsgebiete der Hartmetalle.

Die Hartmetalle dieser Gruppen bestehen aus den gesättigten Karbiden, des Wolframs und Titans, denen dann noch je nach Verwendungszweck 6—15% Co als Grundmasse und Bindemetall zugesetzt wird. In einigen Fällen werden auch geringe Prozentsätze von Nickel, Niob und Tantal beigefügt.

Die nachstehende Tabelle gibt einen Überblick über die Zusammensetzung und Eigenschaften der deutschen genormten Hartmetalle.

Tabelle 7. *Zusammensetzung der deutschen genormten Hartmetalle.*

Marke	Bezeichnung SEL[1]	C %	Co %	Ti %	W %	Sonstiges %
S 1	W 74 Ti 13	7,5	6	13	73	
S 2	W 74 Ti 10	7,5	8	11	73	
S 3	W 83 Ti	6,0	7	4	83	
G 1	W 88 Co	6,0	6	—	88	
G 2	W 84 Co	5,5	11	—	83	
G 3		5,0	15	—	80	
H 1		6,0	6	—	88	
H 2	W 86 Nb	6,0	7	—	85	1,5 Nb + Ta,
F 1	W 68 Ti 18	8,0	6	18	67	0,5 N_2
G 4			20		80	

Die titanfreien Legierungen haben eine ältere Entwicklung als die titanhaltigen. Die Herstellung der gesinterten Hartmetalle unterscheidet sich von der der gegossenen. Bei den gesinterten Hartmetallen werden erst Körper aus Metallpulver, die in der Presse vorgeformt wurden, bei 700—900° C vorgesintert. Die Sinterung ist eine Wärmebehandlung, die das Schmelzen zur Herstellung fester Körper ersetzt. Es erfolgt bei Temperaturen unterhalb der Schmelzpunkte des betreffenden Metallpulvers oder des am höchsten schmelzenden Bestandteiles des Gemisches. Man findet auch oft den Ausdruck „Fritten" (Fritter der Kohärer in der Elektrotechnik)[2]. In der Keramik gebraucht man bei Vorhandensein einer flüssigen Phase den Ausdruck sintern und bei einer festen Phase den

---

[1] Stahl-Eisen-Liste des Vereins deutscher Eisenhüttenleute (SEL).
[2] KIEFFER, R. u. W. HOTOP, Pulvermetallurgie und Sinterwerkzeuge. Berlin: Springer 1943.

Ausdruck Fritten. KIEFFER und HOTOP schlagen vor, es bei dem Ausdruck Sintern zu belassen.

Man hat nun früher lange Stangen und große Platten, wie oben angegeben, vorgesintert und sie dann durch spanabhebende Formgebung zerlegt und in die endgültige Form, das Plättchen, gebracht. Diese Teile wurden dann im Wasserstoffstrom bei 1350—1700° C fertig gesintert.

In neuerer Zeit hat man dieses Verfahren grundlegend geändert. Die Voraussetzung hierzu war jedoch, daß von jeder Hartmetallsorte und von jeder Plättchenabmessung große Stückzahlen angefertigt werden konnten.

Man begann daher die Hartmetallsorten einzuschränken und die Anzahl der Plättchen noch weiter, gemäß DIN 4966, zusammenzustreichen. Es gelang, mit nur 9 Hartmetallsorten auszukommen. Die große Anzahl von 350 Werksnormen für Plättchen wurde auf 41 DIN-Formen herabgesetzt.

Durch unermüdliche Aufklärungsarbeit gelang es darüber hinaus noch, daß 85% aller bestellten Hartmetallplättchen zu diesen DIN-Formen gehörten. Nunmehr konnte man richtige Massenherstellungsverfahren einführen. Es gelang durch automatisches Pressen, das Pulver gleich zu den formgerechten Normplättchen zu pressen und in einem Arbeitsvorgang fertig zu sintern. Dieses Verfahren brachte nicht nur eine Einsparung an Wolfram, sondern auch eine große Leistungssteigerung. Es ist aber auch ein Beweis für den Nutzen der Normung und deren Gebrauch in der Praxis.

Zwecks Einsparung von Wolfram wurde auch ein wolframfreies Hartmetall mit nachstehender Zusammensetzung entwickelt.

Titankarbid	Vanadinkarbid	Nickel
45%	45%	10%

Dieses Hartmetall eignet sich auch für die Zerspanung von Stahl. Es kann nach dem vorstehend beschriebenen Drucksinterverfahren hergestellt werden.

Den Anwendungsbereich der genormten Hartmetallegierungen zeigt nebenstehende Zusammenstellung.

Wie aus dieser Zusammenstellung hervorgeht, kann man also alle vorkommenden Werkstoffe mit gutem Erfolg durch die gesinterten Hartmetalle zerspanen bzw. verformen. Als allgemeine Richtlinie kann gelten, daß alle Stahlsorten mit titankarbidhaltigem und alle übrigen Werkstoffe mit wolframkarbidhaltigem Hartmetall zerspant werden.

Das Hartmetall wird in fast allen Fällen als Plättchen auf einen Halterwerkstoff hart aufgelötet. Neuerdings sucht man das Löten zu vermeiden, indem man die Plättchen nur klemmt. Man muß aber für eine gute Unterstützung sorgen. Ein Aufschweißen ist nicht möglich. Als Haltermaterial soll je nach der Beanspruchung St 60.11 bis 80.11 (60 bis 80 kg/mm^2) verwendet werden.

Die Hartmetalle.

Marke		Kennfarbe	Anwendungsgebiete
S 1	mit Titankarbid	schwarz	Werkzeuge zum Drehen von Stahl und Stahlguß bei hohen Schnittgeschwindigkeiten und Vorschüben bis 1 mm/U.
S 2		weiß	Werkzeuge zum Drehen von Stahl und Stahlguß bei mittleren Schnittgeschwindigkeiten und Vorschüben bis 2 mm/U.
S 3		rot	Werkzeuge zum Drehen von Stahl und Stahlguß bei mittleren und niedrigen Schnittgeschwindigkeiten und Vorschüben bis 3 mm/U. Hobelwerkzeuge, Fräser und Bohrer für Stahl und Stahlguß.
F 1		grau	Werkzeuge zum Feinstdrehen und Feinstbohren von Stahl und Stahlguß.
F 2		grau mit Streifen	Werkzeuge zum Feinstdrehen und Feinstbohren von Stahl und Stahlguß bei besonderen Anforderungen an Schnittgeschwindigkeit und Oberflächengüte.
G 1	ohne Titankarbid	blau	Werkzeuge zum Drehen und Hobeln von Gußeisen mit einer Härte bis etwa HB = 200 kg/mm^2, Kupfer, Kupferlegierungen, Leichtmetall, Kunst- und Preßstoffen. Fräser, Reibahlen, Senker, Bohrer für Werkstoffe aller Art. Verschleißteile für den Maschinenbau und für Meßmittel.
G 2		braun	Werkzeuge zur Bearbeitung von Hart-, Schicht- und Preßhölzern, Preß- und Faserstoffen. Schlagbohrwerkzeuge im Bergbau.
G 3			Bearbeitung von Elektrodenkohlen.
G 4			Hochbeanspruchte Matrizen für die Nieten- und Schraubenherstellung.
H 1		gelb	Werkzeuge zur Bearbeitung von Hartguß, Gußeisen mit einer Härte über HB = 200 kg/mm^2, Temperguß, Glas, Porzellan, Hartpapier, Preßstoffen mit stark verschleißend wirkenden Zusätzen Gestein. Werkzeuge zur Bearbeitung von Stählen mit einer Festigkeit über 180 kg/mm^2, besonders bei ungünstigen Schnittbedingungen.
H 2		gelb mit Streifen	Werkzeuge zur Bearbeitung von Hartguß mit einer Härte über 95 Shore. Werkzeuge zur Feinstbearbeitung von harten Gußeisensorten, Bronzelegierungen, Kunststoffen und Gummi.

Dem Schleifen der Hartmetallwerkzeuge kommt eine besondere Bedeutung zu, da sie von allen Stoffen am schwersten zu schleifen sind.

Zunächst muß man unterscheiden zwischen dem Schleifen des Schaftwerkstoffes und dem Schleifen der Hartmetallplättchen.

Zum Schleifen des *Schaftwerkstoffes* wird eine Korundscheibe der Körnung 46 und der Härte L benutzt. Die Schleifscheibengeschwindigkeit soll bis zu 30 m/s betragen.

Die Herrichtung des Plättchens selber erfordert aber mehrere Arbeitsgänge.

Man muß schleifen, läppen und polieren. Beim Schleifen unterscheidet man wieder Grob-, Schlicht- und Feinschleifen. Man verwendet nur Siliziumkarbidscheiben und gegebenenfalls Diamantscheiben.

Zum Grobschleifen Körnung 46 und Härte I und zum Feinschliff 80 evtl. bis 150 und Härte H–L.

Diese beiden Operationen dienen dem Schärfen der Schneidkante und dem Maßglätten der Frei- und Spanfläche.

Beim Schleifen von Hartmetall ergeben sich keine Kommaspäne, sondern es findet eine pulverförmige Abtragung statt.

Daran anschließend folgt das Läppen mittels lose aufgetragener Schleifmittel. Es dient der Verbesserung der Oberflächen und Kanten. Daran anschließend empfiehlt es sich noch zu polieren, um eine weitere Herabsetzung der Oberflächenrauhigkeit zu erreichen. Hierbei verwendet man mit gutem Erfolg Diamantscheiben. Eine genaue Schleifvorschrift geben J. HINNÜBER u. F. HETTICH im Werkstattblatt 62 (1949), C. Hanser Verlag München.

b) Die besondere Eignung der Titankarbide für die Zerspanung von Stahl.

Nach neuester Auffassung[1] bildet das Titankarbid einen zähen Oxydfilm, der die Neigung zum Auskolken und Abbröckeln der Schneidkante verringert. Die Reibungszahl zwischen dem Hartmetall und dem ablaufenden Span wird herabgesetzt. Eine Abnutzung setzt erst dann ein, wenn die Oxydschicht abgerieben oder zerstört ist.

Bei der Betrachtung des Verschleißes von Hartmetallen, insbesondere bei Drehmeißeln, hat man in neuerer Zeit dadurch wichtige Erkenntnisse gewonnen, daß man die Diffusion und die Verschweißungsneigung der sich berührenden Werkstoffe untersuchte[2]. Beim Abrollen eines Spanes über die Spanfläche des Werkzeuges werden feine Teilchen des Werkstoffes aufgeschweißt, die man dann als Aufbauschneide bezeichnet[3].

Wenn die Schnittgeschwindigkeit gesteigert wird, erhöht sich die Temperatur an der Werkzeugschneide. Damit nimmt aber auch die Festigkeit dieser Verschweißungen zu, so daß sich die Aufbauschneide

---

[1] METCALFE, A. G., Metal Treatm. Bd. 13 Nr. 46, S. 127–133.

[2] DAWIHL, W., Der Einfluß von Diffusion und Legierungsbildung auf die Verschleißfestigkeit von Hartmetallegierungen. Z. für techn. Physik Bd. 21 (1940) S. 45 und 336.

[3] Hierüber wurde erstmalig in Stahl und Eisen berichtet. A. WALLICHS und K. KREKELER, Bearbeitbarkeit und Schneidenansatz. Stahl u. Eisen 49 (1929) S. 578.

weiter erhöht. Wenn sie eine gewisse Höhe erreicht hat, vermag sie dem abrollenden Span keinen Widerstand mehr zu leisten und wird abgerissen. Hierbei tritt allmählich eine Lockerung und schließlich ein Herauslösen einzelner Gefügebestandteile aus der Spanfläche des Hartmetallwerkzeuges ein.

Die Aufbauschneide zeigt eine starke Abhängigkeit von der Geschwindigkeit und damit auch von der dieser Geschwindigkeit zugeordneten Temperatur.

Bei niedrigen Geschwindigkeiten sind die Berührungszeiten zwischen Span und Spanfläche so lang, daß starke Verschweißungen auftreten. Bei höheren Geschwindigkeiten nimmt mit geringer Berührung dann die Aufbauschneide ab, so daß auch die Auflockerung des Gefüges der Spanfläche abnimmt.

BALLHAUSEN hat Reibungsmessungen zwischen Stahl und Hartmetallen gemacht. Mit steigender Schnittgeschwindigkeit verbessern sich durch Verfestigung die Gleiteigenschaften des Spanes, so daß die Reibung abnimmt.

R. WALLICHS[1] hat auch festgestellt, daß die Verformung des Spanes mit zunehmender Auskolkung abnimmt und die Schnittkraft sinkt. Sobald aber der zunehmende Freiflächenverschleiß und die Kantenabrundung den erniedrigenden Einfluß der Auskolkung wieder ausgleicht, steigt die Schnittkraft wieder an. Eine Rekristallisation des Spanes hat WALLICHS allerdings nicht beobachtet. Dies mag jedoch an den Zerspanungsbedingungen gelegen haben.

Da die praktische Erfahrung gezeigt hat, daß titankarbidhaltige Hartmetalle den Verschweißungsvorgängen und der Auskolkung größeren Widerstand entgegensetzen als Wolframkarbidlegierungen, hat man die Verschweißungsvorgänge näher untersucht.

DAWIHL hat die Klebetemperatur bestimmt[2]. Hierunter versteht man die Temperatur, bei der ein Würfel von 6 mm Kantenlänge aus Hartmetall bei einem Druck von 300 kg/mm² mit dem Gegenwerkstoff zu verschweißen beginnt.

Die nachfolgende Tabelle zeigt im Vergleich mit Schnellstahl die Klebetemperatur und verschiedene andere Werte, die von Interesse sind.

---

[1] WALLICHS, R., Werkzeugverschleiß insbesondere an Drehmeißeln. Diss. München 1938.

[2] DAWIHL, W., Die Entwicklung der Hartmetallegierungen unter Berücksichtigung der neuesten Forschungsergebnisse. Forschungen u. Fortschritte 17 (1941) S. 17—20.

Tabelle 8. *Vergleich der Eigenschaften von Schnellstahl und Hartmetallegierungen hinsichtlich Härte und Klebetemperatur.*

	Schnellstahl (gehärtet)	Wolframlegierung mit 6% Co	Titanlegierung (15% TiC) mit 6% Co
Druckfestigkeit	300 bis 400 kg/mm^2	425 kg/mm^2	425 kg/mm^2
Quetschgrenze (0,2% bleibende Verformung)	280 kg/mm^2	bis zum Bruch keine bleibende Verformung nachweisbar	
Kegeldruckhärte[1] bei Raumtemperatur	1220 kg/mm^2	1830 kg/mm^2	2050 kg/mm^2
bei 700°C	180 kg/mm^2	1060 kg/mm^2	1130 kg/mm^2
Klebetemperatur mit Stahl von			
60 kg/mm^2 Festigkeit	575°	625°	775°
110 kg/mm^2 Festigkeit	—	750°	850°
Grauguß (200 Brinell)	—	700°	825°

Hierbei zeigt sich, daß die Hartmetalle eine außerordentlich hohe Druckfestigkeit haben. Die Kegeldruckhärte ist ebenfalls bei den Titanlegierungen nicht nur höher als bei Schnellstahl, sondern auch den Werten der Wolframlegierungen noch überlegen. Von besonderer Bedeutung sind aber die hohen Klebetemperaturen bei den Titankarbiden gegenüber den Wolframkarbiden. Dies ist auch die Erklärung, daß diese Legierungen sich bei der Stahlbearbeitung so wenig abnutzen, da eine Verschweißung erst bei sehr hohen Temperaturen eintritt.

c) Das Entfernen von Hartmetallschneiden bei unbrauchbar gewordenen Werkzeugen.

Wenn man Hartmetallplättchen oder deren Reste ohne Beschädigung vom Schaft entfernen kann, besteht die Möglichkeit, beide Teile wieder zu verwerten oder das Hartmetall durch nochmaliges Auflöten wieder einzusetzen.

Falls Lötmittel mit niedrigem Schmelzpunkt benutzt wurden, werden die Werkzeuge im elektrischen Ofen bis zum Schmelzpunkt des Lotes erhitzt. Nach dem Loslösen müssen sie sofort in einer Reihe nebeneinandergelegt werden, damit sie langsam abkühlen.

Wenn eine Erhitzung im Ofen nicht möglich ist, werden die Werkzeugköpfe, ohne daß sie sich berühren, in Salpetersäure von 1,42 spez. Gewicht eingetaucht und langsam auf 60° C erhitzt.

---

[1] Eindruck eines Diamantkegels von 120° Spitzenwinkel, Last bezogen auf die Fläche des Eindruckkreises.

Die Hartmetalle. 31

Nach 45 Minuten werden sie aus dem Bad genommen und mit Wasser abgewaschen. Nach dem Trocknen können die Schneiden von Hand abgenommen werden. Bei den Schneiden, die sich nicht lösen (etwa 35%), muß das Verfahren wiederholt werden.

Wenn man nur in kalter Säure ohne Erwärmung arbeitet, so muß man die Stähle eine Woche eingetaucht lassen. Bei diesem Verfahren lösen sich aber fast alle Plättchen. Ein Bad kann man bis zur Erneuerung dreimal benutzen.

Die Hartmetallplättchen und die Stahlhalter sind metallisch blank und können sofort weiter verarbeitet werden.

d) Die Erzeugung von Hartmetallen in den Jahren 1926 bis 1944.

Nachstehend sind in der Tab. 9 die Erzeugungszahlen der Widia-Fabrik Essen für die Jahre 1926–1944 zusammengestellt.

Tabelle 9. *Erzeugung der Widia-Fabrik Essen an Hartmetallegierungen in den Jahren 1926 bis 1944.*

Geschäfts-jahr	Erzeugung in kg an								Insgesamt kg
	titanfreien Legierungen			titanhaltigen Legierungen					
	G	H 1	H 2	X	S 1	S 2	S 3	F 1	
1926/27	1 074								1 074
1927/28	2 671								2 671
1928/29	8 992								8 992
1929/30	12 535								12 535
1930/31	10 565								10 565
1931/32	6 450			1 021					7 471
1932/33	8 572			1 341					9 913
1933/34	11 904			2 591	241				14 736
1934/35	15 132			884	5 897				21 913
1935/36	20 583			448	11 947				32 978
1936/37	21 239	9 749		526	22 076				53 590
1937/38	23 638	11 130		310	23 784	3 129	640	2	62 633
1938/39	28 887	12 780	76	185	28 688	5 698	5 576	74	81 964
1939/40	38 109	15 997	233	308	47 694	9 783	12 667	298	125 089
1940/41	41 076	17 963	442	69	47 246	16 853	18 002	397	142 048
1941/42	55 905	24 778	1 120		65 334	24 806	23 868	547	196 358
1942/43	56 303	24 666	1 431		112 324	39 580	34 868	714	269 886
1943/44	99 423	35 868	819	.	210 354	81 149	80 596	1 177	500 186

Hieraus ergibt sich einerseits die stürmische Entwicklung, die die Anwendung des Hartmetalls in rund 17 Jahren gehabt hat. Zum anderen kann man genau erkennen, wie die titanhaltigen Hartmetalle S 1 und S 2 etwa seit 1933 in der Anwendung stetig zunahmen. Das größte Ausbringen an Hartmetall überhaupt ergab sich 1943–44 mit rund 500 Tonnen Hartmetall allein bei der Widia-Fabrik in Essen.

F. Der Diamant als Schneidstoff
von P. Grodzinski[1].

1. Die geschichtliche Entwicklung.

Die erste beglaubigte Anwendung des Diamanten zur Metallbearbeitung war die Bearbeitung (Gewindeschneiden) einer gehärteten Stahlspindel durch J. Ramsden (1775)[1][2]. Im Jahre 1822 war bereits die Bearbeitung von Messingteilen mit Diamantwerkzeugen und das Gravieren von Silberknöpfen allgemein bekannt [2]. J. Dickinson [3] bot Diamantwerkzeuge der verschiedensten Art, ,,Karbon Werkzeuge" genannt, im Jahre 1870 in New York an. Etwa zur gleichen Zeit wurden in Deutschland Diamantwerkzeuge zur Bearbeitung von Kalanderwalzen verwendet. Die amerikanische, englische und deutsche Automobil- und Flugzeugindustrie wandte während des ersten Weltkrieges Diamantwerkzeuge zur Lagerbearbeitung in größerem Umfange an. Seitdem hat sich das Diamantwerkzeug ein immer steigendes Anwendungsgebiet erworben, trotz des seit dem Jahre 1928 beginnenden scheinbaren Wettbewerbes von Hartmetallwerkzeugen.

Der Diamant ist kein Werkzeug zur eigentlichen Zerspanung, d. h. zur Erzeugung eines größeren Zerspanungsvolumens, sondern lediglich ein Feinstbearbeitungswerkzeug zur Herstellung von Oberflächen größter Genauigkeit und Oberflächengüte. Die besondere Beschaffenheit des Diamanten (Einkristall) ermöglicht Leistungen, die kaum durch andere Schneidstoffe (gesinterte Hartmetalle, gesintertes Aluminiumoxyd [Sinterkorund] usw.) erreicht werden können.

2. Der Diamantwerkstoff [4].

Der Diamant ist reiner Kohlenstoff (C) und kristallisiert nach dem regulären Kristallsystem. Das reguläre Kristallsystem (Abb. 2) kennt drei Hauptflächen: Würfelfläche (100), Dodekaederfläche (110) und Oktaederfläche (111), deren Besonderheiten bei der Bearbeitung und Anwendung der Diamantwerkzeuge zu berücksichtigen sind. Flächen am Diamanten können nur in bestimmten, durch die Kristallographie gegebenen Schleifrichtungen angeschliffen werden (s. Abb. 2 für einen Idealkörper), wobei die günstigsten Richtungen noch durch Probieren zu bestimmen sind. Diesen ,,bevorzugten" Richtungen stehen die ,,nicht bevorzugten" Rich-

---

[1] Die Bearbeitung dieses Abschnittes wurde in dankenswerter Weise von Herrn P. Grodzinski, London, übernommen. Dadurch ist es möglich, daß die deutsche Industrie von den Erfahrungen des Auslandes über die Verwendung der Diamanten Kenntnis erhält.

[2] Die Ziffern in den eckigen Klammern geben die Schrifttumsangabe am Schluß des Abschnittes an.

tungen gegenüber, die den äußeren Angriffen bei der Zerspanung am besten widerstehen. Derartige strukturgeschliffene Diamantwerkzeuge sind im Jahre 1926 zuerst von E. Winter und Sohn, Hamburg, eingeführt worden und werden heute weitgehend verwendet. Das Versagen von Diamantwerkzeugen (d. h. Ausbrechen der Schneiden, starke Abnutzung) kann vielfach auf einen falschen Schliff zurückgeführt werden. Am fertigen Werkzeug kann nur der Fachmann die ursprüngliche Orientierung des Kristalles erkennen. Jedoch kann dies ohne Schwierigkeiten durch röntgenographische Feinstrukturuntersuchung geschehen.

Die Werkstoffe, die sich mit geschliffenen Diamantschneiden bearbeiten lassen:

1. Leichtmetalle.
2. Nichteisen(Schwer)metalle.
3. Lagermetalle.
4. Edelmetalle.
5. Hart- und Weichgummi.
6. Kunststoffe aller Art einschließlich Hartpapier und Hartgewebe.
7. Feinkörnige Schleifscheiben (z. B. zum Gewindeschleifen und Profilschleifen).
8. Glas (in Sonderfällen, um höchste Oberflächengüte zu erhalten).
9. Stahl, Stahlguß und Gußeisen.

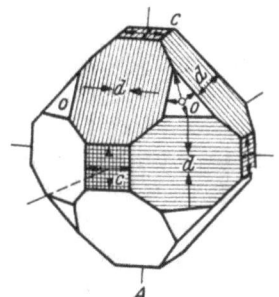

Abb. 2.
Die Hauptflächen am Diamanten (Idealkristall) mit den Schleifrichtungen, o = Oktaederfläche (111), d = Dodekaederfläche (110), c = Würfelfläche (100).

Werkstoffe nach 9 sind nur in Sonderfällen erfolgreich mit Diamantwerkzeugen[5] bearbeitet worden. Diese Werkstoffe erzeugen zu hohe Schnittdrücke, die zu Zerspanungstemperaturen, die dem Diamanten schädlich sind, führen. Außerdem zerstören sie das Werkzeug durch Kolkverschleiß.

3. Die Arten der Diamanten und deren Auswahl für Schneidwerkzeuge.

Die Hauptfundstätten des Diamanten sind Süd- und Zentralafrika und die Ostseite von Südamerika, daneben auch Indien, Borneo und vereinzelt im Ural (zuerst berichtet von ALEXANDER V. HUMBOLDT, 1829), Australien und sogar in Nordamerika. Die Produktion der Bergwerke und Diamantwäschereien (alluviale Ablagerungen) wird unterteilt in Steine, die für Schmuckzwecke, und solche, die für Industriesteine verwendbar sind. Gegenwärtig werden etwa 80% der aufgefundenen Diamanten für industrielle Zwecke verwendet. Die Industriediamanten lassen sich in folgende 4 Gruppen einteilen:

a) **Die Diamantkristalle.** Diese wohlausgebildeten Diamantkristalle sind erforderlich für Diamantschneidwerkzeuge, Diamantziehsteine, Härteprüfdiamanten, Diamantlager und vielfach auch für Abrichtdiamanten und Bohrkronen. Sie stehen an Qualität den für Schmucksteine verwendeten Diamanten wenig nach, jedoch wird nicht auf die Farbe geachtet.

b) **Ballas,** eine vielkristalline Form, bei der die Kristalle radial angeordnet sind. Sie werden hauptsächlich für Abrichtdiamanten und Bohrkronen verwendet.

c) **Karbone, Karbonado,** eine vielkristallinische amorphe Form, die hauptsächlich in Brasilien und einigen südafrikanischen Minen gefunden wird. Sie können in roher oder gebrochener Form verwendet werden, vereinzelt auch geschliffen als Schneidwerkzeug. Die Karbone sind sehr selten und teuer.

d) **Boart:** Früher bezeichnete man alle Industriediamanten als Boart (abgeleitet von Bastard). Heute sind es jedoch nur noch diejenigen Qualitäten, die nicht mehr für Zwecke, wie unter a) genannt, verwendbar sind. Große Mengen von Diamanten fallen besonders in Belgisch-Kongo an, die keine reguläre Kristallform mehr aufweisen, mißfarbig sind und vielfach einen rauhen Überzug haben (coated stones). Gelegentlich werden aus diesen Steinen noch Abrichtdiamanten und Diamanten für Bohrkronen oder Steinsägeblätter herausgesucht („better than Boart'). Die Hauptmenge wird jedoch zu Diamantkorn verarbeitet.

Vom Standpunkte der Preise und Produktionsmengen kann man die Diamanterzeugung einteilen in a Schmuckdiamanten (ungeschliffen), b Industriediamanten (gute Qualität), c Diamantboart. Das Preisverhältnis je Einheit (1 Karat) ist dann $a:b:c = 40:20:1$. Das Verhältnis der gegenwärtigen Gesamterzeugungsmengen ist etwa $a:b:c = 30:10:60$.

Als Gewichtseinheit ist das Karat von $1/5$ Gramm heute einheitlich festgelegt. Das bis 1917 gültige holländische Karat wog 0,205 g. Die Bezeichnung Karat wird von dem arabisch-griechischen Wort Kuara = Samen des Johannisbrotes abgeleitet.

Die Auswahl der Diamanten für Schneidwerkzeuge.

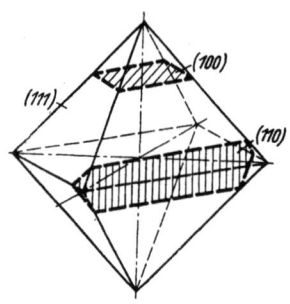

Abb. 3. Die drei Hauptflächen am Diamantoktaeder.

Der Diamant als kubisches Kristall kommt hauptsächlich in der Form von Oktaedern (etwa 50% der Diamantkristalle haben diese Form) und als Rhombendodekaeder vor. Die Würfelform ist sehr selten und meist recht unvollkommen ausgebildet. Bei der Oktaederform (Abb. 3) erkennt man leicht drei bevorzugte Flächen: Die Oktaederfläche (111), zu der die Spaltrichtungen parallel laufen. Die Würfelfläche (100), in die 2 Kristallachsen fallen und senkrecht zu einer Spitze liegen (die 3 Kristallachsen verbinden je 2 der 6 Spitzen des Oktaeders). Die Dodekaederfläche (110), die parallel zu einer Kante des Oktaeders liegt.

Grundsätzlich kann man jede dieser drei Flächen als Spanfläche eines Schneiddiamanten wählen (Abb. 4). Wählt man die Oktaederfläche (111), so wird man Schwierigkeiten beim Schleifen haben, da dieses die härteste Fläche ist, auch läuft eine Spaltrichtung parallel zu dieser Fläche, so daß der Schnittdruck Ausbröckelungen der Schneide hervorrufen kann (dies ist jedoch nicht so maßgebend, als noch drei andere Spaltrichtungen zu berücksichtigen sind). Günstiger sind die Würfel- (100) und Dodekaederflächen (110), die weitgehend als Schneidkanten herangezogen werden. Die Würfelfläche (100) hat zwei bevorzugte Schleifrichtungen, die in diese Fläche fallen und parallel zu den beiden Kristallachsen liegen. Sie schneiden sich unter 90°. Wiederum unter 45° zu diesen Richtungen, d. h. im ganzen in vier Richtungen, ist die Diamantfläche außerordentlich hart und vorzugsweise als Werkzeugschneide zu benutzen.

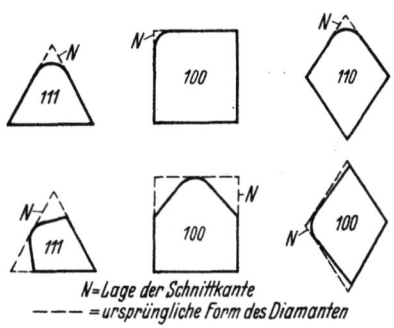

N = Lage der Schnittkante
――― = ursprüngliche Form des Diamanten

Abb. 4.
Mögliche Ausbildung von Diamantschneidwerkzeugen, Orientierung des Diamantkristalles und Lage der Schneidkante.

In der Dodekaederfläche (110) hat man nur eine Schleifrichtung und senkrecht dazu eine harte Richtung. Wahrscheinlich ist die Anordnung der Schneide in der harten Richtung am günstigsten. Es sind Untersuchungen im Gange, um festzustellen, welche Ebenen- oder Flächenwahl für die Diamantwerkzeuge am günstigsten ist. Allgemein kann gesagt werden, daß ein Diamantwerkzeug vom Span (oder Schleifscheibe im Falle eines Abrichtwerkzeuges) so beansprucht (abgenutzt) werden soll, daß die Abnutzungsrichtung nicht mit einer „bevorzugten" Schleifrichtung des Werkzeuges selbst zusammenfällt. Mit anderen Worten: der Diamant soll nicht in der Richtung beansprucht werden, in der er zuvor geschliffen wurde. Man bezeichnet ihn als strukturgeschliffen.

Bisher erfolgte die Auswahl der Diamanten mehr vom praktischen Standpunkt dadurch, daß die Größe des Kristalles ausschlaggebend für die Anwendung war. Die Schneide des Werkzeuges und die entsprechenden Auflageflächen sollen mit möglichst wenig Schleifarbeit hergestellt werden, um die Substanz des Diamanten zu erhalten. Dieser Standpunkt wird leider noch von zahlreichen Herstellerfirmen vertreten.

Es ist jedoch zuzugeben, daß bisher eindeutige Ergebnisse in Praxis und Versuch zur Unterstützung der Theorie der strukturgeschliffenen Diamanten noch fehlen. Es kommt natürlich auch vor, daß zahlreiche Diamantwerkzeuge durch Unfälle, Unachtsamkeit beschädigt werden, ohne Unterschied, ob sie richtig oder unrichtig hergestellt sind.

4. Die Formgebung der Diamantschneide.

Das Diamantwerkzeug kann nur einem verhältnismäßig kleinen Schnittdruck ausgesetzt werden und ist seiner Art nach ausschließlich ein Werkzeug für die Endbearbeitung von Metallen und nichtmetallischen Werkstoffen. Die notwendige Vorarbeit ist von Schnellstahl- und Hartmetallwerkzeugen zu übernehmen. Nur in Sonderfällen, z. B. bei Spritzguß und bei Kunststoffen, kann das formgerecht hergestellte Werkstück unmittelbar mit der Diamantschneide fertiggestellt werden.

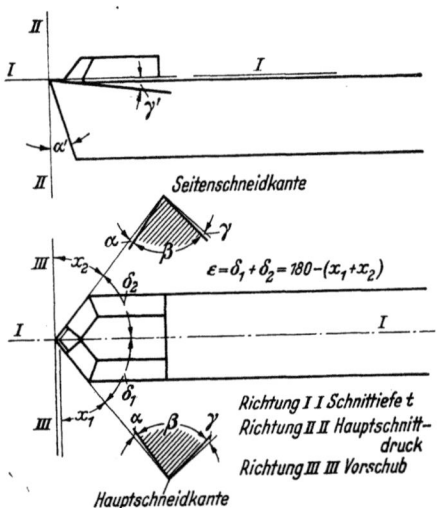

Abb. 5. Schnittwinkel an einem Diamantdrehwerkzeug (in Anlehnung an DIN 768).

Das Diamantwerkzeug dient infolgedessen nicht dazu, Werkstoff zu zerspanen, sondern um maßhaltige Werkstücke höchster Oberflächengüte gegebenenfalls in hohen Stückzahlen ohne Unterbrechung durch Nachschleifen usw. herzustellen. Voraussetzung für erfolgreiche Anwendung von Diamantschneidwerkzeugen sind kleine Spantiefen und geringe Vorschübe. Kleine Vorschübe verringern den sog. Restspanquerschnitt, wodurch sich eine flache Profilkurve, d. h. möglichst glatte Oberfläche ergibt (s. S. 47).

Abb. 5 zeigt die Schnittwinkel an einem Diamantwerkzeug (6) in Anlehnung an DIN 768. Für Werkzeuge zur Feinstbearbeitung ist eine genaue Einhaltung der Schneidwinkel, insbesondere der Hauptschneide und Nebenschneide im Vergleich zu Werkzeugen für den Grobschnitt, von wesentlicher Bedeutung.

Die Schneidwinkel. Mit Rücksicht auf den spröden und bruchempfindlichen Werkstoff macht man den Keilwinkel β möglichst groß. Da im allgemeinen in der Normaleinstellung des Werkzeuges ein Spanwinkel $\gamma = 0$ vorgesehen ist und der Freiwinkel verhältnismäßig klein gehalten wird, ergibt sich bei den meisten Werkzeugen ein Keilwinkel $\beta = 80\text{--}85°$. Nur bei Bohrwerkzeugen (Abb. 6) ist ein größerer Freiwinkel zu wählen, um eine Diamantplatte mit genügender Unterstützung unterbringen zu können.

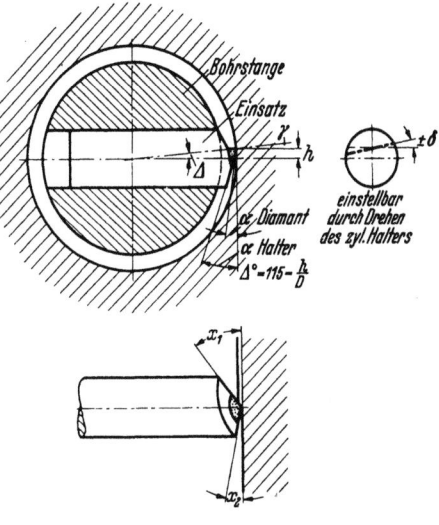

Abb. 6.
Schnittwinkel am Diamantbohrwerkzeug.

In gleicher Weise wählt man einen möglichst großen Spitzenwinkel ε. Dies wird wesentlich erleichtert, da eine hohe Oberflächengüte durch den kleinen Nebenschneidenwinkel $\varkappa_2$ zwischen $0{,}5\text{--}2°$ im Falle von einschneidigen und Facettenwerkzeugen begünstigt wird. Wenn das gleiche Werkzeug sowohl zum Längsdrehen (Längsbohren) und Plandrehen (Bohren gegen Schultern) verwendet werden soll, ist der Spitzenwinkel etwas unter $90°$ zu wählen (Abb. 7). Der Einstellwinkel $\varkappa_1$, der $30\text{--}45°$ groß ist, kann, um einen kleinen Winkel $\varkappa_2$ zu erhalten, gegebenenfalls auf $20°$ verringert werden.

Die Größe der Schneidwinkel wird durch die zu bearbeitenden Werkstoffe bestimmt.

Folgende Werte für die Frei- und Spanwinkel an Diamantwerkzeugen haben sich bewährt:

Freiwinkel α	Außendrehen	0 bis 8°
	Innendrehen	8 bis 15°
Spanwinkel γ	für Werkstoffe geringerer Festigkeit (Leichtmetalle, Lagermetalle)	0 bis 3°
	für Werkstoffe höherer Festigkeit (Kupfer, Messing, harte Bronze)	0 bis 8° oder negativ bis $-6°$

Die Summe der drei Winkel: Freiwinkel α + Spanwinkel γ + Keilwinkel β ist stets $90°$. Der Keilwinkel β kann gleich $90°$ oder größer werden durch Wahl eines negativen Spanwinkels. Der Kraftbedarf bei negativem Spanwinkel wird größer. Die Spanfläche liegt im allgemeinen bei Diamantwerkzeugen horizontal, d. h. $\gamma = 0$.

Abb. 8 vergleicht die Schnittwinkel, wie sie bei der Zerspanung von

Aluminium bei Werkzeugen aus Schnellstahl, Hartmetall und Diamant üblich sind. Bei Schnellstahl ist der Spanwinkel verhältnismäßig groß,

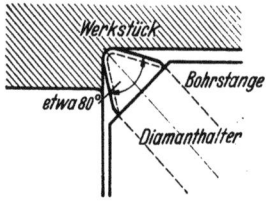

Abb. 7.
Spitzenwinkel unter 90°, um neben Flächen gleichzeitig Schulterabsätze zu bearbeiten.

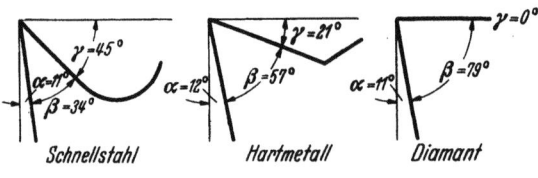

Abb. 8.
Vergleich der Schnittwinkel an Werkzeugen aus Schnellstahl, Hartmetall und Diamant (für Aluminium).

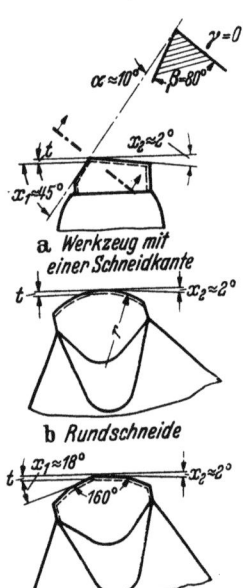

Abb. 9.
Diamantschneidenformen: a einschneidig, b rundgeschliffene, c Facettenschneide.

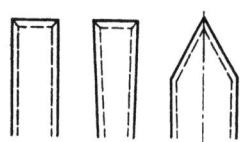

Abb. 10.
Sonderprofile von Diamantschneiden.

um den Schnittdruck klein zu halten. Da Schnellstahlschneiden durch das heute übliche Anlassen sehr zähe sind, kann der Keilwinkel zugunsten des Spanwinkels sehr klein sein. Der Spanraum ist infolge des großen Spanwinkels sehr günstig.

Bei Hartmetall ist ein Kompromiß zu schließen, da dieser Werkstoff wegen seiner geringen Zähigkeit zur Ausbröckelung neigt und einen großen Keilwinkel haben muß. Beim Diamantwerkzeug muß und kann man auf kräftigste Ausbildung sehen. Die Schnittkräfte sind klein, da die Spanquerschnitte nur klein sind, infolgedessen kann $\gamma = 0$ gewählt werden. Der Freiwinkel α kann klein gehalten werden, in Ausnahmefällen kann die Freifläche drückend wirken.

Grundsätzlich ist zwischen drei Formen der Schneidkante zu unterscheiden (Abb. 9), d. h. Werkzeug mit einer Schneidkante (Abb. 9a), rund geschliffene Kante (Abb. 9b) und Facettenschneidkante (Abb. 9c). Weiterhin werden noch Sonderprofile insbesondere zum Abstechen, Nutenstechen usw. angewandt (Abb. 10).

Diamantwerkzeuge mit einer Hauptschneidkante werden hauptsächlich für Bohrarbeiten verwendet, wo die Bohrstange keine wesentliche Verstellung der Schneide zuläßt. In Amerika dienen diese Werkzeuge häufig zum Außendrehen, wobei dann die vordere Ecke leicht abgerundet wird. Diese Entwicklung hat dazu geführt, auch den Übergang zur Seitenschneide abzurunden, wodurch ein Werkzeug mit vollkommenem Vor- und Nachschneider (blended facet tool) (Abb. 11) entsteht, das bisher die höchsten beim Diamantdrehen erreichten Oberflächengüten ergab (s. S. 48). Das Diamantwerkzeug mit Facettenschliff (Abb. 9c) ergibt eine wesentliche bessere Ausnutzung des Diamantmaterials und hat auch den Vorteil, daß, falls eine Facette ausbricht oder abgenutzt wird, sofort eine weitere Arbeitsfacette zur Verfügung steht. Wegen der Kleinheit der einzelnen Facetten (etwa 0,5–1,5 mm) ist eine optische Feineinstellung zur Erzielung höchster Oberflächengüte notwendig. Die Oberflächengüte wird sehr wesentlich vom Einstellwinkel $\varkappa_2$ beeinflußt (Abb. 12).

Dagegen können Schneiden mit abgerundeter polierter Schneide (Abb. 9b) unter beliebigen Winkeln zur Drehachse des Werkstückes ein-

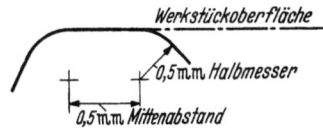

Abb. 11.
Diamantwerkzeug mit übergangslosem Vor- und Nachschneider (blended facet tool) nach F. C. JEARUM. (Haupt- und Nebenschneide nicht abgesetzt.)

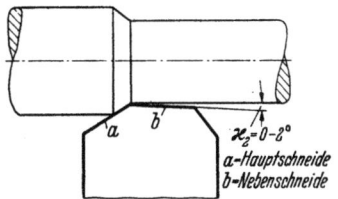

Abb. 12.
Einfluß des Winkels $\varkappa_2$ bei einer Diamantschneide, um gute Oberflächen zu erzielen.

gestellt werden. Die Schnittbedingungen bleiben die gleichen, wenn man von der Kristallorientierung absieht, so daß die Einstellung dieser Schneiden am einfachsten ist. Zudem kann jede Stelle der gekrümmten Schneidkante ausgenützt werden. Die Herstellung der gleichmäßig gekrümmten Schneide ist wesentlich schwieriger, und zahlreiche Diamantwerkzeughersteller verfügen nicht über die geeigneten Einrichtungen. Tatsächlich stellt die Facettenschneide eine Vorstufe zur Herstellung der völlig abgerundeten Schneide dar; auch bei der Facettenschneide sollen die Facetten auf einem gemeinsamen Kreisbogen liegen.

Bezüglich der Kreisbogenschneidkante an Diamantwerkzeugen sollen die Erfahrungen der allgemeinen Metallbearbeitung *nicht* übertragen werden, die besagen, daß bei zu großem Halbmesser die Schaftkraft und die Hauptschnittkraft zu groß werden und zu einer unzulässigen Beanspruchung führen.

Die eigentümliche Wirkung der unter einem kleinen Winkel $\varkappa_2$ eingestellten Nebenschneide kann so erklärt werden, daß die Werkstoffe dazu neigen, unter dem Schnittdruck nachzugeben und hinter dem Werkzeug wieder elastisch vorschnellen. Dies wird erfolgreich durch die Nebenschneide verhindert, ein Vorgang, der auch als „Preßglänzen" bezeichnet wird. Diese Wirkung erstreckt sich über eine Werkstücklänge, die ein Mehrfaches des benutzten Vorschubes ist. Daraus erklärt sich der besonders günstige Einfluß des Werkzeuges auf die Oberflächengüte (Abb. 11). Bei kurzspanenden Stoffen wirkt sich das Preßglänzen der Nebenschneide besser aus, als bei langspanenden Werkstoffen.

5. Die Fassung der Schneiddiamanten.

Die Lebensdauer der Schneiddiamanten und ihr Arbeitswert werden wesentlich durch die Fassung beeinflußt. Es ist dies ein schwieriges Problem, da ein verhältnismäßig kleines Werkzeug fest und sicher zu halten ist und trotzdem dem Span noch eine genügende Ablauffläche bleiben soll.

Man unterscheidet zwischen:

a) Harteinlöten, Eingießen oder Einsintern;

b) Kaltfassen des teilweise oder vollständig bearbeiteten Diamanten.

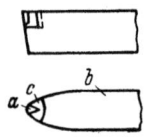

Abb. 13.
Befestigung eines Diamanten a ohne Deckplatte durch Harteinlöten.

Zu a). Das Verfahren des Harteinlötens ist wahrscheinlich das älteste und wird noch heute weitgehend angewandt, insbesondere bei kleinen Diamanten, z. B. für Bohrwerkzeuge. Zum Harteinlöten werden vorzugsweise Silberlote verwendet, die mit Schmelzpunkten bis herunter zu 630° erhältlich sind. Meist wird Borax als Flußmittel verwendet. Gegen dieses Verfahren wird auf Grund der Erfahrung eingewandt, daß die empfindliche polierte Schneidkante durch die hohe Erhitzung beschädigt wird. Außerdem kann der gefaßte Diamant weder an der Spanfläche noch an den Freiflächen mit üblichen Mitteln nachgeschliffen werden.

Abb. 13 zeigt die Befestigung eines Diamanten a ohne Deckplatte in einem Messingplättchen c, das selbst wieder in einem Stahlhalter b aufgenommen ist.

Während des zweiten Weltkrieges wurde von der Boart Products Ltd. [7], Johannesburg, ein Sinterverfahren entwickelt, bei dem am Diamanten lediglich die Span- und Freiflächen angeschliffen werden, während die beliebig geformte Unterseite und die Seitenflächen zur Befestigung in einer gesinterten Grundplatte (ähnlich c in Abb. 13) verwendet werden. Der Diamant wird mit dem Pulvermetall kalt zusammengepreßt, und das Sintern erfolgte erst nach der Herausnahme des Diamanten. Später wird er dann wieder in das fertig gesinterte Plättchen eingelegt und befestigt.

Auf ähnliche Weise wird das Werkzeug Abb. 14 hergestellt, in dem ebenfalls der unbearbeitete Diamant in ein Plättchen bei ungefährlichen Temperaturen und unter Luftabschluß eingesintert wird. Anschließend werden die Spanflächen und die Freiflächen bearbeitet, wobei das Plättchen sich als ein recht geeigneter Halter erweist, eine Anregung, die vom Verfasser bereits 1942 gegeben wurde [8].

Zu b). *Kaltfassen.* Dieses Verfahren wird heute für zahlreiche Diamantwerkzeuge angewandt, soweit es sich wirtschaftlich durchführen läßt. Zu diesem Zwecke müssen neben den Flächen, die als Werkzeug arbeiten, d. h. Span- und Freiflächen, auch andere Flächen bearbeitet werden. Der vom Diamantarbeiter mit „Tafel" bezeichneten Spanfläche muß die „Gegentafel" als sichere Auflage parallel oder ein wenig geneigt gegenüberliegen. Weiterhin sind auch meist die nach vorn eingezogenen Seitenflächen zu bearbeiten. Die Bearbeitung dieser Flächen ist nicht nur zeitraubend und teuer, sondern verringert auch wesentlich die Größe des Diamanten. Trotzdem kann die Kaltfassung als die sicherste angesprochen werden; durch die Formgebung ist ein Verlust des Diamanten durch Herausfallen ausgeschlossen.

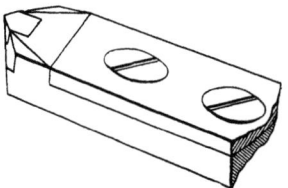

Abb. 14.
Diamantplatte in Plakette eingesintert und nachträglich bearbeitet. Daraufhin in Werkzeughalter ohne Deckplatte befestigt.

In der Ausführung Abb. 15 ist der Diamant an Ober- und Unterseite plangeschliffen und liegt an den ebenfalls geschliffenen Seitenflächen satt auf. Die Zwischenplatte ist etwas dünner als der Diamant; das Bett ist genau der Form des Diamanten entsprechend ausgearbeitet, so daß sich dieser nicht verdrehen und verschieben kann. Die Klemmplatte wird durch einen senkrechten Stift (s. Abb. 15) gesichert, oder sie kann um einen waagerechten Stift pendeln. Die Drehplatte wird entweder von unten oder oben durch eine Kopfschraube oder besser Innensechskantkopfschraube gehalten. Diamantwerkzeuge mit vorstehenden Vierkantschrauben sind als veraltet und ungeeignet zurückzuweisen.

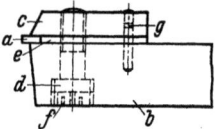

Abb. 15.
Kaltfassen eines Diamantdrehwerkzeuges.
a = Diamant. f = Innensechskantschraube.

Abb. 16 zeigt eine neuzeitliche Ausführung, bei der die Deckplatte den Diamanten auch von der Seite umfaßt. In Abb. 17 ist die etwa im Jahre 1935 von F. C. JEARUM entwickelte Kaltfaßmethode für Dreh- und Bohrdiamanten erläutert. Der in zwei Ebenen keilförmig ausgebildete Diamant A ist an allen Flächen geschliffen und in den geteilten Halter B, C eingepaßt. Während die Unterfläche von Teil B flach ist, enthält C eine genau bearbeitete Aussparung. Im senkrechten Schnitt schließt die „Tafel" mit der „Gegen-

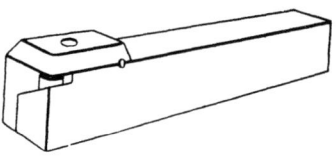

Abb. 16.
Neuzeitliche Ausführung eines Drehdiamanten mit Klemmplatte.

tafel" einen Winkel von 9° ein, im horizontalen Schnitt schließen die Seitenflächen einen Winkel von 30° miteinander ein; die Winkel werden unter dem Mikroskop ausgemessen. Nach Einlegen des Diamanten werden die beiden Hälften B und C durch eine kegelige Hülse D und eine Mutter F zusammengeschraubt. Nachdem die gegenseitige Lage der Teile fixiert ist, werden sie durch einen Kegelstift E gesichert, worauf Mutter und Schraubenende abgesägt werden. Verschiedene weitere interessante Variationen dieser Befestigungsart sind vom Erfinder angegeben worden [9].

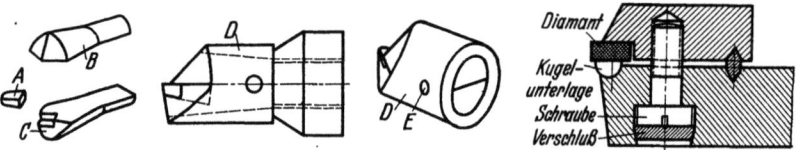

Abb. 17. Kaltfaßverfahren nach F. C. JEARUM.

Abb. 18. Kugelsitzhalter nach E. Winter & Sohn.

Weitere Verbesserungen an Diamanthaltern bestehen darin, die Auflagefläche kugelig auszubilden, entweder durch Befestigen einer Hartmetallhalbkugel auf der Unterseite (Abb. 18) oder durch Halbkugelschleifen des Diamanten (Abb. 19). Auf diese Weise können Spannungen, die durch das Klemmen auftreten, gleichförmig verteilt werden.

Außer den beschriebenen Fassungen gibt es noch zahlreiche andere Ausführungsmöglichkeiten für Dreh- und Bohrwerkzeuge [9], die dem jeweiligen Verwendungszweck angepaßt werden.

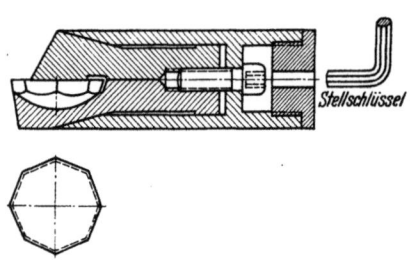

Abb. 19. Kugelsitzdiamant nach F. C. JEARUM

Einstellung der Schneiden von Diamantwerkzeugen. Die genaue Einstellung der Werkzeugschneide ist besonders deshalb wichtig, weil hierdurch die Oberflächengüte und auch die Lebensdauer der Werkzeuge beeinflußt wird.

Im allgemeinen wird die Diamantschneide auf die Mitte der Drehachse des Werkstückes eingestellt. Untermitteeinstellen soll wegen der Bruchgefahr bei den empfindlichen Diamantschneiden vermieden werden. Die Übermitteeinstellung um etwa 1% des Drehdurchmessers wird häufig angewandt. Abb. 20 zeigt die hierdurch entstehenden Veränderungen der Span- und Freiwinkel. Die Mittenüberhöhung von Bohrwerkzeugen wird vom Hersteller vorgesehen, weil sie die Verwendung eines kräftigeren Diamantplättchens ermöglicht.

Durch Überhöhung entsteht eine Verringerung des Freiwinkels, die sich manchmal günstig auf die Oberfläche auswirken kann (schabende Wirkung der Freifläche).

Zur genauen Seiteneinstellung der kleinen Winkel $\varkappa_2$ der Nebenschneide sind besondere, vielfach optische Einrichtungen entwickelt worden. Die Boley-Feindrehbank besitzt eine sehr feinfühlige Winkeleinstellung des Stahlhaltergehäuses [10]. Eine bewährte Hilfseinrichtung ist das Winter-Visier für Facettendiamanten (Abb. 21). Die vordere Stahlschneide stellt die genaue 10- oder 20fache Vergrößerung der Diamantschneide dar. Das Diamantwerkzeug wird an das Werkstück mit aufgesetztem Visier herangebracht und genau eingestellt. Nach Abnahme des Visiers kann die Diamantschneide schnittbereit an das Werkstück

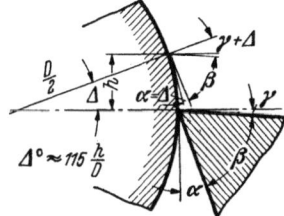

Abb. 20.
Veränderung von Frei- und Spanwinkeln durch Höheneinstellung der Schneidkante.

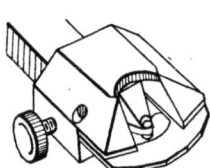

Abb. 21.
Winter-Visier erleichtert Feineinstellung von Facettendiamanten.

zugestellt werden. Das Visier schützt den Diamanten auch im Ruhezustand, da es nach Beendigung der Arbeit wieder aufgesetzt werden soll. Es gibt auch Sonderausführungen, bei denen die Visierstahlschneide zur Diamantschneide um 1—2° geneigt ist, so daß das Visier absolut parallel zur Werkstückoberfläche eingestellt werden kann.

Diamantwerkzeuge dürfen erst zum Schnitt gebracht werden, wenn das Werkstück die volle Drehzahl erreicht hat. Der Diamant darf nie im Schnitt stehenbleiben, sondern er muß frei schneiden oder aus dem Schnitt zurückgezogen werden, bevor die Maschine stillgelegt wird. Anderenfalls sind Schneidenbeschädigungen zu erwarten. Während der Bearbeitung dürfen auch keine Veränderungen des Vorschubes oder der Spantiefe erfolgen.

6. Die Schnittbedingungen (Spantiefe, Vorschub und Schnittgeschwindigkeit).

Für diese Faktoren lassen sich nur allgemeine Richtlinien geben. Sie werden durch Maschine, Werkstück (Form und Einspannung), Werkstoff, Maß- und Oberflächengenauigkeit beeinflußt.

Praktisch erprobte Werte sind in Tab. 10 zusammengestellt.

Tabelle 10. *Richtwerte für Spantiefen, Vorschübe und Schnittgeschwindigkeit für metallische und nichtmetallische Werkstoffe beim Diamantdrehen.*

	Metalle	Nichtmetallische Werkstoffe
Spantiefe mm	0,02—0,06	0,02—0,6
Vorschub mm/U	0,02—0,1	0,2—0,5
Schnittgeschwindigkeit m/min	60—3000	30—1000

Die *Schnittiefe* hängt von der Bearbeitungszugabe und dem Stand der Vorbearbeitung ab. Sie soll jedoch möglichst nicht unter 0,02 mm liegen, um ein Schleifen der empfindlichen Schneide an der Oberfläche mit Sicherheit auszuschalten und noch eine Spanabnahme zu garantieren. Eine Vorbearbeitung mit Hartmetallwerkzeugen in der gleichen Aufspannung ist zu empfehlen. Das Vorbearbeitungswerkzeug kann auch zur Zeitersparnis mit dem nachbearbeitenden Diamanten am gleichen Halter angebracht werden. Es darf jedoch grundsätzlich mit dem Diamanten nicht gleichzeitig im Schnitt stehen, da sonst die Ungenauigkeiten der Vorbearbeitung auf das Diamantwerkzeug übertragen werden. Spritzgußteile und Kunstharzformteile können ohne Vorbearbeitung mit Diamantwerkzeugen bearbeitet werden. Kugelsitzlagerungen ermöglichen Schnittiefen bis zu 1,5 mm.

Der anzuwendende *Vorschub* hängt im allgemeinen mit der anzustrebenden Oberflächengüte eng zusammen. Für eine abgerundete Schneide mit Halbmesser R ist theoretisch beim Vorschub s die Höhe der auf dem Werkstück zurückbleibenden Profilkurve

$$H = \frac{s^2}{8R} \text{ (nach Bauer)}.$$

Dies besagt, daß bei einem auf die Hälfte verkleinerten Vorschub die Profilhöhe nur noch ein Viertel beträgt. Infolgedessen versucht man den Vorschub möglichst klein zu wählen. Diese theoretischen Überlegungen sind jedoch nicht durch die Praxis bestätigt worden, insbesondere da noch zahlreiche andere dynamische Faktoren zu berücksichtigen sind.

Beispielsweise wurde bei englischen Untersuchungen [11] gefunden, daß Änderungen des Vorschubs zwischen 0,04 und 0,08 mm/U keinen bedeutenden Einfluß auf die Oberflächengüte hatten. Dagegen wurden die Bearbeitungszeiten durch den höheren Vorschub bedeutend verkürzt. Theoretisch glatte Oberflächen ergeben sich mit dem ‚blended facet tool' (Abb. 11), da nur eine ebene Fläche mit dem umlaufenden Werkstück in Berührung kommt. Tatsächlich haben sich Oberflächengüten von 0,75 bis 1 Mikrozoll (0,019 bis 0,025 μ) erzielen lassen. Wahrscheinlich noch bessere Werte dürften sich beim Einstechverfahren, d. h. ohne seitlichen Vorschub ergeben (Anwendung zum Abdrehen von Uhrgehäusen aus Messing).

Die günstigsten *Schnittgeschwindigkeiten* ergeben sich aus Erfahrungswerten, da bisher noch keine systematischen Untersuchungen durchgeführt wurden. Üblicherweise hat jede Werkzeugmaschine eine bestimmte Unstetigkeit bei einer bestimmten Drehzahl (kritische Drehzahl), die auch von der Art des Werkstückes abhängt. Bei zwei anscheinend gleichen Drehbänken hatte die eine eine kritische Drehzahl von 1400 U/min und die andere von 1600 U/min, wenn eine bestimmte Kolbenart aus Leichtmetall gedreht wurde. Diese kritische Drehzahl senkte sich um etwa 400 U/min, wenn eine andere Kolbenart in einer anderen Vorrichtung zu drehen war.

Die weitverbreitete Ansicht, daß man bei Diamanten mit möglichst hohen Schnittgeschwindigkeiten arbeiten soll, trifft nicht zu. Versuche in Deutschland [12] und England [13] haben verschiedentlich gezeigt, daß eine hohe Oberflächengüte mit Diamantwerkzeugen auch bei verhältnismäßig geringen Geschwindigkeiten erreicht werden kann. In englischen Betrieben konnte eine ausgezeichnete Oberflächengüte selbst beim Drehen der Drehbankspindel von Hand erzielt werden [11]. Hieraus ist die Schlußfolgerung zu ziehen, daß es weniger auf die Schnittgeschwindigkeit als auf das schwingungsfreie Arbeiten der Maschine in einem bestimmten Drehzahlbereich ankommt. Andererseits ist gelegentlich der Schluß gezogen worden, daß das Arbeiten bei niedrigeren Geschwindigkeiten günstiger sei als bei hohen Geschwindigkeiten [12]. Dies ist jedoch eine *unrichtige* Auffassung. Die Drehzeit t in min für ein Werkstück der Länge l in mm ist

$$t = \frac{l}{s \cdot n}$$

mit n = Drehzahl in min^{-1}, s = Vorschub mm/U. Infolgedessen können kurze Drehzeiten nur erhalten werden durch größere Vorschübe und hohe Drehzahlen. Da die größten anzuwendenden Vorschübe verhältnismäßig klein sind, sind die höchstmöglichen Drehzahlen aus wirtschaftlichen Gründen anzuwenden.

Schnittdruck. Die Schnittdrücke sind entsprechend den kleinen Spanquerschnitten sehr gering. Oberhalb einer Schnittgeschwindigkeit von 100 m/min bleibt die Hauptschnittkraft konstant. Abb. 22 gibt Werte für Ms 58 und Aluminiumbronze an, wobei der Hauptschnittdruck mittels des Schnittdruckmessers Bauart SCHALLBROCH-SCHAUMANN gemessen wurde. Die Schnittiefe war 0,1 mm und der Vorschub 0,5 mm/U.

D. F. GALLOWAY bestimmte in Vergleichsversuchen zwischen Diamant- und Hartmetallwerkzeugen die tangentiale Schnittkraft. Bei Diamantwerkzeugen wurden Schnittkräfte zwischen 0,20–0,45 kg gemessen, während bei Hartmetallwerkzeugen unter gleichen Schnittbedingungen etwa der zwei- bis dreifache Wert festgestellt wurde.

Es scheint nicht zweckmäßig zu sein, die Schnittkraftmessung als Maß der Abstumpfung des Diamantwerkzeuges heranzuziehen.

Lebensdauer. Die bei Schnellarbeitsstahl und Hartmetall vorliegenden Abnutzungskennzeichen für die Standzeit können beim Diamantwerkzeug nicht angewandt werden. Im allgemeinen versagt eine Diamantwerkzeugschneide durch eine winzige Ausbrechung, die sich unmittelbar auf die erzeugte Oberflächengüte auswirkt.

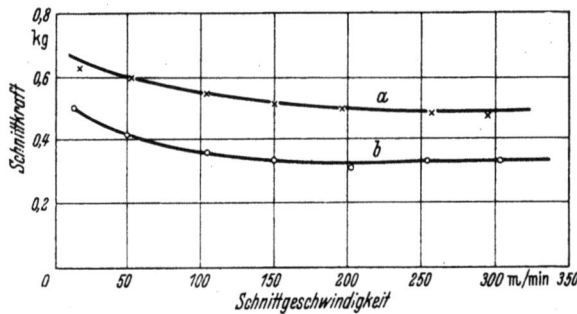

Abb. 22.
Hauptschnittkraft beim Drehen von Messing (a) und Al-Bronze (b).

Ein brauchbares Maß für die Lebensdauer eines Diamantwerkzeuges sollte nicht die Zahl der hergestellten Werkstücke, wie es vielfach üblich ist, genommen werden, sondern die „Schnittlänge", d. h. das Maß des Unterschnittstehens des Werkzeuges. Dadurch ist man unabhängig von der jeweiligen Länge der Einzelstücke. Für ein zylindrisches Werkstück haben wir annähernd

$$L = \pi \cdot d \cdot n' \text{ in m, } L = \text{Gesamtschneidenweg}$$

mit $d =$ Durchmesser des Werkstückes in m, n' Anzahl der Umdrehungen. Ist l die Länge eines Werkstückes in mm (oder die Gesamtlänge aller hergestellten Werkstücke) und s der Vorschub in mm, so haben wir

$$n' = l/s \text{ und}$$
$$L = \frac{\pi \cdot d \cdot l}{s} \text{ in m} \quad \text{oder} \quad L' = \frac{\pi \cdot d \cdot l}{1000 \cdot s} \text{ in km,}$$

übliche Werte sind für $L' = 2500$–3500 km für Facettendiamanten.

Mit einem Diamantbohrwerkzeug konnte die Fa. Wellworthy 3000 Kolben ausbohren mit einer Oberflächengüte von etwa 1 Mikrozoll durchschnittlicher Rauhigkeit, bei einem Gesamtschneidenweg von 900 km. J. B. LEECE [14] berichtete kürzlich, daß ein einschneidiges Diamantwerkzeug zwischen 10000–40000 Kommutatoren abdrehte (20 mm Durchmesser, 10 mm lang), Schnittiefe 0,5 mm, Gesamtschneidenweg etwa 500 km.

Die obige Beziehung für L kann durch Einsetzen der Schnittgeschwindigkeit $v = d \cdot \pi \cdot n$ in m/min und der Drehzeit $t = l/n \cdot s$ umgewandelt werden in

$$L = t \cdot v.$$

Üblicherweise wird die Standzeit eines Schnellstahl- oder Hartmetallwerkzeuges ausgedrückt durch eine Gerade im doppellogarithmischen Netz

$$C = t \cdot v^n,$$

wobei C eine Konstante und n meistens > 1 ist. Beide Formeln würden übereinstimmen für $n = 1$, eine Zahl, die in Zerspanungsversuchen schon mehrfach gefunden wurde.

7. Die Oberflächengüte diamantgedrehter Oberflächen.

Es ist von großer Bedeutung, die Oberflächengüte von diamantgedrehten Oberflächen mit den durch andere Bearbeitungsverfahren erzielten Oberflächen zu vergleichen.

Man hat schon mehrfach versucht, das Oberflächenprofil einer durch ein bestimmtes Werkzeugprofil mit bestimmtem Vorschub erzeugten Oberfläche rechnerisch zu bestimmen. Leider war die Übereinstimmung mit den praktischen Messungen recht gering. Dies beruht wahrscheinlich darauf, daß die plastischen Eigenschaften des Werkstoffes nicht genügend berücksichtigt wurden. Außerdem ist neben dem Profil der Werkzeugschneide auch deren Einstellung, ihre Oberflächenrauhigkeit und Schneidabstumpfung von Einfluß.

Im deutschen Schrifttum ist der Begriff des Restspanquerschnittes geprägt worden, das ist der von der Werkzeugschneide nicht erfaßte Teil der Oberfläche, der beim einmaligen Durchgang der Schneide infolge des endlichen Vorschubes stehenbleibt. Man kann für die verschiedensten Werkzeugprofile und Vorschübe diese Restquerschnitte bestimmen, wie es z. B. von FESS [12] getan wurde. Es ist nun interessant, festzustellen, daß z. B. das (‚blended-facet‘-)Werkzeug nach Abb. 11 mit seinem übergangslosen Vor- und Nachschneiden keinerlei Restquerschnitte stehenläßt und damit als das beste Werkzeug zur Erzeugung einer guten Oberfläche angesehen werden muß. Es ist möglich, auf guten Maschinen Oberflächengüten von 0,75–1 Mikrozoll durchschnittlicher Höhe [16] zu erzeugen.

Der Verfasser erhielt z. B. kürzlich an einer neuen Feindrehbank, die noch nicht auf dem Fußboden festgeschraubt war, an Aluminium- und Bronzelegierungen Oberflächengüten von 3–4 Mikrozoll bei richtiger Einstellung des Diamantwerkzeuges, diese Werte stiegen bei schlechterer Einstellung und ungünstiger Wahl von Vorschub und Drehstahl bis auf 15 Mikrozoll. Die englische Kolbenfabrik Wellworthy erzeugte während des Krieges Aluminium-Flugzeugkolben, die am Boden und Schaft Oberflächengüten von 1 Mikrozoll aufweisen, die Kolben wurden zurückgewiesen, wenn 3 Mikrozoll überschritten wurden.

D. F. GALLOWAY verglich die mit Diamantwerkzeugen und Hartmetallwerkzeugen erhaltenen Oberflächengüten (Abb. 23) in Abhängigkeit von der Schnittgeschwindigkeit und fand recht verschiedene Charakteristiken. Beim Drehen einer Aluminiumgußlegierung (Abb. 23a) mittels eines Hartmetallwerkzeuges wurde nur bei einer mittleren Schnittgeschwindigkeit eine hohe Oberflächengüte erzielt, bei niedrigen und hohen Geschwindigkeiten entstanden rauhere Oberflächen. Beim Abdrehen desselben Werkstoffes mit Diamantwerkzeug ergab sich ein proportionaler Anstieg der Oberflächenrauhigkeit mit der Schnittgeschwindigkeit (Abb. 23b). Ein ähnliches Verhalten des Diamantwerkzeuges wurde beim Abdrehen einer geschmiedeten Aluminiumlegierung gefunden (Abb. 23d), während mit diesem Werkstoff bei Verwendung eines Hartmetallwerkzeuges (Abb. 23c) keine Änderung der Oberflächengüte mit der Schnittgeschwindigkeit auftrat.

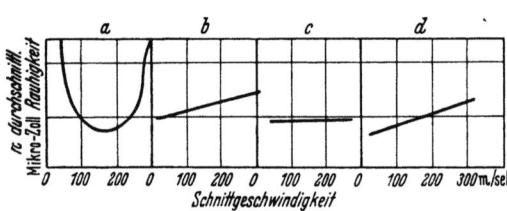

Abb. 23.
Oberflächenrauhigkeit an Aluminiumlegierungen, bearbeitet mit Diamant- und Hartmetallwerkzeugen (nach D. F. GALLOWAY). a Hartmetall, Gußlegierung, b Diamant, Gußlegierung, c Hartmetall, geschmiedete Legierung, d Diamant, geschmiedete Legierung.

Einfluß der Spanform. Die Spanform und der Spanablauf haben großen Einfluß auf die Oberflächengüte. Der Spanwinkel der Hauptschneide beeinflußt die Spanform wesentlich. Der ablaufende Span darf sich nicht stauen. Manche Diamantwerkzeuge haben einen zu kleinen Spanraum, der durch den Abstand zwischen Schneidkante und Vorderfläche der Klemmplatten gegeben ist. Wenn sich dieser Raum nicht vergrößern läßt, sind Werkzeuge ohne Klemmplatte (s. Abb. 13 und 14) zu verwenden, die zusätzlich noch den Vorteil einer besseren Übersicht des Zerspanungsvorganges haben.

Spanentfernung und Kühlflüssigkeit. Mit Diamantschneiden kann im allgemeinen mit Ausnahme von Magnesiumlegierungen trocken gearbeitet werden. Es hat sich jedoch die Erkenntnis durchgesetzt, daß es zweckmäßig ist, für eine Art von Spanbeseitigung Sorge zu tragen. Die Entfernung der anfallenden feinen Späne ist auch deshalb besonders wichtig, damit nicht durch Spanballungen eine Beschädigung der Schneide als auch der fertigbearbeiteten Oberfläche eintritt, ein Vorgang, der z. B. in Bohrungen schwer zu beobachten ist.

Im allgemeinen können die bei Diamantbearbeitung anfallenden hauchdünnen Spänchen (wollartige Knäuel) auch bei langspanenden Werkstoffen keine Beschädigungen anrichten.

In englischen Untersuchungen wurde keine Änderung der Oberflächengüte bei Benutzung von Druckluft, Saugluft oder wasserlöslichem Öl festgestellt. Jedoch wurde aus Betriebsgründen dahingehend entschieden, wasserlösliches Öl zu verwenden. Man erreichte dabei den doppelten Zweck, die Späne zu entfernen und die Diamantschneide sauber und kühl zu halten. Bei einigen Werkstoffen haben kleine Spanteilchen die Neigung, eine Aufbauschneide zu bilden, die sich aber durch Azeton beseitigen läßt. Bei Werkstücken, die nachträglich galvanisiert oder sonst oberflächenbehandelt werden, wobei Kühlmittel auf Öl- oder Seifenbasis vermieden werden müssen, um das Entfetten zu sparen, ist Druckluft oder Saugluft zu verwenden. Das Absaugen mittels eines Sondergerätes nach E. Winter & Sohn ist besonders zu empfehlen, wenn die feinen Späne Maschinenschädigungen hervorrufen können (z. B. Abdrehen von Kommutatoren elektrischer Maschinen in ihren eigenen Lagern).

Bei sehr hohen Schnittgeschwindigkeiten sind Kühlflüssigkeiten mit großer Wärmeleitfähigkeit zu verwenden, z. B. Petroleum, Terpentin, Spiritus usw. Die hohe Kapillarwirkung dieser Flüssigkeiten ist günstig, um das Eindringen zwischen Spanfläche und Span zu erleichtern. Die Kühlflüssigkeit muß unbedingt gefiltert werden, um Verletzungen der Oberfläche und des Werkzeuges durch die Späne zu vermeiden.

Die Maschinen für die Bearbeitung mittels Diamanten. Für die Bearbeitung mittels Diamantwerkzeugen sind im allgemeinen Sondermaschinen zu verwenden, jedoch sind erschütterungsfreilaufende Mechanikerdrehbänke und Sondermaschinen, die für die Hartmetallbearbeitung Verwendung finden, ebenfalls geeignet. Hauptkennzeichen: Hauptantrieb mit hohen Drehzahlen, ohne Zahnräder, Spindel vom Riemenzuge entlastet, ölgeschmierte und gekühlte Gleitlager, feinste Vorschubeinstellung.

8. Richtlinien für die Verwendung von Diamanten bei der Zerspanung.

Außer den in Tab. 10 gemachten Angaben bringt Tab. 11, welche Schnittgeschwindigkeiten bei den häufig zerspanten Werkstoffen anzuwenden sind.

Tabelle 11. *Empfohlene Schnittgeschwindigkeiten beim Diamantdrehen verschiedener Werkstoffe.*

Werkstoff	Schnittgeschwindigkeit m/min
Reinaluminium	200—300
Aluminiumleg.	250—350
Magnesium	300—380
Gußbronze	150—300
Bleibronze	500—600
Weißmetall	250—380

Die Tab. 12 gibt eine Zusammenstellung der praktisch erprobten Zerspanungsbedingungen für unterschiedliche Werkstoffe.

Tabelle 12. *Beispiele für Feinstbearbeitung mittels Diamantwerkzeug nach* A. MEYER[1]
(nach praktisch erprobten Werten).

Werkstoff	Arbeitsgang	Schnittgeschw. m/min.	Spantiefe mm	Vorschub mm/Umdr.
Messing, Bronze, Aluminium	Plandrehen	100—200	0,2	0,07
Phosphorbronze Weißmetall Aluminium	Plandrehen	bis 3390 bis 3390 bis 3390	0,5 0,5 1,0	0,023 0,023 0,023
Kupfer	Plandrehen Feinschnitt	220 230	0,35 0,5	0,07 0,07
Kupfer	Drehen	145—200	0,5	0,1
Leichtmetall	Drehen	610	0,1	0,014
Kupfer mit Isoliermaterial (Kollektoren)	Drehen	2200—2500	0,3—0,8	0,04—0,15
Bronze, Weißmetall, Leichtmetall	Bohren	217 400 610	0,12 0,12 0,1	0,2 0,02 0,014
Nichteisenmetall Kunststoffe	Planfräsen	450 450	0,2 0,4	0,05 0,08
Galalith	Reinfräsen	1200	0,1	0,1
Hartgummi	Abstechen	80—200	Nutenbreite 1,5 mm	

Schrifttum.

[1] RAMSDEN, J., Description of an engine for dividing strait lines, herausgegeben im Auftrag der Commissioners of Longitude, London 1779, siehe Early uses of diamond tools for cutting metals *Industrial Diamond Review* Bd. 4, 1944, S. 227—230.
[2] GRODZINSKI, P., A ruling engine used by Sir John Barton *Industrial Diamond Review* Bd. 8, 1948, S. 37—42 und Bd. 9, 1949, S. 10—12.
[3] Shaped diamonds for metal cutting and other purposes, John Dickinsons Patent Tools *Industrial Diamond Review* Bd. 4, 1944, S. 237—240.
[4] GRODZINSKI, P., Diamond Tools, New York, London 1944.
Data Sheet 6a The Physical, Mechanical and chemical properties of the diamond. Zuerst veröffentlicht in 1944, neue Ausgabe Juli 1948 *Industrial Diamond Review.*
[5] GRODZINSKI, P., Machining Steel and Cast-iron with diamond? *Industrial Diamond Review* Bd. 5, 1945, S. 18.

---

[1] Maschinenbau-Betrieb Bd. 13, 1934, S. 79.

[6] Diamond Tool Data Sheets, herausgegeben von N A G Press Ltd., London 1945, Preis 5 sh.
[7] Setting shaped Diamonds. *Diamond News* Bd. 6, 1943, S. 13, 14, *Industrial Diamond Review*, Bd. 4, 1944, S. 47.
[8] GRODZINSKI, P., Diamond and Gemstone Industrial Production London 1942, S. 193. Neubearbeitung in Vorbereitung.
[9] Diamond Tool Patents I A, Machining Metals and non-metallic substances by P. GRODZINSKI, W. JACOBSOHN, 1949, 2. Ausgabe Industrial Diamond Information Bureau, London E. C. 1.
[10] Werkzeughalter mit Feineinstellung der Diamantdrehbank G. Boley, Eßlingen, in DUBBEL, Taschenbuch für den Maschinenbau II, S. 566, 10.Aufl., 1949.
[11] Ministry of Supply, The Turning of aluminium pistons with diamond tools. H. M. Stationery Office (London 1944).
Ministry of Supply, Fine boring with Diamond tools, H. M. Stationery Office, London 1945.
[12] FESS, E., Über die beim Diamantdrehen erzielbare Oberflächengüte, Dr.-Dissertation, R. Noske, Borna, 1939.
[13] GALLOWAY, D. F., Fine Finish Turning of Nonferrous Alloys. Dr.-Diss. University of London, 1943.
GALLOWAY, D. F., Recent Research in metal machining, Inst. Mech. Engineers Proc. Bd. 153, 1945, S. 113—132.
[14] LEECE, J. B., *Industrial Diamond Review* Bd. 9, 1949, S. 165.
[15] SCHALLBROCH, H., H. SCHAUMANN, Maschinenbau-Betrieb Bd. 19, 1940, S. 235 bis 239.
MEZ, L. Siemens Zeitschrift Bd. 20, 1940, S. 5—11.
[16] Die folgenden Umrechnungswerte sollten beachtet werden:
1 Mikrozoll = 0,000001 Zoll engl. 1 Zoll = 25,4 mm, also 1 Mikrozoll = 0,000025 mm = 0,025 Mikron (μ) oder 1 Mikrozoll = $1/_{40}$ Mikron. Hinsichtlich Gesamtrauhigkeit H und durchschnittlicher Rauhigkeitshöhe h wurden die folgenden Beziehungen gefunden: $h = 1/_6 H$ für geschliffene Oberflächen, $h = 1/_{10} H$ für geläppte Oberflächen. Für Diamantdrehen kann man deshalb annehmen, daß 1 micro-inch durchschnittlicher Rauhigkeit entspricht 0,15 mikron. Die angeführten Mikrozollwerte wurden mit dem Talysurf-Oberflächenprüfgerät gemessen.
[17] GRODZINSKI, P., $3^1/_2$ in. Cromwell Diamond lathe; *Industrial Diamond Review* Bd. 1, 1949 p.

Weitere allgemeine Literaturhinweise.

British Standards
BS 1120—1943 Diamond tipped boringtools,
BS 1148—1943 Diamond tipped turning tools.
KRAUS, E. H., CH. B. SLAWSON, Cutting Diamonds for Industrial purposes. *American Mineralogist* Bd. 26, 1941, S. 153—160.
BAUSCH, C. L., *Diamonds as Metal Cutting Tools Trans.* ASME Bd. 51, 1929, Paper MSP 51—16.
Bibliography Diamond as Cutting Tool for Metals and Non metallic Materials, Liste B von 1900 an. 1945 Industrial Diamond Information Bureau, Industrial Distributor (Sales) Ltd., London E. C. I.
SCHLESINGER, G. u. D. F. GALLOWAY, Special equipment to facilitate the efficient use of Diamond Tools *Journal Inst. Prod. Engs.* Bd. 23, 1944, S. 303—308.
LECHNER, A., Diamant, Diamantwerkzeuge, Diamantmetallwerkzeuge und ihre Verwendung (in R. VENTISKA, Betriebstechnische Fachbücher, Wien 1949).

9. Die Abrichtdiamanten.

a) Richtlinien für die Auswahl und Befestigung der Abrichtdiamanten.

Eine der wichtigsten Anwendungen des Diamanten ist das Abrichten von Genauigkeitsschleifscheiben, bestehend aus Schleifkörnern (Schmirgel, Aluminiumoxyd, Siliziumkarbid) mit einem Bindemittel (keramische Massen, Kunstharze usw.). Eine Schleifscheibe besitzt sehr oft selbstschärfende Eigenschaften, in dem die „stumpfgewordenen" Schleifkörner durch den Schleifdruck herausgebrochen werden und neue, scharfe Schleifkörner freilegen. Diese Wirkung ist jedoch bei den bisher gebräuchlichen Schleifscheiben stark beschränkt und für Genauigkeitsschleifarbeiten nicht erwünscht. Vor einer Reihe von Jahren wurde von FRANZ[1] nachgewiesen, daß die Schleifkörner sich zwar abnutzen, aber auch während des Schleifens mit dünnen Metallschichten überzogen werden. Dadurch sinkt die Schleifleistung stärker ab als durch die Abstumpfung.

Zum Abrichten der Schleifscheiben für grobe Arbeiten sind seit langem Abrichträdchen bekannt, die gegen die umlaufende Schleifscheibe gedrückt werden, dadurch in Umlauf kommen und durch geeignete Einstellung zur Schleifscheibe, Schleifkörner herausbrechen und die Schleiffläche wieder schneidend machen. Während des zweiten Weltkrieges wurden in Deutschland [2] zahlreiche verbesserte Arten derartiger Geräte entwickelt und verschiedentlich nachgewiesen, daß hiermit bei geeigneter Anwendung Schleifgenauigkeiten erzielt werden können, wie sie bisher nur durch Abziehen mit einem Diamanten erreichbar waren. Es wird jedoch betont, daß höchste Oberflächengüten, z. B. maximal $0{,}5\,\mu$, in der Teilefertigung von Kraftfahrzeugmotoren nur mit dem Diamantabrichter erreicht werden können.

Weiterhin hat sich zur Herstellung von Profilschleifscheiben das sog. „Einroll"verfahren in Deutschland, England und Amerika eingeführt [3]. Hierzu werden genau geschliffene, meist gehärtete Profilrollen bei langsam laufender Schleifscheibe gegen diese angedrückt und das Profil eingedrückt. Die Profilrolle selbst ist jedoch mittels bekannter Verfahren zu schleifen, deren Schleifscheiben mit Diamantwerkzeugen abgerichtet werden. Es sind Stimmen für und wider das „Einroll"verfahren laut geworden, jedoch kann gesagt werden, daß dieses Verfahren wirtschaftlich ist, wo es auf große Stückzahlen und nicht zu große Genauigkeit ankommt. Der einschneidige Abrichtdiamant ist demgegenüber das einzige Werkzeug, mittels dessen das stark abnutzend wirkende Schleifscheibenmaterial wirtschaftlich in ähnlicher Weise zu bearbeiten ist, wie durch ein Drehwerkzeug. Für das Abrichten von Schleifscheiben müssen gewisse Schnittbedingungen geschaffen werden, die schwierig einzuhalten sind, weil mit Ausnahme von Gewinde- und Profilschleifscheiben nur ungeschliffene, d. h. rohe Diamanten, verwendet werden, die mit einer natürlichen Spitze arbeiten.

Im Gebrauch nutzt sich diese Spitze ab, und der Diamant muß in seinem Halter so gedreht werden, daß eine neue scharfe Ecke oder Kante benutzt werden kann.

Weiterhin ist auch die Kristallstruktur des Diamanten zu berücksichtigen. Wenn ein idealer Diamant von Oktaederform in einer Würfelfläche an der Spitze abgeschliffen wird, so sind die Diagonalen der entstehenden Quadrate bevorzugte Schleifrichtungen, d. h. ein nach Abb. 24a eingestellter Diamant wird sich verhältnismäßig schnell abnutzen. Die kürzlich mittels eines Abschleifgerätes durchgeführten Versuche (Micro-Abrasion tester, P. GRODZINSKI, 1948) haben dies im allgemeinen bestätigt. Es hat sich aber auch gezeigt, daß die eine oder andere theoretisch bevorzugte „Schleifrichtung" praktisch nicht in Erscheinung tritt [4]. Dagegen sind die Richtungen parallel zu den Kanten besonders hart. Bei einem normalen Ab-

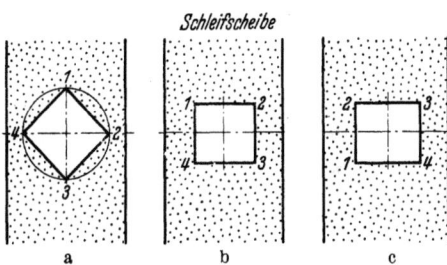

Abb. 24. Einstellung eines Oktaederdiamanten zur Schleifscheibe: a) falsch, der Diamant wird in „bevorzugten" Schleifrichtungen abgeschliffen, b) richtige Einstellung, Abschleifen in „nicht bevorzugter" Richtung, c) wenn Abnutzung eingetreten ist, ist der Diamant um jeweils 90° zu drehen.

richtdiamanten können durch Neigung und eine vom Oktaeder abweichende Kristallform geänderte Bedingungen vorliegen, die aber nicht wesentlich von der obigen Darstellung abweichen. Infolgedessen ist es immer richtig, den Diamanten zur Schleifscheibe so einzustellen wie in Abb. 24b gezeigt und dann jeweils um 90° zu drehen, um ihn wieder in eine nicht bevorzugte Schleifrichtung zu bringen (Abb. 24c) [5].

Für Abrichtdiamanten sind folgende Befestigungsarten üblich [6]:
Einklemmen,
Hartlöten, Eingießen, Einstemmen,
Einsintern.

Das *Einklemmen* mittels mechanischer Festspannung, z. B. Klemmplatten oder Spannzangen, wird nur noch vereinzelt ausgeführt, wenn in Sonderfällen Diamanten von guter Oktaederform erhältlich oder für einen besonderen Arbeitsvorgang notwendig sind.

Hartlöten, Eingießen, Einstemmen. Beim *Hartlöten* wird der Halter mit einer axialen Bohrung versehen, in die der Diamant hineinpaßt und leicht verstemmt wird. Die Bohrung soll nach Möglichkeit hinterstochen sein. Der Halter wird dann erwärmt und die Zwischenräume mit Silberlot oder einem anderen Hartlot gefüllt. Der Diamant darf auf keinen Fall zu lange auf Härtetemperaturen gehalten werden. Nach dem Löten ist der Diamant frei zu arbeiten. Beim *Einstemmen* in Kupfer ist darauf zu achten, daß der Diamant sehr empfindlich gegen Schläge ist. Diese Arbeit sollte daher nur besonders geschickten Arbeitern übertragen werden. Demgegenüber ist das *Eingießen* vorzuziehen, da es leichter und sicherer ausgeführt werden kann.

Das Hartlöten mittels induktiver Erwärmung wird große Vorteile bringen, da von außen keine Wärme herangebracht wird.

Das Einsintern scheint auch ein recht erfolgreiches Verfahren zu sein. Hierbei wird die Höhlung im Stahlhalter, in die der Diamant hineinpaßt, mit Metallpulver gefüllt, welches dann nach dem bekannten Verfahren gesintert wird.

b) Die Normung der Abrichtdiamanten.

Die deutsche Norm DIN 1820, zuerst herausgegeben 1941, legt fest: die Größe und Art des Diamanteinsatzes; Vorschläge für das Fassen der Abrichtdiamanten: Harteinlöten oder Verstemmen; Größenzuordnung der Abrichtdiamanten zur Schleifscheibe.

Die Tab. 13 gibt einen Auszug aus DIN 1820.

Tabelle 13. *Richtlinien für das Größenverhältnis des Diamanten zum Schleifscheibendurchmesser (DIN 1820)*

Schleifscheibendurchmesser in mm	Gewicht des Diamanten in Karat[1])	
bis 100	kleine Diamanten	0,25—0,5
über 100—200	mittlere Diamanten	0,5—0,75
über 200—300		0,75—1
über 300—500	große Diamanten	1—1,5
über 500		1,5 und größer

Die Vorschläge für das Größenverhältnis der Diamanten zum Schleifscheibendurchmesser weichen in den einzelnen Ländern stark voneinander ab. International gesehen liegen die deutschen Vorschläge an der unteren Grenze.

Die mehrschneidigen Diamantabrichter. Bei den vorstehend beschrie-

---

[1] 1 Karat = 0,200 g.

benen Verfahren ist es möglich, den Diamanten nach Abnutzung der natürlichen Spitze wieder neu zu fassen, um ihn restlos auszunutzen. Seit einer Reihe von Jahren sind auch mehrschneidige Diamantabrichter auf den Markt gekommen. Eine Anzahl kleiner Diamanten ist durch Eingießen oder Einsintern in einer gemeinsamen Ebene sicher befestigt. Derartige Werkzeuge haben sich insbesondere zum Abrichten großer Schleifscheiben, z. B. an spitzenlosen Schleifmaschinen, bewährt. Bei einer Sonderausführung sind kleine Diamanten in einen Hartmetallblock eingesintert (z. B. Winter Igel), wobei die Härte des Wolframkarbides den Abrichtvorgang unterstützt.

Zum Abrichten von Gewindeschleifscheiben und Profilschleifscheiben werden geschliffene (oder zum Teil geschnittene) Diamanten in Kegel- oder Dachform verwendet. In Sonderfällen, z. B. an amerikanischen Gewindeschleifmaschinen, werden kleine natürliche Oktaeder mit scharfer Spitze benutzt.

c) Die Einstellung und Handhabung der Abrichtdiamanten [7].

Von großer Bedeutung ist die richtige Einstellung des Abrichtdiamanten zur Schleifscheibe. Er soll unter einem Winkel (drag angle) zur Schleifscheibe stehen und die Scheibe etwas unter Scheibenmitte berühren. Seit vielen Jahren sind Diamanthalter mit Teileinrichtung auf den Markt gekommen, die gestatten, den Diamanten in bestimmte Stellungen zur Scheibe zu bringen; nach Abb. 24 soll eine solche Drehung möglichst um 90° erfolgen. Nach der neuesten Entwicklung werden Diamantabrichter vorgesehen, bei denen der Diamant nach jedem Vorbeigang an der Schleifscheibe automatisch gedreht und um einen geringen Betrag, z. B. 2 μ, zugestellt wird.

Die Schnittiefe bei einem Vorbeigang an der Schleifscheibe soll nicht mehr als 0,02 mm betragen. Der Vorschub entlang der Schleifscheibe bestimmt die erreichbare Schliffgüte. Ein langsamer Vorschub ergibt eine hohe Oberflächengüte. Ein schneller Vorschub ergibt eine scharfe, griffige Scheibe und dementsprechend große Abschleifleistung. Für gute Kühlung des Diamanten ist zu sorgen.

Schrifttum — Abrichtdiamanten.

[1] FRANZ, W., Untersuchung des Schleifvorganges an keramisch gebundenen Normalschleifkörpern. Dr.-Dissertation, T. H. Braunschweig 1936, Auszug *Werkstatt u. Betrieb*, Bd. 70., 1937, S. 180—183.

[2] SCHULT, H., Diamantfreie Abrichter für die Feinbearbeitung *Werkstatt u. Betrieb* Bd. 52, 1949, S. 228—232.
PROSS, W., Zuschrift und Stellungnahme zu obigem Aufsatz *Werkstatt u. Betrieb* Bd. 83, 1950, S. 260.
VITS W. u. H. STARCK, Erfahrungen beim Abrichten von Schleifscheiben *T. Z. für prakt. Metallbearbeitung* Bd. 53, 1943, S. 49—54.

Müller, J., Ohne Diamant? *Maschinenbau-Betrieb* Bd. 21, 1942, S. 197.
Pahlitzsch, G., Untersuchung diamantfreier Abrichtgeräte für Schleifscheiben, *Fertigungstechnik* Bd. 1/77, 1943, S. 73—78, 135—136.
VDI-Arbeitsblätter 3001 und 3003.
[3] ...Crush truing of grinding wheels. A review of recent literature. *Industrial Diamond Review* Vol. 6, 1946. S. 229—231.
...Crush dressing of grinding wheels for form tool grinding *Tool Eng* Bd. 15, 1945, S. 18—28, Auszug *Engineers Digest* Bd. 7, 1946, S. 101—102.
Flanders, E. V., Comparison of crush truing and diamond truing for thread grinding. *Industrial Diamond Review* Bd. 7, 1947 S. 132—135.
Helfrich, E. C., Theory and practice of crush dressin goperation on grinding wheels. *Am. Soc. Mech. Engs.* Paper 48—SA—42.
Luce, E. O., Recent developments in crush dressing abrasive wheels *Machine & Tool Blue Book* Bd. 44, 1948, S. 151—158.
[4] Grodzinski, P. u. W. Stern, Abrasion tests on diamonds. *Nature* (Lond.) Bd. 164, 1949, p. 193.
[5] Grodzinski, P., Industrial diamonds. *Aircraft Prod.* Bd. 7, 1945, S. 3—6.
[6] Srauss, H. L., Metallurgical materials and problems when setting industrial diamonds. *Industrial Diamond Review,* Bd. 10, 1950, S. 184—185.
[7] Winke für das Abrichten von Genauigkeitsschleifscheiben mit Diamantwerkzeugen. Werkstattblatt 25. C. Hanser Verlag, München.

10. Diamantkorn und seine Verwendung.

An Stelle der Bezeichnung Diamantstaub, die mißverständlich ist, soll hier das nach der Zerkleinerung verschiedener Art anfallende Kleingut die Bezeichnung Diamantkorn erhalten. Diamantkorn ist ein bewußt hergestelltes Kleingut, bei dem die Schneidenkanten der Kleinkörner den zu bearbeitenden Körper angreifen sollen. Eine Klassifikation ist in der deutschen Norm DIN 848, März 1944, enthalten.

a) Herstellung von Diamantkorn.

Diamantkorn ist auf zwei verschiedene Arten erhältlich. Aus den Abfällen des Spaltens, Schneidens und Schleifens von Diamanten und vom Zerstoßen verbrauchter Diamantwerkzeuge, wie Abrichtdiamanten, Ziehsteine u. dgl.; durch Zerstoßen von geringwertigen Industriediamanten bekannt als 'crushing boart'.

Früher war lediglich eine sehr beschränkte Menge von Diamantkorn nach dem erstgenannten Verfahren erhältlich. Jedoch wird gegenwärtig fast ausschließlich „crushing boart' durch Zerstoßen von geringwertigen Diamantqualitäten aus den Belgisch-Kongo-Diamantbergwerken verwendet. Es wird häufig angegeben, daß das Diamantkorn, welches von den Diamanten bestimmter Bergwerke hergestellt ist, hochwertiger sei als das anderer Provenienz. Die langjährige Erfahrung von amerikanischen Diamantschleifscheibenherstellern [1] beim Schleifen und Polieren von Hartmetallen hat jedoch gezeigt, daß praktisch kein Unterschied zwischen dem Diamantkorn verschiedener Quellen besteht.

Der Diamant als Schneidstoff. 57

P. L. HERZ [2] stellte fest, daß irgendwelche möglichen Unterschiede bei Kleinkorngrößen unterhalb 50 μ verschwinden.

Zerstoßen. Das übliche Verfahren zur Herstellung von Diamantkorn ist den Diamanten in einem mehr oder weniger geschlossenen Mörser durch aufeinanderfolgende Schläge durch Hand oder Motor bewegter Stößel, ähnlich wie bei Pochwerken, zu zerkleinern. Früher glaubte man, daß man, um ein gutes Pulver zu bekommen, jeweils nur zwei Karat Diamantboart zerkleinern könne. Die übliche Füllung ist jedoch heute fünf Karat. Bei motorischem Antrieb können mehrere Mörser nebeneinander angeordnet werden, oder es werden automatische Mörser benutzt, wie z. B. von der Fa. E. Winter & Sohn [3]. Eine derartige Einrichtung kann bis zu 200 Karat in einem Arbeitsgang zerstoßen [4].

Tabelle 14. *Diamantkorngrößen nach DIN 848.*

Körnungsbezeichnung		Körnungszusammensetzung Hauptanteil. Streuung mindestens 70% Werte in μ		Verwendungszweck
Schlämm- körnungen	D 0,7	0,5—1	bis 1	Polierkörnungen
	D 1	über 1—2	0,5—3	
	D 3	über 2—3	1—8	
	D 7	über 5—10	5—15	Feinschliff
	D 15	über 10—20	7—25	Bohrschliff
	D 30	über 20—40	10—50	Läppschliff
	D 50	über 40—60	30—70	Körnungen
Sieb- körnungen	D 70	60—80	Siebe nach DIN 71	Grobschliff in Sägekörnungen
	D 100	über 80—120		
	D 150	über 120—200		
	D 250	über 200—300		
	D 250	über 300—400		
	D 500	über 400—600		

Tabelle 15. *Klassifizierung von Diamantpulver in Olivenöl nach Machiner ys Handbook und American Machinists Handbook.*

Nr. 0	5 Minuten[1]	Nr. 4	2 Stunden
Nr. 1	10 Minuten	Nr. 5	10 Stunden
Nr. 2	30 Minuten	Nr. 6	bis Diamant rein
Nr. 3	1 Stunde		

b) Klassifizierung des Diamantkornes.

Durch Zerstoßen wird ein Diamantkorn sehr unterschiedlicher Zusammensetzung gewonnen, das in den meisten Fällen für industrielle Verwertung nicht direkt geeignet ist.

[1] Die Nummerngröße bezieht sich nur auf dieses Verfahren und hat deshalb keine Beziehung zu anderen Nummerngrößenbeziehungen.

Die Klassifizierung geschieht zuerst durch Aussieben bis zu einer Korngröße von 40 μ (Siebgröße Nr. 325); feinere Siebe sind im Handel nicht erhältlich. Für feinere Korngrößen werden Schlämmverfahren in Flüssigkeiten oder Sichtverfahren mit Luft weitgehend angewandt. In der Diamantwerkzeugindustrie, z. B. für das Diamantkorn zur Herstellung von Ziehsteinen, wird das Schlämmen in Olivenöl angewandt, und Tab. 15 gibt eine Klassifizierung nach MACHINERYs Handbook an. Nach neueren Verfahren ist Absetzen in destilliertem Wasser oder Alkohol, Windsichten und Zentrifugieren im Gebrauch. Diese neuzeitlichen Verfahren ermöglichen eine genaue Klassifizierung von Korngrößen, wie sie in der deutschen Norm DIN 848 und der amerikanischen Norm CS 123–1949 (Tab. 16) niedergelegt sind. Die Abb. 25 u. 26 geben einen Begriff der Korngrößen nach DIN 848. DAWIHL und FRITSCH berichteten im Jahre 1941 [5] über das von ihnen entwickelte Zentrifugierverfahren, das auch heute noch mit Erfolg angewandt wird und sehr gleichmäßige Körnungen liefert.

Tabelle 16. *Amerikanische Handelsnorm CS 123 – 1949 über Diamantkorngrößen Februar 1949.*

Korngröße in μ	Durchschnittliche Teilchengröße in μ (nominal)
m 2 und darunter	1
m 1–5	3
m 4–8	6
m 6–12	9
m 8–22	15
m 20–40	30
m 30–60	45
m 35–85	60
s 230–325	74
s 170–230	106
s 120–170	150
s 100–120	193
s 80–100	230
s 60– 80	302
s 40– 60	473

m = Mikrongrößen, s = Siebgrößen.

Das Diamantkorn kommt entweder im losen Zustand in den Handel oder wird als fertige Paste geliefert. Seit einigen Jahren haben verschiedene englische und amerikanische Firmen bestimmte Farbensymbole für ihre Diamantpasten gewählt. Die Tab. 17 gibt eine Übersicht über die gegenwärtig angewandten Farbschemen. Die Verwendung einer Paste ist besonders sparsam im Diamantverbrauch. Auch läßt sich leicht feststellen, ob das Diamantpulver wirkliche Zerspanungsarbeit leistet; dies wird durch die Verfärbung angezeigt.

c) Verwendung von Diamantkorn in loser Form.

Tab. 18 und 19 gibt eine Übersicht über die gegenwärtigen Anwendungsmöglichkeiten von losem Diamantpulver. Die folgenden Werkstoffe werden vorzugsweise mit Diamant feingeschliffen, geläppt oder poliert: Hartmetall, Saphir und in einzelnen Fällen Stahl und Glas. Diamantkorn ist besonders freischneidend und wird deshalb auch mit Erfolg zum Polieren von Kunstharzpreßformen verwendet. Der verhältnismäßig hohe Preis wird durch die große Schneidkraft ausgeglichen. Man hat festgestellt, daß, wenn man Saphir mit Diamantstaub an Stelle des üblichen Tripels oder Rottenstone poliert, etwa 80% der Arbeitszeit eingespart werden [6]. Dies bedeutet, daß man an Stelle von vier Poliermaschinen nur noch eine Poliermaschine braucht, um die gleiche Arbeit zu erledigen.

d) Sonderscheiben der Edelsteinindustrie.

Im folgenden seien einige mit Diamant präparierte Schleif- und Läppscheiben beschrieben, die vorzugsweise in der Diamantbearbeitung und der Bearbeitung der Edelsteine und Halbedelsteine entwickelt wurden, die sich jedoch auch für andere Werkstoffe, z. B. gehärtete Stähle und Hartmetalle, recht gut eignen.

Gußeisenscheiben mit Diamantkorn belegt [7]. Diese Scheiben, die für das Schleifen von Diamanten entwickelt wurden, bestehen aus einem besonders porösen Gußeisen mit etwa 1,5% Silizium- und 1,5% Phosphorgehalt, das eine gewisse Ähnlichkeit mit dem für Herdplatten verwendeten Gußeisen besitzt. Die Brinellhärte ist üblicherweise 230 kg/mm^2. Die Scheiben haben einen Durchmesser bis zu 250 mm und 10 mm Dicke und sollen möglichst mit 2500 U/min laufen. Die Geschwindigkeit darf aber nicht so groß werden, daß das Diamantkorn abgeschleudert wird. In der üblichen Ausführung sind die Scheiben auf eine Spindel aufgezogen, deren Spitzen in Hartholzlagern, die nur mit wenig Öl versehen werden, umlaufen.

Für die Präparierung der Scheiben sind verschiedene Verfahren in Anwendung. Beim nassen Präparieren wird Diamantstaub mit einigen Tropfen Olivenöl und Petroleum zu einer feinen Paste angerührt und mit dem Finger auf die Scheibe aufgetragen. Beim Trockenpräparieren wird die Scheibe mit denaturiertem Alkohol gereinigt und dann das Pulver unmittelbar aufgetragen und ein wenig mit Öl vermischt. Es hat sich bewährt, die Scheiben nach dem Feindrehen oder Feinschleifen mittels Siliziumkarbidschleifsteinen aufzurauhen, wobei jedoch eine besondere Übung notwendig ist, die Riefen gleichmäßig zu verteilen. Das Olivenöl hat sich hinsichtlich Viskosität, Oberflächenspannung, Schmierfähigkeit, sowie Einbettungsfähigkeit des Diamantkornes am besten bewährt. Jedoch eignen sich auch Nußöl und Rapsöl [8].

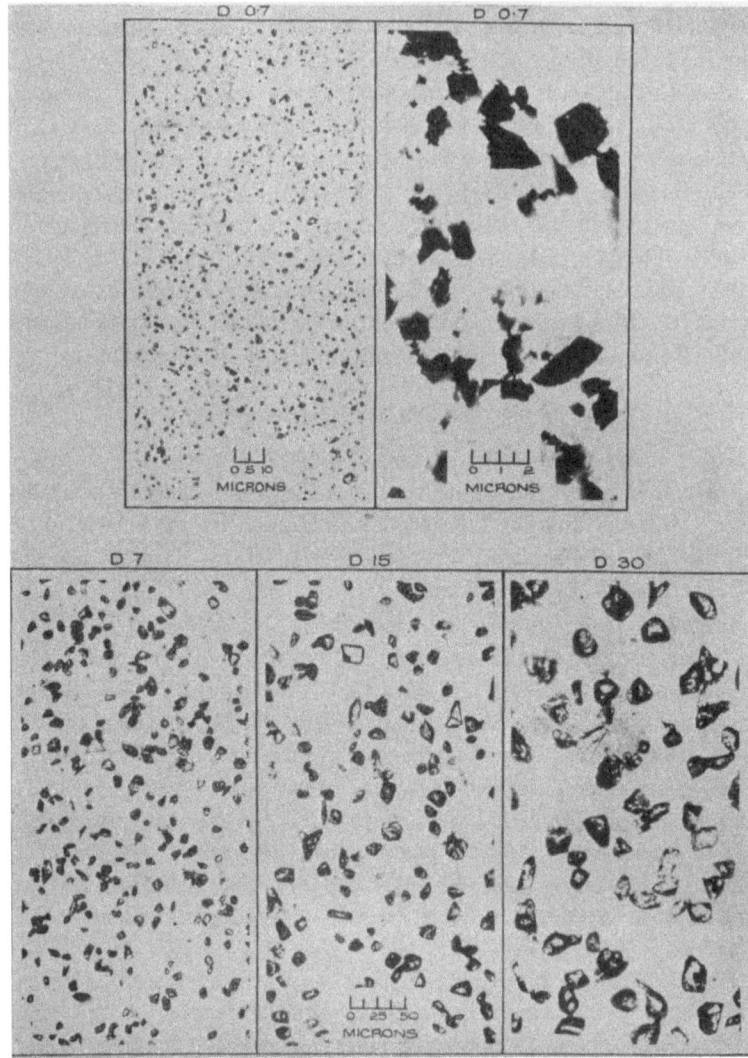

Abb. 25. Diamantkörner entsprechend den Korngrößen D 0,7, D 7, D 15, D 30; Mikrophotographien verschiedener Vergrößerung. Die rechtsseitige Abbildung für D 0,7 ist eine Elektronenphotographie von 5000 × ursprünglicher Vergrößerung (aus BIOS 1448 mit Genehmigung des H. M. Stat. Office, London).

Eine Gußeisenscheibe wird im allgemeinen mit 2 Karat Diamantstaub präpariert, dessen Korngröße im Hauptanteil kleiner als $2\,\mu$ ist. In der Diamantbearbeitung bleibt eine solche Scheibe sechs bis sieben Arbeitstage brauchbar, wobei bis zu drei Diamanten gleichzeitig geschliffen werden können.

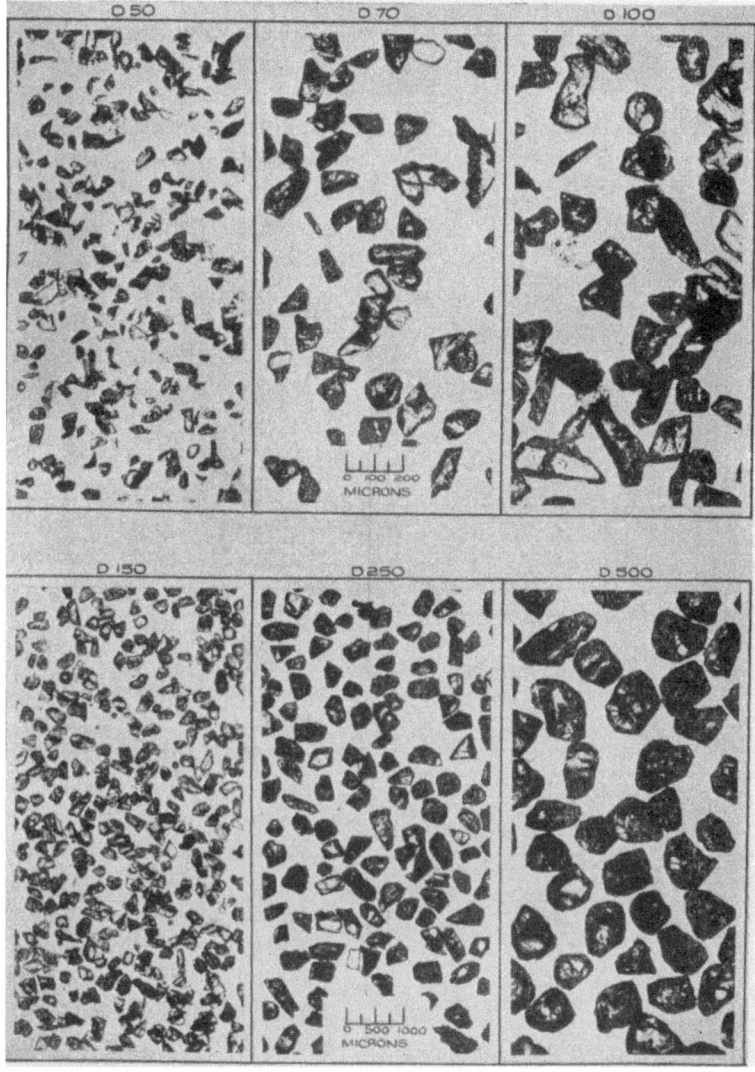

Abb. 26. Diamantkörner entsprechend den Korngrößen D 50, D 70, D 100, D 150, D 250, D 500 (Tab. 1). Mikrophotographien verschiedener Vergrößerung (aus BIOS 1448 mit Genehmigung des H. M. Stat. Office, London).

Das Schleifen von Hartmetall. Für das Schleifen von Hartmetallen auf derartigen Scheiben sind andere Richtlinien zu beachten, insbesondere müssen die Scheiben wesentlich feuchter gehalten werden, um ein zu starkes Erhitzen des Hartmetalles zu vermeiden.

Für eine Scheibe von 150—200 mm Durchmesser ist 0,1 Karat Dia-

Tabelle 17. *Farbensymbol für Diamantpasten.*

Korngrößen Bereich in µ	Magnus Chemical Co.	L. M. van Moppes[1] Diadust Ltd.	Engis Equipment Ltd. Hyprex	Elgin Nat. Watch Co. Dymo	J. K. Smit & Sons Mirra-Lap
0—$^1/_2$	—	—	Grau	Weiß	—
0—2	Weiß	Schwarz	Blau	Elfenbein	Rosa
1—5	Gelb	Blau	Grün	Gelb	Schwarz
4—8	Orange	Grün	Gelb	Orange	—
6—10	—	Gelb (6—12)	Rot	Grün	Blau
8—20	Blau	Orange (8—25)	Braun	Blau	Grün
13—37	Grün	Rot (20—40)	Rotbraun	Rot	Gelb
20—60	Braun	—	Purpur	Braun	—
90 (230 Siebgröße)	Rot	—	—	Purpur	—
120 (170 Siebgröße)	Schwarz	—	—	Grauschwarz	Braun (60—120)
200 (100 Siebgröße)	—	—	—	Schwarz	Rot (80—160)

[1] Wird von E. Winter & Sohn, Hamburg, in Deutschland eingeführt.

mantkorn erforderlich. Dieses wird mit Oliven- oder Mineralöl angerührt und mit dem Finger gleichmäßig über die Scheibenfläche verteilt. Danach wird das Korn mittels eines Hartmetallplättchens bei langsamer Drehzahl in die Poren der Scheibe eingedrückt. Eine so präparierte Scheibe genügt zum Feinschleifen von etwa 50 Hartmetallplättchen normaler Größe. Wenn die Schneidschärfe der Scheibe nachläßt, werden mit dem Finger einige Tröpfchen Petroleum aufgebracht und mit leicht kreisender Bewegung über die Oberfläche verteilt. Dies bewirkt eine Reinigung und Freilegung des Diamantkornes; nach Zusatz einer geringen Menge Diamantkorn ist die Scheibe wieder gebrauchsfähig.

Die üblichen Umfangsgeschwindigkeiten sind 8—10 m/s.

Kupfer- und Bronzescheiben mit eingewalztem Diamantkorn [9]. Im Gegensatz zu den mit Diamant belegten Gußeisenscheiben wird bei Kupfer- und Bronzescheiben, wie sie in der Edelsteinschleiferei verwendet werden, das Diamantkorn möglichst fest in die Scheibe eingewalzt, um somit eine Schleifscheibe mit vielen eingebetteten Diamantschneiden zu erhalten. Diese Scheiben können mit hoher Umfangsgeschwindigkeit (bis zu 17 m/s) umlaufen und lassen weiterhin die Anwendung reichlicher Kühlflüssigkeit zu. Um die Diamantkörner in die Scheibe einzubetten, muß die Oberfläche anfänglich verhältnismäßig rauh sein, und es sind vier verschiedene Arten der Scheibenvorbereitung bekannt.

1. Schleifen der vorgedrehten Scheibe mittels Siliziumkarbidscheiben. Hierbei entstehen Schleifriefen, die von der Korngröße der Schleifscheibe

Tabelle 18. *Anwendung von Diamantkorn (nach Diadust Ltd. Data-Sheet 12, London N.W. 2) durch Sieben herstellbar.*

μ	0–40	30–55	45–65	55–85	65–105	85–125	105–140	125–160	140–180	160–210	180–265	210–330
Siebgröße		–300	–240	300–170	240–150	170–120	150–100	120–100	100–85	100–72	85–60	72–44
Hartmetall												
Vorschleifen (innen)	L	L										
Maßschleifen (innen)	L	L	L									
Maßschleifen (außen)	R	R										
Polieren (außen)	R											
Läppen			R									
Schleifen												
Glaslinsen												
Vorschleifen					R							
Fertigschleifen					R	R						
Kantenschleifen							R	R	R	R	R	R
Sägen												
Quarz und ähnliche Mineralien												
Sägen		L, R						B, R	B, R	B, R		
Saphir												
Sägen								B, R	B, R	B, R		
Schleifen								B, R	B, R	B, R		
Rundschleifen												
Stahl												
Läppen	L		L									

L = lose, B = in Werkzeugen gebunden, R = eingerollt.

abhängig sind. Eine Rillentiefe von 0,005 mm (Abb. 27) hat sich günstig ausgewirkt. Eine größere Schleifriefentiefe ist zu vermeiden.

2. Durch Rändeln der Oberfläche mittels einer Rändelwalze werden schachbrettartige Vertiefungen erhalten, die nicht tiefer sein dürfen als der Korngröße entspricht. Da der Anteil der Rändelöffnung etwa 50%

Tabelle 19. *Anwendung von Diamantkorn unterhalb Siebgrößen (nach Diadust Ltd. Data-Sheet 12, London N.W. 2).*

Korngrößen in Mikron.

Werkstoff	0/2	1/2/3	2/6	4/8	6/12	8/25	20/40
Hartmetall							
Vorschleifen (innen)							L
Maßschleifen (innen)					L	L	
Fertigschleifen (innen)			L	L			
Polieren (innen)	L	L					
Polieren (außen)	L						
Läppen							
Saphir Lager							
Maßschleifen				LB			
Innensenken				B	B	B	
Bohren					LB		
Olivieren		L	L				
Polieren		L	L				
Spiegeln	L						
Saphir Schneider							
für Grammophonplatten							
Maßschleifen					L		
Polieren	LB						
Stahl							
Läppen von Lehren							L
Polieren v. Spitzenlagern			L	L			
Glas							
Innenschleifen				B			B

L = lose, B = in Werkzeugen gebunden.

der Gesamtoberfläche ist, besteht die Möglichkeit, daß etwa die Hälfte des Diamantkornes wegen der zu kleinen Korngrößen nicht zu verwenden ist und vom Kühlmittel weggeschwemmt wird.

3. Ritzen der Oberfläche. Vorzugsweise werden radial verlaufende Rillen maschinell eingeritzt. Je nach Form des Werkzeuges und dessen Belastung lassen sich verschiedenartige Rillen herstellen.

4. Aufrauhen der Scheibenoberfläche durch Sandstrahlen.

In Versuchen von E. KLÜPPELBERG [9] wurde festgestellt, daß beim Sandstrahlen die eingeführten Diamantkörper dort ein Bett fanden, wo die porösen Scheiben aufgelockert waren. Bei den Verfahren 1–3 war das Verhältnis der aufgelockerten Schicht zu der unberührten sehr ungünstig und brachte einen großen Kornverlust. Wenn jedoch die Oberfläche mit einem Sandstrahlgebläse bearbeitet wurde, so ergab sich eine fast vollständige Auflockerung der Oberflächenschicht. Jedoch ergaben sich Schwierigkeiten durch zu großen Unterschied der Härte zum Diamantkorn, daß dieses Verfahren keine Bedeutung erlangen konnte.

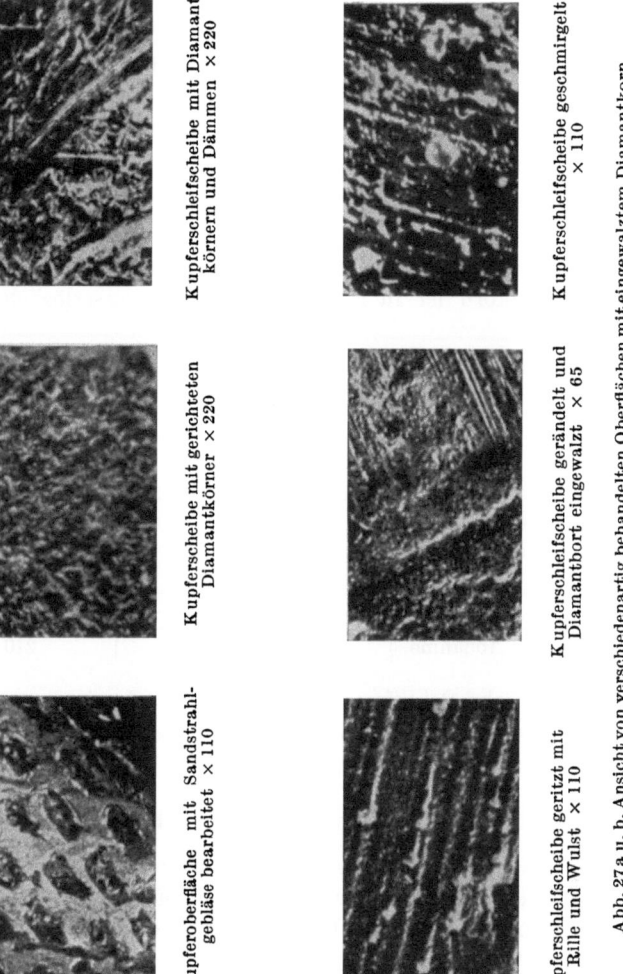

Abb. 27a u. b. Ansicht von verschiedenartig behandelten Oberflächen mit eingewalztem Diamantkorn.

Die Verwendung von Borkarbid. Das seit einer Reihe von Jahren hergestellte Borkarbid (B_4C) hat eine größere Härte als Siliziumkarbid und kommt dem Diamanten am nächsten. Es war deshalb naheliegend, daß dieser Schleifstoff zur Bearbeitung von Hartmetall neben Diamantkorn verwandt wurde.

DAWIHL und WESENBERG [10] geben an, daß Borkarbid als loses Pulver zur Bearbeitung von Hartmetall den 3–4fachen Arbeitswert von Siliziumkarbid besitzt. Man hat auch versucht, Borkarbid in keramisch- oder kunstharzgebundenen Schleifscheiben zu binden, jedoch ergab sich infolge des hohen Arbeitsdruckes ein so dichtes Gefüge, daß keine freischneidende Wirkung erzielt wurde. UHLMANN [11] gibt jedoch an, daß sich Borkarbidscheiben herstellen lassen durch Mischung einer nicht zu dicken Schicht von Kunstharz mit Borkarbid, die auf einen Stahlkörper aufgetragen wird. Derartige Scheiben sollen mit wesentlich geringeren Geschwindigkeiten umlaufen als Diamantschleifscheiben, jedoch sollen hohe Schleifgüten an Hartmetallwerkzeugen erhalten werden. Bei Flächenschleifversuchen an Hartmetallplättchen wurden folgende Werte für 30 Minuten Schleifdauer erhalten [12] (Tab. 20). Gebundenes Borkarbid fand auch Anwendung als Ziehschleifstein und Handabziehstein. Loses Borkarbidkorn ist in Form von öl- oder wasserlöslichen Pasten im Handel.

Tabelle 20. *Vergleichende Schleifversuche zwischen Siliziumkarbid und Borkarbid bei 30 Minuten Schleifdauer.*

	Siliziumkarbid Körnung 60 bis 150 μ	Borkarbid Körnung 60 bis 150 μ
Gewichtsabnahme für 2,88 cm^2 Fläche	155 mg 172 mg 119 mg	653 mg 555 mg 525 mg
im Mittel	149 mg	578 mg
auf 1 cm^2 hingegen Abnahme	52 mg/cm^2	210 mg/cm^2

Metallographische Schliffe, insbesondere von Legierungen mit Bestandteilen verschiedener Härte, werden in steigendem Ausmaße mit feinem Diamantkorn geschliffen und poliert.

c) Verwendung von Diamantkorn in gebundener Form.

Während man früher Diamantschleifscheiben kannte, in die das Diamantkorn mittels verschiedener Verfahren eingerollt wurde, sind während der letzten 20 Jahre neue Diamantkörper entwickelt worden. Man kann vier verschiedene Verfahren unterscheiden [13]:

1. Kunstharzgebundene Schleifscheiben.
2. Metallgebundene Schleifscheiben.
3. Keramischgebundene Schleifscheiben.
4. Elektrolytischgebundene Schleifscheiben.

1. *Die kunstharzgebundenen Scheiben* sind die ersten Diamantschleifscheiben, die auf dem Markt erschienen, und sie werden heute noch vielseitig angewandt. Üblicherweise wird ein härtbares Kunstharz, z. B. Phenolharz, mit verschiedenen Füllmitteln angewandt, dagegen werden seit kurzer Zeit auch thermoplastische Kunststoffe als Diamantträger, z. B. für das Schleifen von Glas, verwandt.

2. *Die metallgebundenen Schleifscheiben* sind neueren Datums. Vorerst wurde Eisenpulver als Bindemittel angewandt (Neven-Patent); später

ist man jedoch zu verschiedenartigen Bronzen, insbesondere Berylliumbronzen übergegangen. Gelegentlich wird auch Wolfram und Wolframkarbid als Bindemittel verwendet.

3. *Die keramischgebundenen Schleifscheiben* sind erst kürzlich auf den Markt gekommen, nachdem es gelungen ist, eine keramische Mischung zu entwickeln, die nicht zerstörend auf den Diamanten einwirkt. Nach amerikanischem Urteil ist zu erwarten, daß die keramischgebundenen Schleifscheiben die kunstharz- und metallgebundenen Schleifscheiben später einmal ersetzen werden, d. h. es wird eine ähnliche Entwicklung einsetzen wie auf dem Schleifscheibengebiet. Dort herrschen ja auch heute die keramischgebundenen Scheiben vor, und nur gelegentlich und für besondere Zwecke werden andere Scheibenbindungen, z. B. Kunstharzbindung für Abtrennscheiben und Gewindeschleifscheiben, verwendet.

4. *Die elektrolytischgebundenen Scheiben* werden heute vorzugsweise für zahnärztliche Werkzeuge verwendet und sind hochentwickelt worden. Man beabsichtigt auch Schleifscheiben, die nach einem ähnlichen Verfahren hergestellt werden, für industrielle Zwecke, z. B. für Glasschleiferarbeiten usw., zu verwenden. Der besondere Vorzug dieses Verfahrens ist, daß eine Einschicht-Diamantschleiffläche hergestellt wird, im Gegensatz zu den übrigen Verfahren, wo eine dünne Diamantschicht je nach Art des Werkzeuges hergestellt wird.

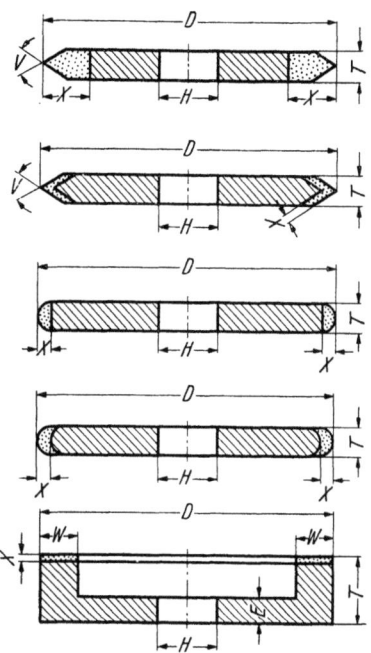

Abb. 28. Ausführungsformen von Diamantschleifscheiben.

Diamantschleifscheiben unterscheiden sich grundsätzlich von anderen Schleifscheiben dadurch, daß gewöhnlich nur eine dünne Schicht des diamanthaltigen Schleifmittels auf eine Arbeitsfläche aufgebracht ist. Abb. 28 zeigt einige Ausführungsformen.

Kürzlich sind während des Krieges in Deutschland bearbeitete Normvorschläge [14] bekanntgegeben worden, die jedoch von ausländischen Ausführungen noch stark abweichen.

Schrifttum — Diamantkorn.

[1] KLEIN, A. A., *American Mineralogist* Bd. 27, 1942, S. 184; *Industrial Diamond Review* Bd. 2, 1942, S. 65, 66.

[2] HERZ, P. L., *Wire & Wire Prod.* Bd. 19, 1944, S. 479—487, 516, 547—549, 572, 574; *Industrial Diamond Review* Bd. 5, 1945, S. 52—54.

[3] GRODZINSKI, P., Diamond tools, their manufacture and use in Germany during 1939—1945; BIOS Overall Report No. 10. H. M. Stationery Office, London, 1948.

[4] GRODZINSKI, P., Diamond powder its production and use. *Industrial Diamond Review* Bd. 10, 1950, S. 24—28, 49—59, 80—87, 122—124.

[5] DAWIHL, W., O. FRITSCH, *VDI Zeits.* Bd. 85, 1941, S. 265, s. auch *Industrial Diamond Review* Bd. 1, 1941, S. 74.

[6] KASPAR, J., Z. DRAHANOVSKY, Z. LHOTAK, Communication No. 2 and 3, 1948, Gemmological Institute Turnov, Czechoslovakia. *Industrial Diamond Review* Bd. 10, 1950, S. 103—106, 139—143.

[7] GRODZINSKI, P., Preparing and reconditioning diamond charged cast-iron wheels. *Industrial Diamond Review* Bd. 6, 1946, S. 295—299.

[8] STEINITZ, E. W., Fats and oils for grinding and polishing. *Industrial Diamond Review* Bd. 6, 1946, S. 330—333.

[9] KRUEL, PH., Grundlegende Erkenntnisse über das Schleifen von Hartstoffen. Diss. Braunschweig 1935, Vieweg & Sohn, Braunschweig. *Industrial Diamond Review* Bd. 7, 1947, S. 325—328, 367—371.

KLÜPPELBERG, E., Metallschleifscheiben mit eingewalztem Diamantkorn usw. *Werkstatt u. Betrieb* Bd. 72, 1939, S. 300—303; *Industrial Diamond Review* Bd. 3, 1943, S. 21—24.

EUGÈNE, F., Travaux et memoirs du Laboratoire Central des Industries Mechaniques 1945, No. 2 S. 9—33; *Industrial Diamond Review* Bd. 7, 1947, S. 35—40, 67—71.

KNIGHT, W. A., A. A. CASE, *Transact. Am. Soc. Mech. Eng.* Bd. 37, 1915, pp. 297—338; *Industrial Diamond Review* Bd. 7, 1947, S. 102—104 (diese Arbeit zeigte Überlegenheit der Scheiben mit losem Korn, gegenüber Scheiben mit gebundenem Korn).

[10] DAWIHL, W., E. WESENBERG, Über das Feinschleifen von Hartmetallwerkzeugen mit Borkarbid. *Werkstattstechnik und Werksleiter* Bd. 33, 1939, S. 373.

[11] UHLMANN, F. W., Borkarbid in der Schleif- und Poliertechnik. *Schleif- u. Poliertechnik* Bd. 19, 1942, S. 48.

[12] DAWIHL, W., K. SCHROETER, M. STOCKMEYER, Ermittlung der Arbeitswerte verschiedener Schleifmittel im Vergleich zum Diamanten. *VDI Zeits.* Bd. 80, 1936, S. 1061.

[13] Diamond Tool Patents II, IIS Diamond grinding wheels by P. GRODZINSKI. Industrial Diamond Information Bureau, Industrial Distributors (Sales) Ltd., 1948, 1949.

[14] DAWIHL, W., E. WINTER & SOHN, Standardisation of diamond grinding wheels in Germany. *Industrial Diamond Review* Bd. 9, 1949, S. 263.

G. Die Schleifmittel.
1. Die geschichtliche Entwicklung der Schleifmittel.

Die Schleifmittel werden heute meist in Form fester Schleifscheiben verwendet. Die Verwendung von losem Korn ist zwar älter, sie wurde immer mehr durch die festen Schleifkörper verdrängt. Wie die nachstehende Aufstellung zeigt, wurden schon 1829 die ersten keramischgebundenen Schleifsteine hergestellt.

Die geschichtliche Entwicklung der Schleifmittel.

Jahr	Bezeichnung	Verwendung
1829	Kunstbimsstein	Das erste durch keramische Bindung hergestellte Schleifmittel
1891	Siliziumkarbid entdeckt	
1899	Elektrokorund entdeckt	
1900	Künstliche Schleifscheiben aus Siliziumkarbid	Schleifen von Grauguß, Hartmetall, Glas, Porzellan
1900	Elektrokorund	Schleifen von Stahl, Stahlguß, Temperguß
1934	Borkarbid (B_4C)	Als Schleifpulver für harte Werkstoffe

Heute ist das Schleifen längst als vollständiges Fertigungsverfahren anerkannt. Die Schleifscheiben entsprechen hinsichtlich der Abmessungen, Körnungen und Bindung allen Anforderungen. Hierdurch wurde auch die Schleifmaschinenindustrie sehr befruchtet und zu neuzeitlichen Konstruktionen angeregt.

Eine Normung der Güteeigenschaften eines Schleifkörpers, wie Schleifwirkung und Schleifleistung, ist bisher noch nicht möglich gewesen. Der gleiche Schleifkörper zeigt bei verschiedenen Arbeitsbedingungen unterschiedliche Ergebnisse, die sich nicht im voraus bestimmen lassen. Man hat daher zunächst einmal mit der Normung der Körnungen, Korngemische, Härte und Porosität sowie der Abmessungen begonnen.

2. Man unterscheidet nach dem chemischen Aufbau und Verwendungszweck folgende Schleifmittel[1]:

---

[1] Diesen Ausführungen sind die Begriffsbestimmungen und Bezeichnungsordnung in der Schleiftechnik von Dr. KARL KRUG zugrunde gelegt.

2. Der chemische Aufbau und Verwendungszweck der Schleifmittel.

Tabelle 21. *Schleifmittel zur Verwendung in gebundener Form.*

Name	Aufbau und chemische Zusammensetzung	Reinheit	Eigenschaften				Verwendung
			Farbe	Härte nach Mohs	Bruchverhalten	Wichte[1]	
Naturkorund	hexagonal-kristallisierte Tonerde $Al_2O_3 + Fe_2O_3$	90—98% Al_2O_3	grünlich-gelb bis weiß	9	spaltend	3,7—4,2	Für Stahl und Schmiedeeisen, bes. von zähen Stahlsorten, die zum Verschmieren der Schleifscheiben neigen.
Schwarzer Korund	$Al_2O_3 + Fe_2O_3$ und andere Bestandteile ohne Reduktion im Elektroofen geschmolzen	etwa 72—75% Al_2O_3	dunkel-braun bis schwarz	8—9	spröde bis zähe	3,9—4,3	Bestreuungsmittel f. Schleifpapier und Schleifgewebe, auch zum Schleifen von Stahl und Schmiedeeisen in feinkörniger oder Pulverform zum Schleifen von Glas (z. B. optische Industrie).
Normal-korund	Al_2O_3 und weitere Bestandteile	93—95% Al_2O_3	grau bis braun	9	spröde bis zähe	3,9—4,2	Herstellung von Schleifkörpern für Hartstahl, Maschinenstahl, Schmiedeeisen, Stahlguß, auch für Holz.
Halbedel-korund	Mischung von Edelkorund und Normalkorund (Edelkorund nicht mehr als 50%, nicht unter 40%)	Ein Gesamttonerdegehalt von 98% sollte nicht unterschritten werden	rötlich-braun	9	spröde bis zähe	3,9—4,1	Grob bis fein gekörnt. Bestreuungsmittel für Schleifpapier und Schleifgewebe. Zusatz zur Erhöhung der Feuerfestigkeit feuerfester Steine.

Edelkorund	Aus Schmelzfluß erkristallin erstarrte Tonerde Al_2O_3	über 99% Al_2O_3	weiß	9	spröde	3,9–4,0	Herstellung von Schleifkörpern für Hartstahl, Maschinenstahl, Schmiedeeisen, Stahlguß, Werkzeugschliff.
Siliziumkarbid	SiC in kristallisierter Form	meist sehr rein	schwarzgrün bis flaschengrün	etwas über 9 aber sehr weit unter 10^2	spröde	3,15–3,2	Herstellung von Schleifkörpern für Gußeisen, Hartguß, Gestein, Kohle, Glas, Kunststoffe, Weichmetalle, Hartmetalle. Als loses Schleifmittel in der Gestein- und Glasindustrie. Zusatz zur Erhöhung der Feuerfestigkeit feuerfester Steine.

[1] Gilt für dichten Werkstoff und berücksichtigt nicht den Porenraum.
[2] Der Härteunterschied zwischen 9 und 10 ist ein Tausendfaches des Härteunterschiedes zwischen 8 und 9.

Tabelle 22. *Schleifmittel zur Verwendung in loser Form.*

Name	Aufbau und chemische Zusammensetzung	Eigenschaften					Verwendung
		Reinheit	Farbe	Härte nach Mohs	Bruchverhalten	Wichte[1]	
Borkarbid	B_4C in kristallisierter Form	meist über 90%	grau undurchsichtig	über SiC aber sehr weit unter 10^2	spröde	2,5—2,7	Hauptsächlich für Hartmetalle und als loses Schleifmittel.
Diamant	Kohlenstoff in kristallisierter Form	meist sehr rein	weiß fahlgelb bis schwarz	10^2	spröde	3,5	Für Gesteine, Glas, Kunststoffe, Abrichtwerkzeuge, Bohrwerkzeuge zum Läppen von Hartmetall.
Glas	Silikatschmelzen (Natron u. Kali) mit Kalk an Kieselsäure gebunden	durchsichtig	flaschengrün, weiß	4—6	spröde	2,4—2,9	Bestreuungsmittel bei Glaspapier zum Schleifen von Holz und Metallen, Faserstoffen.
Quarz	reines kristallisiertes Siliziumdioxyd (SiO_2)	meist rein Fe-haltig	weiß gelblich	7	zäher als Glas	2,65	Für Glas, Stahl, Schmiedeeisen (Messer, Feilen).
Flint Feuerst. Chalcedon	kristallinisches, wasserhaltiges Siliziumdioxyd	durchscheidend bis undurchsichtig	braun grau	7	zähe	2,6	Für Holz, Kork, Leder und Papier.

Name	Zusammensetzung	Reinheit	Farbe	Mohs	Eigenschaft	Dichte	Verwendung
Granat	Erdalkali-Metallsilikat-Gemisch	meist rein	tiefrot bis rosa	7	spröde	3,4—4,3	Für Holz und Papier.
Schmirgel	$Al_2O_3 + Fe_2O_2$ und weitere Bestandteile	60—65% Al_2O_3	grau bis dunkelbraun	8	zähe	3,7—4,3	Für Schmiedeeisen, Temperguß, Polierarbeiten, Bestreuungsmittel für Schleifpapier und Schleifgewebe.

[1] Gilt für dichten Werkstoff und berücksichtigt nicht den Porenraum.
[2] Der Härteunterschied zwischen 9 und 10 ist ein Tausendfaches des Härteunterschiedes zwischen 8 und 9.

Die Schleifmittel.

Die Schleifmittel, aus denen die Schleifkörper hergestellt werden, haben nach DIN 69100 für die Bezeichnung eines genormten Körpers nachstehende Abkürzungen:

Normalkorund	NK
Halbedelkorund	HK
Edelkorund	EK
Korund (schwarz)	KS
Naturkorund	KO
Siliziumkarbid	SC
Schmirgel	SL
Diamant	DT

3. Die Härte der Schleifmittel, aus denen die Schleifkörper hergestellt werden.

Bei der Einteilung und Unterscheidung der eigentlichen Schleifmittel nach der Härte wird immer noch nach der MOHSschen Härteskala verfahren. Dieser Begriff der Härte darf nicht mit der Härte des Schleifkörpers verwechselt werden, die anschließend besprochen wird. Hierzu ist folgendes zu sagen.

Die von MOHS im Jahre 1820 aufgestellte Härteskala von 10 Stufen ist überholt. Sie wird jedoch aus Nachlässigkeit oder aus anderen Gründen immer wieder als Maß der Härte angegeben, trotzdem sie keine quantitativen Angaben über die Härte macht. Besonders sollte man es nicht versuchen, dezimale Zwischenwerte anzugeben, z. B. 9,7. Hierdurch wird der Anschein erweckt, als ob man die Härte genau feststellen könnte. Nach der Definition von MOHS soll jeder harte Körper den weicheren ritzen. Wenn er ihn ritzt, erhält er die höhere Nummer, oder er ritzt ihn nicht, erhält er die niedrigere Nummer. Wenn man aber feststellt, daß ein Stoff einmal ritzt, zum anderen aber nicht, so kann man höchstens sagen, er hat eine Ritzhärte von 5—6 oder zwischen 5 und 6.

74 Die Schneidstoffe.

Für die Härtebestimmung von Schleifkörnern ist das Verfahren von ROSINAL-TONLA von großer Bedeutung. Das Verfahren besteht darin, daß eine bestimmte (gewogene) Menge Schleifmaterial mit dem zu untersuchenden Körper bis zur Unwirksamkeit verrieben wird. Man bezeichnet den Endzustand auch oft als totgerieben.

Das erzielte Gewicht und der daraus errechnete Volumenverlust gibt den reziproken Wert der Relativhärte.

Die nachfolgende Tabelle gibt eine Zusammenstellung der relativen Härtezahlen verschiedener Forscher und Ermittlungsverfahren[1].

Tabelle 23. *Relativzahlen der Härte nach* LANDOLT-BÖRNSTEIN.

Name des Forschers Jahreszahl	Mohs 1820	Franz 1850	Pfaff 1884	Auerbach 1884—1896	Rosiwal 1892	Jaggar 1897
Talk	1	—	—	—	—	—
Gips	2	—	14	12	0,3	0,04
Steinsalz	2	—	20	20	0,0	—
Kalkspat	3	13,5	23	80	5,6	0,26
Flußspat	4	54	56	96	6,4	0,75
Apatit	5	235	141	197	8,0	1,23
Adular	6	392	310	210	59	25
Quarz	7	667	390	268	175	40
Topas	8	843	705	456	195	1152
Korund	9	1000	1000	1000	1000	1000
Diamant	10	—	—	2170	140000	größer als 1000

Zu den ROSIWALschen Versuchen wurde anscheinend die BAUCHSCHINGERsche Abnutzungsprüfmaschine benutzt. Die Abnutzungsprüfmaschine von BÖHME ist eine vereinfachte Ausführung dieser Maschine.

In gleicher Weise wie ROSIWAL die Relativhärte des Diamanten ermittelte, kann also auch die Härte jedes Schleifmittels erhalten werden.

Es steht fest, daß die bisherigen Angaben über die Härte eines Stoffes nicht genügen und ein neues Verfahren gefunden werden muß. Ob der Begriff des Arbeitsvermögens eines Schleifmittels hierfür genügt, muß die Entwicklung zeigen.

4. Bindung und Härte.

Ein weiterer wichtiger Begriff in der Schleifmittelindustrie ist die Bindung. Die einzelnen Schleifkörper werden durch ein Bindemittel (kurz Bindung genannt) zu einem Schleifwerkzeug zusammengehalten.

---

[1] Schleif- und Poliertechnik, Jg. 11—12 (1934/35) S. 19.

Man unterscheidet folgende Bindungen und die zur Bezeichnung üblichen Abkürzungen.

Keramisch	Ke		Magnesit	Mg
Kunstharz	Ba		Öl	Ol
Gummi	Gu		Naturharz	Nh
Silikat	Si		sonstiges	—

Die Bindung eines Schleifkörpers ist von großem Einfluß auf den Verwendungszweck und die Schleifleistung. Sie bestimmt zusammen mit dem Korn die Härte eines Schleifkörpers. Unter Härte versteht man die Widerstandsfähigkeit gegen die Gefügezertrümmerung durch äußere Kräfte. Sie wird vornehmlich durch die große und anteilige Menge der Splitterfähigkeit und Oberflächenhärte des Kornes, der Festigkeit und anteiligen Menge der Bindung bestimmt. Die Härte wird in 22 Grade von sehr weich bis äußerst hart eingestellt und mit den Buchstaben E bis Z bezeichnet. Die genaue Unterteilung gibt die nachstehende Zusammenstellung.

Härtegrad.

sehr weich	E F G
weich	H I J K
mittel	L M N O
hart	P Q R S
sehr hart	T U V W
äußerst hart	X Y Z

Für die Körnung hat KRUG folgenden Vorschlag gemacht:

sehr grob	8	10	12		
grob	14	16	20	24	
mittel	30	36	46	50	60
fein	70	80	90	100	120
sehr fein	150	180	200	220	240
staubfein	280	320	400	500	600

Die Zahlen bedeuten die Anzahl der Maschen auf ein Zoll Länge. Die Körnung wird durch die Nummer des Siebes bestimmt, durch das die Körner gemäß DIN 1171 noch hindurchgehen.

Die staubfeinen Körner können nicht mehr durch Siebe geschieden werden, sondern müssen durch Schlämmen oder Windsichter getrennt werden.

Über die vom deutschen Schleifscheibenausschuß (DSA) festgelegten Höchstumfangsgeschwindigkeiten gibt die nachstehende Zusammenstellung Auskunft.

Vom Deutschen Schleifscheibenausschuß (DSA) festgesetzte allgemeine Höchstgeschwindigkeiten (nach DIN 69103).

Bindung	Umfangsgeschwindigkeit in m/s bei Zustellung des Werkstückes	
	von Hand	mit Support
mineralisch	15	25
Silikat, keramisch, vegetabilisch (auch Gummi und Kunstharz)	30	35

Nachstehend die Ausnahmen, die nach besonderer Prüfung durch den DSA zulässig sind.

Art der Scheibe	Bindung	Höchstumfangsgeschw. in m/s	Hersteller	Bemerkungen
Schleifscheiben	Bakelite, Redmanol Paragummi	45	nach Liste des DSA	—
Schleifstifte	Bakelite	45	—	keramische Schleifstifte nur bis 35 m/s
Schneidscheiben mit Stahlkern (bis 10 mm Breite)	Bakelite oder Bakelite und Schellack	60	nach Liste des DSA	—
Trennscheiben (bis zu 3,5 mm Breite)	Bakelite Gummi	80	nach Liste des DSA	—

5. Die Härteprüfung der Schleifkörper mit keramischer Bindung.

Das bestimmende Merkmal der Schleifkörper ist die Härte, da man dieser Eigenschaft eine gute Schleifarbeit zuschreibt. Daher hat man sehr viele Prüfverfahren ausgearbeitet, um zu einfachen und vor allen Dingen reproduzierbaren Angaben über die Härte zu kommen.

Von der Vielzahl der Prüfverfahren (OPITZ und RUMBACH[1] zählen 16, PAHLITZSCH[2] 11) sind praktisch heute nur noch vier zu gebrauchen. Wenn auch die Scheiben bei diesen Prüfverfahren in Ruhe sind und noch keine feste Relation mit dem praktischen Verhalten im Betrieb gefunden ist, sollte man doch nicht auf eine Prüfung verzichten.

PAHLITZSCH hat mit zehn verschiedenen Verfahren Scheiben von Korn 36 bis Korn 220 (NORTON-Skala) und Härte H bis O untersucht. Er führt dabei den Unterscheidungswert $\varkappa$ ein. Dieser wird wie folgt er-

---

[1] OPITZ, H. u. J. RUMBACH, Prüfung von Schleifscheiben. T.Z. für prakt. Metallbearbeitung 52 (1942) S. 177.

[2] PAHLITZSCH, G., Bewertung verschiedener Verfahren zur Härteprüfung von Schleifkörpern mit keramischer Bindung. Werkstattstechnik u. Maschinenbau 39 (1949) S. 140—142.

mittelt. Bei der Beurteilung eines Prüfverfahrens ist es maßgebend, die Gesamtstreuung im Vergleich mit dem Meßbereich je Härtestufe zu bekommen. Der Meßbereich ist der Unterschied zwischen den jeweiligen Prüfwerten für die bei den Untersuchungen geprüften Stufen H bis O (acht Härtegrade). U ist der Gesamtmeßbereich von H bis O, also zwischen acht Härtegraden.

Dann ergibt $u = \dfrac{U}{8}$ die Einheit des Prüfwertes.

Wenn man bei einer linearen Funktion den Gesamtstreuwert mit $\pm m$ bezeichnet und die Anzahl der Härtestufen (im vorliegenden Fall acht) mit $\varkappa$ und setzt man $\pm m = 2m$, so ergibt sich als Unterscheidungswert $\varkappa = \dfrac{U}{2}\, m$.

Dieser Wert zeigt also an, wieviel Härtestufen der NORTON-Skala bei einem bestimmten Prüfverfahren noch unterschieden werden können. Im vorliegenden Fall muß $\varkappa$ also mindestens gleich acht sein, da acht Stufen untersucht wurden. Je größer $\varkappa$ wird, um so größer wird die Wahrscheinlichkeit, schon geringe Abweichungen durch die Prüfmethode zu erfassen.

Die nachfolgende Tabelle zeigt für zehn verschiedene Verfahren, welche $\varkappa$-Werte erreicht werden.

Tabelle 24. *Unterscheidungswert $\varkappa$ für die untersuchten Prüfverfahren bei verschiedenen Korngrößen der Schleifkörper* (nach PAHLITZSCH).

Verfahren	Korn 36	Korn 60	Korn 80	Korn 120	Korn 180	Korn 220
Sandstrahlverfahren	3,7	9,4	10,2	10,8	12,5	13,6
Nadeldruckverfahren	0,8	2,9	3,8	4,8	6,0	6,7
Schlagmeißelverfahren	3,3	7,1	~8	~8	9,6	9,5
Einrollverfahren	3,1	4,8	5,9	11,0	11,7	8,3
Abschliffverfahren mit Diamantscheibe	1,7	4,1	4,5	4,4	3,3	3,2
Kugeldruckverfahren	3,6	4,4	3,8	3,9	6,1	8,3
E-Modulverfahren	3,8	4,6	5,3	4,8	4,5	5,5
Raumgewicht	2,7	4,0	4,2	4,0	4,0	3,7
Spezifisches Gewicht	2,3	2,2	2,7	2,6	2,6	3,1
Porosität	4,7	6,3	7,8	7,8	7,8	7,2

In Abb. 29 sind die Werte für die vier besten Verfahren graphisch dargestellt. Die Abbildung ist sehr instruktiv. Es zeigt sich, daß bei grobem Korn (36) alle Verfahren versagen, dagegen ist etwa ab Korn 46

Tabelle 25. *Aufbau und Verwendung der Poliermittel.*

Name	Aufbau und chemische Zusammensetzung	Eigenschaften				Verwendung
		Reinheit	Farbe	Härte	Wichte	
Talkum	Magnesiumsilikat	—	weiß	1	2,6—2,8	Poliermittel für Alabaster, Marmor
Kaolin	Kieselsaure Tonerde $Al_2O_3 \cdot 2H_2O \cdot 2SiO_2$	—	weiß	1—2,5	2,4—2,6	Polier- u. Putzmittel f. Metall u. Glas (Polieren v. Schliffen)
Schlämmkreide	gemahlener weicher u. feinkörniger Kalkstein $CaCo_3$	—	weiß hellgrau	3	2,6—2,8	Poliermittel f. metallische u. metallüberzogene Gegenstände, Elfenbein, Zelluloid u. Hartgummi
Wiener Kalk	gebrannter Dolomit, besteht etwa zur Hälfte aus Kalziumkarbonat u. Magnesiumkarbonat $Ca(Co_3)\, 2Mg$	—	weiß	3	2,1—2,95	Poliermittel (mit Spiritus angefeuchtet) f. Silber, Messing, Neusilber, Nickel, feinste Stahlwaren
Poliergrün	Chromoxyd Cr_2O_3,FeO (aus Chromit)	—	grün	5,5	4,5—4,8	Poliermittel für Platin, Stahl, vor allem verchromte Oberflächen u. rostfreien Stahl
Polierrot (Engl. oder Pariser Rot, Rötel, Colcothar, Crocus)	Eisenoxyd (Fe_2O_3) (aus Hämatit) (beim Rösten von Schwelkies)	—	hellrotviolett (Härte steigt m. größer werdender Dunkelfärb.)	6,5	5,1—5,3	Poliermittel für Stahl (kein Ni-Ro-Stahl), Messing, Gold, Silber, Glas und Steine

durch das Sandstrahlverfahren und Schlagbohrverfahren eine eindeutige Härtebestimmung möglich.

Das Kugeldruckverfahren ist erst bei Körnungen von 220 ab anwendbar. In Amerika wird es hauptsächlich für Steine zum Feinziehschleifen mit einem Korn von 500—600 benutzt.

Es bleiben also praktisch nur vier Verfahren: Sandstrahlverfahren, Schlagbohrverfahren, Einrollverfahren und Kugeldruckverfahren übrig.

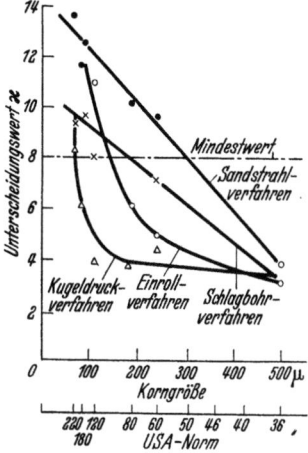

Abb. 29. Einfluß der Korngröße auf den Unterscheidungswert bei verschiedenen Prüfverfahren (nach PAHLITZSCH).

H. Die Poliermittel.

Wenn eine Metalloberfläche mit einem Schleifmittel von genügend feiner Körnung bearbeitet wird, so sind die Schleifspuren mit dem unbewaffneten Auge nicht mehr zu erkennen, und die Fläche erscheint poliert.

Dieses Schleifpolieren darf nicht mit dem Prägepolieren verwechselt werden. In letzterem Fall wird die Oberflächenglättung durch ein Werkzeug, welches die Oberflächenunebenheiten eindrückt, vorgenommen.

Beim Schleifpolieren werden die Schleifmittel in Form von Pasten entweder mit Öl oder mit Fetten und Wachsen vermischt verwendet.

Die wichtigsten Polierstoffe siehe Tab. 25.

J. Die keramischen Werkzeuge.

Bei der Bearbeitung von Kunststoffen, besonders bei den Preßstoffen mit organischen und anorganischen Füllstoffen, stellte man sehr großen Werkzeugverschleiß fest. Man schrieb dies auch der geringen Wärmeleitfähigkeit der Kunststoffe zu, die nur 1% von der des Stahles beträgt.

Es sind nun Versuche durchgeführt worden[1], das günstige Wärmeverhalten von keramischen Stoffen nutzbar zu machen. In der keramischen Industrie kennt man Massen, die nach der Fertigsinterung auch bei hoher Erwärmung ihre Druckfestigkeit und Härte nicht wesentlich verlieren.

Naturgemäß hat man die Werkzeuge nicht als Vollkörper hergestellt, sondern man setzt in den Grundkörpern an Stahl die Schneiden aus keramischem Stoff ein. Diese Schneiden werden dann durch Einsintern oder Aufschmelzen von Aluminiumoxyd oder Borkarbid (B_4C) besonders gegen Verschleiß geschützt.

Diese Arbeiten werden nur der Vollständigkeit halber erwähnt, da noch kein abschließendes Ergebnis vorliegt.

IV. Die Verfahren zur Prüfung der Zerspanbarkeit.

Die Zerspanungsprüfung soll alle die Eigenschaften erfassen, die irgendwie bei der Formgebung durch spanabhebende Bearbeitung (Drehen, Bohren, Senken, Reiben, Hobeln, Fräsen, Schleifen usw.) von Einfluß sind. Vom Standpunkt des Betriebes aus ist die Beantwortung von vier Fragen notwendig, um zu entscheiden, ob der Werkstoff zur Verarbeitung geeignet ist oder nicht. Diese sog. Hauptbewertungspunkte geben außerdem die nötige Grundlage für den technischen Ablauf des Betriebes, unter dem Gesichtspunkt der möglichst einfachen und billigen Herstellung des Werkstückes.

A. Die Hauptbewertungspunkte.

1. *Die Standzeit* soll angeben, unter welchen Schnittbedingungen (Schnittgeschwindigkeit, Vorschub und Spantiefe) eine als wirtschaftlich erkannte Standzeit (Lebensdauer) des Werkzeuges erreicht werden kann, bis es wegen Abstumpfung erneuert oder nachgeschliffen werden muß.

2. *Die Schnittkraft* soll möglichst gering sein, um Werkzeug und Maschine zu schonen. Sie soll für den Konstrukteur eine zahlenmäßige Größe und Richtung für die Beherrschung der auftretenden Kräfte geben.

---
[1] Osenberg, W., Masch.-Bau-Betrieb 17 (1938) S. 127.

3. *Die Oberflächenbeschaffenheit* soll die Güte haben, die mit Rücksicht auf den Verwendungszweck und die vorgeschriebene Genauigkeit erreicht werden muß.

4. *Die Spanbildung* soll so sein, daß die Späne mühelos abgeführt werden können und weder das Werkzeug noch das Werkstück beschädigen.

B. Die Verfahren zur Ermittlung der Hauptbewertungspunkte.

Die Prüfung der Zerspanbarkeit läßt sich, um die vorgenannten Hauptbewertungspunkte festzustellen, nach folgenden Verfahren durchführen:

a) Der wirkliche Arbeitsvorgang (z. B. Drehen oder Bohren) wird unter genauer Einhaltung aller Versuchsbedingungen an besonderen Werkstücken durchgeführt. Dabei müssen die Versuchsstücke so bemessen sein, daß sie genügend stabil sind und der Arbeitsvorgang mit Sicherheit zu Ende geführt werden kann. Hierbei werden alle Beobachtungen über die Standzeit, Spanbildung usw. angestellt.

Die so ermittelten Werte lassen sich ohne weiteres in den Betrieb übertragen. Man muß jedoch gegebenenfalls die Werte für die Standzeit um etwa 20% verringern, da sie unter Versuchsbedingungen ermittelt wurden, die im normalen Betrieb nicht einzuhalten sind.

b) Der wirkliche Arbeitsvorgang wird dazu benutzt, um ein zeichnungsgerechtes Arbeitsstück, z. B. eine Schraube, herzustellen. Je nach Bedarf kann man dann die Standzeit einzelner oder auch aller Werkzeuge feststellen und auch die übrigen Beobachtungen durchführen.

c) In manchen Fällen ist es auch zweckmäßig, die Zerspanbarkeit nach der Anzahl der bis zur Abstumpfung des Werkzeuges fertiggestellten Werkstücke zu beurteilen. Dies kommt vor allen Dingen bei Serien- und Massenfabrikation in Frage, wo die Oberflächengüte und Spanbildung im Vordergrund stehen.

d) Durch die Anwendung von Kurzprüfverfahren experimenteller Art, um meist nur eine Bewertungsgröße für die Zerspanbarkeit zu erhalten. Diese Zahlen sind relative Werte und nur mittelbar betriebsbrauchbar.

e) Durch ein Prüfverfahren ohne einen Zerspanungsvorgang, in dem man die Zerspanungseigenschaften rechnerisch oder durch Rückschlüsse aus den physikalischen und technologischen Eigenschaften ermittelt.

Die in a), b) und c) genannten Verfahren sind die brauchbarsten und zuverlässigsten, hinsichtlich des Aufwandes und Werkstoffverbrauches jedoch die teuersten. Die Art und Dauer der Unterbrechung des Schneidvorganges ist auf die Standzeit ohne Einfluß. Dies ist sehr wichtig bei Automatenzerspanung.

Die unter d) erwähnten Kurzprüfverfahren sind leider noch nicht so weit entwickelt, um unterscheidende Aussagen machen zu können. Man kann nur Rückschlüsse auf spezielle Eigenschaften, wie Oberflächengüte, Schnittdruck usw., ziehen.

Nachdem durch eingehende Zerspanungsversuche bereits eine Reihe grundlegender Erkenntnisse und praktischer Richtwerte gewonnen wurden, müßte das Bestreben darauf gerichtet sein, brauchbare Verfahren nach e) zu entwickeln. Ob dies möglich sein wird, läßt sich heute noch nicht entscheiden.

1. Die verschiedenen Arten der Standzeitermittlung.

Die Ermittlung der Standzeit ist für die Beurteilung der Zerspanbarkeit von besonderer Bedeutung, da als unmittelbares Ergebnis eine Unterlage für die im Betrieb anwendbare Schnittgeschwindigkeit gewonnen wird. Ihre Kenntnis ist für die Vorkalkulation und die Einstellung der Maschine notwendig. Es gibt nun je nach der Art des Werkstoffes, des Schneidstoffes und der Zerspanungsart folgende Standzeitbestimmungen[1]:

Die Temperaturstandzeit, die Verschleißstandzeit und die Verschleißstandzeit im Einstechversuch.

a) Die Temperaturstandzeit.

α) **Die Blankbremsung.** Bei der Ermittlung der Temperaturstandzeit wird das Werkzeug durch den Einfluß der an der Schnittstelle entstehenden Temperatur unbrauchbar. Dies ist bei der Zerspanung von Baustählen aller Art, bei den meisten Gußeisen- und Tempergußsorten, den legierten Stählen, also bei allen Werkstoffen hoher Festigkeit und großem

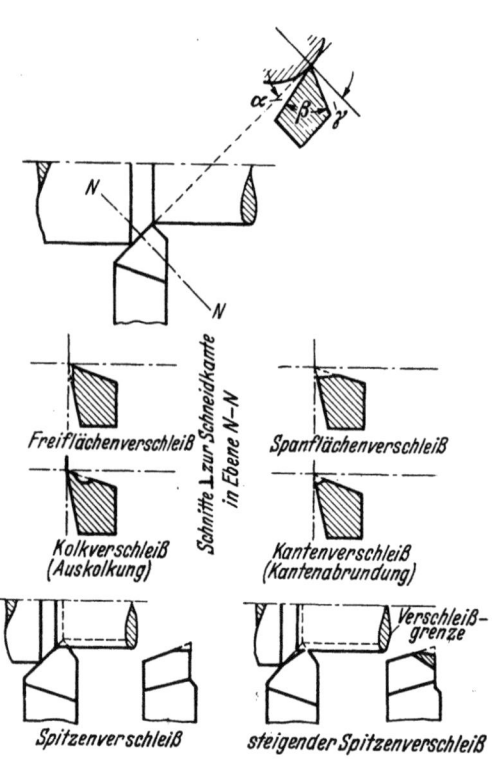

Abb. 30. Verschiedene Arten des Verschleißes am Drehmeißel (nach H. SCHALLBROCH und R. WALLICHS).

[1] Vgl. auch die Richtlinien für Zerspanungsprüfungen des Vereins deutscher Eisenhüttenleute. Prüfblätter.

Widerstand gegen die Spanabtrennung der Fall. Als Meßwert dient die Zeit bis zum Eintritt der sog. Blankbremsung. Hierbei werden die Schnittgeschwindigkeit sowie die Spantiefe und der Vorschub während der Versuche konstant gehalten.

Die Blankbremsung äußert sich in einem glänzenden Streifen, der auf der Schnittfläche sichtbar wird. Er wird dadurch hervorgerufen, daß die Schneidkante des Werkzeuges ohne zu schneiden über der Schnittfläche reibt. Bei Werkstoffen hoher Festigkeit und hoher Schnitttemperatur tritt zunächst ein Kolkverschleiß auf (Abb. 30). Nach einer gewissen Zeit erfolgt dann ein Schneidkanteneinbruch, dem unmittelbar die Blankbremsung folgt. Manchmal ist dieser Vorgang auch mit anomaler Spanbildung und veränderten Geräuschen verbunden. Die Blankbremsung tritt schlagartig auf und läßt somit den Zeitpunkt der Abstumpfung ganz genau erkennen. Die Zeit des Unterschnittstehens bis zur Blankbremsung bezeichnet man als Standzeit. Die Blankbremsung tritt bei unlegierten Werkzeugstählen überhaupt nicht und bei Hartmetallen nur bedingt auf. Bei ersterem findet man nur eine Kantenabrundung und bei letzterem meist ein Rundfeuern von abgeriebenen Metallteilchen. Dagegen ist sie ganz eindeutig bei Schnellarbeitsstählen.

Der Temperaturstandzeitversuch soll im allgemeinen bei drei verschiedenen Schnittgeschwindigkeiten durchgeführt werden, die Standzeiten zwischen 5 und 40 Minuten ergeben. Falls es im Interesse der Materialersparnis notwendig ist, kann man sich auch mit kürzeren Standzeiten begnügen. Zur Auswertung der Ergebnisse werden die sog. $T-V$-(Standzeit—Schnittgeschw.-)Kurven im doppellog. Feld aufgetragen. Sie ergeben gerade Linien, so daß extra- und interpoliert werden kann (Abb. 31).

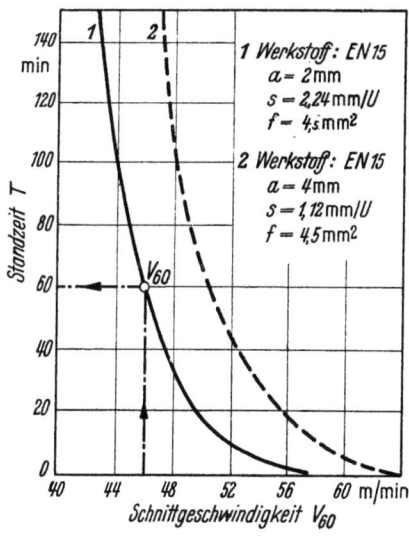
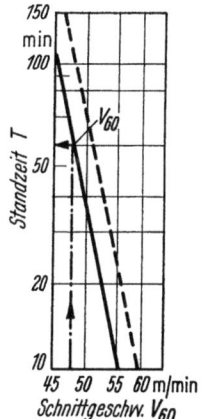

Abb. 31. Die Standzeit in Abhängigkeit von der Schnittgeschwindigkeit bei gleichen Spanquerschnitten, aber verschiedenen Vorschüben und Spantiefen.

Die Lage der Standzeitgeraden gibt die Höhe der anwendbaren Schnittgeschwindigkeit an. Je weiter die Gerade im Feld nach rechts liegt, desto höher ist die Schnittgeschwindigkeit und desto besser demnach die Zerspanbarkeit.

Die Lage der Geraden an sich genügt aber noch nicht zur eindeutigen Kennzeichnung der Zerspanbarkeit. Hierzu ist eine eindeutige Kennzahl anzugeben, die für den Betrieb einen brauchbaren Wert erzielt. Man hat hierzu für den Grobschnitt die Geschwindigkeit gewählt, bei der das Werkzeug eine Standzeit von 60 Minuten erreicht, und bezeichnet sie mit v_{60}. Die Dimension ist m/min.

Es haben sich in den vergangenen Jahren umfangreiche Erörterungen darüber ergeben, ob dieser Wert richtig gewählt wurde.

Die Erfahrung der letzten 25 Jahre hat gezeigt, daß die Wahl gut war und beim Grobschnitt eine gute Kennzahl für die Zerspanbarkeit gibt.

In vielen Fällen ergibt sich jedoch die Notwendigkeit, mit längeren Standzeiten zu arbeiten.

Man wählt dann eine Standzeit von 240 Minuten (v_{240}) oder auch, z. B. für Automaten und Revolverbänke, von 480 Minuten (v_{480}).

Diese Werte können aus den $T-V$-Kurven durch Extrapolation ermittelt werden.

Diese Zahlen können dann mit einem Abschlag von 20% sofort im praktischen Betrieb angewendet werden.

Sehr oft wendet man auch das Schnittgeschwindigkeits-Steigerungsverfahren an (v_{comp}). Man beginnt mit einer Schnittgeschwindigkeit, die niedriger ist als diejenige, bei der die Blankbremsung erwartet wird. Nach einem Drehweg von 25 m wird die Schnittgeschwindigkeit um 5 m/min gesteigert. Dies wird fortgesetzt, bis der Erliegepunkt erreicht ist.

Eine graphische Auftragung des Ergebnisses ist nicht erforderlich. Der Schnittgeschwindigkeits-Prüfwert v_{comp} (= v-comparativ) wird nach folgender Beziehung errechnet:

$$v_{comp} = v_{z-l} + \Delta_v \cdot \frac{L_z}{L_{z-l}} \text{ m/min}$$

v_1 = Anfangsgeschwindigkeit im Regelfalle v_1 = 5 m/min
außerdem beliebig um 5 m/min höher erlaubt, z. B. v_1 = 35 m/min.

Δ_v = Schnittgeschwindigkeitssprung in m/min
= 5 m/min einheitlich festgelegt

v_z = Endgeschwindigkeit, welche beim Erliegekriterium (Blankbremsung) vorliegt

v_{z-l} = vorletzte v-Stufe

l = abgewickelter Drehweg je v-Stufe
= 25 m einheitlich festgelegt

Die Verfahren zur Ermittlung der Hauptbewertungspunkte. 85

L_{z-l} = achsparallele Drehlänge des letzten abgewickelten Drehweges
$l = 25$ m (ist je nach Probendurchmesser verschieden lang)
L_z = erreichte achsparallele Drehlänge beim Erliegepunkt auf der letzten Werkstoffschicht

$$L_{z-l} = \frac{l \cdot s}{\pi \cdot D_{z-l}}.$$

Beispiel: $\quad v_1 = 30$ m/min $\quad D_{z-l} = 75$ mm
$\quad \Delta v = 5$ m/min $\quad L_{z-l} = 53{,}1$ mm
$\quad v_z = 55$ m/min $\quad L_z = 22$ mm
$\quad a \times s = 2 \times 0{,}5$

$$v_{\text{comp}} = v_{z-l} + \Delta_v \cdot \frac{L_z}{L_{z-l}} \text{ m/min}$$

$$v_{\text{comp}} = 50 + 5 \cdot \frac{22}{53{,}1} = 50 + 5 \cdot 0{,}415 = 50 + 2{,}07 = 52{,}07 \text{ m/min}.$$

Das Verfahren hat den Nachteil, daß man beim Erliegen nicht genau feststellen kann, ob die Verschleißbeanspruchung bei geringeren Geschwindigkeiten oder die Temperaturbeanspruchung bei höheren Geschwindigkeiten den Hauptanteil an der Blankbremsung hat. Als Vergleichswerte sind jedoch die Ergebnisse gut.

In den meisten Fällen der Zerspanbarkeitsprüfung wird die Blankbremsung nicht durchgeführt. Man begnügt sich mit der Bestimmung der Verschleißstandzeit, die später besprochen wird.

β) **Die Schnittemperaturmessung.** Im vorstehenden Abschnitt wurde die sog. Temperaturstandzeit nach Einfluß und Auswirkung auf die Zerspanbarkeit behandelt.

Hierbei war die an der Schneide auftretende Temperatur von besonderer Wichtigkeit, da durch sie das Standzeitverhalten bestimmt wird. Daher glaubte man auch noch in neuerer Zeit häufig, daß die Temperaturmessung allein genügt, um ein Urteil über die gesamten Zerspanungseigenschaften zu bekommen. Dies ist aber abwegig, da man durch die Temperaturmessung lediglich einen Anhaltspunkt bekommt, ob das Werkzeug noch der Wärmebeanspruchung gewachsen ist. Über alle anderen Eigenschaften der Zerspanbarkeit vermag die Temperatur nichts auszusagen.

Für alle Werkzeuge gibt es eine Temperaturgrenze, bei der sie ihre Härte und damit auch die Schneidfähigkeit verlieren. In Abhängigkeit von der Brinellhärte, die man für derartige Vergleiche gut heranziehen kann, sind in nachstehender Tabelle die Erweichungstemperaturen für die wichtigsten Schneidstoffe zusammengestellt.

Bei Betrachtung dieser Tabelle wird sofort klar, warum man bei den einzelnen Schneidstoffen eine so unterschiedliche Schnittgeschwindigkeit anwenden kann.

Zusammenhang zwischen Brinellhärte und Erweichungstemperatur.

	Brinellhärte im gehärteten Zustand kg/mm²	Nachlassen der Härte bei etwa ° C
Kohlenstoffstahl	650	300
Riffelstahl	650	450
Schnellstahl 95 Mo V W 232	650	600
Schnellstahl SRE 214 (3% Co)	700	650
Stellite	700	800
gegossenes Hartmetall	1750	1000
gesintertes Hartmetall	2000	1000

γ) **Die Temperaturmeßverfahren.** Von den bekanntgewordenen Temperaturmeßverfahren genügen bisher nur zwei den notwendigen Anforderungen. Es handelt sich um das Einmeißelverfahren von GOTTWEIN[1] und das Zweimeißelverfahren von GOTTWEIN u. REICHEL[2] (DRP 626 759). Hierbei ist ein metallischer Werkstoff Voraussetzung.

Beide Meßverfahren arbeiten nach dem Prinzip des Thermoelementes. Bei dem Einmeißelverfahren werden die Schenkel des Thermopaares von dem isoliert eingespannten Werkzeug und dem zu zerpanenden Werkstoff gebildet. Die Zerspanungsstelle dient als Warmlötstelle, deren Temperatur gemessen werden soll.

Beim Zweimeißelverfahren wird das Thermoelement durch zwei Werkzeuge mit unterschiedlichen thermoelektrischen Eigenschaften dargestellt. Die beiden Meißel schneiden auf der gleichen Welle, mit der gleichen Geschwindigkeit und gleichem Spanquerschnitt. Hierbei dient der Werkstoff als Lötstelle. Das Verfahren läßt sich auch beim Fräsen und Bohren anwenden.

Als Werkzeug haben sich Vollmeißel aus Schnellstahl und Hartmetall gut bewährt, da sie genügend unterschiedliche thermoelektrische Eigenschaften haben. Schon bei geringen Temperaturunterschieden ergeben sich deutlich meßbare Ausschläge am mV-Meter. Auch ist zur eindeutigen Bestimmung der Temperatur eine stetige Zunahme der mV-Werte bei steigender Temperatur bei diesem Thermopaar gegeben.

Der Zerspanungswerkstoff, welcher die beiden Werkzeugschneiden während der Zerspanung verbindet, kann als Lötstelle zwischen den beiden Schenkeln angesehen werden. Bei den Thermoelementen ist die Art und Größe des Lotes ohne Einfluß auf die Höhe, der bei einer bestimmten Temperatur erzeugten thermoelektrischen Kraft. Daher braucht bei der Eichung des Thermoelementes der Werkstoff nicht be-

---

[1] GOTTWEIN, K., Die Messung der Schneidetemperatur beim Abdrehen von Flußeisen. Masch.-Bau-Betrieb Bd. 4 (1925) S. 1129.
[2] REICHEL, W., Standzeitschnittgeschwindigkeitsermittlung von Werkzeugen und Bearbeitbarkeitsprüfung von Werkstoffen. Masch.-Bau-Betrieb Bd. 15, 1938 S. 187. Hersteller Otto Wolpert, Ludwigshafen a. Rh.

rücksichtigt zu werden. Das ist gegenüber dem Einmeißelverfahren ein großer Vorteil, da eine einmalige Eichung des Thermopaares genügt.

Nach neueren Forschungen ist jedoch eine einwandfreie Eichung nach den bisher geübten Verfahren nicht möglich[1].

Bisher wurden die Thermopaare entweder mit einem festen oder flüssigen metallischen Eichkörper geeicht, wobei der feste bzw. der flüssige Eichkörper zugleich auch die elektrische Verbindung der Meißelspitzen stellte. Dies brachte eine Reihe von Nachteilen und Unsicherheiten.

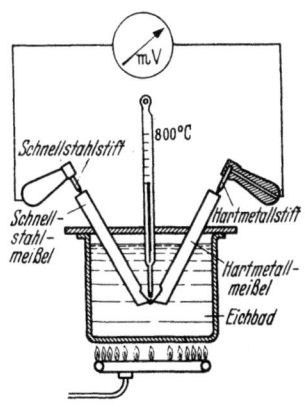

Abb. 32. Schematische Darstellung zur Meißeleichung.

Um die hierbei auftretenden Fehler zu vermeiden, schlägt SCHALLBROCH die Eichung nach Abb. 32 vor. Bei diesem Verfahren sind auch bei Temperaturen über 400° C noch genaue Messungen möglich. Als Lot wird normales Hartlot verwendet, und die Lötstelle erhält etwa die Größe des Spanquerschnittes, so daß sich ein Widerstand von 0,5 Ohm ergibt. Dadurch ergibt sich eine gute Übereinstimmung mit den Verhältnissen beim Schnittvorgang.

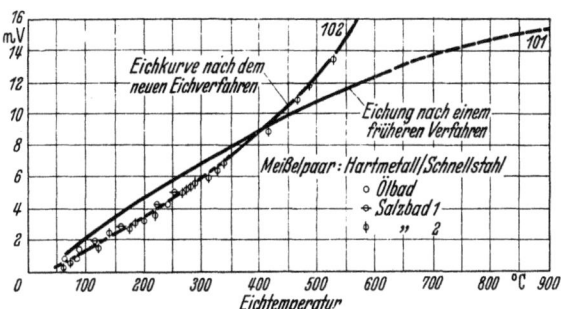

Abb. 33. Eichkurven des zur Temperaturmessung verwendeten Meißelpaares (Hartmetall), Schnellarbeitsstahl nach verschiedenen Verfahren geeicht (nach SCHALLBROCH).

Abb. 33 zeigt, welche Unterschiede bei der Eichung nach dem alten und neuen Verfahren auftreten.

δ) **Die Abhängigkeit der Schnitttemperatur von der Schnittgeschwindigkeit.** Die Schnittge-

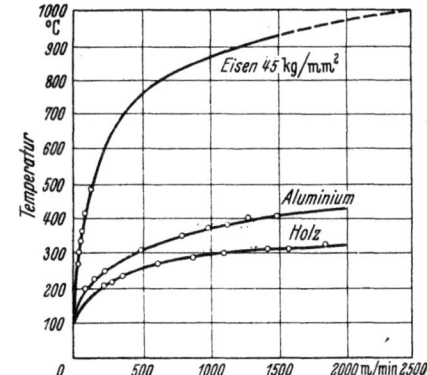

Abb. 34. Schnitttemperaturen beim Zerspanen von Stahl, Leichtmetall und Holz (nach REICHEL).

[1] SCHALLBROCH, H. u. W. BIELING, Prüfung und Bewertung der Zerspanbarkeit bei Zinklegierungen. Zinktechnische Berichte. Herausgegeben von der Zinkberatungsstelle, Berlin, Verlag von Wilhelm Knapp, Halle (Saale) 1942.

88   Die Verfahren zur Prüfung der Zerspanbarkeit.

schwindigkeit beeinflußt bei allen Zerspanungsvorgängen die Temperatur am entscheidensten.

In Abb. 34 ist für Holz, Aluminium und Stahl für einen großen Schnittgeschwindigkeitsbereich die Abhängigkeit der Temperatur dargestellt. Man sieht, daß auch bei Holz bei etwa 1800 m/min, also 30 m/s, einer nicht ungewöhnlichen Geschwindigkeit, Temperaturen von über 300° C auftraten. Es ist somit erklärlich, daß durch zusätzliche Reibung beim sog. Brennen der Sägen eine Braunfärbung des Holzes auftritt.

Einen guten Überblick der häufig zerspanten Werkstoffe gibt Abb. 35, die von SCHALLBROCH zusammengestellt wurde[1].

Aus den Temperatur- und Schnittdruckkurven kann man auf langsamen Verschleiß oder auf völliges Ausgeben (Temperaturstandzeit, Blankbremsung) schließen. In einer sehr groben Unterteilung könnte man sagen, daß z. B. bei allen Werkstoffen, die nur Schnittemperaturen bis 400° C haben, ein langsamer Verschleiß

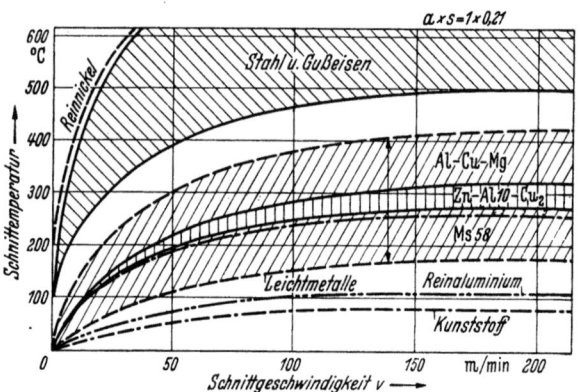

Abb. 35. Schnittemperaturen von Zerspanungswerkstoffen (nach SCHALLBROCH).

(Freiflächen- und Kantenverschleiß) auftritt. Bei den Werkstoffen, die Temperaturen über 400° verursachen, tritt ein Kolkverschleiß mit plötzlichem Ausgeben (Blankbremsen) ein.

Bemerkenswert ist, daß bei Reinnickel trotz stark absinkender spez. Schnittkraft die Schnittemperatur mit der Schnittgeschwindigkeit erheblich zunimmt.

Die von einer gewissen Schnittgeschwindigkeit an verlangsamte Zunahme der Schnittemperatur läßt sich nicht allein durch den geringeren Verformungswiderstand der Werkstoffe erklären. Einmal ist der Bereich des höchsten Temperaturfeldes sehr begrenzt, so daß immer nur eine ganz geringe Menge des abgedrehten Werkstoffes in seiner Härte verringert wird. Zum andern muß man überlegen, wie die Wärmeabfuhr erfolgt. Nach Angaben von R. WALLICHS werden durch den Meißel höchstens 1 bis 2%, durch das Werkstück etwa 38% und durch die Späne etwa 60% der gesamten Wärmemenge abgeleitet. Diese Werte zeigen, daß der Anteil des Werkstücks doch erheblich ist. Man muß daher auch die Wärme-

---

[1] SCHALLBROCH, H., a. a. O.

leitfähigkeit der Werkstoffe, die zerspant werden, mit in den Kreis der Betrachtungen ziehen. Die Werkstoffe zeigen zum Teil erhebliche Unterschiede. Bei nichtrostenden Stählen beträgt sie nur etwa die Hälfte der normalen Stähle, so daß auch schon aus diesem Grunde eine schlechtere Zerspanbarkeit gegeben ist. Nach neueren Ansichten ist es möglich, durch große Schnittgeschwindigkeitssteigerungen den erheblichen Wärmeanteil der Späne für die Werkzeugschneide unschädlich zu machen. Infolge der großen Schnittgeschwindigkeit werden die zwar rotglühenden Späne so schnell weggeschleudert, daß sie ihre Wärme nicht mehr an das Werkzeug abgeben können.

ε) **Die Abhängigkeit der Schnittemperatur von der Schnittiefe.** Auf Grund älterer Versuche[1] war bekannt, daß die zunehmende Spantiefe im Gegensatz zum größer werdenden Vorschub nur eine geringe Erhöhung der Schnittemperatur bedingt.

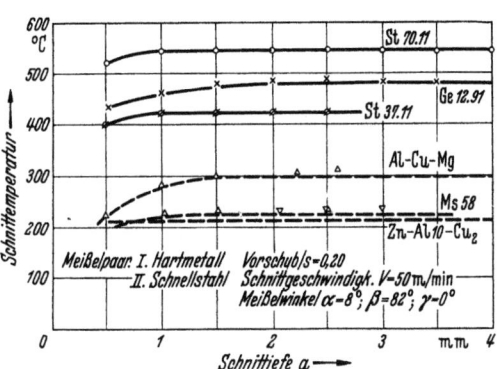

Abb. 36. Einfluß der Schnittiefe auf die Schnittemperatur beim Langdrehen (Zweimeißelverfahren).

SCHALLBROCH und BIELING haben in einer neuen Arbeit diese Zusammenhänge nochmals genau überprüft und bei einer Reihe von Werkstoffen das Ergebnis bestätigt (Abb. 36)[2].

Das Anwachsen der Temperatur bei sehr kleinen Schnittiefen ist wohl auf den Einfluß der Spitzenabrundung der Meißel zurückzuführen.

Die Werte der Abb. 36 sind mit gleichbleibender Schnittgeschwindigkeit von 50 m/min gefahren worden. Die Erweiterung des Schnittgeschwindigkeitsbereiches für den Werkstoff Zn—A/Cn 2 ergab, daß der Einfluß der Schnittgeschwindigkeit und der Schnittiefe auf die Schnittemperatur im Anfang sehr gering ist und später ganz wegfällt.

Bei hohen Schnittgeschwindigkeiten sind die Spanverformungen geringer, und der Unterschied der Geschwindigkeit entlang der Werkzeugschneide fällt nicht mehr ins Gewicht.

ζ) **Einfluß des Vorschubes auf die Schnittemperatur.** Wie schon im

---

[1] SCHALLBROCH, H., Die Schneidfähigkeit von Drehmeißeln, Masch.-Bau-Betrieb Bd. 9 (1930) S. 271.
BOSTON, O. W. u. GILBERT, Cutting temperatures devoloped by single point turning tools advance paper. ASM NA—S 1937.
[2] Zinkberichte Nr. 1 u. a. O.

vorhergehenden Abschnitt erwähnt, wirkt der wachsende Vorschub sich derart auf die Schnittemperatur aus, daß nach G. KRAEMER für Stahl von 36 kg/mm² Festigkeit bei jeder Verdoppelung des Vorschubes die Schnittemperatur um den gleichen Betrag anwächst[1].

Dieser starke Anstieg wurde von SCHALLBROCH bei Zink nicht gefunden (Abb. 37). Dagegen sind die Unterschiede bei St 37.11 und St 70.11 in leidlicher Übereinstimmung.

Dieser Einfluß ist dadurch begründet, daß durch den zunehmenden Vorschub die Verformung im Span wie auch im Restspanquerschnitt ansteigt. Die Reibung zwischen Werkstoff und Werkzeug wird ebenfalls größer. Daher steigt die Schnittemperatur.

η) **Die Bestimmung der Schnittemperatur aus der Anlaßfarbe der Späne.** Das Verfahren, die Temperatur der ablaufenden Späne nach den Anlauffarben zu bestimmen, ist einfach und für viele Zwecke ausreichend und genau[2]. Am besten vergleicht man die Anlauf-

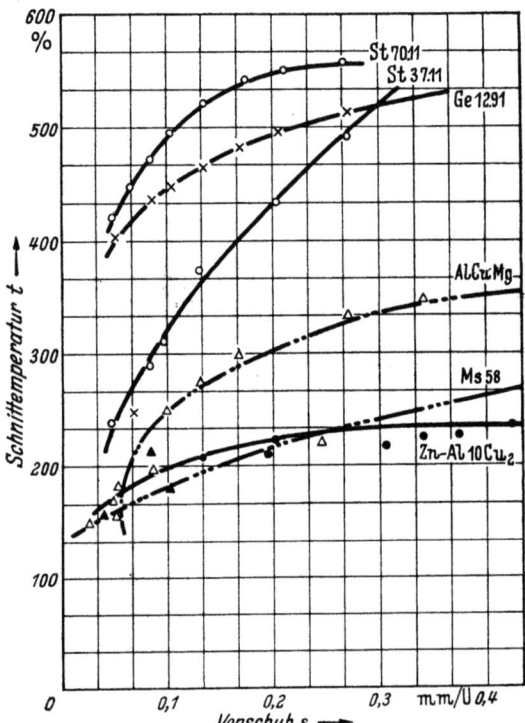

Abb. 37. Einfluß des Vorschubes auf die Schnittemperatur (nach SCHALLBROCH).

farben mit Hilfe einer Farbtafel, wie sie von den Stahlwerken herausgegeben werden. Der nachstehend geschilderte Einfluß der Zeit muß aber berücksichtigt werden.

Bei diesem Verfahren werden die mittleren Spantemperaturen bestimmt. Die nach dem Zweistahlverfahren gemessenen Temperaturen sind natürlich höher, da die Schneidentemperaturen gemessen werden[3].

---

[1] KRAEMER, Beitrag zur Erkenntnis der beim Drehen auftretenden Temp. Diss. Hannover (1932). (Temperaturbestimmung durch Strahlungsmessung.)

[2] KLEIN, W. Schnittkraft und Temperatur an der Werkzeugschneide. Werkstattstechnik Bd. 31 (1937) S. 468—471.

[3] PLAGENS, H. Schnittdruck und Standzeit beim Drehen legierter Baustähle. Archiv. für Eisenhüttenleute Bd. 7 (1934) S. 438—487.

η) **Die bei der Wärmebehandlung der Stähle auftretenden Anlaß- und Glühfarben.** Nach jedem Abschrecken des Stahles wird fast immer ein Anlaßvorgang eingeschaltet, um den Werkstoff zu egalisieren und die Zähigkeit zu erhöhen.

Da man sich im Betrieb vielfach nach den hierbei auftretenden Anlaßfarben richtet, seien nachfolgende Angaben gemacht:

Temp. (° C)	Anlaßfarbe	Temp. (° C)	Anlaßfarbe
20	blank	290	dunkelblau
200	blaßgelb	300	kornblumenblau
220	strohgelb	320	hellblau
240	braun	350	blaugrau
260	purpur	400	grau
280	violett		

Diese Reihenfolge der Farbtöne ist bedingt durch sehr dünne Oxydschichten auf der Stahloberfläche[1]. Durch die Erwärmung verbindet sich der Sauerstoff der Luft mit dem Eisen zu Eisenoxyd. Die Färbung der Schichten hängt von ihrer Dicke ab und beruht auf Interferenzen des Lichtes innerhalb der Oxydschicht. Die Dicke der Schicht hängt in erster Linie von der Höhe der Temperatur, der Zusammensetzung des Stahles und schließlich von der Dauer der Temperatureinwirkung ab.

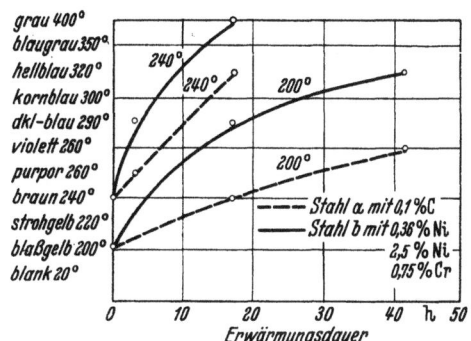

Abb. 38. Einfluß der Erwärmungsdauer auf die Anlaßfarbe verschiedener Stähle.

Es können daher Fehler bei der Bestimmung der Temperaturen durch Anlaßfarben entstehen, wenn man diese Einflüsse nicht berücksichtigt. Wenn z. B. ein Stahl mit 0,36% C, 2,5% Ni, 0,75% Cr auf 240° erhitzt wird, so zeigt er zuerst die richtige Anlaßfarbe braun, nach 2 Stunden aber die dunkelblaue und nach 16 Stunden eine graue Farbe. Dies entspricht einer scheinbaren Temperatur von 290° bzw. 400° C, während in Wirklichkeit die Temperatur immer noch 240° war (Abb. 38).

Bei einem Stahl mit 0,1% C sind die Unterschiede geringer. Unter gleichen Verhältnissen wie oben erschien nach 4 Stunden die Anlaßfarbe

---

[1] LÜPFERT, H., Fehler bei der Beurteilung der Anlaßfarben von Stahl. Masch.-Bau-Betrieb 15 (1936) S. 503.

purpur (260° C) und nach 16 Stunden hellblau (320° C). Wegen des geringen Kohlenstoffgehaltes geht hier die Bildung der Oxydhaut langsamer vor sich.

Bei höher legierten rostfreien Chromstählen zeigt sich z. B. gelb erst bei 400° und blau bei 500° C[1].

Diese Zusammenstellung gibt auch einen gewissen Anhaltspunkt dafür, auf welche Temperaturen die Späne beim Drehvorgang erhitzt wurden, da sie die zur Zerspanungstemperatur gehörende Anlaßfarbe annehmen.

Diese Beispiele zeigen, wie sehr man den Einfluß der Dauer der Temperatureinwirkung und die Lagerung berücksichtigen muß. Daher muß man mit Temperaturangaben auf Grund der Anlaßfarben sehr vorsichtig sein.

Zur Ergänzung seien hier auch noch die Glühfarben genannt. Es empfiehlt sich immer, jeden Glüh- und Härtevorgang nicht nur mit einem Temperaturmeßwerkzeug, sondern auch mit dem Auge zu überwachen. Bei einiger Übung kann man die Temperatur auf $\pm 50°$ C genau feststellen.

Temp. (° C)	Glühfarbe		
600	dunkelrot beginnend		
700	dunkelrot	dunkelkirschrot	730—770
800	kirschrot	kirschrot	770—800
900	hellrot	hellkirschrot	800—830
1000	lachsrot		
1100	orange		
1200	zitronengelb		
1300	weiß		

ϑ) **Die Bestimmung der Schnittemperaturen nach Temperatur angebenden Farbanstrichen.** In Ergänzung des Verfahrens, die Schnittemperatur zu bestimmen, wurden auch die Temperatur angebenden Umschlagfarben herangezogen[2].

Es wurden Anstriche verwendet, die von den I.G. Farben unter dem Namen „Thermocolor" zur allgemeinen Verwendung herausgebracht werden. Bei bestimmten Temperaturen treten chemische Umwandlungen auf, die sich durch Farbwechsel erkennen lassen. Dieser Vorgang ist von der Zeit der Einwirkung der Wärme abhängig. Daher muß die Zeit konstant gehalten werden. Bei den Drehversuchen hat sich eine Zeit von 5 Minuten als günstig erwiesen. Der Farbumschlag wird auf der Freifläche beobachtet.

---

[1] RAPATZ, Die Edelstähle. 3. Aufl. Berlin: Springer 1942.
[2] SCHALLBROCH H. u. M. LANG, Messung der Schnittemperatur mittels Temperatur anzeigender Farbenstriche. Z. VDI 87 (1943) S. 15—19.

Es zeigte sich, daß an der Stelle der halben Schnittiefe die höchste Temperatur auftritt und daß sich Isothermen ausmessen lassen, aus denen man auf die wahren Schnittkantentemperaturen schließen konnte.

PAHLITZSCH und HEIMERDING haben das Temperaturfeld an der Schneide nicht als stationär angesehen, sondern als eine nichtstationäre Wärmestreuung aufgefaßt[1]. Es zeigte sich, daß eine gute Übereinstimmung mit den Arbeiten von SCHALLBROCH und LANG vorhanden war und daß die Abweichungen die Grenze der Anwendbarkeit der Umschlagfarben anzeigten. Bei Flächen, die von heißer Luft umspült sind, muß man beachten, daß der Farbenstrich die Temperatur der heißen Luft und nicht die des Farbträgers anzeigt. Daher wird die Messung zur Schnittstelle hin ungenau, da die Luft hier viel Wärme durch Strahlung von der Zerspanungsstelle aufnimmt.

Der geringe Anteil des Drehmeißels an der Wärmeabfuhr wurde bestätigt.

Die Meßfarben gelten für einen Temperaturbereich von etwa 65° C bis 600° C. Meßfarben für höhere Temperaturen sind nicht erforderlich, da oberhalb 600° C die optische Messung einsetzt.

b) Die Verschleißstandzeit.

Bei der Ermittlung der Verschleißstandzeit wird das Werkzeug auf Verschleiß beansprucht. Es werden in erster Linie solche Werkstoffe geprüft, bei denen die Schneidentemperatur und die Schnittdrücke nicht so hoch sind, daß Kolkverschleiß mit Blankbremsung eintritt. Auch bei teuren und komplizierten Werkzeugen, wie Fräsern, Reibahlen usw., begnügt man sich mit der Verschleißstandzeit. Es lassen sich aber auch Stähle und Gußeisen prüfen, wenn sehr kleine Vorschübe und Spantiefen gewählt werden.

Als Meßwert dient die Verschleißmarkenbreite B an der Freifläche des Drehmeißels in Abhängigkeit von der Standzeit, die zum Unterschied der Werte bei der Temperaturstandzeit mit T' bezeichnet wird.

Als Werkzeug werden Werkzeugstähle, insbesondere Riffelstahl und Hartmetall verwendet.

Bei Schnellstahl ergeben sich keine eindeutigen Verschleißwerte, da der Kolkverschleiß überwiegt.

Bei Versuchen sollen die Schnittgeschwindigkeiten so eingestellt werden, daß sich nach Drehzeiten zwischen 5 und 30 Minuten eine Verschleißmarkenbreite von $B = 0{,}2$ mm ergibt. Die Richtwerttafeln des Münchner Versuchsfeldes für Werkzeugmaschinen (H. SCHALLBROCH) AWF 1030 bis 1032, 1060—1063 enthalten Schnittgeschwindigkeitswerte für Verschleißmarkenbreiten von 0,5—1,2 mm. Diese Werte wurden durch Extra-

---

[1] PAHLITZSCH G. u. H. HEIMERDING, Z. VDI 87 (1943) S. 56—71. Das Temperaturfeld am Drehmeißel.

polation gefunden. Hingegen enthalten die Blätter für Leichtmetalle AWF 1064–1066 Angaben für Verschleißmarkenbreiten nur von 0,05 bis 0,3 mm.

Hierdurch wird ebenfalls bestätigt, daß Leichtmetall trotz geringer Härte und Festigkeit viel stärker verschleißend auf das Werkzeug wirkt als Stahl.

Die Ergebnisse der Verschleißmessung wurden ebenfalls im doppellog. Feld aufgetragen und ergaben wieder gerade Linien.

Aus der Geraden der $B-T'$-Werte wird dann die $T'_{02}-v$-Gerade, d. i. die Abhängigkeit der Schnittgeschwindigkeit v von der Drehzahl T' für eine Verschleißmarkenbreite von $B = 0,2$ mm.

Hieraus ist dann die Geschwindigkeit abzugreifen, bei der T' gleich 60 Minuten ist. Man erhält hierbei den Wert $v_{60-0,2}$. Das ist also die Geschwindigkeit, bei der nach 60 Minuten Drehzeit eine Verschleißmarkenbreite von 0,2 mm erreicht wird (Abb. 39).

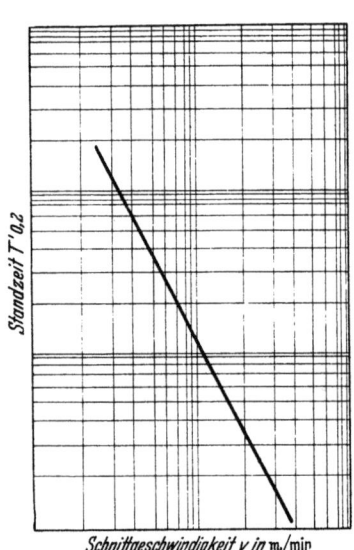

Abb. 39. Abhängigkeit der Standzeit von der Schnittgeschwindigkeit im logarithmischen System für eine Verschleißmarkenbreite $B = 0,2$ mm.

Man kann natürlich auch auf $v_{240-0,2}$ oder $v_{480-0,2}$ gehen.

Die Neigung der $T'_{02}-v$-Geraden folgt auch wieder dem Gesetz $C = T' \cdot v^n$ im doppellogarithmischen Netz.

Die üblichen Werte für n liegen meist zwischen 5 und 10.

Die Ergebnisse der Verschleißstandzeit sind sofort betriebsbrauchbar, da bei dieser Art der Zerspanung und bei diesen Werkstoffen nur ein bestimmtes Maß des Werkzeugverschleißes zugelassen werden kann.

c) Die Verschleißstandzeit im Einstechversuch[1].

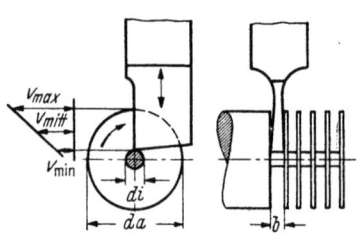

Abb. 40. Wirkungsweise des Einstechverfahrens.

Bei diesem Verfahren wird nach einer gewissen Anzahl von Einstichen die Verschleißmarkenbreite gemessen. Sonst ist es in der Durchführung

---

[1] SCHALLBROCH H. u. W. ULBRICHT, Zerspanbarkeits-Untersuchungen an Automaten-Stählen kleinen Durchmessers, Versuchsfeld für Werkzeugmaschinen der Technischen Hochschule München. Als Manuskript gedruckt 1940.

Die Verfahren zur Ermittlung der Hauptbewertungspunkte.

und in der Auswertung dem Verschleißstandzeitversuch ähnlich. Das Einstechen erfolgt nach Abb. 40. Das Verfahren erfordert nur einen geringen Aufwand an Zeit und Werkstoff und ergibt auch betriebsbrauchbare Zahlen.

Das Verfahren ist besonders für kleine Durchmesser von 1—12 mm geeignet. Abb. 41 zeigt die Werkzeugabmessungen.

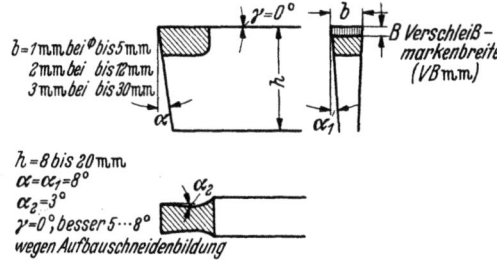

Abb. 41. Werkzeugabmessungen für das Einstechverfahren.

Da zur Prüfung der Zerspanbarkeit ein Planvorschub angewendet wird, ist die Schnittgeschwindigkeit mit der Einstechtiefe veränderlich, so daß man, wenn der ganze Querschnitt untersucht wird, die mittlere Schnittgeschwindigkeit einsetzt. Je nach der Einstechtiefe kann man auch verschiedene Zonen des Werkstückes untersuchen (s. Abb. 42).

Der Vorschub s variiert zwischen 0,005 und 0,02 mm/U. In der Regel werden Zwischenmessungen der Verschleißmarkenbreiten B nach je 200 Einstichen gemacht. Die Auftragung erfolgt wieder im doppellog. Feld als Abszisse $\log E$ (Anzahl der Einstiche) und Ordinate $\log B$ (Verschleißmarkenbreite in mm) (Abb. 43).

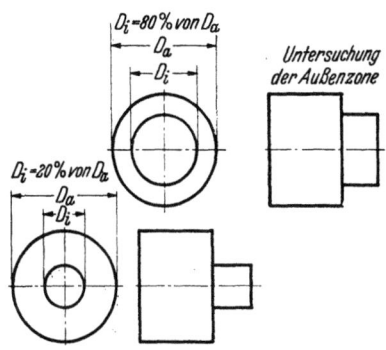

Abb. 42. Untersuchung der Außen- und Innenzone.

Hierbei ergibt jede Schnittgeschwindigkeit eine Gerade. Es ist die mittlere Geschwindigkeit anzugeben.

Der Verschleiß in Abhängigkeit der Anzahl der Einstiche gibt keinen Vergleich mit anderen Zerspanungsversuchen. Es muß daher an Stelle der Zahl der Einstiche eine Umrechnung auf den Drehweg L angestrebt werden.

Solange diese Beziehung noch nicht klar ist, können die Ergebnisse wie folgt gedeutet werden:

Durch Auftragung im

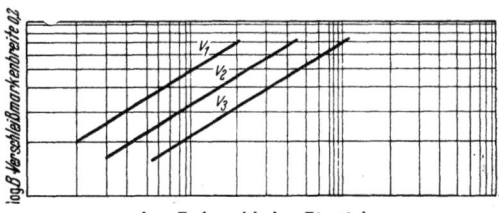

Abb. 43. Verschleißmarkenbreite in Abhängigkeit von der Zahl der Einstiche bei verschiedenen Schnittgeschwindigkeiten.

log E- und log B-Netz kann man Vergleiche der Geraden hinsichtlich Höhenlage und -neigung anstellen. Je tiefer die Gerade liegt und je flacher sie ist, desto besser ist die Zerspanbarkeit.

Solange aber noch keine festen Zahlen angegeben werden können, sind Vergleichszahlen anzugeben, die im Prozentsatz, z. B. auf Automatenmessing, welches gut zerspanbar ist, bezogen werden können. Die nachfolgende Zahlentafel gibt einige dieser Werte an.

Relative Zerspanbarkeit.

	Vergleichswert $v_{480} - 0{,}2$ in % für $a \cdot s = 1{,}0 \times 0{,}1$
Messing Ms 58 (als Richtwerkstoff)	100
Autom. Weichstähle etwa 0,06—0,1% C	80
Autom. Baustähle etwa 0,2 —0,6% C	40
Autom. Triebstähle etwa 0,9 —1,1% C	25

d) Die Schnittkraftmessung

Da die beim Zerspanungsvorgang wirksamen Eigenschaften in die Schnittkraftmessung eingehen, ist sie ein Hauptbewertungspunkt der Zerspanbarkeit. Es kommt noch hinzu, daß der Konstrukteur sie nach Richtung und Größe kennen muß. Die Schnittkraftmessung dient ferner zur Ermittlung zweckmäßiger Schneidwinkel an den Werkzeugen sowie überhaupt zur Feststellung der bestgeeigneten Form der Werkzeuge.

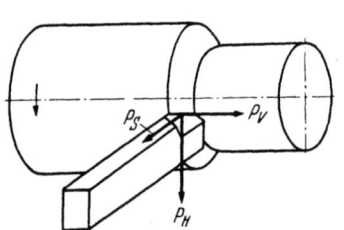

P_H-Hauptschnittkraft, P_S-Schaftkraft, P_V-Vorschubkraft
Abb. 44. Die Komponenten der Schnittkraft.

Die Gesamtschnittkraft wird zu ihrer besonderen meßtechnischen Erfassung in die Hauptschnittkraft P_H die Vorschubkraft P_V und die Schaftkraft P_S zerlegt (Abb. 44). Man spricht nun, je nachdem wieviel Komponenten gemessen werden, von ein, zwei oder auch drei Komponenten Meßsupporten.

Die Hauptschnittkraft P_H ist ein vielfaches vom P_V und P_S.

Aus diesem Grunde genügt es, wenn bei den Schnittkraftmessungen die Hauptschnittkraft bestimmt wird, sie gibt meist eine bessere Rangfolge der Zerspanbarkeit hinsichtlich des Standzeitverhaltens als die Brinellhärte. Es ist aber auch hier Voraussetzung, daß es sich um Werkstoffgruppen mit ähnlicher Analyse handelt.

α) **Die Verfahren und Einrichtungen zur Schnittkraftmessung.** Die Versuche zur Ermittlung der Schnittkräfte setzen schon gleichzeitig mit der Untersuchung der Dreharbeit ein, und E. HARTIG (1875) sowie F. W. TAYLOR (1903) haben mit den damals üblichen Meßmethoden Werte ermittelt, die auch heute noch Gültigkeit haben. Die Bestimmung war allerdings sehr umständlich, da sie aus der verbrauchten Maschinenleistung errechnet wurde.

J. T. NICOLSEN (1904) und C. CORDRON (1906) haben die Schnittkräfte dann erstmalig direkt gemessen. Diese Methoden wurden von SCHLESINGER (1913) so verbessert, daß sie zur damaligen Zeit laufend und zuverlässig angewendet werden konnten.

Durch den Einsatz einer neuen Meßtechnik und moderner Meßmethoden wurden dann später Fortschritte erzielt, die die Schnittkraftmessung zu einem zuverlässigen Untersuchungsverfahren machten. Hinsichtlich der Art der Schnittkraftmessung kann man folgende Einteilung treffen:

1. *Schnittkraftmesser.* Es sind dies Geräte, mit denen die Kräfte an einem einschneidigen Werkzeug (Drehhobel oder Stoßwerkzeug) gemessen werden. Das Werkzeug ist in das Meßgerät eingespannt. Man spricht von einem ein- oder mehrkomponenten Schnittkraftmesser, je nach der Anzahl der zu messenden Komponenten. In den meisten Fällen genügt es, die Hauptschnittkraft festzustellen. Auf Grund langjähriger Vergleichsversuche verhält sich die Hauptschnittkraft H zur Vorschubkraft V und Schaftkraft (Rückkraft) S wie: $5:1:2$.

2. *Die Drehmoment- und Druckmeßtische.* Hierbei wird das Werkstück ebenfalls in den Meßtisch eingespannt. Das Verfahren dient zur Bestimmung des Drehmomentes und des Vorschubdruckes bei Bohren, Senken, Reiben und Fräsen.

3. *Die umlaufenden Drehmomentmesser.* Diese Art der Kraftmessung ist manchmal sehr erwünscht bei sich drehenden Werkzeugen, wie Fräsern, Schleifscheiben usw. Diese Geräte werden auch sehr oft für Werkzeugmaschinenuntersuchungen gebraucht.

β) **Auswahl der Schnittkraftmesser.** Der älteste serienmäßig hergestellte Schnittkraftmesser ist der hydraulische Dreikomponenten-Schnittkraftmesser. Hierbei werden die Werkzeuge in eine Wiege eingespannt, die in vier hydraulischen Druckdosen der bekannten Bauart gehalten ist. Dieses Gerät hat viele Jahre hindurch gute und brauchbare Ergebnisse geliefert, bis es im Zuge der eingangs geschilderten technischen Entwicklung durch bessere Geräte ersetzt wurde. Einige Beispiele hierzu bringt die Abb. 45 A–F.

Von den vielen Ausführungsarten können nur die vorstehenden Beispiele gebracht werden, da sie wenigstens einen Anhaltspunkt geben, in welcher Richtung hin die Entwicklung gegangen ist und welche Verfahren von Bedeutung sind.

98 Die Verfahren zur Prüfung der Zerspanbarkeit.

Die Anforderungen an die Schnittkraftmesser. Für die Auswahl der anzuwendenden Schnittkraftmesser lassen sich fünf Hauptanforderungen festlegen.

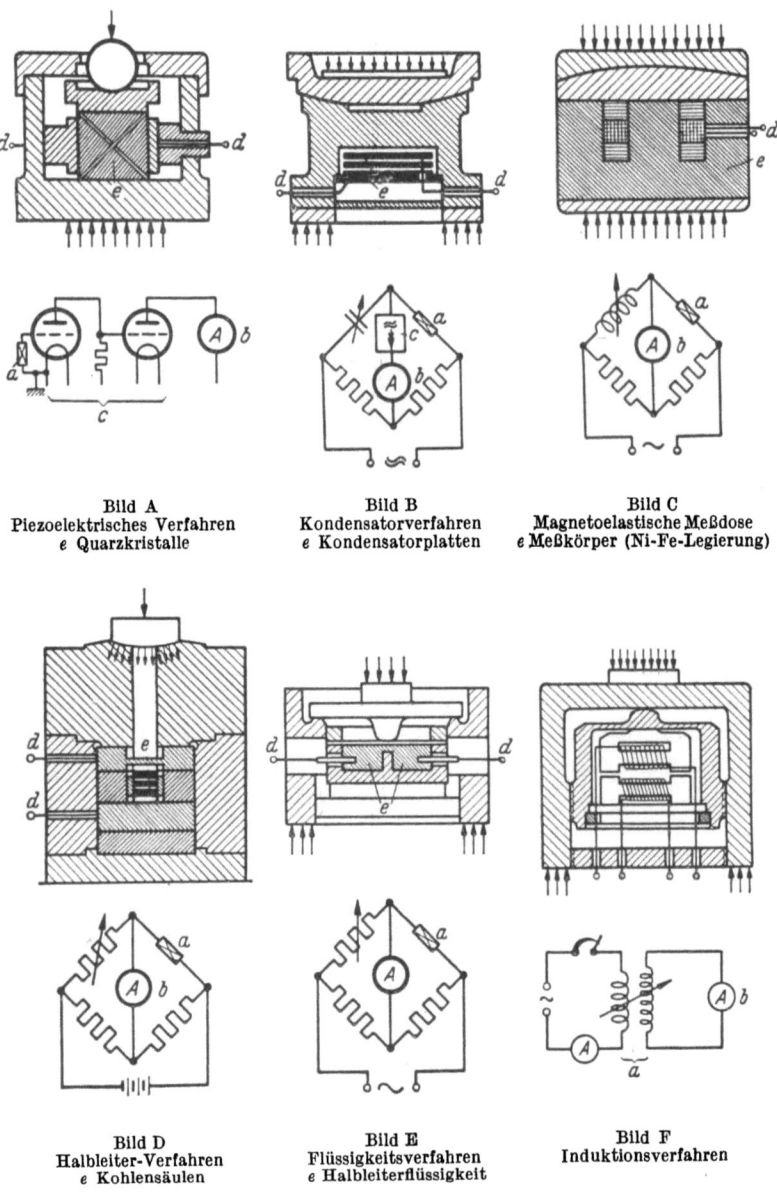

Bild A
Piezoelektrisches Verfahren
e Quarzkristalle

Bild B
Kondensatorverfahren
e Kondensatorplatten

Bild C
Magnetoelastische Meßdose
e Meßkörper (Ni-Fe-Legierung)

Bild D
Halbleiter-Verfahren
e Kohlensäulen

Bild E
Flüssigkeitsverfahren
e Halbleiterflüssigkeit

Bild F
Induktionsverfahren

Abb. 45 A—F. Beispiele für ausgeführte Schnittkraftmesser.
a Meßdose, b Anzeigegerät, c Verstärker, d Anschlußklemmen der Meßdose,
e siehe unter den einzelnen Bildern (nach H. OPITZ).

a) Der Meßweg muß möglichst klein sein, damit die geometrischen Eingriffsverhältnisse des unter Schnitt stehenden Werkzeuges gleich bleiben.

b) Die eigentliche Meßapparatur zur Aufnahme der Werkzeuge oder des Werkstücks muß möglichst kleine Abmessungen haben, um sie überall einbauen zu können.

c) Leicht einstellbare Meßbereiche, um die Messung den jeweils auftretenden Kräfte anpassen zu können.

d) Leichte Bedienbarkeit.

e) Gute Eichbarkeit, um die Ergebnisse immer wieder überprüfen zu können.

Hinsichtlich der Meßwege haben SCHALLBROCH und BALZER[1] die nachstehende Übersicht gegeben:

Verfahren (vgl. Abb. 45)	maximaler Meßweg in μ
Hydraulische Meßdosen	500
pneumatisch	1000
Meßuhren	200
mechanische Schreibgeräte	2500
piezoelektrisch mit Verstärker	1—3
Kondensatorverfahren (mit und ohne Verstärker)	40
Verfahren mit festem Halbleiter	8
Verfahren mit flüssigem Halbleiter	300
Induktionsverfahren (ohne Verstärker)	200
Induktionsverfahren mit Verstärker	5
Magnetoelastisches Verfahren ohne Verstärker	5

Hieraus geht hervor, daß die Verfahren mit einem Meßweg von über 500 μ nach neuzeitlichen Forderungen nicht mehr für genaue Messungen in Frage kommen. Die hydraulischen pneumatischen Verfahren sowie die Meßuhren und Schreibgeräte scheiden aus, auch wenn sie, entsprechend dem damaligen Stand der Technik, früher gute Dienste geleistet haben.

Bei genauer Abwägung aller Vor- und Nachteile zeigt sich, daß für Schnittkraftmessungen unter werkstattähnlichen Bedingungen das induktive und das magnetoelektrische Verfahren die zuverlässigsten Meßergebnisse liefern. Dies besagt jedoch nicht, daß in besonderen Fällen andere Verfahren Ergebnisse bringen, die den speziellen Anforderungen besser entsprechen. Dies gilt besonders für das piezoelektrische Verfahren, welches nahezu weglos arbeitet. Bei Schnittkraftmessungen unter Betriebsbedingungen macht aber die genaue achsgerade Belastung des Piezokörpers große Schwierigkeiten. Bei höheren Schnittdrücken gibt sie dauernd zu Störungen Veranlassung.

---

[1] Schnittkraft und Drehmomentmesser für Werkzeugmaschinen. H. SCHALLBROCH u. H. BALZER, Werkstattbücher Heft 91. Berlin: Springer 1943.

Von den im Abschnitt Oberflächenprüfgerät genannten Geräten und Verfahren kann man umgekehrt auch wieder einige zur Schnittkraftmessung benutzen. Dies gilt vor allen Dingen für die pneumatischen Verfahren[1] und ihren verschiedenen Abwandlungen.

In welchem Umfang die Tastgeräte für die Bestimmung ganz kleiner Kräfte herangezogen werden können, muß die Zukunft lehren.

Die Verfeinerung der Zerspanungsmethoden hat immer kleinere Spanabnahmen mit sich gebracht. Es besteht aber eine großes Interesse, die damit zusammenhängenden Kräfte geringer Größenordnung zu erfassen. Die dazu notwendigen Geräte sind allerdings noch nicht vorhanden.

γ) **Richtwerttafel für spez. Schnittkräfte.** Die nachfolgende Tabelle 26 gibt einen guten Überblick über die spezifischen Schnittkräfte aller Werkstoffe, die für die Konstruktion und Zerspanung von Bedeutung sind.

Tabelle 26. *Richtwerttafel für spezifische Schnittkräfte (AWF 158).*

Nr.	Werkstoff	Festigkeit (kg/mm²) (bzw. Härte)	Vorschub in mm/U			
			0,1	0,2	0,4	0,8
			Spezifische Schnittkräfte (kg/mm²)			
1	St 34.11 St 37.11 St 42.11	bis 50	360	260	190	136
2	St 50.11	50..60	400	290	210	152
3	St 60.11	60..70	420	300	220	156
4	St 70.11	70..85	440	315	230	164
5	St 85	85..100	460	330	240	172
6		30..50	320	230	170	124
7	Stahlguß	50..70	360	260	190	136
8	„	über 70	390	285	205	150
9	Mn-Stahl, Cr-Ni-Stahl,	70..85	470	340	245	176
10	Cr-Mo-Stahl und	85..100	500	360	260	185
11	andere legierte Stähle	100..140	530	380	275	200
		140..180	570	410	300	215
12	Nichtrostender Stahl	60..70	520	375	270	192
13	Werkzeugstahl	150..180	570	410	300	215
14	Manganhartstahl		660	480	350	252
15	Ge 12.91 bis 14.91	Brinellhärte bis 200	190	136	100	72
16	Ge 18.91 bis 26.91	Brinellhärte 200..250	290	208	150	108
17	Ge legiert	Brinellhärte 250..400	320	230	170	120
18	Temperguß		240	175	125	92
19	Hartguß	Shore-Härte 65..90	360	260	190	136
20	Kupfer		210	152	110	80
21	Kupfer mit Kommutatorglimmer					

Fortsetzung S. 101

---

[1] LEINERT, L., Feinmeßgerät auf Strömungsgrundlagen. Werkstattstechnik und Werksleiter 24 (1924) S. 228.

Die Verfahren zur Ermittlung der Hauptbewertungspunkte.

Tabelle 26. *Richtwerttafel* (Fortsetzung).

Nr.	Werkstoff	Festigkeit (kg/mm²) (bzw. Härte)	Vorschub in mm/U			
			0,1	0,2	0,2	0,8
			Spezifische Schnittkräfte (kg/mm²)			
22	(Kollektoren)		190	136	100	72
23	Messing	Brinellhärte 80..120	160	115	85	60
24	Rotguß		140	100	70	52
25	Gußbronze		340	245	180	128
26	Zink-Legierung Zn-Al 10-Cu 2		94	70	56	43
27	Reinaluminium		105	76	55	40
28	Aluminiumlegierungen mit hohem Si-Gehalt 11–13% Si		140	100	70	52
29	Kolben- Al-Si (zäh) 11–13,5% Si		140	100	70	52
30	Legierung G Al-Si 11–13,5% Si		125	90	65	48
31	Sonstige Al-Guß- und	Festigkeit bis 30	115	84	60	43
32	Knetlegierungen	30..42	140	100	70	52
33	„	42..58	170	122	85	64
34	Magnesiumlegierungen		58	42	30	22
35	Hartgummi, Ebonit		48	35	25	18
36	Gummifreie Isolierpreßmassen, Novotext, Bakelite, Pertinax		48	35	25	18
37	Hartpapier		38	28	20	14
38	Kiefer	5				
39	Pappel	5,5				
40	Buche	9				
41	Eiche	10,5				
42	Granit	18	Zusammensetzung des Spanquerschnittes für Sten 1 mm Spantiefe 1 mm Vorschub/U			
43	Jurakalk	15				
44	Marmor	12				
45	Sandstein	8–11				

δ) **Die Abhängigkeit der Schnittkraft von der Schnittgeschwindigkeit.** Im Gegensatz zu den Schnitttemperaturen werden die Schnittkräfte verhältnismäßig wenig von der Schnittgeschwindigkeit beeinflußt. Der Verschleiß des Werkzeuges muß sich in einer Schnittkraftsteigerung auswirken, ohne daß diese durch Veränderungen anderer Art an der Schneide (z. B. Auskolkung an der Spanfläche) beeinflußt wird.

Nach Abb. 46 steigt z. B. bei der Zerspanung von Zinklegierungen die Hauptschnittkraft P_H zunächst an, um dann abzusinken und konstant zu bleiben. Diese Erscheinung wird in der für Zink eigentümlichen Aufbauschneide zu suchen sein, aber auch bei anderen Werkstoffen zeigt sich im Bereich der niedrigen Geschwindigkeiten dieser Einfluß.

Bei den normalen Baustählen nimmt P_H von $v = 20$ m/min bis $v = 100$ m/min etwa um 15% ab.

Die spezifische Schnittkraft. Um einen Vergleich der Schnittkraft bie

102 Die Verfahren zur Prüfung der Zerspanbarkeit.

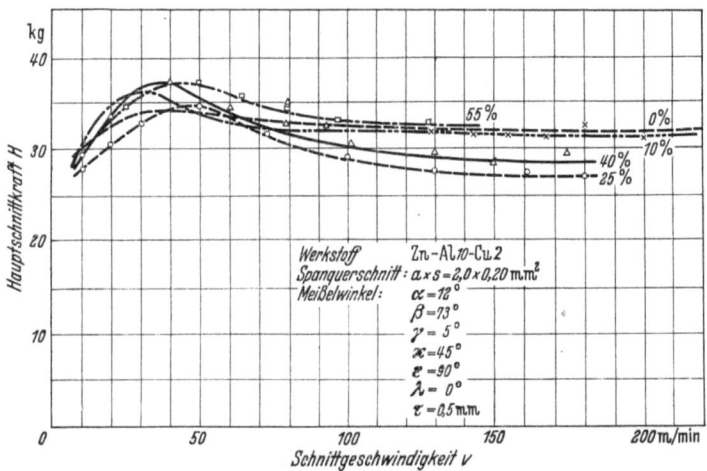

Abb. 46. Schnittkräfte der Zinklegierungen in Abhängigkeit von der Schnittgeschwindigkeit (nach SCHALLBROCH).

verschiedenen Werkstoffen und unterschiedlichen Spanquerschnitten zu erleichtern, wird die spezifische Schnittkraft $k_s = P_s : f$ (Spanquerschnitt $a \cdot s$ mm) aufgetragen. Bei einem Spanquerschnitt von $a \cdot s = 2 \cdot 0{,}5$ mm² ist $f = 1$ mm², so daß dann die gemessene Hauptschnittkraft bereits den Wert k_s kg/mm² ergibt.

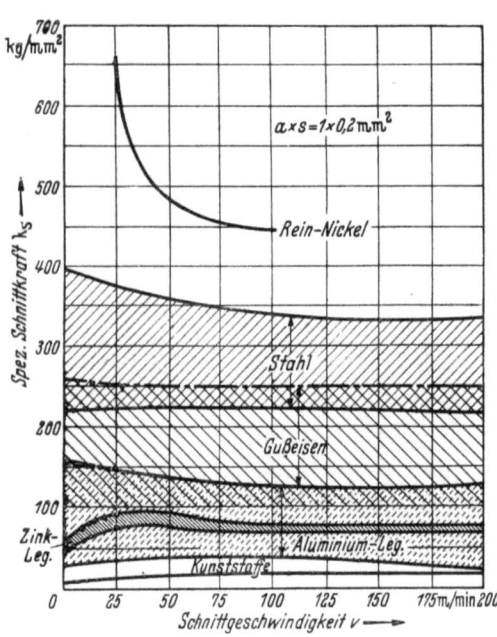

Abb. 47. Die spezifischen Schnittkräfte verschiedener Werkstoffe in Abhängigkeit von der Schnittgeschwindigkeit (nach SCHALLBROCH).

Die Abb. 47 zeigt die spezifischen Schnittkräfte für häufig zerspante Werkstoffe in Abhängigkeit von der Schnittgeschwindigkeit. Diese Darstellung ist sehr aufschlußreich dafür, wie unterschiedlich die Schnittkräfte sind. Die höchsten Werte wurden bei Rein-Nickel festgestellt, das auch eine stärkere Abhängigkeit der Schnittkraft von der Schnittgeschwindigkeit als die übrigen Werk-

Die Verfahren zur Ermittlung der Hauptbewertungspunkte. 103

stoffe zeigt. Dies ist in der starken Kalthärtung bei geringen Geschwindigkeiten begründet.

ε) **Der Einfluß der Werkzeugwinkel auf die Schnittkraft.** Die Werkzeugform und damit die Winkel am Werkzeuge üben einen großen Einfluß auf die Höhe der Schnittkraft aus. Die Werkzeugform, bei der die Schnittkräfte am kleinsten sind, braucht aber nicht immer die beste zu sein.

Die Abb. 48 zeigt, wie sich die Hauptschnittkraft bei Änderung des Einstellwinkels $\varkappa$ verhält. Es empfiehlt, keine zu kleinen Winkel zu verwenden.

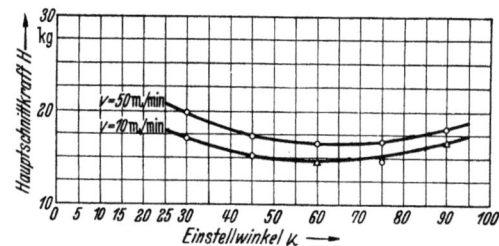

Abb. 48. Hauptschnittkraft in Abhängigkeit vom Einstellwinkel (nach SCHALLBROCH)

Eine Veränderung des Freiwinkels wirkt sich so aus, daß mit größer werdendem Freiwinkel die Schnittkräfte geringer werden. Ein größerer Spanwinkel hat auf die Schnittkraft einen günstigen Einfluß. Die Größe des Spanwinkels ist aber durch die Festigkeit der Meißelschneide begrenzt.

ζ) **Der Einfluß des Spanquerschnittes auf die spez. Schnittkraft.** Wenn man die Gesamtschnittkraft in Abhängigkeit vom Spanquerschnitt bestimmt, so zeigt sich ein fast lineares Ansteigen mit wachsendem Spanquerschnitt (Abb. 49). Die spez. Schnittkraft steigt dagegen mit kleiner werdendem Spanquerschnitt stark an, da bei kleineren Querschnitten mehr Trennarbeit geleistet werden muß als bei großen. Mit größer werdendem Spanquerschnitt nimmt sie ab.

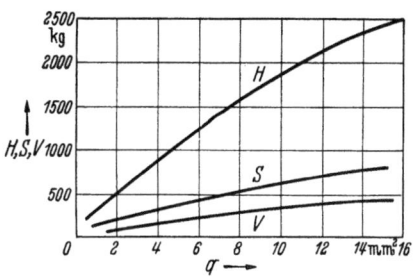

Abb. 49. Die Komponenten der Schnittkraft in Abhängigkeit vom Spanquerschnitt.

Der Einfluß der Schnittiefe und des Vorschubes. Eine

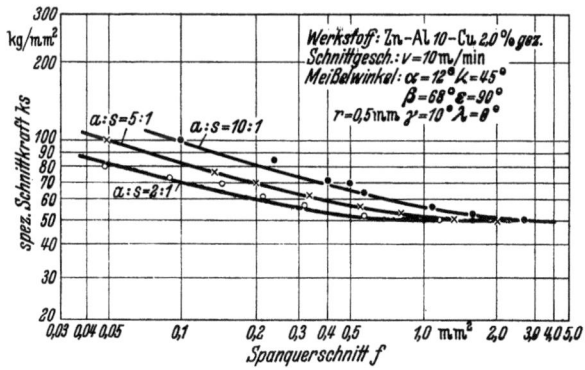

Abb. 50. Die spezifische Schnittkraft in Abhängigkeit vom Spanquerschnitt und seiner Zusammensetzung (nach SCHALLBROCH).

Änderung der Schnittiefe verursacht eine verhältnismäßig geringe Zunahme der Schnittkraft, die fast proportional ansteigt.

Dagegen ist die spez. Schnittkraft von der Spantiefe unabhängig. Dies gilt auch für das Bohren und Fräsen.

Anders verhält es sich mit dem Einfluß des Vorschubes auf die Schnittkraft. Mit zunehmendem Vorschub sinkt die Schnittkraft erheblich ab.

Wenn man die spez. Schnittkraft in Abhängigkeit vom Spanquerschnitt setzt, so muß man immer seine Zusammensetzung [Spantiefe und Vorschub] berücksichtigen (Abb. 50).

e) **Die Oberflächengüte bei der spanabhebenden Formgebung.**

α) **Allgemeines über die Oberflächengüte.** Die Feinstbearbeitungsverfahren haben in der Fertigung eine sprunghafte Entwicklung genommen, weil an die Maßhaltigkeit und die Güte der Oberflächen der Maschinen und Apparateteile immer größere Anforderungen gestellt werden. Bei den beweglichen Maschinenteilen ist das Verhalten gegeneinander, der Widerstand gegen Verschleiß und Korrosion, die Dauerfestigkeit u. a. m. um so besser, je mehr sich die Oberflächen der Idealform nähern.

Zwangsläufig ergab sich aber mit der Verfeinerung der Bearbeitungsmethode, z. B. des Honens, Läppens, Feinziehschleifens usw., die Notwendigkeit, diese Flächen nun auch auszumessen. Es genügte nicht, mehr relative Vergleichsmaßstäbe aufzustellen, sondern man mußte zu absoluten Zahlen über den wirklichen Zustand der zu begutachtenden Fläche kommen. Man will die Oberfläche nicht nur sehen, sondern auch messen. Dabei müssen die Verfahren reproduzierbar und einfach in der Anwendung sein.

Nach dem Vorentwurf DIN 4760, der eine völlige Umarbeitung der DIN 7183 darstellt, wird der Begriff der Rauhtiefe (R_p) als Kennzeichen für die Rauhigkeit festgelegt. R_p ist der Abstand zwischen der Hüllgeraden und der Grundgeraden (Abb. 58). Wenn also R_p klein ist, spricht man von einer glatten Fläche und umgekehrt; zunächst sind noch einige wichtige Grundbegriffe zu klären, bevor die eigentliche Oberflächenprüfung behandelt wird.

Das Auflösungsvermögen. Die häufigste und einfachste Untersuchung der Oberfläche ist die durch das Abtasten mit dem Finger. Wenn die dabei an der Fingerkuppe auftretende Reibung stört, soll man den Fingernagel oder einen Kupferpfennig zu Hilfe nehmen. Nach diesem Verfahren können noch Rauhigkeiten bis zu 0,5 μ[1] als untere Grenze unterschieden werden. Allerdings kann man hier nur die vorhandene Rauhigkeit feststellen, nicht aber deren Größenordnung. Genau so wie die Untersuchung

---

[1] Das Mikron (μ) ist der tausendste Teil eines Millimeters. Dagegen heißt der tausendste Teil eines Mikrons nicht Millimikron, sondern Nanometer (nm) = 10^{-6} mm (DIN 1301).

mit dem Finger durch das Tastgefühl noch sehr feine Unterscheidungen zuläßt, kann man auch mit dem Auge sehr gut qualitative Unterschiede der Oberfläche feststellen. Das Auge ist als ein optisches Instrument anzusehen und hat infolgedessen auch seine Auflösungsgrenze.

Unter Auflösung versteht man die Fähigkeit, zwei eng benachbarte dingliche Einzelheiten dem Auge noch getrennt zu zeigen. Mit dem normalen unbewaffneten Auge lassen sich noch zwei Punkte wahrnehmen, die 70 μ voneinander entfernt sind. Man kann auch das Vorhandensein von Oberflächenfehlern bis zu 10 μ feststellen. Das Auflösungsvermögen ist abhängig von der Wellenlänge des zur Beleuchtung benutzten Lichtes und der numerischen Apertur $A = n \cdot \sin \sigma$. Praktisch ist ohne besondere Hilfsmittel nur eine Apertur von 0,95 und ein Öffnungswinkel von 144° zu erreichen. Damit ergibt sich ein Auflösungsvermögen von 0,5 bis 0,2 μ je nach der Optik. Wenn man nun dieses Auflösungsvermögen verbessern will, kann man den Brechungsindex „n" von 1 auf 1,51 durch Aufbringen einer Ölimmersion (Zedernöl) erhöhen oder ein Licht geringerer Wellenlänge, z. B. ultraviolettes Licht, verwenden. Die letztere Maßnahme bedingt jedoch den Einbau einer Optik aus Quarz. Da das Auge dieses Licht nicht sieht, ist man auf photographische Aufnahmen angewiesen. Durch ultraviolettes Licht bekommt man ein Auflösungsvermögen von 0,1 μ.

Die Vergrößerung. Man darf das Auflösungsvermögen nicht mit der Vergrößerung verwechseln. Die Gesamtvergrößerung ist das Produkt der Einzelvergrößerungen des Objektivs und des Okulares. Naturgemäß kann das Okular nicht wiedergeben, was das Objektiv nicht darstellt. Hier ist also das Auflösungsvermögen maßgebend. Es hat daher keinen Zweck, die Okularvergrößerung höher zu wählen, als sie dem Auflösungsvermögen entspricht. Den gleichen Fehler kann man auch durch einen zu großen Balgauszug begehen. Hinsichtlich der Vergrößerung gilt die gute ABBÉsche Regel, daß sie innerhalb dem 500—1000fachen der Apertur liegen soll.

Die Verwendung von Mustertafeln. Zur Kontrolle der Fertigung hat man vor der Entwicklung der Oberflächenprüfgeräte vielfach mit sog. Mustertafeln gearbeitet. In Erkenntnis der Wichtigkeit solcher Maßnahmen hat man während des Krieges in Amerika diese Tafeln in vergrößertem Umfange eingeführt, wobei man durch feinere Unterteilung die Vergleichsmöglichkeiten steigerte. Da nun bei dem großen Bedarf an solchen Prüfstücken es umständlich gewesen wäre, jeweils diese Stücke im Original herzustellen, ist man dazu übergegangen, einmal gefertigte Standardstücke auf galvanoplastischem Wege oder als Kunstharzpreßlinge herzustellen. Diese Oberflächenmuster wurden billiger in der Herstellung und genauer. Sehr oft hat man auch die Stücke aus nichtrostendem Stahl hergestellt, um Korrosionen durch das beständige Abtasten zu vermeiden. Die Abb. 51 und 52 zeigen die Verwendung solcher Prüfstücke beim Vergleich mit dem an der Maschine gefertigten Stück.

Die Bedeutung dieser Mustertafeln als Oberflächennormale kann gar nicht hoch genug eingeschätzt werden. Eine durchgreifende Normung der Oberflächengestalt ist nicht möglich, bevor die Oberflächennormalen genormt sind und mit einem allgemein anerkannten Prüfverfahren kontrolliert werden. Erst dann kann die Übertragung einer Oberflächennormung in der praktischen Fertigung durchgeführt werden.

Abb. 51 Prüfkarton mit Musterflächen nach N—H Gage Co.

Abb. 52.
Vergleich zwischen Prüfkarton und dem gefertigten Werkstück.

β) **Die verschiedenen Verfahren zur Prüfung der Oberflächenbeschaffenheit.** Unabhängig von diesem Vergleichsverfahren hat man nach Wegen gesucht, um auch zu richtigen Meßzahlen oder wenigstens zu Anhaltszahlen der Oberflächen zu kommen. Hierzu hat man eine Reihe von Geräten und Verfahren entwickelt, von denen die wichtigsten geschildert werden. Im übrigen sei hier auf die grundlegenden Werke von SCHMALTZ[1] und PERTHEN[2] verwiesen.

[1] G. SCHMALTZ, Techn. Oberflächenkunde. Berlin: Springer 1936.

[2] PERTHEN, Prüfen und Messen der Oberflächengestalt, Carl Hanser Verlag München (1949).

Das Verfahren MECHAU-DREYHAUPT arbeitet nach dem Prinzip der ausgelöschten Totalreflexion[1].

Ein 90°-Prisma wird mit der Hypotenusenfläche auf den Prüfling gesetzt. An den Stellen der Oberfläche, die mit dem Prisma zum Tragen kommen, wird das von einer Kathetenseite her einfallende Licht nicht mehr total reflektiert. Diese Stellen erscheinen bei Betrachtung von der anderen Kathetenseite her dunkel (Abb. 53).

Aus dem Abstand, der Stärke und Verteilung dieser dunklen Stellen läßt sich der sog. Traganteil als ein Maß für die Oberflächengüte des Prüflings bestimmen (Abb. 53).

Die Anwendungsgrenze liegt nach der rauhen Seite hin bei etwa 3 μ und nach der feinen Seite bei etwa 0,5 μ. Die untere Grenze ist optisch bedingt, da alle Stellen eines Rauhigkeitsprofils, die unter 0,5 μ liegen, als Traganteil angezeigt werden. Man könnte also über eine solche Fläche nur aussagen, daß die Rauhigkeit unter 0,5 μ ist. Die Prüflänge beträgt bei dem im Handel befindlichen Gerät 6 mm.

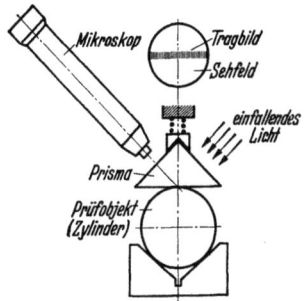

Abb. 53. Auslöschung der Totalreflektion nach MECHAU-DREYHAUPT. Oberflächen mit verschiedenem Traganteil.

Der Traganteil einer Oberfläche, die dieses Verfahren anzeigt, hat eine große Bedeutung, wenn zwei Flächen möglichst fest aneinanderhaften sollen, z. B. Preßsitz, Haftsitz usw. Bei Rachenlehren spielt der Traganteil eine große Rolle, da hier die Verschleißfestigkeit direkt proportional der Größe des Traganteils ist.

Das nachfolgende Beispiel zeigt die Bedeutung des Traganteils.

Wenn die Oberflächengüte so verfeinert wird, daß der Traganteil vermehrt wird, ist dies für die Haltbarkeit der Lehren von großem Einfluß. Der dadurch verringerte Verschleiß ist gleichbedeutend mit langer Lebensdauer.

Bei Lehren zum Messen von Bohrungen ergab sich, daß geschliffene Lehrdorne nach dem Ausmessen von nur 2000 Einzellöchern die höchstzulässige Abnutzung von 2,5 μ erreichten.

Bei Verbesserung des Traganteils durch Läppen von Hand konnte man schon 3051 Löcher und bei maschinellem Läppen 5585 Löcher prüfen.

Der Einfluß des Werkstoffes auf die Haltbarkeit der Lehren war auch interessant.

---

[1] Werkstatttechnik und Werksleiter 35 (1941) S. 221.

Die beiden untersuchten Stähle hatten folgende Zusammensetzung:

Werkstoff	C %	Mn %	Cr %	Va %	W %
Unlegierter Kohlenstoffstahl	0,1	0,4	0,38	0,03	
Schnellarbeitsstahl	0,64	0,41	3,5	0,5	17,5

Es ergaben sich für den 2,5-μ-Verschleiß folgende Werte:

Werkstoff	Anzahl der Löcher	
	handgeläppt	masch. geläppt
Unlegierter Stahl	6521	11882
Schnellarbeitsstahl	5555	10155

Hieraus ist ersichtlich, daß bei reiner Verschleißbeanspruchung der Schnellarbeitsstahl seine Überlegenheit nicht zur Wirkung bringen kann. Der Martensit des unlegierten Stahles ist bei normalen Temperaturen verschleißfester, da seine reine Härte größer ist als die eines gehärteten Schnellarbeitsstahles. In der Wärme und wenn große Kräfte einwirken ist das Verhältnis natürlich umgekehrt.

Diese Ergebnisse zeigen, daß die Meßflächen für Lehren, die für große Meßgenauigkeiten benutzt werden, gar nicht genau genug sein können. Der Traganteil muß also möglichst hoch sein, damit die Flächendrücke gering bleiben. Solche Lehren lassen sich nach Abnutzung schnell wieder durch Verchromen auf das richtige Maß bringen.

Man hat auch die Frage geprüft, ob es nicht genügt, die Lehren fein zu schleifen[1] und das Läppen infolgedessen eingespart werden kann.

Es hat sich auf Grund einer Rundfrage bei den Lehren herstellenden Unternehmen gezeigt, daß bei Mengenkontrollen entsprechend der vorhergehenden Versuchsergebnisse die geläppten Lehren überlegen sind.

Beim Feinschliff beträgt die durchschnittliche Rauhigkeit $H = 0,35\,\mu$ gegenüber $H = 0,25\,\mu$ beim Läppen. Durch die geringere Rauhigkeit beim Läppen ist der Traganteil sicherlich vergrößert.

Das Tastverfahren. Bei den Tastverfahren werden die zu prüfenden Flächen mit einem Fühlstift abgetastet. Man unterscheidet hinsichtlich der Übertragung und Aufzeichnung der Bewegung des Stiftes das punktweise Abtasten und das Abtasten in einem Zuge.

Das punktweise Abtasten. Nach diesem Verfahren arbeitet das Oberflächenmeßgerät nach FORSTER von E. Leitz, Wetzlar.

Das Prüfstück wird unter dem Taststift her bewegt. Dabei wird der

---

[1] RICHTER, O., Zur Frage des Feinschleifens und Läppens von Lehren. Werkstatt und Betrieb 82 (1949) S. 160–161.

Die Verfahren zur Ermittlung der Hauptbewertungspunkte. 109

Stift kurzzeitig angehoben (Abb. 54). Es findet zwar eine fortlaufende Tastung statt, jedoch werden nur immer einzelne Punkte festgehalten, da der Taststift mit einer Frequenz von 100 Hertz abgehoben und wieder aufgesetzt wird. Das Ergebnis einer solchen Tastung zeigt Abb. 55. Die notwendigen Erläuterungen sind aus der Legende ersichtlich.

Das Abtasten in einem Zuge. Bei diesem Verfahren gibt es mehrere Ausführungen, jedoch haben alle das eine gemeinsam, daß die Nadel nicht abgehoben wird, sondern ständig der Rauhigkeit folgt. Das Oberflächenprofil wird dabei unter entsprechender Vergrößerung des Weges der Tastnadel aufgezeichnet.

Bei dieser Art der Vergrößerung wird ein elektrischer Fühler am Taststift angebracht. Der große Vorteil hierbei ist, daß Fühler und Verstärker räumlich getrennt werden können. Dadurch wird das eigentliche Tastgerät sehr klein und handlich.

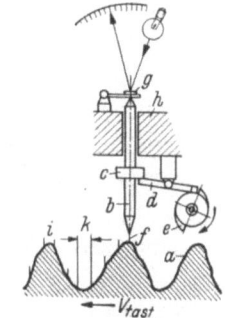

Abb. 54. Tastgerät nach FORSTER (Leitz)

Nachstehend wird eine kurze Beschreibung der nach diesem Prinzip arbeitenden Tastgeräte gegeben, die in den letzten Jahren besondere Bedeutung bekommen haben.

a) Das Profilometer (Physicists Research Co. Ann. Arbor. Mich. USA.) Dieses Oberflächengerät von ABBOTT beruht auf dem Prinzip des Tonabnehmers. Die Tastnadel hat eine Diamantspitze mit 12,5 μ Spitzenradius und 90° Spitzenwinkel. Der Abstand der Tastnadel zur Oberfläche

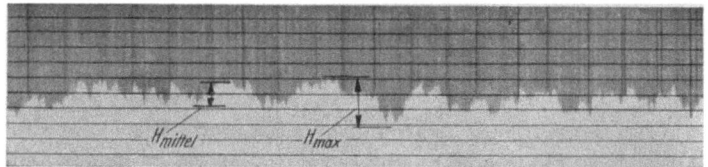

Höhenvergrößerung × 1000, Seitenvergrößerung × 33^1/$_3$, $H_{mittel} = 3,5\ \mu$, $H_{max} = 6,5\ \mu$, Frequenz = 100 Hz (Tasthübe der Nadel/sec), Abrundungsradius der Nadel = 10 μ, Werkstoff: Al-Si-Legierung, $v = 200$ m/min, $s = 0,15$ mm/U, Abrundungsradius des Drehmeißels 1,5—2 mm.

Abb. 55. Auswertung einer Abtastkurve nach FORSTER.

wird durch verstellbare Gleitkufen reguliert. Bei mechanischem Antrieb gleitet die Nadel mit einer Geschwindigkeit von 390 mm/min über die Oberfläche. Dabei wird durch die Rauhigkeiten eine elektromotorische Kraft von 2 Mikrovolt/1 Mikrozoll (0,025 μ) Auslenkung erzeugt.

Das Gerät hat alle Nachteile des tonabnehmenden Prinzips bei der

Übertragung auf die Oberflächenprüfung. SCHLESINGER hat Angaben über die Streuung des Gerätes gemacht[1].

b) Der Brush Surface Analyser (Brush Development Co., Cleveland Ohio).

Es handelt sich bei dieser Bauart um einen piezoelektrischen Fühler, der auf 0,025 μ Auslenkung 1,2 Millivolt elektromotorische Kraft entwickelt. Das Tastwerk hat ebenfalls eine Kufe, um die Tastnadel zu entlasten. Die Diamantspitze hat folgenden Sptzenradius: 12,5 oder 2,5 oder 1,25 μ bei 0,05 bis 0,02 g Tastdruck. Die Tastgeschwindigkeit beträgt 20 mm/min.

c) Das Talysurf-Gerät (Taylor-Taylor and Hobson, Leicester, England).

Der elektrische Fühler ist nach dem Drosselspulenprinzip gebaut. Der Taststift gleitet auf zwei gehärteten Kufen über einen Tastweg von 7,5 mm. Davon gelten 2,5 mm als Anlauf, 3,75 mm als eigentliche Meßstrecke und 1,25 mm als Auslauf.

Die Tastgeschwindigkeit beträgt 150 mm/min. Die Tastspitze hat 2,5 μ Spitzenradius bei 0,1 g Tastkraft. An der Entwicklung dieser Apparatur hatte Prof. SCHLESINGER großen Anteil.

d) Der Perthograph (Perthen & Co., Hannover).

Dieses Gerät eignet sich auch für Bohrungsmessungen von 75 mm Durchmesser an aufwärts. Es sind drei Meßbereiche vorgesehen von 0,0–10 μ, 0,0–50 μ und 0,0–500 μ. Die Tastkraft ist 0,5 g, kann aber variiert werden.

Alle die vorstehend beschriebenen Geräte haben, so praktisch sie auch sein mögen, drei besonders empfindliche Punkte. Und zwar sind dies:

1. Die Abmessungen des Taststiftes,
2. die Tastkraft,
3. die Tastgeschwindigkeit.

Zu 1. Bei den ersten Arbeiten mit dem Tastgerät wurde der Einfachheit halber eine Grammophonnadel benutzt. Man stellte jedoch an Hand der Meßergebnisse bald fest, daß die Rauhigkeiten gar nicht richtig erfaßt wurden, weil diese Nadel an der Spitze einen Abrundungsradius von 40–50 μ hatte. Da im allgemeinen Rillenprofile vorkommen, muß der Abstand der Rillen größer sein als der Radius der Tastnadel, damit die Nadel auch den Grund ausmessen kann.

Daher ist man heute dazu übergegangen, Saphir- oder Diamantspitzen von kegeliger oder Pyramidenform zu verwenden mit 60–90° Spitzenwinkel. Die praktisch verwendeten Spitzenradien gehen aus nachstehender Tabelle hervor.

---
[1] SCHLESINGER, G., a. a. O.

Die Verfahren zur Ermittlung der Hauptbewertungspunkte. 111

Tabelle 27.
Zusammenstellung der Werte über den Spitzenradius und die Tastkraft der Geräte.

Gerätebezeichnung	Spitzenradius der Tastnadel μ	Tastkraft (g)
Profilometer	12,5	0,05—0,02
Talysurf	2,5	0,1
Brush	1,25	0,05—0,02
Perthograph	—	0,5
Forster	10	< 1

Die Erfahrung hat gezeigt, daß Radien von 10 μ für die normalen Messungen voll ausreichen und nur für genaue wissenschaftliche Untersuchungen kleinere Radien genommen werden sollen. SCHLESINGER schlägt einen Spitzenradius $r = 0{,}0001$ Zoll $= 0{,}0025$ mm $= 2{,}5\ \mu$ vor. Die Belastung soll nicht größer sein als 0,1 g.

Zu 2. *Die Tastkraft.* Die Tastnadel darf sich beim Überfahren der Oberfläche nicht abheben, sofern nicht wie beim FORSTER-Verfahren dies mit Absicht geschieht. Sie muß also, um mit der Oberfläche ständig Kontakt zu haben, mit einer gewissen Kraft angedrückt werden. Je kleiner jedoch der Spitzenradius wird, um so höher ist die Druckspannung. Wenn aber wiederum der Druck zu klein ist, wird die Messung zu vibrationsanfällig.

Die nachstehende Tabelle gibt Werte an, die praktisch erprobt sind[1]

Tabelle 28. *Zusammenstellung der zulässigen Tastkräfte und Druckspannungen.*

Tastspitzenradius μ	Werkstoff	Tastkraft g	Druckspannung kg/mm²	Zulässigkeit	Nach Angaben von
25	Aluminium	bis 0,2		Höchstwert	OPITZ u. GOTTSCHALK
25	Bronze	bis 0,5	178	,,	,,
25	Stahl 42	bis 4,0	535	,,	,,
25	Stahl 60.11	bis 6,0	610	,,	,,
30	Stahl	0,8	275	Arbeitswert	KIESEWETTER
10	,,	0,1	286	,,	SELL
10	,,	1,0	620	,,	LEITZ[1], FORSTER
2,5	,,	0,1	723	,,	WOXÉN, TALYSURF
1,25	,,	0,02	670	,,	BRUSH, S. A.
50	,,	200	1250	unzulässig Oberfläche wird zerstört	FRIELING (ELTAS-Lehre)

Aus der Zahlentafel ergibt sich, daß die ELTAS-Lehre für solche Oberflächenmessungen wegen der hohen Anpreßdrücke nicht zu empfehlen ist.

---

[1] PERTHEN, a. a. O. S. 103.

Zu 3. Die Tastgeschwindigkeit bestimmt die Meßdauer. Sie darf jedoch nicht so groß werden, daß die Tastnadel anfängt zu springen. Durch Versuche wird festgestellt, daß 10 mm/min einen Wert darstellen, den man nicht wesentlich überschreiten sollte. Es kommen naturgemäß auch höhere Werte vor, wenn bei der Ausbildung des elektrischen Teiles hierauf genügend Rücksicht genommen wurde.

Das Interferenzverfahren. Zur zahlenmäßigen Erfassung geringer Rauhtiefen unter 0,5 μ wird mit Erfolg das Interferenzverfahren angewendet. Durch die Erzeugung der Interferenzstreifen erhält man einen guten Einblick in die Mikrogeometrie der zu prüfenden Oberfläche. Die Interferenzstreifen kommen dadurch zustande, daß zwei Strahlenbündel, die von einer gemeinsamen Lichtquelle ausgehen, verschieden lange Wege zurücklegen (Abb. 56).

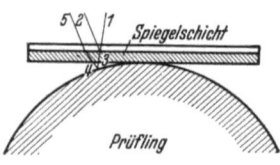

Abb. 56. Schematische Darstellung des Strahlenganges beim Interferenzverfahren.

Das Strahlenbündel 1 wird an der Spiegelschicht geteilt in einen reflektierenden Strahl 2 und einen bis auf die Oberfläche des Prüflings dringenden Strahl 3. Dieser Strahl 3 kommt als Strahl 4 zurück und durchsetzt als Strahl 5 die Spiegelschicht. Die Strahlen 2 und 5 interferieren miteinander, da sie verschieden lange Lichtwege haben. Ihre Intensitäten heben sich da bis zur Dunkelheit auf, wo der Gangunterschied eine halbe Länge beträgt. Zum Ausmessen der Auslenkung, die ja das Maß für die Rauhigkeit ist, ist es praktisch, wenn die Interferenzlinien senkrecht zu den Bearbeitungsriefen sind. Dies wird durch Auflegen der Planglasscheiben unter einem entsprechenden Keilwinkel möglich. Abb. 57 zeigt das Schema der Auswertung.

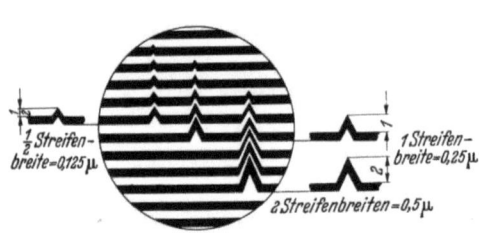

Abb. 57. Schematische Darstellung der durch Interferenz sichtbar gemachten Rauhigkeit.

Mit dem Interferenzmikroskop von LINNIK kann man noch Rauhigkeiten von 0,025 μ gleich 250 ÅE messen.

γ) **Die Oberflächengeometrie in Deutschland, England und USA.** Bei den Vorschlägen für die Oberflächenprüfung muß man zwei Dinge auseinanderhalten. Es sind dies:

1. Die Vorschläge für die Oberflächengeometrie. Sie geben Richtlinien für die Ermittlung der Meßzahl, für die Rauhtiefe, ohne jedoch die Geräte und Verfahren vorzuschreiben.

2. Die Vorschläge für die Normung. Sie beinhalten die Festsetzung

Die Verfahren zur Ermittlung der Hauptbewertungspunkte. 113

von Zahlenwerten und deren Stufung für die Rauhigkeit, sowie die Oberflächensymbole und deren Eintragungen in die Zeichnung.

Die Vorschläge für die Oberflächengeometrie. In Deutschland und in den angelsächsischen Ländern sind völlig voneinander abweichende Begriffe der Rauhigkeit gebildet worden, die durch die verschiedene Art der Auswertung der in den einzelnen Ländern verwandten Oberflächenprüfgeräte begründet sind.

In Deutschland stand im Vordergrund die Ermittlung der Rauhtiefe R_p als einfach zu bestimmendes Maß, vor allem mit dem Lichtschnittgerät von SCHMALTZ.

Die Normung der Oberfläche muß mit der Oberflächentechnik in enger Wechselbeziehung stehen, d. h. es muß einmal die Auswahl der geometrischen Kenngrößen den derzeitigen Prüfmöglichkeiten angepaßt werden, zum anderen muß aber auch die Prüftechnik den Zielen der Oberflächennormung gerecht werden.

Der Vorentwurf DIN 4760, der eine völlige Umarbeitung der DIN 7183 vorsieht, ist ein weiterer Schritt in dieser Richtung.

Die allgemeinen Begriffe der Oberflächengestalt sind in dem Vorentwurf DIN 4760 festgelegt und wie folgt definiert:

Die Oberfläche ist die Begrenzungsfläche eines Körpers, durch die dieser Körper in unserer Vorstellung vom übrigen Raum getrennt ist.

Die technische Oberfläche ist die Oberfläche eines technisch hergestellten Körpers.

Die geometrische Oberfläche ist die Begrenzung eines ideal gedachten technischen Körpers. Ein zylindrischer Körper ist z. B. durch die Maße d und l festgelegt. Die Solloberfläche ist die vorgeschriebene technische Oberfläche. Sie ist durch normenmäßige Kennzeichen festgelegt.

Die Istoberfläche ist die in der Fertigung entstandene technische Oberfläche.

Die Grobgestalt ist die Form der Oberfläche eines technischen Körpers, als Ganzes geometrisch betrachtet.

Die Feingestalt ist die Oberfläche eines technischen Körpers im Ausschnitt betrachtet.

Die Rauhigkeit ist der allgemeine Begriff für den Formverlauf der Feingestalt.

Die wichtigsten geometrischen Größen nach Vorentwurf DIN 4760 zur Erfassung der Oberflächengestalt, bezogen auf den Profilausschnitt, sind in Abb. 58 wiedergegeben.

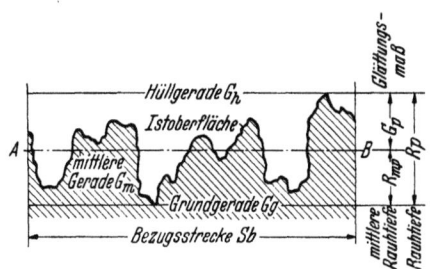

Abb. 58. Darstellung eines technischen Oberflächenprofilschnittes.

Die Begriffe für die Kenngrößen sind wie folgt erklärt:

Die Bezugsstrecke S_b (mm) ist die Länge des Profilausschnittes (AB) der Istoberfläche.

Die mittlere Gerade G_m ist die innerhalb der Bezugsstrecke so gelegte Gerade, daß die vom Werkstoff über ihr eingenommene Fläche und die werkstofffreie Fläche unter ihr gleich sind und zugleich den kleinsten Flächeninhalt besitzen. Die Hüllgerade G_h ist die durch den höchsten Punkt des Profilausschnittes der Istoberfläche innerhalb der Bezugsstrecke abstandsgleich zur mittleren Geraden gelegt Gerade. Von der Hüllgeraden ausgehend wird die Feingestalt erfaßt.

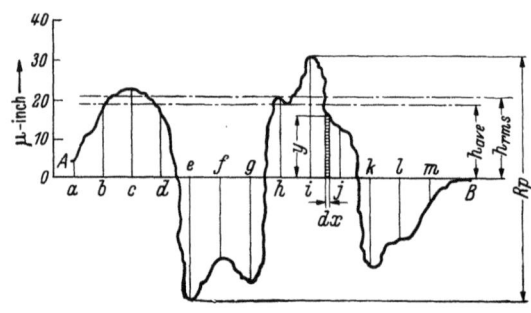

Abb. 59. Vergleich der deutschen, englischen und amerikanischen Bestimmung der Rauhigkeit.

Die Grundgerade G_g ist die durch den tiefsten Punkt des Profilausschnittes innerhalb der Bezugsstrecke abstandsgleich zur mittleren Geraden gelegte Gerade.

Die tragende Linie L_t (mm) ist die Summe der Teile des Profilausschnittes der Istoberfläche, die einen Profilausschnitt aus der geometrischen Oberfläche eines Gegenkörpers in Größe der Bezugsstrecke berühren, wenn dieser mit einer bestimmten Kraft angedrückt wird.

Die Profilrauhtiefe R_p (μ) ist der Abstand der Grundgeraden G_g von der Hüllgeraden G_h.

Die mittlere Profilrauhtiefe R_{mp} (μ) ist der Abstand der mittleren Geraden G_m von der Grundgeraden G_g.

Das Profilglättungsmaß G_p (μ) ist der Abstand der mittleren Geraden G_m von der Hüllgeraden. $G_p = R_p - R_{mp}$.

Der Profiltraganteil t_p ist das Verhältnis der tragenden Linie zur Bezugsstrecke $t_p = \dfrac{L_t}{S_b}$ ($\lessgtr 1$).

In England schlug SCHLESINGER als Oberflächenmaß den arithmetischen Mittelwert (Arithmetical average) = h_{ave} zur Normung vor[1].

Der Begriff h_{ave} wurde höchstwahrscheinlich eingeführt auf Grund der elektrischen Taststiftgeräte, die nach entsprechender Eichung den h_{ave}-Wert direkt anzeigen.

SCHLESINGER geht von der mittleren Linie (center line) G_m aus nach der deutschen Definition und bildet gemäß Abb. 59 das arithmetische

---

[1] SCHLESINGER, G., Surface finish and the function of Parts, The institution of Mech. Engineers, London 1943, Engineering Juni 43, S. 458, 478, 498.

Mittel. Dieses Maß entspricht dem schon früher von SCHMALTZ gegebenen Wert.
$$h_{\text{ave}} = \frac{1}{L} \int_A^B y\, dx.$$

Die y-Werte werden ohne Berücksichtigung des Vorzeichens eingesetzt.

In Amerika geht man ebenfalls von G_m aus, bildet aber den quadratischen Mittelwert als effektives elektro-mechanisches Maß (Abb. 59). Man bezeichnet den Abstand, der hierdurch gegeben ist, mit RMS = root mean square. Dieser ist mathematisch durch den Ausdruck

$$h_{\text{rms}} = \sqrt{\frac{1}{L} \int_A^B y^2\, dx}$$

gegeben.

Bei den neueren amerikanischen elektrischen Tast-Stiftgeräten (Brush-Surface Analyser und Profilometer) werden die in einem Tastkopf erzeugten Spannungs- bzw. Stromschwankungen nach Verstärkung in einem Röhrenverstärker an einem Zeigerinstrument des RMS-Meßgerätes angezeigt. Dieser angezeigte quadratische Mittelwert des Stromes entspricht bei entsprechender Eichung des Milliamperemeters unmittelbar dem elektro-mechanischen Rauhigkeitswert h_{rms}. Daneben zeichnet ein Schreibgerät das Rauhigkeitsprofil selbsttätig in bezug auf die mittlere Gerade auf.

Das Beispiel in Abb. 59 zeigt, daß sich für den durchgerechneten Fall die Werte für $h_{\text{ave}} = 19{,}1$ Mikrozoll und $h_{\text{rms}} = 20{,}7$ Mikrozoll für eine beliebige Fläche nur um 8% unterscheiden. Da die feinsten Oberflächenanalysatoren einen Genauigkeitsgrad von nur ± 15% garantieren, also noch das Vierfache zulassen, kann man den algebraischen Durchschnitt (h_{ave}) und das elektromechanische Maß (h_{rms}) als praktisch gleichwertig bezeichnen.

Um das Denken in den verschiedenen Maßsystemen zu erleichtern und dem Vorstellungsvermögen näherzubringen, wird im nächsten Abschnitt eine Gegenüberstellung gemacht und eine Umrechnungszahl angegeben.

δ) **Längenmaßeinheiten für Oberflächenrauhigkeitsmessungen.** In den meisten europäischen Ländern benutzt man in der Technik als Längeneinheit das Meter (m), insbesondere im Maschinenbau das Millimeter (mm). Letzteres ist jedoch für Oberflächenrauhigkeitsmessungen zu groß. Hierfür hat sich der millionste Teil eines Meters, das Mikron (μ), als Bezugseinheit als geeignet erwiesen und wird auch umfassend angewendet. Dagegen heißt der tausendste Teil eines Mikrons nicht Millimikron, sondern Nanometer (nm) nach DIN 1301.

In den angelsächsischen Ländern ist im Maschinenbau der Zoll (1″) als Längeneinheit gebräuchlich. Für Oberflächenrauhigkeitsmessungen aber verwendet man den millionsten Teil eines Zolls — das Mikrozoll — als Bezugseinheit. In nachfolgender Aufstellung sind die von Millimeter und Zoll abgeleiteten Längenmaße für Rauhigkeitsmessungen gegenübergestellt.

Bezeichnung	Abkürzung	Größe	Bezeichnung	Abkürzung	Größe
Millimeter	mm	—	1 Zoll / 1 inch	— / (in)	25,4 mm / —
1 Mikron	μ (mü)	10^{-3} mm	1 Mikrozoll (1 microinch)	(mμin)	10^{-6} Zoll (10^{-6} in)
1 Nanometer	nm DIN 1301	10^{-6} mm			
1 Angström-Einheit	ÅE	10^{-7} mm			

Das Nebeneinanderbestehen von zwei verschiedenen Maßsystemen — das metrische und das Zollsystem — verursacht bei der Auswertung von ausländischen Versuchsergebnissen und Aufsätzen hinsichtlich der Umrechnung von einem System in das andere große Schwierigkeiten. Das bei gleicher Rauhigkeit ausgedrückte Rauhigkeitsmaß in Mikrozoll ist zahlenmäßig bedeutend größer als in μ, wodurch bei Vergleichsbetrachtungen zu leicht Fehlschlüsse getroffen werden können. Die Kenntnis der Umrechnungszahlen von Mikrozoll in μ und umgekehrt ist daher unbedingt notwendig.

Umrechnungszahlen: 1 Mikrozoll (mμin) = 0,025 μ (25 nm)
$\qquad\qquad\qquad\quad$ 1 μ = 40 Mikrozoll (mμin)

Zusammenstellung gebräuchlicher Maße für die Prüfung der Oberflächengüte (metrisches System).

mm	μ	nm	ÅE gleichzeitig ungefähre Atomabstände
10	10000	10^{-7} (10 Millionen)	10^{-8} (100 Millionen)
1	1000	10^{-6} (1 Million)	10^{-7} (10 Millionen)
10^{-1}	100	100000	10^{-6} (1 Million)
10^{-2}	10	10000	100000
10^{-3}	1	1000	10000
10^{-4}	10^{-1}	100	1000
10^{-5}	10^{-2}	10	100
10^{-6}	10^{-3}	1	10
10^{-7}	10^{-4}	10^{-1}	1

Eingehende Messungen der Rauhigkeit an den verschiedensten Oberflächen haben ergeben, daß trotz einzelner stark abweichender Profil-Ordinatenwerte das englische Rauhigkeitsmaß h_{ave} ungefähr das 0,8fache des amerikanischen Rauhigkeitswertes h_{rms} beträgt.

Ein festes Umrechnungsverhältnis von h_{rms} in R_p-Werte ist bis jetzt nicht festgelegt worden. Dieses wird auch nicht so ohne weiteres möglich sein, weil die Profilform von bestimmendem Einfluß ist.

Legt man zum Beispiel ein Profil mit reiner Sinusform zugrunde, so erhält man für die Rauhtiefe R_p die Werte

$$R_p = 1{,}57\, h_{\text{ave}}$$
$$R_p = 1{,}41\, h_{\text{rms}}.$$

Unter Zugrundelegung eines symmetrischen Sägenprofils erhält man für die Rauhtiefe R_p die Werte

$$R_p = 4\, h_{\text{ave}}$$
$$R_p = 3{,}45\, h_{\text{rms}}.$$

Man hat sehr eingehende Untersuchungen angestellt, um einen Umrechnungsfaktor R_p bzw. $h_{\max}$ und h_{ave} und RMS zu finden. Im deutschen Schrifttum ist häufig der Wert von $R_p = 2\text{--}3\, h_{\text{ave}}$ bzw. RMS angegeben worden. Diese Ziffer konnte aber nicht durch Versuche bestätigt werden. Es ergab sich, daß $h_{\max} = 4\text{--}6\, h_{\text{ave}}$ bzw. RMS ist. Bei geläppten Flächen kann das Verhältnis 10 : 1 und höher werden. Es wird dann:

$$R_p(\mu) = 0{,}1\text{--}0{,}15\, h_{\text{rms}} \ (\text{Mikrozoll [m}\mu\text{in]})$$
$$R_p(\mu) \geqq 0{,}25\, h_{\text{rms}} \ (\text{Mikrozoll [m}\mu\text{in]}) \text{ für geläppte Flächen.}$$

ε) **Die Vorschläge für die Normung der Oberflächengüte in Deutschland, England und USA.** In allen drei Ländern geht man in diesen Fragen sehr behutsam vor, da auf dem ganzen Gebiet größere Erfahrungen fehlen. Daher wurden bisher auch nur die Begriffe genormt und Rauhigkeitsstufen aufgestellt.

In Deutschland war bisher die Norm DIN 140 gültig, bei der die Oberflächengestalt durch ein bis drei Dreiecke gekennzeichnet wurde. Es ist klar, daß hiermit nicht weiter gearbeitet werden kann.

Um nun den Boden für die neuen Normen zu ebnen, wurden zunächst in DIN 4760 wichtige Grundbegriffe geklärt.

Die Rauhtiefe R_p ist die am schnellsten und am einfachsten zu ermittelnde Aussage über eine Oberfläche. Daher wird der Konstrukteur am ehesten auch über diese Größe eine Vorschrift erlassen. Um ihm gewisse Anhaltspunkte zu geben und um eine einheitliche Anwendung zu sichern, werden für eine zu fordernde Rauhtiefe „R_p"-Stufen vorgeschlagen. Die Diskussion hierüber geht weiter.

SCHMALTZ schlägt für die Eintragung in die Zeichnung vor, ein Symbol ähnlich dem Wurzelzeichen zu wählen und über dem Strich die Güteklasse und unter dem Strich die Art der Bearbeitung anzugeben.

Dieser Vorschlag ist auch in mehr oder weniger abgeänderter Form von allen Ländern übernommen worden (vgl. Abb. 60).

Die Angaben über die Rauhtiefe als einfach zu ermittelndes Maß müssen aber noch ergänzt werden, um der horizontalen Ausdehnung und der Profilform gerecht zu werden. Außerdem wird, wie aus Abb. 60 hervorgeht, bei dem neuen Vorschlag von SCHMALTZ dem Traganteil eine besondere Bedeutung beigemessen.

In England bestehen die von SCHLESINGER aufgestellten Normvorschläge[1]. Zum besseren Vergleich sind auch die Werte in μ angegeben.

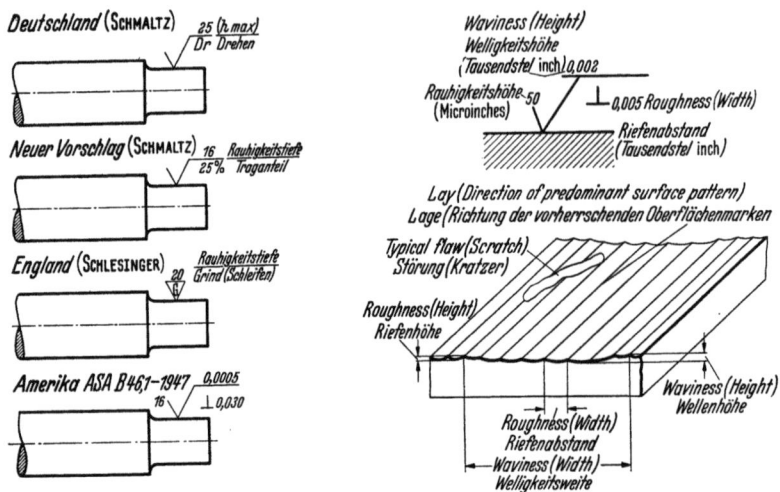

Abb. 60. Vergleich der in den Ländern vorgeschlagenen Symbole für die Eintragung der Zeichen für die Oberflächengüte.

Abb. 61. Amerikanischer Vorschlag für die Normung der Oberflächenmaße.

Tabelle 29. *Englische Vorschläge für die Stufung der Rauhigkeitsklassen.*

Rauhigkeits- klasse Nr.	h_{ave} h_{rms} mμin	h_{ave} h_{rms} μ	h_{max} R_p mμin	h_{max} R_p μ
0	0— 1	0 — 0,025	—	—
1	1,1— 2	0,020— 0,050	—	—
2	2,1— 4	0,050— 0,100	11 — 20	0,280— 0,500
3	4,1— 8	0,100— 0,200	21 — 32	0,520— 0,810
4	8,1— 16	0,200— 0,400	33 — 63	0,820— 1,600
5	16,1— 32	0,400— 0,800	64 — 125	1,620— 3,150
6	32,1— 63	0,800— 1,600	126 — 250	3,200— 6,300
7	65,1— 125	1,600— 3,175	251 — 400	6,320— 10,200
8	126 — 250	3,175— 6,350	401 — 750	10,200— 19,000
9	250 — 500	6,350— 12,700	751 —1500	19,500— 38,000
10	500 —1000	12,700— 25,400	1501—2500	38,200— 63,500
11	1001 —2000	25,400— 50,800	2501—5000	63,600—127,000
12	2001 —4000	50,800—100,600	5001—8000	128,000—204,000

In Amerika hat die Norm ASA B 46, 1 – 1947, Surface Roughness, Waviness and Lay, Gültigkeit.

---

[1] SCHLESINGER, Surface finish Report of the Research Departement of the Subtitution of Production. Engineering Jan (1942) London.

Die Verfahren zur Ermittlung der Hauptbewertungspunkte. 119

Die Norm führt eine Reihe von neuen Begriffen ein und definiert diese. Wie aus Abb. 61 ersichtlich ist, werden folgende Oberflächenmaße genormt:

1. Der Riefenabstand (Roughness Width).
2. Die Welligkeitshöhe (Waviness Height).
3. Die Rauhigkeitshöhe (Roughness Height).
4. Die Lage und Richtung der vorherrschenden Oberflächenmarken (Lay, direktion of predominant surface pattern).
5. Störungen (Flaws).

Im oberen Teil der Abb. 61 ist das Symbol für die im unteren Teil des Bildes angegebenen Oberflächenbezeichnungen zusammengestellt. Man

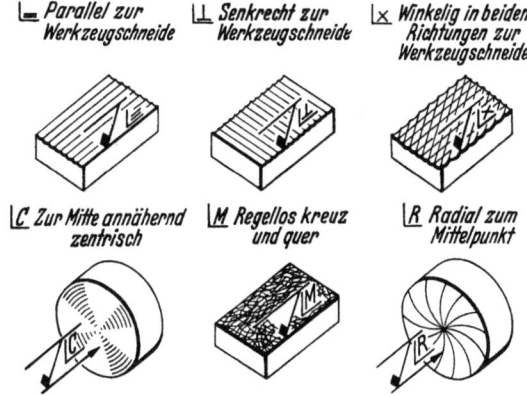

Abb. 62. Richtung der Rauhigkeiten und ihre Lage auf der Oberfläche.

beachte, daß ein Teil der Maße in Tausendstel und ein Teil in Millionstel Zoll eingetragen wird.

Für die Richtung (Lage) der Oberflächenrauhigkeiten sind, wie Abb. 62 zeigt, besondere Symbole vorgesehen. Sie sind in die linke Ecke eines halben Quadrates einzuzeichnen.

Man sieht, daß diese Normung sehr weit geht, da die Art der Bearbeitung dadurch vorgeschrieben wird und der Betrieb nicht mehr frei ist in der Wahl seiner Zerspanungsart.

ζ) **Vorschlag für die höchstzulässige Rauhtiefe der Oberflächen.** Um dem Konstrukteur einen Anhaltspunkt zu geben, welche Rauhtiefen für verschiedene Verarbeitungsarten und für verschiedene Maschinenteile im Betrieb tatsächlich erreicht werden können, ist für den Motorenbau die nachstehende Zusammenstellung von den früheren Junkerswerken gemacht worden.

Vorschlag, welche Rauhtiefen für verschiedene Anwendungsgebiete erreicht werden können (nach JUNKERS).

Größtzulässige Rauhtiefe in μ	Anwendungsgebiet	Anwendungsgebiet
0,16	Oberflächen mit höchsten Anforderungen an Oberflächengüte z. B. Meßflächen an Lehren, höchstbeanspruchte Laufflächen nicht lösbare Preßsitze	Endmaße
0,25		Lehrdorne, Zylinderlaufbuchsen (innen) und ähnliche Teile
0,4		
0,6	Oberflächen mit hohen Anforderungen an Oberflächengüte z. B. höchstbeanspruchte Laufflächen lösbare Preßsitze	Lagerstellen der Kurbelwellen, Mantelflächen der Kolbenbolzen, Kolbenbolzenlagerung, Pleuellagerbuchsen (innen), Ventilführungsbüchsen (innen)
1		Mantelflächen der Kolben, Schwinghebelbolzen, Steuerschieber, Ein- und Auslaßventilkegel, Ventilsitz (Wärmeübergang), Ventilstößel
1,6		Laufflächen der Nockenwellen, diamantgedrehte Wellen und Bolzen, Rollenlaufbahnen, geschliffene Zahnflächen (Gütegrad 1), metallische Dichtflächen (benzindicht)
2,5	Oberflächen mit mittleren Anforderungen an Oberflächengüte	Mantelflächen mit Ausnahmen von Lagerlaufflächen, Antriebswellen, Ölpumpenwellen, elastische Wellen, Schaft am Haupt- und Nebenpleuel, Dehnschaft am Zuganker, strömungstechnisch wichtige Flächen, z. B. an Turbinenrädern, geschliffene Gewinde, metallische Dichtflächen (öldicht)
4		
6	z. B. auf Biegung und Verdrehung beanspruchte Teile, normale Lauf- und Preßsitze	Pleuellagerbüchsen und Ventilführungsbuchsen (außen), Lagerbuchsen (innen und außen), Tragflächen der Kolbenringnuten, geschliffene Zahnflanken (Gütegrad II), gerollte Gewinde Wälzlagersitze, Paßbuchsen, Lagerbuchsen (außen) mit Sicherung, Erleichterungsbohrungen an kraftbeanspruchten Wellen
10	Oberflächen mit geringen Anforderungen an Oberflächengüte z. B. Ruhesitze ohne Kraftübertragung, leichtere Preßsitze in Stahl, gering beanspruchte Laufflächen, unbearbeitete Oberflächen	Zentriereinsätze kleineren Durchmessers, strömungstechnisch wichtige Flächen, z. B. Abgaskanäle, gefräste Gewinde, ungeschliffene Zahnflanken, gezogenes Halbzeug, Klauen
16		
25		

Größtzuläs-sige Rauh-tiefe in μ	Anwendungsgebiet	Anwendungsgebiet
		Zentriereinsätze mittleren Durchmessers, Dichtflächen mit Dichtbeilage, Öldurchgangsbohrungen, Erleichterungsbohrungen am Haupt- und Nebenpleuel, gefräste Kerb- und Keilverzahnungen Nicht kraftbeanspruchte Flächen an Norm- und Kleinteilen Genau-Preßteile
40	Oberflächen ohne besondere Anforderungen an Oberflächengüte	Vorbearbeitung im allgemeinen, Erleichterungsbohrungen und Aussparungen
63 100	z. B. geschruppte Flächen, unbearbeitete Oberflächen	Preßteile, Spitzgußstücke, Genauschmiedestücke
160 250 400 630 1000	Unbearbeitete Oberflächen z. B. Gußhaut-Schmiedeflächen	Kokillengußstücke, Gesenkschmiedestücke Brennschneiden Sandgußstücke, Freiformschmiedestücke

η) **Die Prüfung der Oberfläche durch Elektronenübermikroskopie.** Entsprechend den noch stetig steigenden Ansprüchen an die Mikrogestalt technisch benötigter Teile müssen die Verfahren zum Ausmessen und zur Begutachtung der Oberflächen gegenüber den bisher beschriebenen noch verfeinert werden.

Dazu bieten die Elektronenmikroskope aussichtsreiche Möglichkeiten.

Der Hauptgrund hierfür ist die Erhöhung des Auflösungsvermögens, welche wiederum von der Wellenlänge der benutzten Strahlen abhängt. Elektronenmikroskope, die über das Auflösungsvermögen der Lichtmikroskope hinausgehen, bezeichnet man als Übermikroskope.

Diese Entwicklung wurde dadurch ermöglicht, daß die optische Auffassung der Elektronenbewegung in elektrischen und magnetischen Feldern zur Schaffung elektrischer und magnetischer Linsen führte. Diese Linsen wirken auf die Elektronenbahnen wie eine optische Linse auf die Lichtstrahlen. Man kann fokussieren, d. h. die Elektronen lassen sich hinter der Spule in einem Punkt vereinigen.

Das Bild wird aber nicht durch Lichtstrahlen, sondern durch Elektronenstrahlen vermittelt[1].

Um einen Vergleich zu ermöglichen, ist der Strahlengang im Licht-

---

[1] BRÜCHE, E., Zur Entwicklung des Elektronen-Übermikroskopes, Z. VDI 85 (1941) S. 221.

Zusammenstellung der charakteristischen Kennzeichen der wichtigsten Oberflächenprüfgeräte.

Art des Prüfverfahrens	Ausgeführte Geräte bzw. Verfahren	Art der Prüfung Profilauswertung	Flächenauswertung	Untere Meßgrenze	Bemerkungen
Abgußverfahren	Mikrotom	Rauhtiefe	—	$2\,\mu$	Provilkurve nur mit Einschränkung richtig
Querschliffverfahren	Umguß von Woodschen Metall	Rauhtiefe u. Tiefe d. verformten Schicht	—	$2\,\mu$	Durch Schleifen leicht Beschädigung d. Profils
Tuschieren	Tuschierplatte	—	Traganteil	$0{,}5\,\mu$	Die Tuschierplatte muß sehr genau sein
Punktweises Abtasten	Forster (Leitz)	R_p u. R_{mp}	—	$1{,}0\,\mu$ geschätzt $0{,}5\,\mu$	Werkstoff mindestens Brinellhärte $50\,\text{kg/mm}^2$
Abtasten in einem Zuge	Perthograph	R_p, R_{mp}, G_p	—	$0{,}5\,\mu$	
,, ,,	Brush Surface Analyser	RMS	—	$0{,}05\,\mu$	
,, ,,	Profilometer	RMS	—	$0{,}5\,\mu$	Das Gerät beruht auf dem Tonabnehmerprinzip
,, ,,	Talysurf	h_{ave}	—	$0{,}05\,\mu$	
Lichtschnitt	Schmaltz, Zeiß Raulimeter Busch	R_p, R_{mp}, G_p	—	$0{,}5\,\mu$	Die untere Anwendungsgrenze ist optisch bedingt

Die Verfahren zur Ermittlung der Hauptbewertungspunkte.

Art des Prüf- verfahrens	Ausgeführte Geräte bzw. Verfahren	Art der Prüfung Profilauswertung	Flächenauswertung	Untere Meßgrenze	Bemerkungen
Totalreflexion	Mechau, Dreihaupt	—	Traganteil	$0,5\,\mu$	,,
Photometrie	Heyes u. Lueg	—	Reflektionsverf.	—	Zahlenangabe als Vergleichswert
Interferenz	Interferometer Interferenzen	R_p	Flächenbild	$0,025\,\mu$	
Elektrisch Kondensator	Perthometer	—	Integralwert ohne sichere geom. Deutung	—	
Pneumatisch	Solexgerät u. verwandte Geräte	—	Messung von Außen- u. Innendurchm. Feststellung von Toleranzen	—	Bei Vergleichsm. an Durchm. u. Längen $2\,\mu$ bis $5\,\mu$
Elektronen-Übermikroskop	Reflexionsverfahren v. BORRIES	R_p	—	$0,025\,\mu$	größte Tiefenschärfe
elektrostatisch u.	Abdruckverfahren nach MAHL	R_p	—	$0,01$–$0,005$	größte Tiefenschärfe
elektromagnetisch	Beschattungsverf.	R_p	—	$0,01$–$0,005$	größte Tiefenschärfe

mikroskop dem Gang der Elektronen in einem Elektronenmikroskop gegenübergestellt (Abb. 63).

Die Oberflächenabbildung im Übermikroskop ist jedoch nicht einfach. Das Reflexionsprinzip, wie es bei der Lichtmikroskopie angewendet wird, läßt sich grundsätzlich auch auf die Übermikroskopie übertragen, jedoch hat man mit einem Auflösungsvermögen von 0,5 μ noch nicht den Wert der normalen Lichtmikroskopie von 0,2 μ erreicht. Dies rührt daher, daß nur eine geringe Intensität von Elektronen zur Verfügung steht und außerdem die reflektierten Elektronen einen Teil ihrer Energie verlieren.

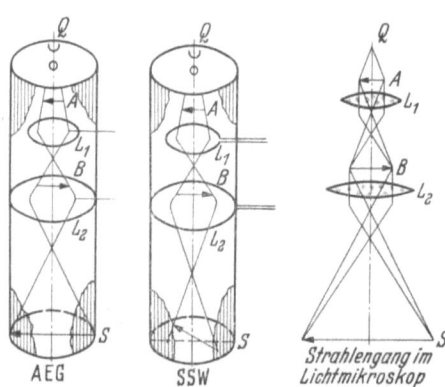

Abb. 63. Vergleich des Strahlenganges in einem Elektronenmikroskop und einem Lichtmikroskop.

Man mußte daher nach anderen Verfahren suchen, um bei Metall zu einer guten Oberflächenabbildung und der Möglichkeit, sie auszumessen, zu kommen.

a) *Das Schrägreflexionsverfahren nach* BORRIES[1]. Nach dem Verfahren nach B. v. BORRIES und von W. JANZEN wird das Objekt mit Elektronen flach unter einem Winkel von 8° angestrahlt und in schräger Projektion abgebildet. Das Auflösungsvermögen dieser Elektroden-Rückstrahlungsmikroskopie kann bis zu einem Wert von 50 ÅE = 5 nm (= 5 Nanometer) verbessert werden. Wie solche Aufnahmen aussehen, zeigt Abb. 64.

Es ist möglich, mit diesem Verfahren quantitative Werte für die Rauhigkeit von Oberflächen verschiedener Güte zu gewinnen. Allerdings ergibt sich eine mehr als zehnfache Verkürzung in der einen Bildkoordinate. Wenn diese Verkürzung nicht stört, kann man an der Schattenlänge die Höhe der Rauhigkeit messen, da der Bestrahlungswinkel ja bekannt ist.

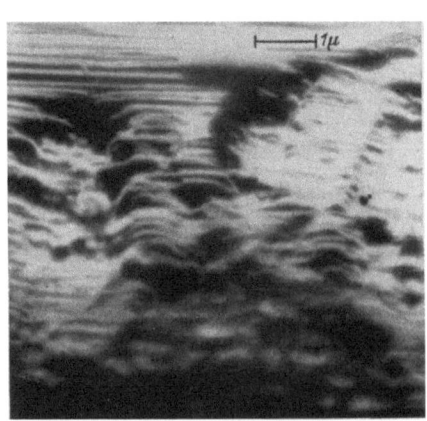

Abb. 64. Oberflächenbild einer geschliffenen Welle von 2 mm ⌀.

---

[1] v. BORRIES, B. u. J. JANZEN, Abbildung feinstbearbeiteter techn. Oberflächen im Übermikroskop, Z. VDI 85 (1941) S. 207.

b) *Das Abdruckverfahren von* H. MAHL[1] hat die direkte Durchstrahlungsabbildung auch für die Metallographie nutzbar gemacht. Er löste zuerst die dünne Oxydhaut, die sich z. B. auf Aluminium bei elektrostatischer Oxydation bildete ab und wies nach, daß der abgelöste Film (Eigenfilm) ein gutes Bild der Oberflächenbeschaffenheit ergab. Das Verfahren wurde dann abgewandelt, indem ganz dünne Häutchen aus Zaponlack auf das Prüfstück aufgebracht wurden. Diese wurden durch besondere Vorsichtsmaßnahmen abgelöst und dann im Durchstrahlungsmikroskop betrachtet (Fremdfilm).

Abb. 65.
Lackabdruck von einer geschliffenen Welle.

Wegen der geringen Durchdringungsfähigkeit der Elektronen für die Materie müssen diese Abdruckfolien sehr dünn sein (etwa 20—50 nm).

Eine Aufnahme nach diesem Verfahren zeigt Abb. 65 von einer geschliffenen Welle.

c) *Das Beschattungsverfahren bei dem unter a genannten Reflexionsverfahren.* Bei dem Beschattungsverfahren wird auf die zu untersuchende Fläche durch Aufdampfen einer Metallschicht unter einem Winkel von meist 45° ein Film aufgedampft, der nachher abgelöst wurde. Bei der Bedampfung der zu untersuchenden Oberfläche lagert sich an der Aufdampfrichtung zugekehrten Seite der Oberflächenrauhigkeit mehr Metall ab, als an der abgekehrten Seite (Abb. 66).

Dadurch ergeben sich im Durch-

---

[1] MAHL, H., Naturwiss. 30, S. 207 bis 217 (1942).
MAHL, H. u. H. RAETHER, Reichsber. Physik 1945, S. 166; RAETHER, Z. Optik 296 (1946).

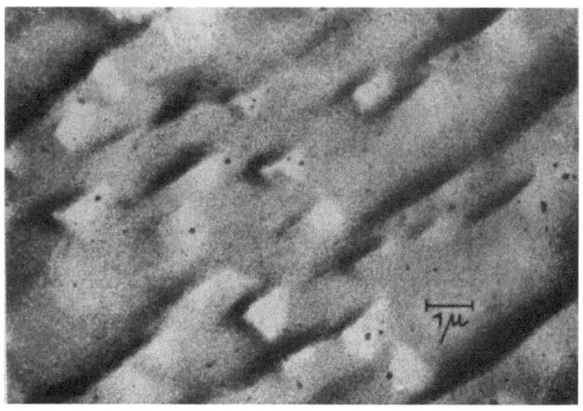

Abb. 66. Beschattungsverfahren durch Aufdampfen einer Metallschicht.

strahlungsmikroskop sehr starke Kontraste, und man kann aus der Schattenlänge die Höhe der Unebenheiten und damit die Rauhtiefe ermitteln. Das Auflösungsvermögen beträgt etwa 100—50 ÅE, und man kann unter besonderen Bedingungen sogar etwa 10 ÅE erreichen.

d) *Das Bedampfungsschnittverfahren (Aufdampfschnitt).* Ein ganz neuer Vorschlag überträgt das Lichtschnittverfahren auf die Elektromikroskopie[1]. Bei diesem Verfahren wird ein Oxydabdruck unter 45° im Vakuum von einem glühenden Draht aus mit Eisen bedampft. Über dem Oberflächenabdruck befindet sich ein dünner Glasstab, der mit dem Eisendraht genau in einer Ebene liegen muß. Der Glasstab muß mit seinem unteren Ende möglichst nah am Oxydabdruck sein. Das verdampfte Eisen schlägt sich auf dem Oberflächenabdruck nieder und macht ihn für Elektronen undurchlässig. Die Stellen aber, wo der Abdruck durch den Glasstab abgeschirmt war, bleibt frei von Eisen und somit für Elektronen gut durchlässig. Die Schattengrenze gibt dann wie beim Lichtschnitt ein getreues Bild der Oberfläche und deren Rauhigkeit, die man dann nach dem bekannten Verfahren wie bei SCHMALTZ ausmessen kann (Abb. 67).

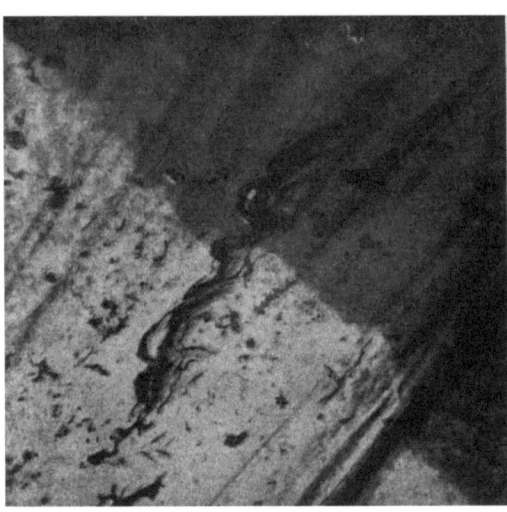

Abb. 67. Aufdampfschnitt einer geschliffenen Oberfläche. Vergr. 20000 (nach SEELIGER).

Um nun eine Gegenüberstellung des Auflösungsvermögens der Lichtmikroskope und der Elektronenmikroskope zu gewinnen, sei auf S. 127 oben nochmals das Auflösungsvermögen in ÅE, in nm und in Mikron zusammengestellt.

Bei dem Abdruckverfahren und dem Reflexionsverfahren ist noch auf die große Tiefenschärfe hinzuweisen. SCHMALTZ sieht als untere Grenze der feststellbaren Rauhigkeit 1 nm = 10 ÅE an. Es wird möglich sein, über kurz oder lang mit Hilfe der neuen Verfahren bis an diese Grenze heranzukommen.

Dies dürfte auch von Interesse sein, daß bei einer Fläche von 10 ÅE

---

[1] SEELIGER, R., Darstellung und Messung von Oberflächenrauhigkeiten mit dem Durchstrahlungs-Elektronenmikroskop. Metalloberfläche 3 (1949) S. 9—14.

	ÅE	nm	μ
1. Lichtmikroskop	2000	200	0,2
2. Ultraviolettmikroskop	1000	100	0,1
3. Interferenzmikroskop (LINNIK)	250	25	0,025
4a. Reflexionsverfahren v. BORRIES	250	25	0,025
4b. Abdruckverfahren MAHL	100—50	10—5	0,01—0,005
4c. Beschattungsverfahren	100—50	10—5	0,01—0,005

Seitenlänge immerhin noch neun Eisenatome erfaßt werden. Damit ist eine Fläche hinreichend definiert.

ϑ) **Die Strukturuntersuchung bearbeiteter Flächen mittels Elektroneninterferenzen.** a) *Das Reflexionsverfahren.* Bei den im vorhergehenden Kapitel beschriebenen Verfahren der Elektronenmikroskopie wurde die Mikrogeometrie der Oberfläche untersucht. Bei der spanabhebenden Formgebung wird nicht nur die Oberflächenrauhigkeit beeinflußt, sondern auch die Oberfläche verformt. Es ist also notwendig, die Strukturänderungen zu prüfen, wobei man unter Struktur die Größe und die Anordnung der Kristalle in der Oberfläche versteht.

Zur Untersuchung dieser Oberflächenstruktur verwendet man neuerdings mit großem Erfolg das Reflexionsverfahren, wobei ähnlich wie bei dem Verfahren von BORRIES das Prüfstück unter kleinem Winkel mit Elektronen schräg angestrahlt wird. Die Strahlen werden jedoch nicht wie beim Abbildungsverfahren zu einem Bild vereinigt, sondern man benutzt die Interferenzstrahlen zur Beobachtung[1]. Man erfaßt bei diesem Verfahren einen Tiefenbereich von etwa 10 ÅE = 1 nm. Das Verfahren hat also den Vorteil, daß nur die obersten Schichten der bearbeiteten Flächen erfaßt werden. Diesem großen Vorteil steht allerdings der Nachteil gegenüber, daß die geringsten Oberflächenverunreinigungen mitgemessen werden, ohne daß sie immer gleich als solche erkannt werden. Es muß daher hierauf besonders geachtet werden.

Die Verwendung des Lichtmikroskopes für solche Strukturuntersuchungen ist trotz der geringen Eindringtiefe nicht möglich, da das Auflösungsvermögen zu gering ist.

Die Untersuchungen durch Röntgenstrahlen fallen aus, weil selbst bei einer sehr weichen Strahlung das Interferenzbild eine zu dicke Schicht wiedergibt.

b) *Die Strukturuntersuchung der durch spanabhebende Formgebung hergestellten Flächen mit dem Reflexionsverfahren.* Der Vorteil des Verfahrens,

---

[1] RAETHER, H., Über die Struktur vergüteter Steinsalzoberflächen-Optik. Z. für das gesamte Gebiet der wissenschaftlichen und angewandten Optik. Bd. 1, Okt. 1946, S. 296; Reichsberichte für Physik Nr. 5 (1945) S. 159.

gerade die obersten Schichten zu erfassen, war die Veranlassung, die Frage nach der sog. BEILBY-Schicht erneut zu überprüfen. BEILBY[1] kam auf Grund ausgedehnter lichtmikroskopischer Untersuchungen zu dem Schluß, daß eine Oberfläche durch den Poliervorgang in einen flüssigkeitsähnlichen Zustand übergeht. Dies bedeutet, daß unter dem Einfluß der Oberflächenspannung eine ideal glatte Oberfläche geschaffen wurde. Die feinsten Oberflächenschichten würden damit amorph. Die bearbeiteten Oberflächen würden dann ein abweichendes physikalisches und chemisches Verhalten zeigen.

Diese Theorie erhielt einen neuen Auftrieb, als sich angeblich gezeigt hatte, daß polierte Oberflächen die Eigenschaft haben können, Kristalle eines fremden Metalles bei gewöhnlicher Temperatur aufzulösen bzw. durch Diffusion in sich aufzunehmen[2]. Auch auf poliertem Steinsalz sollte die BEILBY-Schicht kürzlich noch beobachtet worden sein[3].

Da der Poliervorgang bei der spanabhebenden Bearbeitung eine bedeutende Rolle spielt, ist die Klärung, ob BEILBY-Schicht oder nicht, von besonderer Bedeutung.

c) *Die bisherigen Verfahren der Spannungs- und der Strukturuntersuchungen.* Es ist seit langem bekannt, daß durch die spanabhebende Bearbeitung bis zu einer gewissen Tiefe unter der Oberfläche Veränderungen des Werkstoffs vor sich gehen. Da die Zerspanung eine gewaltsame plastische Verformung ist, bleiben Spannungen zurück, die nachweisbar sein müssen. Daher gingen die ersten Arbeiten zur Erforschung des Einflusses der Zerspanung auch in dieser Richtung. HEYN hat schon sehr früh ein Verfahren angegeben, diese Spannungen auf dem Versuchswege zu messen[4].

Wenn man in einem Körper Spannungen vermutet, so wird der Werkstoff vorsichtig schichtweise abgetragen und dann die Verformungen, die durch die Auslösung der Spannungen entstehen, gemessen. Natürlich muß die Abtragung bei kleinen Geschwindigkeiten und Spanquerschnitten so vorsichtig geschehen, daß die neu erzeugten Spannungen den schon vorhandenen gegenüber klein bleiben.

RUTTMANN[5] hat in neuerer Zeit nach diesem Verfahren ebenfalls Versuche angestellt. Es ergeben sich für die Randzone überraschend hohe Spannungswerte, die auch für den Drehvorgang relativ hoch sind.

Bei einem Stahl von 0,2% C bleiben beim schnellen Drehen und ohne Kühlung noch Druckspannungen von 10 kg/mm² in der Außenschicht zurück. Bei langsamem Drehen mit Kühlung ergibt sich in der Außen-

---

[1] BEILBY, G., Agregation and flow of solide, London 1921.
[2] FINCH S.J.A.G. QUARRELL u. I. S. ROTBUCK, Proc. Roy Soc. 145, 676 (1934).
[3] HEIDEWICH, Journ. Opt. Soc. Amer. 34 (1939) (1949).
[4] Materialienkunde für den Maschinenbau, Bd. 2 AS S. 281.
[5] RUTTMANN, Maschinenbau- und Betrieb 15 (1936) S. 557.

schicht eine Druckspannung von etwa 35 kg/mm². Bei einem Stahl von 0,5 C wurden im ersten Fall Zugspannungen von 8 kg/mm² und im zweiten Fall Druckspannungen von 33 kg/mm² gefunden. Die unter Spannung stehende Schicht hatte eine Dicke von 0,9—1,1 mm.

Der Unterschied zwischen den beiden Bearbeitungsarten betrug 35 bzw. 43 kg/mm². Bei langsamer Spanabnahme und guter Kühlung entstehen Druckspannungen, während bei schnellem Drehen ohne Kühlung meist Zugspannungen auftreten.

Die Dicke der unter Spannung stehenden Randzone ist nach diesem Versuch fast stets größer als die Bearbeitungszugabe.

DAWIHL[1] hat sogar bei einem so harten Stoff wie Hartmetall bei einer Wolframkarbidlegierung mit 5% Kobalt Verformungen des Gitters bis 0,010 mm Tiefe festgestellt. Die Probe war von Hand auf Schmirgelpapier 25mal hin und her gerieben worden.

Bei Schnellarbeitsstahl waren diese Formänderungen sogar um mehr als eine Größenordnung tiefer eingedrungen.

d) *Die Anwendung der Elektroneninterferenzen.* Zur Frage der Struktur mechanisch bearbeiteter Flächen ergab die Untersuchung mittels Interferenzen von Elektronenstrahlen wertvolle Aufklärungen[2].

Durch die Arbeiten von GLOCKER[3] war durch Untersuchung mit Röntgenstrahlen die Frage der BEILBY-Schicht dahingehend geklärt worden, daß sie nicht existiert. Da die Röntgenstrahlen jedoch einen bedeutend größeren Bereich erfassen als die Elektroneninterferenzen, war gerade die Untersuchung der feinsten Oberflächenschicht notwendig, um auch quantitative Angaben zu bekommen[4].

Durch die Kaltverformung werden die Kristalle in den oberen Schichten sehr zerkleinert und bilden eine feinkristalline Schicht. Dabei findet aber kein Übergang in eine amorphe oder quasiflüssige Phase statt. Die feinkristalline Schicht rekristallisiert beim Lagern.

Auch wurde nachgewiesen, daß Metallschichten, die auf polierte Metallflächen aufgedämpft wurden, nicht absorbiert oder aufgelöst wurden. Sie bleiben unverändert erhalten.

Die mechanische Bearbeitung reicht auch immer aus, in den obersten Schichten den feinkristallinen Zustand herbeizuführen.

LEISE[5] hat Untersuchungen durchgeführt, die Härtesteigerung, die durch die Kaltverfestigung infolge der Kornzerkleinerung auftritt,

---

[1] Zeitschrift für Techn. Physik 1940, S. 338.
[2] RAETHER, H., Zeitschrift für Physik 124 (1948) S. 286.
[3] GLOCKER, Schriften der deutschen Akademie der Luftfahrtforschung. H. 52 (1942).
[4] KRANERT u. RAETHER, Ann. d. Physik 43 (1943) S. 520.
[5] LEISE, K. H., Metallforschung II (1947) S. 111. LEISE, K. H., Zeitschrift für Physik 124 (1948) S. 258.

festzustellen. Die Kaltverformung geschah durch Drücken mit dem Polierstahl, also spanlos. Immerhin lassen sich hieraus genügend Schlüsse auch auf die spanabhebende Bearbeitung ziehen.

Die Tiefe dieser Schicht ist naturgemäß von der Art der Bearbeitung abhängig und viel geringer als beim Drehen mit großen Spanquerschnitten. Sie reicht aber anscheinend immer noch bis zu der Tiefe, wo die Einkristalle nicht mehr gestört sind. Abb. 68 zeigt den Härteverlauf für eine Bearbeitungszeit von 5, 15 und 30 Minuten.

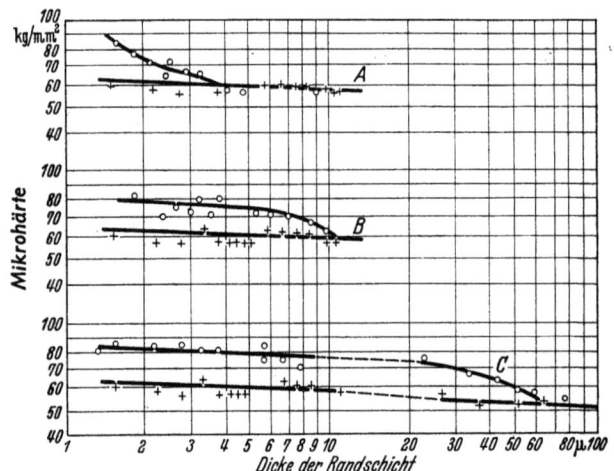

Abb. 68. Härteverlauf in der Oberfläche ungestörter und mechanisch bearbeiteter Kupfereinkristalle.
$A = 5$ min, $B = 15$ min, $C = 30$ min, $+$ ungestört, o mech. bearbeitet.

Diese Tiefe der Einwirkung ist um so größer, je länger die Kaltverformung einwirkt und je geringer die Festigkeit des Werkstoffes ist.

LEISE kommt auf Grund seiner Arbeiten zu den gleichen Ergebnissen wie RAETHER auf Grund der Interferenzen.

ι) **Die Strukturuntersuchung bearbeiteter Flächen mit dem Geiger-Spitzenzähler.** Die bisher geschilderten Verfahren, die Struktur bearbeiteter Flächen zu untersuchen, erfahren durch die Anwendung des GEIGER-Spitzenzählers und des GEIGER-MÜLLER-Zählrohres eine Ergänzung, deren Bedeutung noch nicht abzusehen ist[1].

In Abb. 69 ist der schematische Aufbau des Spitzenzählers gezeigt, wie er für den Nachweis von Elektronenteilchen, α-Teilchen, und allen ionisierend wirkenden Teilchen in der Kernphysik angewandt wird. Das Gehäuse, in das die aus einem Platindraht mit angeschmolzener Kugel

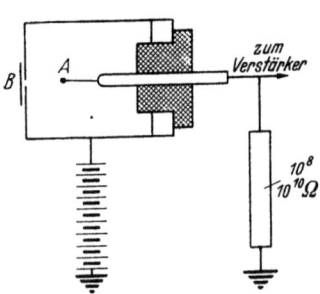

Abb. 69. Der Spitzenzähler von GEIGER.
$A = $ „Spitze", gewöhnlich Platindraht von 0,1 mm ⌀ mit angeschmolzenem Kopf.

---
[1] KRAMER, JOHANNES, Der metallische Zustand, Verlag Vandenhoeck & Ruprecht, Göttingen 1950. — J. KRAMER, Zeitschrift für Physik 125 (1949) S. 739.

Die Verfahren zur Ermittlung der Hauptbewertungspunkte. 131

bestehende Spitze eingeführt wird, hat ein Fenster, durch das zu zählende Teilchen hineingeschossen werden. Zwischen Spitze und Gehäuse liegt eine solche Spannung, daß Überschläge gerade noch vermieden werden. Wenn nun ein Teilchen in den Spitzenzähler hineingeschossen wird, tritt ein Überschlag ein, der aber sofort wieder wegen des hohen Ableitwiderstandes abreißt. Der auftretende Stromstoß kann in einem Elektrometer oder einem Lautsprechen oder in einem Zählwerk deutlich gemacht werden. Der Einzugsbereich eines Spitzenzählers wird durch einen Kegel gebildet, dessen Spitze die Platinkugel bildet und dessen Grundfläche auf dem Fenster steht. Wenn man einen größeren Einzugsbereich haben will, empfiehlt sich die Anwendung des Zahlrohres nach GEIGER-MÜLLER, welches Abb. 70 darstellt. Der wirksamste Bereich ist in diesem Fall das ganze Rohrinnere.

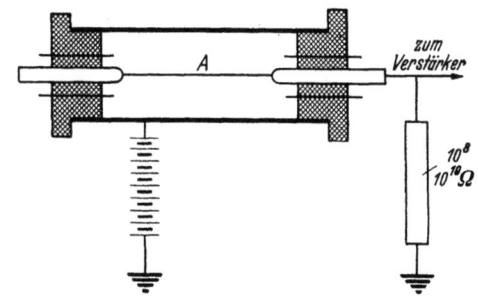

Abb. 70. Zählrohr von GEIGER-MÜLLER.
A = Zähldraht (anoxydierter Stahldraht von 0,2 mm $\varnothing$).

Man hat festgestellt, daß eine Metalloberfläche je nach dem Bearbeitungszustand unterschiedliche Elektronenmengen emittiert, die mit dem Zähler gezählt werden können. Es erleichtert die Versuchsausführung, daß diese Vorgänge auch bei normalen Temperaturen erfaßt werden können.

Es werden sog. Abklingkurven in Abhängigkeit von der Zeit aufgestellt. Abb. 71 zeigt ein Beispiel für Eisen, welches eine unterschiedliche Behandlung erfahren hat.

Jeder Zähler hat einen sog. Nulleffekt. Es sind dies die Ausschläge, die ein Gerät zeigt, wenn noch keine Strahlungsquelle vorhanden ist. Der normale Nulleffekt beträgt bei einem Spitzenzähler 1–3 Ausschläge pro Minute. Sie werden von der vorausgegangenen Bearbeitung der Teile des Zählers selbst verursacht.

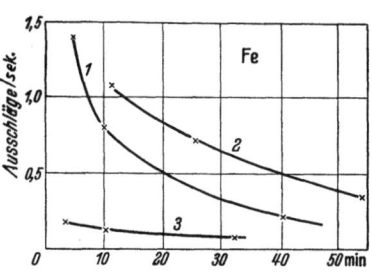

Abb. 71. Abklingkurven für Eisen.
1: sandgestrahlt, 2 und 3: geschmirgelt mit Schmirgelpapier verschiedener Körnung.

Die Geschwindigkeit des Abklingens ist keine Materialkonstante, sondern abhängig von der Art der Bearbeitung. Die Ergebnisse sind noch rein quantitativer Art. Die Spitzenzähler geben auch nicht die Struktur direkt an, sondern nur Veränderungen in ihrem Aufbau. Für technische Messungen im laufenden Betrieb hat sich eine Anordnung nach Abb. 72

bewährt, die an die Zerspanungsmaschine angebaut werden kann. Der Spitzenzähler wird direkt auf das bearbeitete Werkstück aufgesetzt. Alle Vakuum und Gaseinrichtungen fallen weg, so daß das Gerät sehr handlich und leicht transportierbar ist. Durch dieses Verfahren wird wahrscheinlich unsere ganze Kenntnis der Struktur der Metalloberfläche auf eine neue Basis gestellt. Auch gewinnt dann die sog. BEILBY-Schicht eine ganz andere Bedeutung. Nach Untersuchungen von KRAMER können alle Metalle unter geeigneten Bedingungen in eine nicht metallische Phase überführt werden, die ihren eigenen Gesetzen folgt. Diese Phase kann auch durch spanabhebende Bearbeitung hergestellt werden. Das neue Verfahren eröffnet daher auch für das Polieren und den Verschleißvorgang ganz neue Prüfmöglichkeiten.

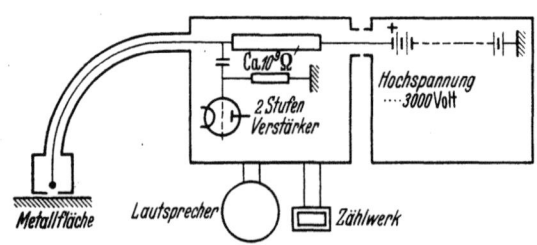

Abb. 72. Anordnung für Spitzenzähleruntersuchungen an Metallen bei aufsetzbarem Spitzenzähler.

f) Die Spanbildung der Werkstoffe.

Die Spanbildung der Werkstoffe ist sehr verschieden. Sie beeinflußt durch die Form und Größe der abgehobenen Späne den betrieblichen Ablauf der Fertigung sehr wesentlich. Zunächst kann man eine grundlegende Einteilung machen nach:

α) Spanbildenden Werkstoffen und nichtspanbildenden Werkstoffen (von R. WALLICHS auch staubend genannt).

Zu der ersteren Art gehören alle Stähle und Metalle, Holz, Gummi, die meisten Kunststoffe und Leder.

Zu der zweiten Gruppe gehören die natürlichen und künstlichen Gesteine, die Hartmetalle, die Diamanten, das Glas (nach neuen Forschungen nur bedingt), Porzellan und die keramisch gebundenen Schleifscheiben.

Die Späne, die auftreten, sind je nach den Zerspanungsbedingungen sehr unterschiedlich in der Form und Farbe. Im allgemeinen haben sie Locken-, Spiral- oder Kommaform. Naturgemäß ist darunter auch Kleinzeug, welches vom Abrieb herrührt und bei jedem Zerspanungsvorgang auftritt. Es wäre falsch, hieraus Schlüsse auf eine evtl. vorhandene amorphe Schicht zu ziehen.

Ein nichtspanbildender Werkstoff wird bei Bearbeitung durch schneidende Werkzeuge niemals einen Span bilden. Hier handelt es sich um eine Zertrümmerung mit nachfolgender Abtragung.

Die Größe dieser zertrümmerten Werkstoffteile ist naturgemäß zunächst abhängig von der Schnittiefe und dem Vorschub; darüber hinaus ist aber die Struktur und die Art der Bindung der einzelnen Teilchen untereinander von großer Bedeutung.

In jedem Fall sind bei nichtspanbildenden Werkstoffen die äußere Form und die Abmessungen der abgetragenen Teile so, daß die Entfernung aus der Maschine oder die Weiterverwertung keine Schwierigkeiten macht. Bei vielen Werkstoffen wird man dazu übergehen, aus gesundheitlichen Gründen den Staub abzusaugen oder durch Atemmasken unschädlich zu machen.

β) Die Form und Beschreibung der Späne. Bei der Verarbeitung spanbildender Werkstoffe ist jedoch die Form der durch ein- oder mehrschneidige Werkzeuge gewonnenen Späne von großer Bedeutung[1]. Die eisenverarbeitende Industrie verlangt Späne, die das Werkstück und das Werkzeug nicht beschädigen und sich leicht aus der Maschine entfernen lassen. Auch sollen sie bei der Lagerung möglichst wenig Raum beanspruchen.

Die eisenschaffende Industrie hingegen verlangt schaufelfähige bzw. paketierfähige Späne, die sich leicht chargieren lassen. Es ist also das Bestreben vorhanden, in jedem Fall zu kurzen Spänen zu kommen. Die Spanform ist abhängig vom Werkstoff, der Werkzeugform und dem Verschleißwiderstand des Schneidstoffes auf der Spanfläche. Außerdem sind die Schnittbedingungen und die Art des Spanablaufes von Einfluß. Die Freifläche hat keinen Einfluß auf die Spanbildung, da sie nur mit dem Teil des Werkstückes in Berührung kommt, von dem der Span gerade abgehoben wurde[2].

Der abgehobene Span hat völlig andere Abmessungen, als sie theoretisch durch Schneidenform, Schnittiefe und Vorschub gegeben sind. Die Spanlänge ist kleiner als die Weglänge des Werkzeuges. Die Spanbreite ist dagegen größer als es der Spanlänge entspricht. Der Rand wird zackig und die Rückseite riefig. Die Spanform ändert sich beim Grobschnitt meist in folgender Reihenfolge.

Gerad ablaufender langer Span (Bandform),
Wirrspäne,
weitgerollte Wendel,
enggerollte Wendel (Wendelspan),
große Spiralen,
kleine Spiralen (Kurzspan),
bröckeliger, ganz kurzer Span.

Je enger gelockt und je kurzbrüchiger der Span abgerollt, desto weiter ist die Kolkung auf der Spanfläche vorgeschritten.

---

[1] Über die Entstehung der Späne hat Schwerd grundlegende Untersuchungen gemacht. Stahl und Eisen 51 (1931) S. 481; Z. VDI 80 (1936) S. 233.

[2] Die Aufbauschneide wird bei der Besprechung der Hartmetalle behandelt. Die abnorme Spanbildung bei Zink ist S. 279 erwähnt.

Die Werkstoffe mit hohen Schnittdrücken und hoher Schnittemperatur arbeiten sich durch die Auskolkung einen Spanwinkel selbst ein. Diese Erscheinungen sind schon sehr früh beschrieben worden, und es hat auch an Versuchen nicht gefehlt, der Schneide von vornherein die der Auskolkung entsprechenden Winkel zu geben (KLOPSTOCK-Schneide). Diese Formen konnten sich jedoch im praktischen Betrieb nicht durchsetzen, da sie umständlich und schwierig herzustellen waren und auch beim Ansetzen des Spanes leicht beschädigt wurden. Vollends mit der Einführung der Hartmetalle verbot sich die Herstellung solcher komplizierter Schneiden. Es handelt sich bei den Werkstoffen mit Kolkverschleiß darum, daß die Schnittbedingungen so eingestellt werden, daß ein Ausgleich zwischen dem Werkzeugverschleiß, dem Anfall kurzer Späne und einer ausreichenden Standzeit gefunden wird.

Während nun bei der Stahlbearbeitung im Grobschnitt die größere Abnutzung auf der Spanfläche auftritt, folgt die Spanform und der Verschleiß bei den Stählen und Metallen, die im Feinschnitt zerspant werden, anderen Gesetzen.

Entsprechend der guten Zerspanbarkeit und den kleinen Spanquerschnitten sind die Geschwindigkeiten sehr hoch. Damit nimmt aber auch der Spananfall entsprechend zu. Bei solchen Verhältnissen kann man jedoch keine langen geraden ablaufenden Späne oder auch Wirrspäne bewältigen.

Zunächst ist notwendig, zu einer einheitlichen Beurteilung durch Kennzeichnung der Spanformen zu kommen.

Hierzu sind folgende Vorschläge gemacht worden und bei einer Reihe von Arbeiten angewendet worden.

1. Die Verformungskennziffer λ. Dieser Begriff wurde von LEYENSETTER eingeführt[1]. Er geht von dem Gedanken aus, daß die Veränderungen der Spanlänge bessere Meßwerte ergibt als die der Spanbreite. Die Verformungsarbeit setzt sich zusammen aus der Abscherarbeit und der Staucharbeit. Aus der Staucharbeit kann man auf die Beeinflussung des Randgefüges und der Spanform Rückschlüsse ziehen.

Die Verformungskennziffer $\lambda = \dfrac{\text{Weglänge des Drehmeißel}}{\text{erzeugte Spanlänge}}$.

Da der erzeugte Span eine Verkürzung erfährt, ist λ größer als 1 und um so größer, je stärker die Verformung war.

Die Verformungskennziffer wird mit steigender Schnittgeschwindigkeit, steigendem Vorschub und steigender Festigkeit kleiner und erreicht von einer gewissen Geschwindigkeit an einen konstanten Wert. Dieser Beharrungszustand fällt mit einer guten Oberflächenbeschaffenheit zu-

---

[1] LEYENSETTER, W., Zerspanungseigenschaften wärmebehandelter Baustähle. Z. VDI 78 (1934) S. 1085.

sammen. Ein Zusammenhang zwischen der Verformungskennziffer und der Möglichkeit bestimmte Spanformen zu erzeugen wurde bisher nicht gefunden.

2. Die Errechnung der Spanraumzahl R. Diese Zahl gibt einen Anhaltspunkt für die Sperrigkeit der Späne und läßt somit schon ganz gute Rückschlüsse auf deren Form zu[1]. Im Falle des Sägens von Holz spricht man von einer Auflockerung der Sägespäne. Sie nehmen einen größeren Raum ein als das massive Holz. Die Spanräume der Sägeblätter müssen dieses größere Volumen aufnehmen.

$$\text{Die Spanraumzahl } R = \frac{\text{Raumbedarf einer ungeordneten Spanmenge}}{\text{Werkstoffvolumen der gleichen Spanmenge}}.$$

Die Grenzwerte für R liegen bei der Zerspanung von Eisen und Metallen zwischen $R = 3$ für feine Nadelspäne und $R = \infty$ für den ungünstigsten gerade ablaufenden langen Bandspan. Beim Sägen von Holz ist $R = 4$—5.

Werte von $R = 3$—10 können bei Eisen und Metallen als günstig angesehen werden. In diesem Fall haben die Späne auch eine solche Form, daß sie gut weiter verarbeitet werden können.

Bei vielzahnigen Werkzeugen muß darauf geachtet werden, daß der Spanraum so ausgebildet ist, daß die Spanraumzahl berücksichtigt wir und die entstehenden Späne geschluckt werden können.

SCHALLBROCH gibt nachfolgend eine Zusammenstellung der Spanraumzahl für einige häufig vorkommende Werkstoffe. Die Schnittbedingungen sind natürlich von großer Bedeutung. Die Werte ergeben jedoch unter sich Vergleichsmöglichkeiten.

3. Die Beschreibung durch eine Spanbeschreibungstafel. Dieses Verfahren wurde von SCHALLBROCH eingeführt[2]. Aus den fünf wichtigsten äußerlichen Kennzeichen des Spanes wird durch beschreibende Betrachtung ein so anschauliches Bild gegeben, daß eine Beurteilung auch ohne Vorliegen der reellen Späne möglich ist. In besonders wichtigen Fällen ist es aber doch zu empfehlen, einen typischen Span der betreffenden Sparte beizufügen.

Die fünf Beurteilungspunkte sind folgende:
1. Die Spanform, 2. der Spanrand, 3. die Spanrückseite, 4. die Spanfestigkeit, 5. die Aufbauschneide.

Aus diesen Gruppen werden Untergruppen gebildet, die dann nach steigender Schnittgeschwindigkeit, Vorschub, Spantiefe oder einer sonst gerade interessierenden Größe geordnet werden.

---

[1] SCHALLBROCH H. u. R. WALLICHS, Werkzeugverschleiß insbesondere an Drehmeißeln. Berichte über betriebswissenschaftliche Arbeiten. Bd. 11, Berlin, VDI-Verlag 1938.

[2] SCHALLBROCH, H., Prüfverfahren für die Zerspanbarkeit von Leichtmetallen. Z. f. Aluminium 19 (1937) Nr. 3.

Tabelle 30. *Spanraumzahl R, für verschiedene Werkstoffe.*

Nr.	Werkstoff	Spanraumzahl R	Spanwinkel γ
1	Ms 58	3,18	0°
2	Al-Automatenlegierung	3,42	0°
3	Grauguß	6,31	12°
4	Al-Kohlenlegierung	8,26	25°
5	VCN 45	19,6	12°
6	Al-Cn-Mg	24,25	25°
7	Zn-Al 10 Cu 2	39,5	25°
8	GAl-Mg-Si	39,95	25°
9	Al-Mg	85,0	25°
10	Al-Cu-Ni	132,0	25°
11	Ve-Mo 135	182,5	12°
12	VCN 35	295,0	12°
13	GAl-Si-Mg	>1000	25°
14	Reinaluminium	>1000	25°

Spanquerschnitt $a \times s = 1 \times 0{,}20$ mm².
Schnittgeschwindigkeit:
Bei den Werkstoffen 1, 2, 4, 6, 7, 8, 9, 10, 13 u. 14 $v = 100$ m/min,
bei den Werkstoffen 3, 5, 11 u. 12 $v = 30$ m/min.

Abb. 73a zeigt ein solches Beispiel. Neuerdings hat man die Spanformen nach Abb. 73b eingeteilt und eine Spangütezahl eingeführt.

Werkstoff		Gußlegierung GAl-Si-Mg															
Kühl-u. Schmiermittel		trocken				Rüböl				Emulsion				Geschwef. Öl			
Schnittbedingungen		$a+s=2\times 0{,}21$ $\gamma=20°$															
Schnittgeschwindigkeit		20	50	75	100	20	50	75	100	20	50	75	100	20	50	75	100
Spanform	spritziger Span																
	kurze Bandstücke																
	kleine Spiralen								●			●			●	●	
	bröckeliger Span																
	eng gerollte Wendeln	●	●								●	●	●		●		●
	weit gerollte Wendeln			●	●		●	●	●								
	gerader abläufd. Span																
Rand	Rand glatt			●	●		●	●	●		●	●	●	●	●	●	●
	Rand gezackt	●	●						●								
Spanrückseite	spiegelnd																
	glatt-matt																●
	rauh				●		●	●	●			●	●		●	●	
	riefig	●	●	●			●				●	●					
	rissig	●	●	●			●	●			●						
Festigkeit	leicht brüchig																
	schwer brüchig	●	●	●	●	●	●	●	●	●	●	●	●	●	●		
	zäh																
Aufbauschneide	keine Aufbauschneide						●	●			●	●	●			●	●
	schwache Aufbauschneide			●	●	●			●					●	●		
	starke Aufbauschneide	●	●														

Abb. 73a. Spanbeurteilungstafel für verschiedene Schnittbedingungen.

Wenn also kurze Wendeln anfallen, so erhalten diese als günstigste Spanform die Spangütezahl 100.

Die Verfahren zur Ermittlung der Hauptbewertungspunkte. 137

γ) Die Beeinflussung der Spanform beim Drehen im Grobschnitt. Die die Spanform beeinflussenden Größen lassen sich im Betrieb entweder nicht so verändern, daß sie wirksam werden oder sie sind durch andere Gesichtspunkte genau festgelegt. Man muß also nach einer Möglichkeit suchen, den Span nach dem Abtrennen so zu formen, daß er die gewünschten Maße hat[1].

Eine reine Spanlenkung allein führt nicht zum Erfolg, da ja dadurch nur die Richtung, aber nicht die Form geändert wird.

Um dieses Ziel zu erreichen, gibt es zwei Möglichkeiten:

1. Das Einschleifen einer der Spanform beeinflußenden Stufe.
2. Die Späne durch einen Spanformer, der zusätzlich mit dem Werkzeug zusammengebaut wird, zu formen.

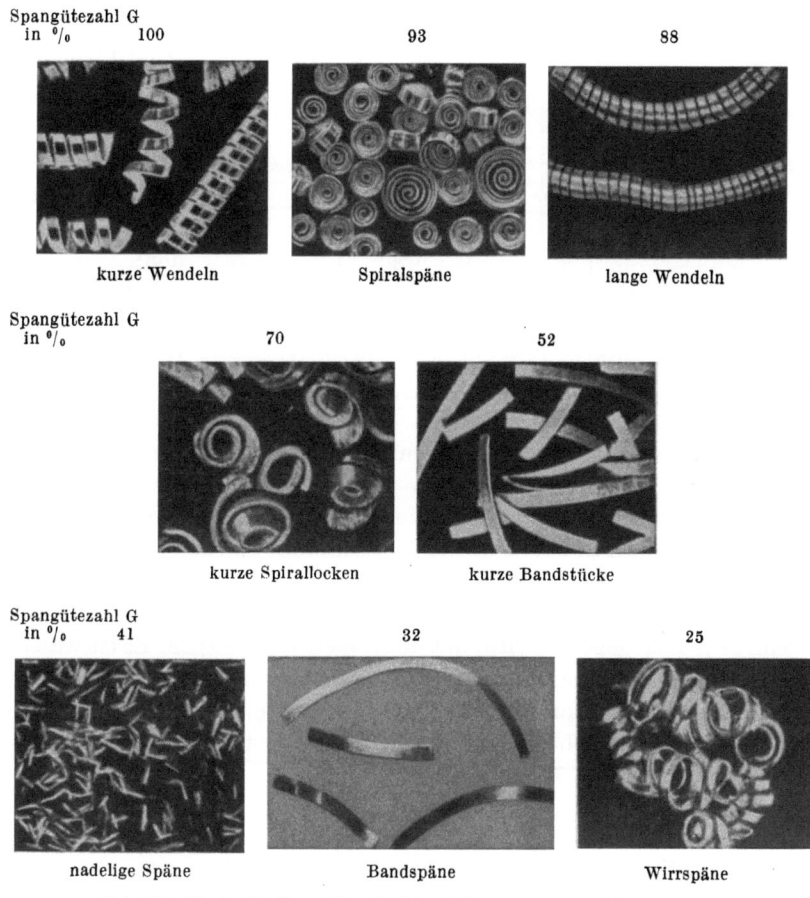

Abb. 73b. Muster für Spangütezahl G (nach SCHALLBROCH und BETHMANN).

---

[1] Über die Beeinflussung der Spanform durch Legierungszusätze s. Abschnitt Automatenstahl, S. 238.

138 Die Verfahren zur Prüfung der Zerspanbarkeit.

1. *Die Wirkungsweise und die Gestaltung der Spanstufen.* Die Möglichkeit, durch Spanstufen die Spanform zu beeinflussen, hatte man im Betrieb schon früh erkannt. Es fehlte jedoch an geeigneten exakten Unterlagen über die Art und die Größe solcher Spanstufen, so daß mancher Irrweg eingeschlagen wurde und sehr oft sogar eine Hohlkehle daraus entstand. Ein rechnerisches Verfahren ist bisher noch nicht bekannt geworden. Die von LANG angegebenen Bestimmungstafeln sind auf Grund von Betriebsrundfragen und Beobachtungen bei sorgfältigen Versuchen zusammengestellt worden[1].

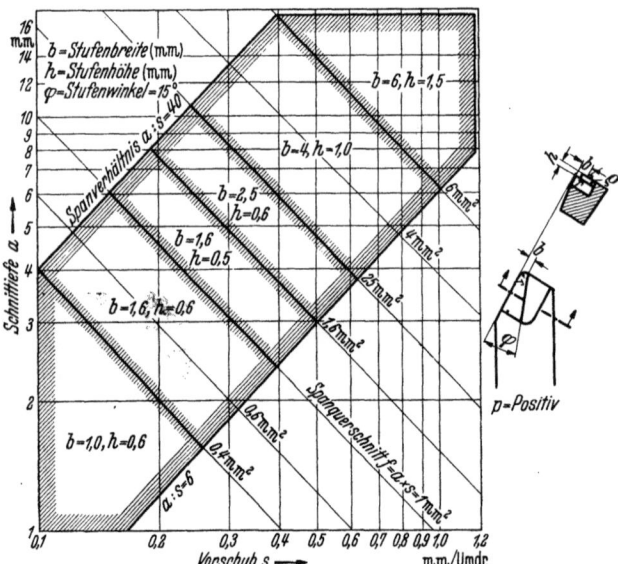

Abb. 74. Bestimmungstafel für die Ermittlung der Spanstufenabmessungen zur Erzielung von Wendelspanbildung. Schnittgeschwindigkeit vorwiegend 50—100 m/min. Wendelspanfläche innerhalb der schraffierten Fläche.

Außerdem sind auch in den letzten Jahren die geeigneten Maschinen bzw. Zusatzeinrichtungen geschaffen worden, um exakte Spanstufen einschleifen zu können.

Die Wirkungsweise der Spanstufen beruht darauf, daß der ablaufende Span gegen die als Schwelle wirkende Stufe stößt und dadurch umgelenkt wird.

Wenn er infolge Sprödigkeit dabei abbricht, hat man einen Kurzspan, wenn er jedoch gebogen wird, hat man einen Wendelspan. Es ist wesentlich darauf zu achten, daß der Span weder beim Abbiegen noch beim darauffolgenden Ablauf gegen die frisch gedrehte Oberfläche stößt.

Die Versuchsergebnisse sind zu Bestimmungstafeln verarbeitet worden, von denen Abb. 74 ein Beispiel bringt.

Aus der Abbildung ist ersichtlich, daß auch bei kleinen Vorschüben

---

[1] LANG, M., Spanformer und Spanablaufstufen zur Erzeugung kurzstückiger Späne beim Drehen von Metallen. Werkstatt und Betrieb 80 (1947) S. 223—233. — K. HEMSCHEIDT, Die Erzielung günstiger Spanformen bei der Drehbearbeitung von Stahl mit Hartmetallwerkzeugen, T.Z. für praktische Metallbearbeitung 51 (1941) S. 408, 461, 513, 569.

Wendelspäne anfallen. Dabei ist diese Spanstufenart für die damit verbundenen hohen Schnittgeschwindigkeiten geeignet. Die erzeugte Drehfläche ist vor Beschädigungen durch den abgelenkten Span gesichert.

2. *Die Spanformung durch einen Spanformer, der zusätzlich mit dem Werkzeug zusammengebaut wird.* Die Wirkungsweise beruht ebenfalls auf einer ablenkenden Beeinflussung des Spanes.

Das Werkzeug selbst ist unverändert in seiner Form. Die Spanstufe ist durch den Spanformer ersetzt. Die Stirnfläche des Spanformers ist einem starken Verschleiß durch den auflaufenden Span ausgesetzt. Der Verschleiß wächst mit der Schnittgeschwindigkeit und der Festigkeit. Es empfiehlt sich daher, das Einlöten eines Hartmetallplättchens an der am stärksten beanspruchten Stelle. Man unterscheidet Spanformer mit geraden und gebogener Abweiskante, wobei die gebogene Ausführung häufiger vorkommt.

Abb. 75 zeigt eine Prinzipskizze dieser Ausführung mit den Bezeichnungen der Einstellmaße. Der Winkel ϱ soll bei Hartmetallbestückung 60–70° sein. Die Werte für Einstellmaß d und c sind aus der Abbildung zu entnehmen. Die Handhabung ist die gleiche, wie sie beim Spanformer mit geradliniger Abweiskante erläutert wurde. Es empfiehlt sich, Einstellehren anzufertigen, um die schwierigen Messungen bei häufig vorkommenden Einstellungen zu vermeiden.

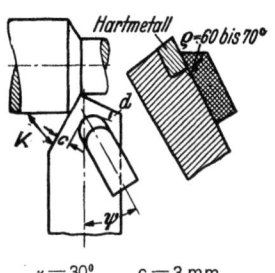

$\varkappa = 30°$ $c = 3$ mm
$d = 2$ mm $\psi = 30°$

Abb. 75. Zusätzlich eingebauter Spanformer.

V. Kurzprüfverfahren der Zerspanbarkeit.

Es ist eine immer wieder erhobene Forderung der Werkstoffabnehmer und des Betriebes, durch einen kurzen Versuch die Zerspanbarkeit festzustellen oder wenigstens einen Vergleichswert zu einem eingehend geprüften Standardwerkstoff zu bekommen. Dabei soll das Verfahren einfach und mit wenig Zeitaufwand durchzuführen sein (Laboranten) und reproduzierbare Werte ergeben.

Entsprechend dem früher Gesagten ergeben sich hier die gleichen Schwierigkeiten wie bei der Bestimmung der Zerspanbarkeit überhaupt.

Es kommt noch hinzu, daß bisher die Prüfung der Zerspanbarkeit überwiegend im Grobschnitt, also mit großen Spanabmessungen durchgeführt wurde.

A. Vergleichsverfahren.

Man hat zunächst einmal diese Frage rein empirisch geprüft und bei einer Reihe von Automatenwerkstoffen folgende Kurzverfahren angewendet.

1. *Die Schnittdruckmessung*. Hierbei wurde eine Schnittdruckapparatur (WALLICHS-OPITZ) verwendet, bei der die Veränderung des Ohmschen Widerstandes am Elektrolyten durch Verkleinerung des Flüssigkeitsquerschnittes infolge des Schnittdruckes gemessen wird.

2. *Die Schneidentemperaturmessung*. Diese Messungen wurden mit dem Zweistahlverfahren nach GOTTWEIN-REICHEL durchgeführt.

3. *Das* LEYENSETTER-*Pendel*. Hierbei wird der Rückdruck eines Doppelpendels, welches einen kleinen Drehmeißel trägt, gemessen. Mit dem Drehmeißel wird jeweils gedreht.

B. Ergebnisse der Vergleichsversuche.

Diese Verfahren wurden an den gleichen Werkstoffen unabhängig voneinander durchgeführt und nach Aufzeichnung der Ergebnisse als Gemeinschaftsarbeit des AWF ausgewertet. Auf Grund dieser Ergebnisse wurde eine Rangreihe für die Zerspanbarkeit beim Drehen aufgestellt.

Die gleichen Automatenstähle wurden dann auch noch von einigen Betrieben in der normalen Festigung verarbeitet und dann nach ihrer Zerspanbarkeit klassifiziert.

Diese Untersuchungen sollten feststellen, wie der Fertigungsbetrieb die Zerspanbarkeit beurteilt und ob die einzelnen Werkstätten die gleiche Rangordnung finden würden.

Darüber hinaus war es natürlich von besonderem Interesse, festzustellen, wie die Ergebnisse der Kurzprüfungen mit dem praktischen Ergebnis übereinstimmen.

Zunächst sei ein Beispiel gebracht, wo die Ergebnisse der Kurzversuche und der praktischen Erprobungen gut übereinstimmen.

Es handelt sich um Automatenstähle, die beruhigt und unberuhigt vergossen waren. Die näheren Angaben sind in Tab. 31 zusammengestellt.

Es muß daraufgewiesen werden, daß diese Arbeiten nicht zur Aufgabe hatten, die besondere Eignung der Automatenstähle für die Zerspanbarkeit allgemein zu prüfen, sondern daß lediglich Vergleichversuche mit verschiedenen Kurzprüfverfahren zur Beurteilung ihres unterschiedlichen Wertes für den Betrieb gemacht werden sollten. Über die systematische Zerspanbarkeit der Automatenstähle wird S. 235 berichtet.

Tabelle 31.
Eigenschaften einiger Automatenstähle, die durch Kurzprüfverfahren untersucht wurden.

Werk-stoff Nr.	Vergießungsart	C-Gehalt %	Festigkeit kg/mm²	Dehnung %	Einschnürung %	Brinellhärte kg/mm²	
						Rand	Kern
51	unber.verg.	0,10	59,5	10,0	40,7	215—226	207
52	ber. ,,	0,10	58,0	9,0	52,7	194—198	187
53	,, ,,	0,10	58,9	7,5	46,8	194—198	193
54	,, ,,	0,30	68,8	7,0	40,7	210—220	207
55	,, ,,	0,40	76,5	8,5	37,6	232—238	229
56	Sonderstahl ber.verg.	0,10	49,4	11,7	53,7	164—167	163

Die Ergebnisse der vier Prüfverfahren sind in Tab. 32 zusammengestellt. Es ist hier lediglich die Zerspanbarkeit der Rangordnung von gut bis schlecht festgehalten, um ein klares Bild der grundsätzlichen Seite zu bekommen.

Tabelle 32. *Zusammenstellung der Ergebnisse der Kurzprüfverfahren und der Werkstattbeurteilung (Werkstückdurchmesser 20 mm).*

Rang-ordnung	Wallichs (Schnittdruck)	Leyensetter (Pendel)	Reichel (Temperatur)	Werkstatt (Betriebsurteil)				
				A	B	C	D₁	D₂
gut	51	51	51	51	51	51	51	51
	56	56	56	56	56	56	52	56
bis	53 gleich	53	53	52	55	53	54	52
	52	54	54	54	54	54	56	54
schlecht	54	52	52	55	52	52	55	55
	55	55	55	53	53	55	53	53

Wie aus der Zusammenstellung hervorgeht, ist die Übereinstimmung der Beurteilung nach dem Kurzprüfverfahren sehr gut. Die Unterschiede der Werkstattbeurteilung lassen sich dadurch erklären, daß teilweise nach anderen Gesichtspunkten geurteilt wurde. Teilweise wurde auch die Möglichkeit der Verwechslung zugegeben. In einem anderen Betrieb wurde das Oberflächenaussehen für ausschlaggebend gehalten. Im großen ganzen stimmt aber die Werkstattbeurteilung gut überein.

Im folgenden ist ein Beispiel angeführt, wo die Übereinstimmung sowohl der Kurzprüfverfahren wie auch der Werkstättenurteile nicht so gut ist (Tab. 33).

Die Klassifizierung, wie sie von WALLICHS, LEYENSETTER und den Werkstätten durchgeführt wurde, ist in der nächsten Tab. 34 zusammengestellt.

Bei diesen Werkstoffen wurde die Schnittemperatur nicht bestimmt.
Bei den Ergebnissen von WALLICHS wurde noch darauf hingewiesen,

Tabelle 33. *Zusammenstellung von Werkstoffen verschiedener Form und Zusammensetzung für Kurzprüfverfahren.*

Werkstoff Nr.	Querschnitt	Vergießungsart	Analyse Mn	S	Festigkeit kg/mm²	Brinellhärte kg/mm² Rand	Kern
49	17 Sechskant	unber. verg.	0,78	0,21	61—60	185	175
50	25	ber. SM-Stahl	0,79	0,023	62—63	184	182
55	10	unber. SM-Stahl	0,49	0,23	58—65	170	172
67	17 Sechskant	unber. Automatenst.	0,60	0,23	58	189	183
76	11 Sechskant	,, ,,	0,62	0,169	—	194	201
94	9	,, ,,	0,58	0,235	41—42	174	150
99	20,5	ber. verg.	0,96	0,42	61—64	179	183

daß die Spanbildung, wie sie für Automatenstahl gefordert wird, ebenfalls der Klassifizierung entsprechen würde, d. h. also, daß Nr. 94 die beste und Nr. 99 die schlechteste Spanbildung hat.

Tabelle 34. *Zusammenstellung der Rangordnung der in Tabelle 33 angegebenen Stähle nach den Kurzprüfverfahren und Betriebsergebnissen.*

Rangordnung	Wallichs	Leyensetter		Betriebsergebnisse
gut	94	94	67	Drehbarkeit gut $v = 70$ m/min Bohrbarkeit gut $v = 92$ m/min
	76	76	55	Drehbarkeit $v = 60$ m/min
	67	55	94	Drehbarkeit $v = 54$ m/min
	49	67	99	Drehbarkeit $v = 20$ m/min Formstahl
	55	49	50	Drehbarkeit $v = 29$ m/min
	50	50	76	Drehbarkeit mäßig $v = 54$ m/min
schlecht	99	99	49	Drehbarkeit schlecht $v = 55$ m/min Bohrbarkeit schlecht $v = 55$ m/min

Bei den Kurzprüfverfahren ist die Rangordnung noch ziemlich einheitlich. Jedoch läßt sich sehr schwer das Werkstatturteil in diese Reihenfolge bringen. Es besteht daher die Vermutung, daß der Betrieb nach ganz anderen Gesichtspunkten geurteilt hat. Es ist dies auch ein Hinweis darauf, daß mit dem Betrieb genau abgestimmt werden muß, wie und was geprüft und aufgeschrieben wird.

C. Der Wert der Kurzprüfverfahren.

Die vorstehend ausgeführten Beispiele lassen klar erkennen, daß ein Kurzprüfverfahren dann am meisten aussagt, wenn es dem tatsächlichen Arbeitsvorgang am nächsten kommt. Das beste Kurzprüfverfahren ist der eigentliche Zerspanungsvorgang mit Prüfbedingungen, die so festgelegt sind, daß schon nach kurzer Zeit ein einwandfreies Ergebnis vorliegt. Das Einstechverfahren scheint sich für die Kurzprüfung von Automatenstählen gut zu eignen, zumal es mit einem geringen Zeit- und Werkstoffaufwand verbunden ist.

In neuerer Zeit wird der Schnittgeschwindigkeits-Steigerungsversuch zur Prüfung von Stahl und Gußeisen empfohlen (s. S. 84).

VI. Die einzelnen Zerspanungsarten.

A. Das Drehen.

Das Drehen ist der am häufigsten vorkommende Zerspanungsvorgang. Da außerdem bei dieser Bearbeitungsart die einfachsten und am leichtesten zu kontrollierenden Schnittbedingungen angewendet werden, ist es erklärlich, daß für das Drehen die meisten Unterlagen vorhanden sind. Richtwerte sind bei allen in diesem Buch behandelten Werkstoffen zu finden.

1. Die Bedeutung der Schnittgeschwindigkeit.

Beim Drehen ist die anwendbare Schnittgeschwindigkeit von größter Bedeutung, da sie die Grundlage jedweder Arbeitsplanung sowie Zeit- und Kostenrechnung ist. Man ist erst verhältnismäßig spät zu der Erkenntnis gekommen, daß die Zusammensetzung des Spanquerschnitts nach Schnitttiefe und Vorschub von großem Einfluß auf die Lebensdauer des Drehmeißels ist[1]. Es gelang auch sehr bald, gewisse Gesetzmäßigkeiten zu finden, die jedoch nicht allgemein gültig waren, sondern sich auf verhältnismäßig kleine Werkstoffgruppen gleicher Erschmelzungsart, ähnlicher Analyse und Gefügeausbildung beschränken.

Daher ist man auch in neuerer Zeit von den sog. Zerspanungsschaubildern abgekommen und zur tabellarischen Zusammenstellung der Werte für die Schnittgeschwindigkeit, Vorschübe, Spanwinkel übergegangen. Diese Tabellen lassen sich den Eigenarten der einzelnen Werkstoffgruppen auch besser anpassen.

2. Die Richtwerttafeln für die Schnittgeschwindigkeit.

Auf Grund vieler Versuche, deren Ergebnisse durch die im praktischen Betrieb anfallenden Zahlen ergänzt wurden, hat man Richtwerttafeln zusammengestellt[2].

---

[1] KREKELER, K., Die Prüfung der Bearbeitbarkeit der leg. Stähle für den Kraftfahrzeugbau durch spanabhebende Werkzeuge. Dissertation, Aachen 1927.

[2] AWF 158, allgemeine Richtwerttafeln für das Drehen mit Schnellarbeitsstahl und Hartmetallwerkzeugen. S. auch Werkstattblatt 21, Carl Hanser Verlag, München.

Da die Schnittiefe von geringerem Einfluß auf die v_{60}, v_{240} oder v_{480} ist als der Vorschub ist, wird der letztere berücksichtigt. Die angegebenen Werte gelten für Schnittiefen bis etwa 5 mm. Bei größeren Schnittiefen empfiehlt es sich, die Schnittgeschwindigkeitswerte um 10—20% herabzusetzen.

Die Werte gelten für einen Einstellwinkel $\varkappa$ von 45°. Die Umrechnungsfaktoren für andere Einstellwinkel gibt die nachfolgende Tabelle. Die Schnittgeschwindigkeitswerte der AWF 158 sind mit den in dieser Tabelle angegebenen Faktoren zu multiplizieren.

Tabelle 35.
Umrechnungstafel für Schnittgeschwindigkeiten bei verschiedenen Einstellwinkeln.

	Umrechnungsfaktor für v_{60}, v_{240}, v_{480} bei einem Einstellwinkel von		
	45°	60°	90°
Schnellarbeitsstahl bei Zerspanung von Stahl	1,0	0,80	0,66
Schnellarbeitsstahl bei Zerspanung von Gußeisen	1,0	0,89	0,72
Schnellarbeitsstahl bei der Zerspanung der übrigen Werkstoffe	1,0	0,96	0,90
Hartmetall bei Zerspanung aller Werkstoffe	1,0	0,96	0,90

Hinsichtlich der verschiedenen Schnittgeschwindigkeiten v_{60} usw. ist folgendes zu sagen.

Bei normalen Dreharbeiten ist bei Schnellarbeitsstahlwerkzeugen v_{60} und bei Hartmetallwerkzeugen v_{240} einzusetzen.

Bei Arbeiten auf Revolverbänken und Automaten wird vorzugsweise die Schnittgeschwindigkeit v_{480} benutzt, um ein zu häufiges Einrichten zu sparen.

Bei Hartmetallwerkzeugen ist es günstiger, die Schnittiefe zu erhöhen als die Vorschübe.

Schnittiefen unter 0,2 mm sind zu vermeiden, da keine Gewähr besteht, daß dann noch eine Spanabnahme erfolgt.

B. Das Bohren[1].

Der Zerspanungsvorgang beim Bohren hat zwar große Ähnlichkeit mit dem des Drehens, jedoch kann man nicht ohne weiteres sagen, daß ein Werkstoff, der sich gut drehen läßt, auch gut gebohrt werden kann.

Die Ermittlung der Bohrbarkeit ist auch rein versuchsmäßig schwieriger als die der Drehbarkeit. Die Zweischneidigkeit des Bohrers, der Ein-

---

[1] Vgl. auch Heft 15 der Werkstattbücher: J. DINNEBIER, Bohren. 4. Aufl. Berlin: Springer 1949.

Das Bohren. 145

fluß der Querschneide, wo die Schnittgeschwindigkeit praktisch gleich Null ist, sowie die Späneabnahme unter Zwang, schaffen andere Verhältnisse als beim Drehen.

Trotz dieser Schwierigkeiten hat man schon verhältnismäßig frühzeitig mit Bohrversuchen begonnen, da die beim Bohren auftretende Vorschubkraft und das Drehmoment mit einfachen Mitteln gemessen werden konnten.

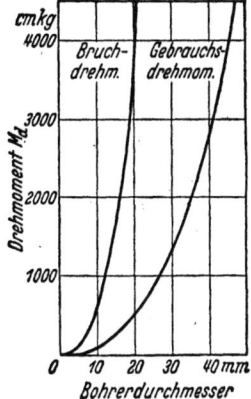

Abb. 76. Bruchdrehmoment handelsüblicher Spiralbohrer im Vergleich zum Gebrauchsdrehmoment.

Man hat diesen beiden Kenngrößen, genau wie bei anderen Zerspanungsvorgängen, im Anfang zu große Bedeutung beigemessen. Es ist natürlich sehr wesentlich, das Werkzeug so auszubilden, daß die Vorschubdrücke und die Drehmomente gering bleiben. Daher sind vor allen Dingen die Vorschübe wegen der Bruchsicherheit der Bohrer an gewisse Grenzen gebunden. Wie Abb. 76 zeigt, muß man Sorge tragen, daß das Gebrauchsdrehmoment eine genügende Sicherheit gegenüber dem Bruchdrehmoment hat. Der Vorschubdruck und das Drehmoment sind aber ein gutes Kriterium für die Abstumpfung des Bohrers bei Ausgebeversuchen.

1. Die Bedeutung der $v_{L\,2000}$.

Genau wie beim Drehen benötigt man für die Fertigung in erster Linie die Schnittgeschwindigkeit. Als Kennzeichen konnte man jedoch nicht die v_{60} übernehmen. Für genaue versuchsmäßig ermittelte Zerspanungswerte hat man den Begriff der $v_{L\,2000}$ eingeführt. Da man beim Bohren immer nur Löcher von verhältnismäßig geringer Tiefe bohrt, ist die Zeit des Unterschnittstehens sehr kurz. Würde man also nach der Zeit gehen wie bei der v_{60}, so müßte man eine Gesamtlochtiefe von 20 m und mehr bohren. Man geht daher so vor, daß man für einen bestimmten Vorschub Einzellöcher mit festgelegten Spantiefen bohrt, bis die Bohrer abgestumpft sind. Abb. 77 zeigt die Bezeichnungen am Spiralbohrer. Bei Bohrern kann eine Fasenabstumpfung, eine Eckenabstumpfung oder eine Querschneidenabstumpfung auftreten. Man kann nicht im voraus bestimmen, welche. Die Eckenabstumpfung tritt jedoch am häufigsten und die Querschneidenabstumpfung am seltensten auf. Man kann aber wohl den Zeitpunkt, ähnlich wie bei der Blankbrennung, genau durch Geräuschbildung oder Ansteigen des Vorschubdrucks oder des Drehmomentes erfassen. Man muß dieses Abstumpfungskriterium benutzen, weil eine direkte Beobachtung der Zerspanungsstelle nicht möglich ist. Durch Zusammenzählen der Einzellochtiefen ermittelt man die insgesamt erreichte Bohrlänge L in mm bis zur Abstumpfung. Durch Veränderung der Schnittgeschwindigkeit stellt man dann, ähnlich der $T-V$-Kurven, die $L-V$-Kurven auf (Abb. 78). Diese Kurven haben den großen Vorteil, daß sie ebenfalls im doppellogarithmischen Feld gerade Linien ergeben. Aus diesen Kurven bestimmt man dann die $v_{L\,2000}$, eine Zahl, die angibt, bei welcher Schnittgeschwindigkeit man unter bestimmten Versuchsbedingungen eine Gesamtbohrlänge von 2000 mm erreichen kann.

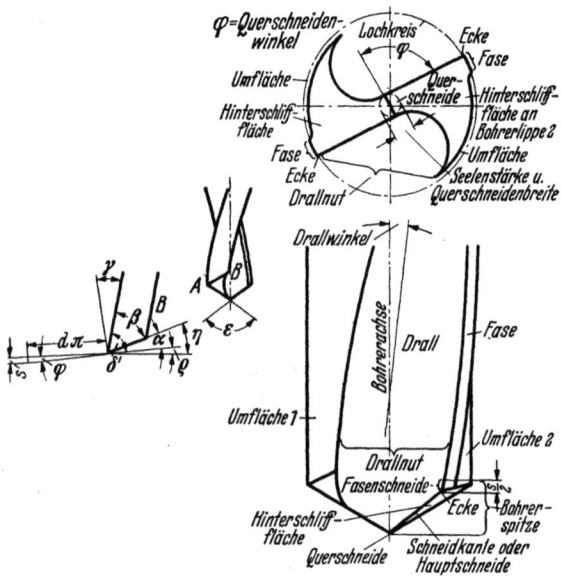

Abb. 77. Bezeichnungen am Spiralbohrer.

Diese Zahl ist auch in der Praxis durchaus gebräuchlich, wenn sie auch nicht immer so genau definiert ist. Man kann also allgemein sagen, je höher die $v_{L\,2000}$ ist, desto leichter läßt sich ein Werkstoff bohren.

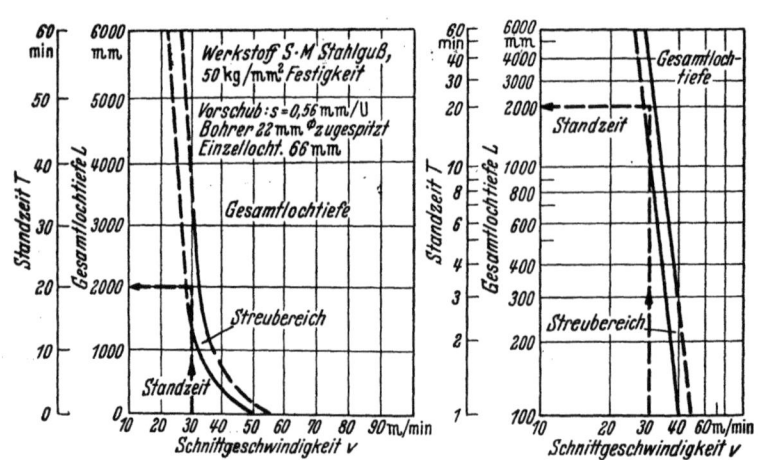

Abb. 78. Gesamtlochtiefe L, Standzeit T und $v_{L\,2000}$ eines Bohrers in Abhängigkeit von der Schnittgeschwindigkeit.

2. Der Einfluß der Zerspanungsbedingungen.

Die Kurven nach Abb. 78 sehen nun sehr einfach und klar aus, so daß man annehmen konnte, es wäre verhältnismäßig leicht, daraus Richtwerte aufzustellen.

Leider sind aber die Zerspanungsverhältnisse beim Bohren viel komplizierter. Es ist folgendes zu beachten.

Einfluß des Bohrerdurchmessers. Die Bohrer größeren Durchmessers haben unter sonst gleichen Schnittbedingungen immer eine höhere $v_{L\,2000}$ als die kleineren Durchmesser. Dies ist darauf zurückzuführen, daß mit größerem Durchmesser die Drallnut größer wird. Damit steht aber ein größerer Raum zur leichten Späneförderung und Abführung der Zerspanungstemperatur zur Verfügung.

Einfluß der Lochtiefe auf die $v_{L\,2000}$. Mit steigender Lochtiefe wird die $v_{L\,2000}$ geringer, da die Späneabfuhr und die Ableitung der Zerspanungswärme schlechter werden. Dadurch tritt auch im Innern des Bohrloches eine Werkstoffverfestigung ein, die die Bohrbarkeit erschwert.

Einfluß der Vorschubes. Der Einfluß des Vorschubes ist naturgemäß wie beim Drehen sehr groß. Mit steigendem Vorschub sinkt die $v_{L\,2000}$ stärker als linear.

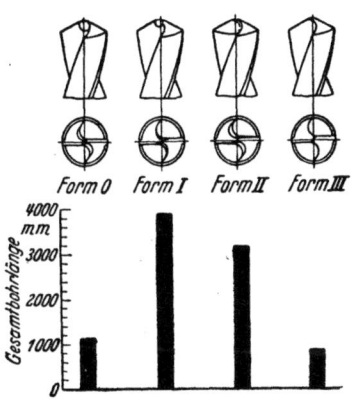

Abb. 79. Einfluß der Zuspitzungsform der Spiralbohrerseele auf die Bohrleistung.

Entgegen der allgemeinen Auffassung beeinflußt die Größe des Hinterschliffs die Standzeit des Bohrers nicht.

Einfluß der Querschneidenbreite. Die Zerspanung an der Querschneide ist besonders ungünstig, da die Schnittgeschwindigkeit praktisch null ist. Der Spiralbohrer kann nicht frei zerspanen, sondern nur stauchen und quetschen. Diese Bedingungen sucht man durch die Zuspitzung, also durch eine Verringerung der Querschneidenbreite zu verbessern, mit welchem Erfolg, zeigt die Abb. 79. Die Zuspitzung soll jedoch nicht von Hand, sondern maschinell erfolgen.

Einfluß der Bohrerabstückung auf die Standzeit. Aus Fertigkeitsgründen nimmt die Spiralbohrerseele von der Spitze zum Schaft hin um 40% zu. Wenn im Gebrauch der Spiralbohrer häufig nachgeschliffen wird, nimmt automatisch die Querschneidenbreite zu, und der Spanraum wird

148   Die einzelnen Zerspanungsarten.

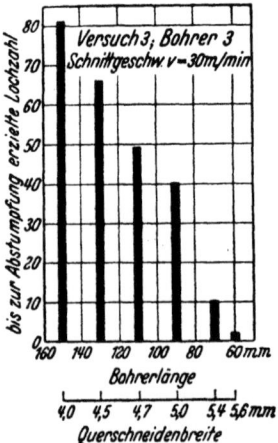

Abb. 80. Einfluß der Bohrerabstükkung auf die Schneidhaltigkeit.

verkleinert. Damit muß die Standzeit schlechter werden. In welchem Ausmaß dies eintritt, zeigt Abb. 80.

3. Das Tieflochbohren.

Man kann schon von Tieflochbohren sprechen, wenn die Lochtiefe das Fünffache des Durchmessers übersteigt. Bei Arbeitsspindeln, Nockenwellen, Eisenbahnachsen usw. kommen natürlich bedeutend größere Bohrtiefen in Frage.

Die anwendbaren Schnittgeschwindigkeiten und Vorschübe in Abhängigkeit vom Bohrerdurchmesser sind in Abb. 81 dargestellt.

Bei Bohrungen über 60 mm ⌀ wird der Hohl- oder Kernbohrer angewendet. Es wird nur ein Kern ausgebohrt und dadurch 35—40% Zerspanungsarbeit eingespart.

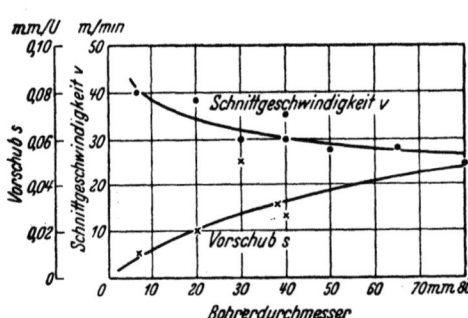

Abb. 81. Schnittgeschwindigkeit und Vorschub beim Tieflochbohren mit Schnellstahlbohrern in Stahl von 60 bis 70 kg/mm² Festigkeit.

Die anwendbaren Schnittgeschwindigkeiten und Vorschübe sind aus Abb. 82 zu entnehmen. Wenn ein Tieflochbohrer im Loch abbricht, so kann man ihn mittels einer kleinen Sprengladung herausschießen. Dies ist einfacher und praktischer als das Ausbohren, da die Bohrung nicht beschädigt wird.

C. Das Senken[1].

Der Senker ist ein Werkzeug, welches sehr oft gebraucht wird. Er dient zum Einsenken von Schraubenköpfen und profilierten Ver-

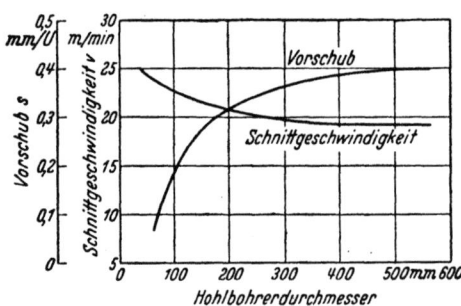

Abb. 82. Schnittgeschwindigkeit und Vorschübe für Hohlbohrer.

---

[1] Vgl. auch Heft 16 der Werkstattbücher: J. DINNEBIER, Senken u. Reiben. 4. Aufl. Berlin: Springer 1949.

tiefungen zum Aussenken von Nabenflächen und Aufsenken vorgebohrter oder vorgegossener Löcher.

Beim Senken wird im Gegensatz zum Reiben noch eine ziemlich große Spanmenge abgehoben, da die Löcher um 0,7—3 mm und mehr im Durchmesser erweitert werden. Ein vorgebohrtes oder vorgegossenes Loch soll hinsichtlich seiner Rundheit, seiner Achsenflucht und seines Durchmessers so vorbereitet werden, daß es durch das nachfolgende Reiben bei geringster Spanabnahme die verlangte Genauigkeit hat.

Der Vorschub soll laut nachstehender Tabelle betragen:

Tabelle 36. *Vorschubwerte für das Senken.*

Zu bearbeitender Werkstoff	Werkzeug		Vorschub s in mm/U für Bohrungen in mm		
			10...15	16...25	26...40
Stahl Stahlguß	Spiralsenker	Werkzeugstahl	0,1...0,15	0,15...0,25	0,25...0,45
		Schnellarbeitsstahl	0,15...0,25	0,25...0,35	0,35...0,45
	Zapfensenker	Werkzeugstahl	0,1	0,1	0,15
		Schnellarbeitsstahl	0,1	0,15	0,2
	Messerstange (Naben abflächen)	Werkzeugstahl	—	0,02	0,025
		Schnellarbeitsstahl	—	0,02	0,025

Für die Schnittgeschwindigkeit gelten die nachstehenden Werte:

Tabelle 37.
Schnittgeschwindigkeit für das Senken in m/min bei verschiedenen Werkstoffen.

Werkstoff	Werkzeugstahl m/min	Schnellarbeitsstahl m/min
Gußeisen	6—10	12—18
Stahl und Stahlguß	5—10	10—20
Nichteisenmetalle	16—18	38—40

D. Das Reiben.

Beim Reiben sind verschiedene Faktoren von großem Einfluß[1]. Die Art des Schmiermittels beeinflußt den Durchmesser und die Toleranzen[2]. Die Oberflächengüte in der Bohrung ist von Bedeutung. Auch ist es von Einfluß, ob der Vorschub von Hand oder automatisch getätigt wird.

Im allgemeinen sollen Reibahlen mit der halben oder zwei Drittel Bohrgeschwindigkeit arbeiten. Die Vorschübe sind zwei- bis dreimal so groß zu wählen.

---

[1] THENS, T. F. G., Speeds, Feeds and Lubricants for Reaming. Machinery New York, August 1946, S. 157.
[2] SCHALLBROCH, Dissertation Aachen 1928.

Ein zu großer Vorschub hinterläßt Markierungen in der Bohrung. Ein zu feiner Vorschub nutzt die Reibahlen zu sehr ab.
Nachstehende Werte werden empfohlen.

Tabelle 38.
Zusammenhang zwischen dem Reibahlendurchmesser und dem Vorschub in mm/U.

Reibahlen-durchmesser mm	Vorschub mm/U	Bemerkungen
unter 3	0,05—0,10	Legierte und harte Stähle mit
3—6,5	0,1 —0,2	den unteren Werten
6,5—13	0,2 —0,35	Gußeisen, Messing und Aluminium mit den oberen Werten
13—25	0,35—0,75	reiben
über 25	0,75—1,25	

Die Schnittgeschwindigkeit soll nicht zu gering sein. Jedoch ist es besser, erst mit einem kleinen Wert anzufangen und dann langsam bis zur Erreichung der günstigsten Bedingungen zu steigern.

Für die Schnittgeschwindigkeit werden nachstehende Werte empfohlen.

Tabelle 39. *Die Schnittgeschwindigkeiten, die bei den angegebenen Werkstoffen angewendet werden können (Reibahlen aus Schnellarbeitsstahl).*

Werkstoff	Schnittgeschwindigkeit m/min	Freiwinkel α
Aluminium und Legierungen	40—60	1°
Bakelit	20—30	
Messing, Bronze	40—60	2—3°
Bronze hoher Festigkeit	15—20	3—4°
Gußeisen, weich	20—30	2°
Gußeisen, hart	15—20	3—4°
Hartguß	6—10	
Temperguß	15—18	1,5—2°
Magnesiumlegierungen	52—75	
Monel-Metall 60 Ni, 40 Cu	6—10	
Stahl 0,2—0,3 C	15—20	2—3°
Stahl 0,4—0,5 C	12—15	
Werkzeugstahl 1,2 C	10—12	
Schmiedestücke	10—12	
legierter Stahl	10—15	3°
rostfreier Stahl	12—15	
rostfreier Stahl, hart	6—10	1—1,5°

Als Schmiermittel wird je nach der Festigkeit des Werkstoffes und dem Unter- oder Übermaß der Reibahle ein Kühlmittelöl (DIN 6558) oder ein Schneidöl (DIN 6557) empfohlen.

Gußeisen ist trocken oder allenfalls unter Verwendung von Preßluft zur Kühlung zu reiben.

Untermaß des vorgebohrten Loches zum Reiben

	mm	mm	mm	mm	mm
Fertigdurchmesser	20	30	50	70	100
Untermaß (gebräuchl. Werkstoffe)	0,2—0,3	0,3—,04	0,4—0,6	0,6—0,8	0,8—1,2
Untermaß (für zähe Werkstoffe)	0,6—0,8	0,8—1,0	1,0—1,2	1,2—1,5	1,5—1,8

E. Das Schaben (Formschaben).

Zunächst sei vorausgeschickt, daß das einfache Wort ,,Schaben'' für das hier zu behandelnde Arbeitsverfahren nicht glücklich gewählt ist.

Wir verstehen bisher unter Schaben das Glätten von Unebenheiten tuschierter Flächen mit einem von Hand oder maschinell geführten einscheidigen Schaber.

In Amerika bezeichnet man dieses Arbeitsverfahren als ,,Scraping Machine Parts'', womit also der Sprachgebrauch mit dem Deutschen übereinstimmt.

Das andere Verfahren bezeichnet man in Amerika als ,,Shaving process''. Es wird darunter ein Schneidvorgang in Verbindung mit dem Einrollen eines mehrschneidigen Formwerkzeuges verstanden, wobei ganz feine Späne abgehoben werden. Der Ausdruck Formschaben scheint daher für den deutschen Sprachgebrauch bei diesem Arbeitsvorgang anschaulicher zu sein.

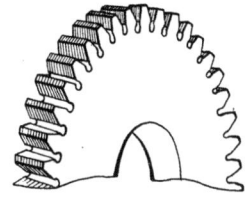

Abb. 83. Schabzahnrad.

Ein Werkzeug, welches eine entfernte Ähnlichkeit mit einem Räumwerkzeug hat, wird als Zahnstange oder als Rad mit dem zu glättenden Werkstück zum Eingriff gebracht. Es ist hier eine gewisse Analogie zum MAAG- und FELLOW-Verfahren bei der Zahnradherstellung.

Abb. 83 zeigt ein Werkzeug in Form eines Zahnrades und Abb. 84 einen einzelnen Zahn dieses Werkzeuges. Mit den an diesem Werkzeug erkennbaren Schneidkanten, die keine Schnittwinkel haben, werden Späne abgehoben, die die in der Abb. 85 gezeigte Form haben. Die Späne sind vollkommen spannungsfrei und haben keine Komma- oder Lockenform, wie man sie z. B. beim Fräsen gewöhnt ist. Dieses Verfahren wird im Automobil- und Getriebebau für ungehärtete Zahnräder mit großem Erfolg angewendet. Die Werkstoffestigkeit soll nicht über 110—120 kg/mm^2 betragen.

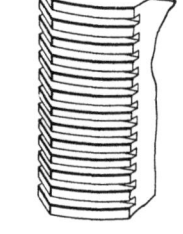

Abb. 84. Schabzahn.

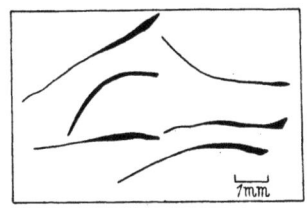

Abb. 85. Abgeschabte Späne.

Im Flugzeugmotorenbau wird das-

Formschaben noch nicht benutzt. Die hier gebräuchlichen gehärteten Zahnräder müssen ihre Endbearbeitung vorerst noch durch das Schleifen erfahren.

Neuerdings wird das Formschaben nicht nur bei Zahnrädern, sondern auch bei zylindrischen Körpern benutzt.

Die Bearbeitungszugabe beträgt beim Formschaben 0,25—0,48 mm.

Da ein Teil des Werkzeuges auch glättend wirkt und keine Vorschubmarken auftreten, ist die Oberfläche sehr gut.

Es werden Schnittgeschwindigkeiten bis zu 300 m/min angewendet. Etwaige Zahnfehler bis zu 0,05 mm können auf 0,005 mm verbessert werden.

Nach Angaben in der Literatur kann man mit einem Anschliff des Werkzeuges 15000—20000 Zahnräder formschaben, wobei das Werkstück je nach der Form 5—20mal nachgeschliffen werden kann.

Das Verfahren hat wegen der durch die hohe Oberflächengüte bedingten guten Laufeigenschaften große Anwendungsmöglichkeiten.

Schrifttum.

Engineering Encyclopedia Second Edition (1948) S. 1099.
POHL, F., Zahnradschabemaschinen, Werkstattstechnik (1935) S. 436.
IWASCHEFF, W., Hobeln und Schaben im Werkzeugmaschinenbau. Werkstattstechnik (1938) S. 405.
IWASCHEFF, W., Schleifen oder Schaben. Werkstattstechnik (1930) S. 405.
POHL, F., Vereinigte Zahnrad-Schab- und Glättmaschine. Werkstattstechnik 31 (1937) S. 22.
Schabeschnecke zum Schlichten der Schneckenradflanken. Werkstattstechnik (1942) S. 136.
Neues Schabewerkzeug. Werkstattstechnik (1942) S. 29.
Neue Rundfräs- und Schabemaschinen. Werkstattstechnik 34 (1940) S. 82.
WESTENBERGER, R., Zusammenbau von Schleifmaschinen. Werkstattstechnik 34 (1940) S. 394.
Schabemaschinen zur Bearbeitung von Schultern zylindrischer Werkstücke. Werkstattstechnik (1938) S. 457.
Neue Doppel-Zahnradschabemaschine, Werkstattstechnik (1938) S. 241.
Werkstattstechnik (1938) S. 160.
Werkstattstechnik (1938) S. 405.
Maschine zum Balligschaben der Zähne von Innenrädern. Werkstattstechnik (1936) S. 543.

F. Das Fräsen.

Es ist nicht zulässig, die bei den Drehversuchen gewonnenen Werte ohne weiteres auf den Fräsvorgang zu übertragen, da hier ganz andere Schnittverhältnisse vorliegen. Leider gibt es zur Ermittlung der Fräsbarkeit wenig systematische Versuchsergebnisse, so daß man in der Hauptsache auf praktisch ermittelte Richtwerte angewiesen ist.

Das Fräsen. 153

Die Zerspanungsvorgänge an einem solchen mehrschneidigen Werkzeug sind schwierig auf ihre Grundformen zurückzuführen. Außerdem sind solche Versuche sehr teuer in der Durchführung und Auswertung. Bei der Besprechung der einzelnen Werkstoffarten in den späteren Abschnitten ist jeweils erwähnt, was an einzelnen Werten vorliegt. Die nachstehenden Ausführungen sollen die generellen Richtlinien bringen. Bei den älteren Versuchen wurde die Schnittkraft als Kenngröße für die Fräsbarkeit eines Werkstoffes benutzt. Es ergaben sich dabei auch Anhaltspunkte für die Verbesserung der Fräserform.

1. Die Bestimmung der Verschleißmarkenbreite.

Neuerdings hat man entsprechend den fortschreitenden Erkenntnissen mit Erfolg auch die Bestimmung der Verschleißmarkenbreite eingeführt, um Rückschlüsse auf die so wichtige Fräserstandzeit zu gewinnen[1]. Man kürzt die Versuche ab und vermeidet die Zerstörung der teuren Werkzeuge. Es kommt noch hinzu, daß auch die Bestimmung der Hauptbewertungspunkte dadurch erleichtert wird.

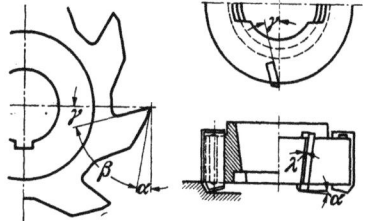

Abb. 86. Schnittwinkel am Fräser.

Es wird eine Begrenzung der Verschleißmarkenbreiten $B = 0{,}2$ mm festgelegt, was etwa dem $B = 0{,}1$ beim Drehen entspricht. Über $B = 0{,}3$ mm soll man auf keinen Fall hinausgehen.

Die Schnittwinkel am Fräser zeigt Abb. 86. Sie haben großen Einfluß auf die Schnittkraft, die Schnittemperatur, die Spanbildung und die Oberflächengüte.

Die Schnittkraft ist um so kleiner, je größer der Winkel γ ist. Man muß jedoch aus Festigkeitsgründen genau wie beim Drehen einen gesunden Mittelweg suchen.

Tabelle 40. *Richtwerte für die Winkel an Fräsern* (nach OPITZ-MEYER).

Werkstoff	Spanwinkel $\gamma°$	Freiwinkel $\alpha°$
Stahl und Stahlguß nach DIN 1611, 17200, 17210, 1681		
Gußeisen und Temperguß DIN 1691, 1692	10—15	5—10
Bronze und Leichtmetalle DIN 1705, 1719		
Für Leichtmetalle	30—40	10—15

[1] OPITZ, H. u. F. MEYER, Die Standzeitbestimmung für das Schruppfräsen von Stählen hoher Festigkeit. Techn. Zbl. prakt. Metallbearb. Bd. 51, S. 600—603.

2. Die Berechnung und Bedeutung der Mittenspandicke.

Die spezifische Schnittkraft nimmt mit dem wachsenden Spanquerschnitt stärker ab, als dieser zunimmt. Es erfordert also bei gleichem Spanquerschnitt weniger Leistung, einen dicken Span abzutrennen als viele dünne. Die spez. Schnittkraft ist aber beim Fräsen nicht so leicht zu errechnen wie beim Drehen. Man hat es als zweckmäßig erkannt, die Mittenspandicke h_M in μ, die sich beim mittleren Eingriffsbogen $\varphi/2$ einstellt, als Berechnungsgröße einzuführen.

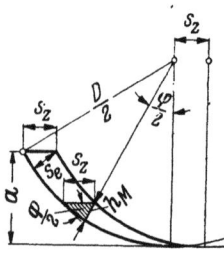

Abb. 87. Bestimmung der Mittenspandicke.

Nach Abb. 87 errechnet sich die in der Mitte des Eingriffbogens vorhandene Mittenspandicke wie folgt:

$$h_M = s_z \sin \varphi/2; \quad \sin \varphi/2 = \sqrt{1-\cos\varphi/2}; \quad \cos\varphi = \frac{D/2 - a}{D/2} = 1 - 2a/D;$$

$$\sin \varphi/2 = \sqrt{a/D}$$

$$h_M = s_z \sqrt{a/D}$$

hieraus ergibt sich $h_M/s_z = \sqrt{a/D}$

Die theoretische Spandicke s_e errechnet sich zu

$$s_e = 2 s_z \sqrt{a/D(1-a/D)}$$

und daraus

$$\frac{s_e}{s_z} = 2 \sqrt{a/D(1-a/D)}.$$

Die Werte für s_e/s_z und h_M/s_z können aus der Abb. 88 entnommen werden.

Die mittlere bezogene Schnittkraft k_M kg/mm² kann dann in Abhängigkeit von der Mittenspandicke h_M aus Abb. 89 abgelesen werden[1].

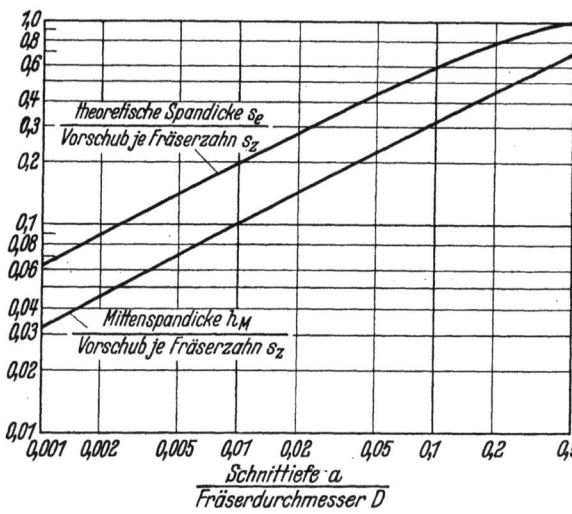

Abb. 88. Bestimmung der theoretischen Spandicke und Mittenspandicke.

[1] KLEIN, H. H., Das Fräsen, Werkstattbücher Heft 88, S. 37 und E. BRÖDNER, Fräser, 4. Aufl. Werkstattbücher Heft 22. Berlin: Springer 1941 und 1948.

Das Fräsen. 155

H. H. KLEIN hat ein Beispiel ausgerechnet und versuchsmäßig ermittelt, welches wegen seines instruktiven Wertes nachstehend auszugsweise gebracht werden soll.

Zerspanungsbedingungen:

Werkstoff St 50.11 Walzenfräser 165 mm $\varnothing$ 8 Zähne

Schnittiefe $a = 5$ mm Vorschub $s' = 118$ mm/min
Fräßbreite $b = 100$ mm Drehz. $n = 64$ U/min

$$s_z = \frac{118}{64 \cdot 8} = 0{,}23 \text{ mm}$$

$h_M = 0{,}23 \sqrt[]{5/165} = 0{,}04 \text{ mm} = 40 \, \mu$
$k_M = 340 \text{ kg/mm}^2$ aus Abb. 89 entnommen

$$n_e = \frac{k_M a b s'}{6120 \cdot 1000} \, (KW) = \frac{340 \cdot 5 \cdot 100 \cdot 118}{6120 \cdot 1000} = \sim 3{,}3 \, KW$$

Außerdem wurden noch folgende Kräfte gemessen:

Umfangskraft P
 $= 1070$ kg
Waagerechtteilkraft W
 $= 1110$ kg
Senkrechtteilkraft S
 $= 110$ kg
Axialteilkraft A
 $= 300$ kg

Die Durchbiegung einer Fräßspindel soll nicht mehr als 200 μ betragen. Andernfalls muß der Vorschub und die Spantiefe verringert werden.

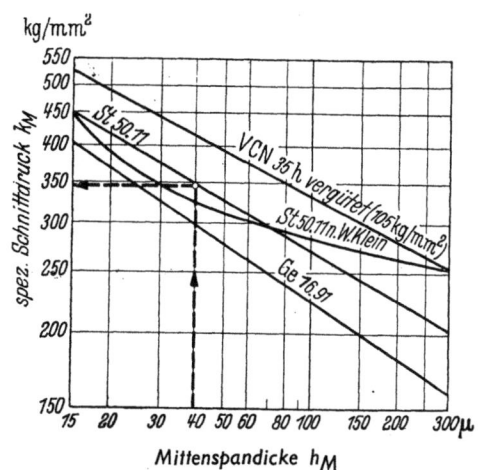

Abb. 89. Spezifische Schnittkraft, abhängig von der Mittenspandicke.

3. Die günstigsten Schnittbedingungen.

Die günstigste Schnittgeschwindigkeit ist beim Fräsen besonders schwer zu bestimmen, da sehr viele Veränderliche berücksichtigt werden müssen.

Da der Vorschub unabhängig von der Spindeldrehzahl ist, wird die Fräszeit nicht von der Schnittgeschwindigkeit beeinflußt. Sie kann nur durch Erhöhung des Vorschubes abgekürzt werden.

Bei kleiner Schnittgeschwindigkeit, großen Vorschüben und kleinen Spantiefen erhält man die größte Spanleistung.

Bei hoher Schnittgeschwindigkeit und kleinen Vorschüben erhält man gute Oberflächen, da sich keine Aufbauschneide bildet und die Restspanquerschnitte, die auf der Oberfläche zurückbleiben, gering sind.

Die Schnittemperatur ist auch von großer Bedeutung, und die Schnittbedingungen sind so einzustellen, daß die Temperatur an der Schneide nicht zu hoch ansteigt, da die Fräserzähne sehr empfindlich sind.

Die nachstehende Zusammenstellung gibt einen Anhaltspunkt, wie sich die Schneidentemperatur bei einem Versuch mit zunehmender Abnutzung geändert hat, wobei zum Schluß mit 627° C für Schnellarbeitsstahl die zulässige Temperaturgrenze weit überschritten wurde.

Tabelle 41. *Änderung der Schneidentemperatur mit zunehmender Schneidenabstumpfung.*

Zeitpunkt der Messung	Schneidentemperatur ° C
Beginn des Schnittes (Anstellen der Fräserschneide)	198
Schneiden in vollem Schnitt	405
Beginnende Abnutzung	457—480
Abstumpfungs-Endwert	627

Die Einwirkung des Spanwinkels auf die Schneidentemperatur zeigt die nachstehende Zusammenstellung. Die absinkende Temperatur bewegt sich in ähnlichen Grenzen wie die Senkung der Schnittkraft bei größer werdendem Spanwinkel.

Spanwinkel ° γ	Mittlere Schneidentemperatur ° C
8	580
15	418
35	218

Die Oberflächengüte ist in erster Linie vom Vorschub und der Schnittgeschwindigkeit abhängig. Auch sind die bei Gleichlauffräsen erzeugten Oberflächen rauher als die gegenläufig gefrästen Flächen. Dies ist durch die Art der Spanabnahme bedingt. Das Stirnfräsen bringt die besten Oberflächen, da der Vorschub in der Ebene des Fräserumlaufes liegt und keine Restspanquerschnitte übrigbleiben.

Man muß die Schnittbedingungen so wählen, daß nur Fließspäne und keine Quetsch- oder Scherspäne entstehen.

Beim Kühlen hat die Verwendung eines Schneidöles eine bessere Wirkung auf die Oberflächengüte als ein mit Wasser emulgiertes Öl.

4. Das Gegenlauf- und Gleichlauffräsen.

Beim Gegenlauffräsen, welches noch überwiegend üblich ist, wird das Werkstück gegen den Fräser bewegt (Abb. 90). Der kommaförmige Frässpan wird an den dünnsten Stellen abgehoben. Daher gleitet der Fräser zunächst über die Werkstückoberfläche, bis er genügend Material angestaucht hat, um die eigentliche Spanabnahme beginnen zu können.

Beim Gleichlauffräsen haben Werkstück und Werkzeug die gleiche Bewegungsrichtung (Abb. 90). Der Span wird an seiner dicksten Stelle zuerst abgetrennt. Der Gleitweg wird fast ganz vermieden. Scharfe Schneiden mit kleinen Keilwinkeln sind Voraussetzung.

Nachteilig ist es, daß der Fräser das Bestreben hat, das Werkstück aus der Aufspanung herauszureißen oder infolge des Tisch- oder Spindelspiels das Werkstück zum Klet-

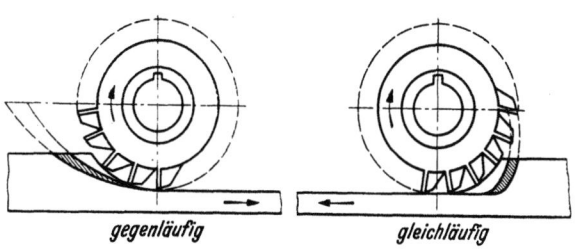

Abb. 90. Gegenlauf und Gleichlauffräsen.

tern zu bringen. Es ist daher notwendig, daß jegliches Spiel vorher ausgeschaltet wird[1].

5. Die Herstellung hinterdrehter Fräser.

Die hinterdrehten Fräser sind in der Herstellung sehr teuer, und es ergeben sich sehr oft Schwierigkeiten, genügend saubere Oberflächengüten der hinterdrehten Flächen zu bekommen. Da die Fläche nicht nachgeschliffen wird, muß sie von besonderer Güte sein.

Das Hinterdrehen hat schon an sich ungünstige Zerspanungsverhältnisse und eine abnorm niedrige Schnittgeschwindigkeit, von 1—2 m/min. Da diese Fräser aus Gründen der langen zu erreichenden Standzeiten aus Schnellstahl hergestellt werden, ist der Glühzustand und Gefügezustand von großem Einfluß.

Auf Grund eingehender Versuche wird nachstehende Wärmebehandlung empfohlen, um das Schmieren zu verhindern.

1. Der Stahl ist beim Glühen aus der üblichen Glühtemperatur von 820—850° mit 10°/h Abkühlungsgeschwindigkeit bis 450° abzukühlen. Wenn der Stahl schon geglüht ist, so erwärmt man ihn auf 720° und kühlt ihn von dieser Temperatur mit der Abkühlungsgeschwindigkeit von 10° je Stunde bis 450° ab.

2. Aus ungefähr 1200° (wobei es auf die genaue Einhaltung nicht ankommt) in Luft, Öl oder im warmem Bad ablöschen und dann auf 750° erwärmen, aus welcher Temperatur wieder mit einer Abkühlungsgeschwindigkeit von 10° je Stunde auf 450° abzukühlen ist.

---

[1] JERECZEK, Fräsen im Gleichlauf. Z. VDI 1936 S. 237; Werkstatt und Betrieb 1937 S. 123.

Beide Verfahren haben den Zweck, in dem Temperaturbereich unterhalb 720° durch langsame Abkühlung versprödende Ausscheidungen hervorzurufen. Die zweite Behandlungsart läßt außerdem den Stahl in einer höheren Festigkeit, womit man eine leichtere Hinterdrehbarkeit zu erreichen glaubt.

G. Sägen[1].

1. Die Bedeutung des Sägens.

Das Sägen der Werkstoffe ist für alle Betriebe ein wichtiger Zerspanungsvorgang, da ein großer Teil der Werkstoffe in Form von Stangen, Stäben und Profileisen angeliefert wird. In der Gießerei ist die Entfernung von Trichtern und verlorenen Köpfen von Einfluß auf die Kosten.

Man unterscheidet im Rahmen der hier zu behandelnden Zerspanungsfragen:
  a) Die Bügelsägen,
  b) die Kaltkreissägen,
  c) die Warmsägen,
  d) die Metallbandsägen,
  e) die Schmelzbandsägen.

2. Die Bügelsägen.

Die Bügelsägen haben ein Langsägeblatt mit hin- und hergehender Bewegung, welches nur beim Rückhub schneidet. Nach Versuchen von WALLICHS und SEUL[2] ergeben sich folgende Richtlinien. Es sind Schnittgeschwindigkeiten von 20—30 m/min möglich. Für kurze Trennzeiten und lange Lebensdauer der Werkzeuge muß man hohen Bügeldruck und niedrige Schnittgeschwindigkeiten anwenden. Der Bügeldruck ist nach oben durch die Festigkeit der Zähne begrenzt.

Die Zahnstellung soll für harte Werkstoffe fein und für weiche grob sein. Bei dünnwandigen Röhren, Drähten, Kabeln muß die Teilung sehr fein sein, damit möglichst mehrere Zähne im Schnitt stehen.

3. Die Kaltkreissägen.

Die Kaltkreissägen werden wohl am häufigsten in der Fertigung verwendet. Das Kennzeichen einer Kaltkreissäge gegenüber einem Fräser ist die geringere Starrheit und die kleinere Schnittbreite. Von den Vollstahlblättern ist man inzwischen zu den Sägeblättern mit eingesetzten Zähnen

---
[1] Vgl. auch Heft 40 der Werkstattbücher: JOH. HOLLÄNDER, Das Sägen der Metalle. 2. Aufl. Berlin: Springer 1951.
[2] WALLICHS, A. u. H. SEUL, Die Werkzeugmaschine, Mai 1934, Heft 8—9.

aus Schnellarbeitsstahl oder Hartmetall übergegangen.

Die Zahnform hat, wie Abb. 91 zeigt, eine gründliche Wandlung durchgemacht. Man bildet eine genügend große und richtig geformte Spankammer aus, um einen guten Spanablauf zu gewährleisten.

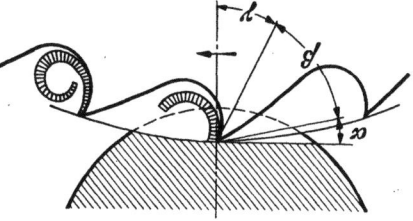

Abb. 91.
Bezeichnung der Schneidenwinkel an einer Säge.

Für die Winkel gelten folgende Richtlinien:

Werkstoff	Spanwinkel γ	Freiwinkel α
Stahl bis 50 kg/mm²	18—22	6—8°
Stahl bis 75 kg/mm²	15—20	5—7°
Stahl über 75 kg/mm² legierte Stähle	10—15	5—6°

Die Zahnteilung und die Blattstärke sind genormt.

Die Schnittgeschwindigkeit soll grundsätzlich so hoch sein wie es der Werkstoff nur irgendwie zuläßt. Es werden nachstehende Erfahrungswerte angegeben:

Werkstoff	Schnittgeschwindigkeit für		
	feine Zahnteilung 1—5 mm bis 10 mm Tiefe bis 20 mm Länge m/min	mittlere Zahnteilung 3—10 mm bis 25 mm Tiefe über 100 mm Länge m/min	grobe Zahnteilung 7,5—14 mm bis 100 mm Tiefe über 100 mm Länge m/min
Stahl bis 50 kg/mm²	80—100	70—80	40—50
50—70 kg/mm²	70— 90	60—70	30—40
70—90 kg/mm²	50— 60	40—50	20—30
90—110 kg/mm²	30— 40	25—40	15—20
ungehärtet { Werkzeugstahl Schnellarbeitsstahl Nichtrostender Stahl }	30— 40	25—40	15—20

4. Die Warmsägen.

Das Warmsägen ist ein Arbeitsvorgang, der im Walzwerk zum Sägen von Knüppeln, Platinen, sowie Profileisen aller Art angewendet wird.

Für den gleichen Arbeitsvorgang sind auch Warmscheren in Gebrauch. Die Anwendung der Warmscheren beschränkt sich seit Vervollkommnung der Warmsägen mehr auf schwere Blöcke und Knüppel, bei denen es weniger auf geraden Schnitt und Verdrückung der Kanten ankommt.

Gemeinsam ist beiden Verfahren, daß in der Walzhitze getrennt wird, besonders dann, wenn es sich um legierte Stähle handelt, die nach der Abkühlung infolge hoher Festigkeit eine schlechte Zerspanbarkeit haben. Die Temperatur des Schneidgutes soll möglichst gleichmäßig bleiben und nicht unter 800° C absinken, da sonst die Festigkeit zu sehr ansteigt (Abb. 92).

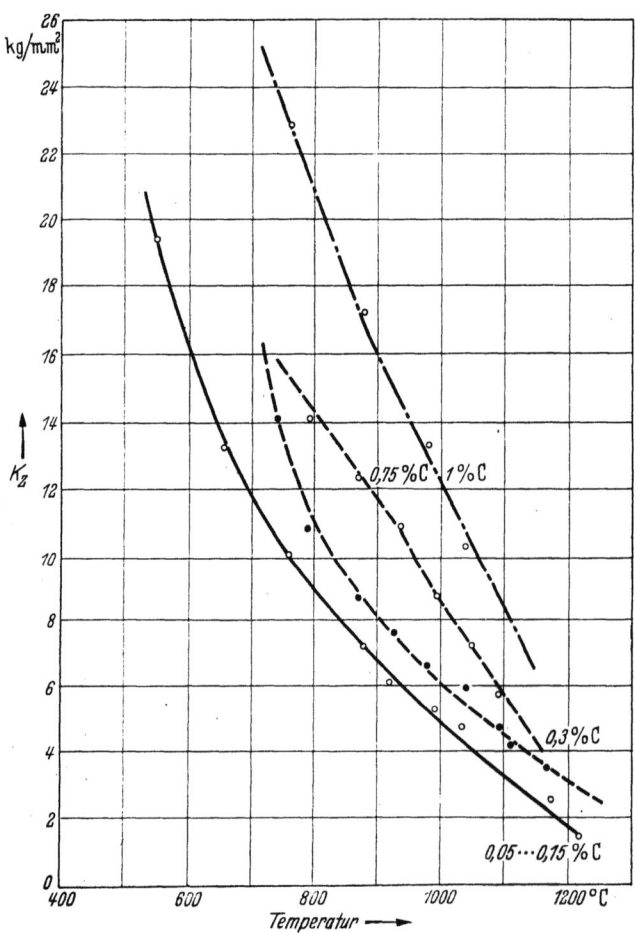

Abb. 92. Die Zugfestigkeit in Abhängigkeit von der Temperatur.

Für die Warmkreissägeblätter hat sich folgende Zusammensetzung und Wärmebehandlung bewährt:

C %	Mn %	Härtetemperatur ° C	Anlaßtemperatur ° C
0,6—0,7	0,9—1,1	830—860	400—450

Sägen. 161

Die Festigkeit des Sägeblattes an der Schneidkante beträgt zwischen 75 und 95 kg/mm². Nach einer alten Betriebsregel muß das Sägeblatt die zehnfache Festigkeit des zu schneidenden Werkstoffes haben. Bei dünnen Querschnitten und hochlegierten Stählen verwendet man neuerdings Sägen, deren Zähne eine Festigkeit von 140 kg/mm² haben, während das Blatt selber die übliche Festigkeit hat.

Die gebräuchliche Form der Zähne und ihre Anwendung ist aus Abb. 93 ersichtlich. Der Spanwinkel beträgt 0 und der Freiwinkel 10 bis 15°. Bei stärkerer Beanspruchung wird die Wolfszahnung oder eine Vereinigung der Wolfs- und Mäusezahnung gewählt.

Es werden auch negative Spanwinkel verwendet, wenn infolge schlechter Kühlung eine Aufbauscheide oder ein Kleben der Späne zu erwarten ist.

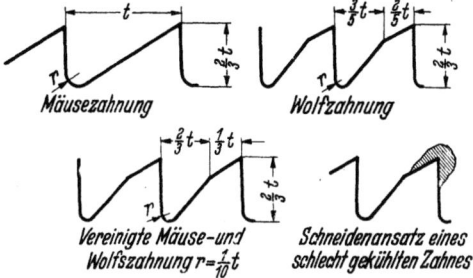

Abb. 93. Einige gebräuchliche Zahnformen für Warmsägen.

Die Zahnteilung ist abhängig von dem zu schneidenden Profil. Als Richtlinie kann die nachstehende Zusammenstellung gelten.

Durchmesser mm	Schnittbreite	Vollquerschnitt mm	Zahnteilung für Profile mm	Dünne Querschnitte mm
300—1500	5—12	15—40	7,5—17,5 bis 1200 ⌀	6—9,3 bis 800 ⌀

Beim Schneiden von Rohren muß die Teilung so klein sein, daß entsprechend der Wandstärke immer mehr als ein Zahn im Eingriff ist.

Die Schnittgeschwindigkeit beträgt bis zu 100 m/s. Sie soll möglichst hoch sein, um bei dünnen Profilen oder dünnen Stäben eine zu starke Abkühlung zu vermeiden.

Als Vorschubgeschwindigkeiten sind bei kleiner Warmsäge 50—100, bei mittlerer 100—150 und bei großer 150—200 mm/s üblich.

Bei Werkstücken mit großer Schnittlänge ist es günstiger, den Vorschub herabzusetzen und die Schnittgeschwindigkeit zu erhöhen. Dadurch sind die einzelnen Zähne nicht so lange mit dem heißen Stahl in Eingriff.

Die Kühlung der Säge ist von großem Einfluß. Das Sägeblatt muß möglichst kurz hinter der Schnittstelle gekühlt werden. Der Kühlstrom muß so geleitet werden, daß das vom rotierenden Sägeblatt mitgeführte Luftkissen durchstoßen wird. Hierbei werden auch die auf den Zähnen klebenden Späne durch die Abschreckwirkung entfernt.

Die Schnittleistung der Sägen ist infolge der Betriebsverhältnisse sehr unterschiedlich und von vielen Zufälligkeiten abhängig. Ein Ergebnis, welches zugunsten der erwähnten höheren Zahnfestigkeit von 140 kg/mm^2 spricht, zeigt, daß mit diesen Zähnen 20000 Schnitte bei Winkelprofilen gemacht werden können gegenüber 6000—7000 Schnitten mit normalen Sägeblättern.

Bei Werkstoffen, die aus metallurgischen Gründen, z. B. Edelstähle, Pilgerköpfe usw., oder wegen der Form der Werkstücke nicht mehr bei Temperaturen von 800—900° C, sondern nur noch bei 500—600° C gesägt werden können, haben sich Blätter mit aufgerauhter (kordierter) Stirnfläche bewährt[1]. Es handelt sich hier um eine Kombination zwischen Warmsägen und Trennen.

Schrifttum.

Roth, B., Die günstige Arbeitsweise der Hochleistungsheißsäge. Masch.-Bau-Betrieb. Bd. 4 (1924) S. 644.
Schwarze, A., Über Warmsägen. Masch.-Bau-Betrieb. Bd. 6 (1927).
Häuser, K., Versuche an Warmsägen und Warmsägeblättern. Stahl und Eisen 56 (1936) S. 490; Hütte Bd. II, S. 736.

5. Die Metallbandsägen.

Das Metallbandsägen hat in neuerer Zeit ein erweitertes Anwendungsgebiet gefunden. Der AWF hat die nachstehende Zusammenstellung der Erfahrungswerte über Schnittgeschwindigkeit und Zahnteilung herausgegeben.

Werkstoff	Schnittgeschwindigkeit m/min	Zahnteilung Zähne/1"	Form des Sägegutes
Stahl bis 50 kg/mm^2	40—45	6—10	Platten
50— 70 kg/mm^2	30—40	8—14	Stäbe
70— 90 kg/mm^2	20—30	12—18	,,
90—110 kg/mm^2	8—10	18—24	,,
ungehärtet { Werkzeugstahl / Schnellstahl }	8—10	18—24	
Stäbe	2700—4800		bis 30 mm $\varnothing$ u. bis
Profileisen u. Rohre	für Schmelz-	abgenutzte	5 mm Wanddicke
Bleche	schnitt	Sägebänder	bis 3 mm

Wegen der hohen Geschwindigkeiten sind die Maschinen aus der Holzverarbeitung sehr geeignet.

---

[1] Nach einer Mitteilung der I. W. Arntz, Remscheid.

6. Die Schmelzbandsägen.

Das Schmelzbandsägen. Bei diesem Verfahren läuft ein feingezahntes Sägeband auf einer normalen Bandsägemaschine mit hoher Geschwindigkeit (bis 80 m/s) um. Durch die hohe Geschwindigkeit und den Vorschubdruck wird der zu schneidende Werkstoff in der Schnittfuge teigig bzw. flüssig und kann dann von den Zähnen der Bandsäge leicht entfernt werden. Dabei wird das Gefüge nicht verändert.

Die größte Angriffsschnitthöhe beträgt bisher 12 mm.

Die Schnittleistungen sind aus nachstehender Zusammenstellung zu ersehen.

Schmelzsägenleistung. Zeiten zum Schneiden eines Winkelprofils 60.60.8, St 37.11.

Blechdicke mm	Schnittleistung mm/s	Verfahren	Zeit zum Schneiden s
0,8	600	Schmelzsägen	6,8
2,0	115	Brennschneiden	31
3,2	100	Kaltsägen	355

Das Schmelzsägeband besteht aus unlegiertem Kohlenstoffstahl mit gehärteten Zähnen.

Schrifttum.

KALTENBACH, H., Masch.-Bau-Betrieb Bd. 15 (1936) S. 75; Hütte Bd. II, S. 736.

H. Das Feilen.[1]

Das am häufigsten gebrauchte Handwerkszeug ist die Feile. Sie hat sich im Laufe von Jahrtausenden direkt aus den Urformen der Feuersteinfeilen und -schabern entwickelt. Im deutschen Mittelalter bezeichnete man diese mit figil (fyl).

Die Feilen werden meist aus unlegiertem Stahl von 0,9—1,5% C gefertigt. Die vorgewalzten Stahlstangen werden in einzelne Stücke geschnitten, auf mechanischen Hämmern ausgeschmiedet und anschließend geglüht, um einen günstigen Ausgangszustand für das nachfolgende Hauen oder Fräsen zu erhalten.

Die Einschnitte (Hiebe) auf der Oberfläche der Feilen werden erzeugt:
1. Durch einen Haumeißel,
2. durch Fräsen.

Man unterscheidet drei Arten von Hieben:
1. Einzelhieb,
2. Doppelhieb,
3. Raspelhieb.

---

[1] Vgl. auch Heft 46 der Werkstattbücher: BUXBAUM, Feilen. Berlin: Springer 1932.

Bei einhiebigen Feilen verlaufen die Einschnitte parallel und nur nach einer Richtung unter einem Winkel von 70—80° zur Feilenachse. Einhiebige Feilen werden zum Feilen weicher Werkstoffe, wie Blei, Zinn, Weißmetall, Kork und Holz, verwendet.

Bei doppelhiebigen Feilen kreuzen sich die Meißelhiebe, der erste Hieb — Grund- oder Unterhieb — verläuft stets von links oben nach rechts unten, der zweite Hieb — Kreuz- oder Oberhieb — umgekehrt. Der Winkel, durch den die wirksame Spitze des Zahnes eingeschlossen wird, ist stets > 90° (110—135°).

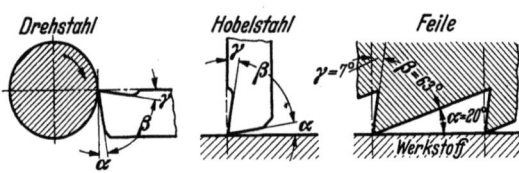

Abb. 94. Idealform einer Feilenzahnung im Vergleich mit einem Dreh- und Hobelstahl.

Die beste Zahnform der Feile ist in Abb. 94 rechts dargestellt, deren Herstellung weder mit Hand noch mit der Haumaschine möglich ist. Der dazu benötigte Haumeißel müßte einen sehr kleinen Keilwinkel erhalten und würde daher leicht brechen. Aus diesem Grunde verwendet man Meißel mit großem Keilwinkel, wodurch ein negativer Spanwinkel $\gamma = 18°$ gebildet wird, der die Schneidfähigkeit der Feile stark herabsetzt (s. Abb. 95).

Die gefrästen Feilen (Fräserfeilen) zeichnen sich einmal aus wegen ihrer großen Spanräume mit tiefen abgerundetem Zahngrund, zum andern durch die Einhaltung genauer Schnittwinkel. Sie eignen sich daher in erster Linie zum Bearbeiten von Reinaluminium, weichen Aluminiumlegierungen und Zink einschließlich seiner Legierungen.

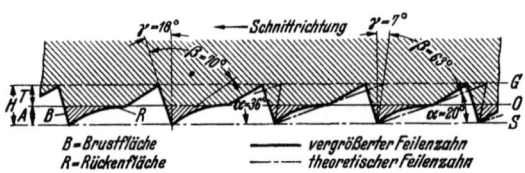

Abb. 95. Vergleich zwischen einem theoretisch und praktisch hergestellten Feilenzahn.

Günstige Schnittwinkel sind:

Spanwinkel $\gamma = 5-15°$
Freiwinkel $\alpha = 35-40°$
Keilwinkel $\beta = 40-50°$

Die Feilen werden nach dem Hauen bzw. Fräsen gehärtet und anschließend durch ein Sandstrahlgebläse vom Zunder gereinigt.

Stumpfgewordene Feilen werden zum größten Teil durch Wiederaufhauen neu aufbereitet. H. U. RAUHUT stellte in einer Untersuchung fest, daß ein Aufhauen von abgestumpften Feilen kostenmäßig sich im allgemeinen erst von Feilenlängen oberhalb etwa 300 mm lohnt. Für kleinere Feilen wendet man öfters ein anderes Aufbereitungsverfahren, die sog. chemische Schärfung an. Hier sind zwei brauchbare Verfahren hervorzuheben, das Verfahren von E. Zoppi, Genua, und das der Firma W. Ullmann & Co., Leipzig. Untersuchungen von Schallbroch und Bieling über die Schneidleistung der nach diesen beiden Verfahren chemisch geschärften Feilen ergaben, daß damit der Erfolg des Aufhauens von stumpfen Feilen in keiner Weise erreicht wurde. Dies ist darauf zurückzuführen, daß die Zahnform zunehmend ungünstiger, die Zahnhöhe stark verkleinert wird, die härteste Zahnschicht bereits vor der 1. Schärfung stark verschlissen ist und außerdem ausgebrochene Zähne bei der chemischen Schärfung nicht erneuert werden.

Die werkstattmäßige Prüfung von Feilen beschränkt sich meist auf die Prüfung der Härte. Hierzu verwendet man sog. Probestähle (flache Stahlstücke mit Rockwell-Härten [C 60 bis C 62]), mit denen man von Hand mit mäßigem Druck quer zum Oberhieb der Feile streicht. Es muß dabei ein merkliches Kleben eintreten. Dieser Vorgang ist sehr von subjektiven Einflüssen abhängig und für eine genaue Bewertung zu unsicher, vor allem auch, da er keine Aussage über die Schneidhaltigkeit einer Feile machen kann. Um zu einer objektiven Bewertung der Schneidhaltigkeit von Feilen zu kommen, baute man Feilenprüfmaschinen, die man in zwei Gruppen einteilen kann. Die eine Gruppe der Prüfmaschinen ahmt die Arbeitsweise beim Feilen nach (Ausführung nach Herbert Peiseler). Die andere Gruppe der Feilenprüfmaschinen verzichtet auf die Nachahmung der Handarbeit (Ausführung nach Buxbaum, Slattenschek). Hierbei dreht sich ein Prüfkörper vor der stillstehenden Feile.

Die Feilen werden in vier Klassen eingeteilt. Man unterscheidet:
1. Gewichtsfeilen,
2. Dutzendfeilen,
3. Präzisionsfeilen,
4. Sonderfeilen.

Zu den Gewichtsfeilen zählt man die besonders schweren Feilen, die hauptsächlich für Schrupparbeiten Verwendung finden. Sie werden nicht nach Stück, sondern nach Gewicht verkauft. Ihre Abmessungen sind in DIN 5216 bis DIN 5222 genormt.

Dutzendfeilen werden in Paketen zu 12 Stück verkauft. Sie sind die am meisten verwendeten Feilen und sind in den verschiedensten Querschnittsformen und Abmessungen erhältlich (s. DIN 5201 bis DIN 5210).

Präzisionsfeilen unterscheiden sich von den Dutzendfeilen durch bessere und genauere Form und sauberen Hieb.

Zu den Sonderfeilen gehören Härteprobierfeilen (Diamantfeilen), Sägefeilen, Messerfeilen, Ankernutfeilen usw.

Schrifttum.

Dick, Otto, Die Feile und ihre Entwicklungsgeschichte. Berlin: Springer 1925.
Rauhut, H. U., Was muß der Verbraucher bei der Ersatzbeschaffung von Feilen beachten. Werkstattstechnik und Werksleiter, Jg. 35 (1941) S. 9—11.
Schallbroch, H., Schneidleistung aufgehauener und chemisch geschärfter Feilen. Werkstatt und Betrieb 75 (1942), H. 8 S. 175—179; H. 9 S. 205—207; H. 11 S. 273.
Haas, M., Alu.-Taschenbuch 1942, 9. Aufl.

J. Das Gewindeschneiden und Gewindefräsen.[1]

Bei der Herstellung von Gewinden werden große Anforderungen an die Genauigkeit gestellt. Die reinen Zerspanbarkeitseigenschaften der Werkstoffe sind nicht von ausschlaggebender Bedeutung, da der Spanlauf mehr als bei allen anderen Zerspanungsarten gehemmt ist. Außerdem sind einige wichtige Kenngrößen der Zerspanbarkeit wie der Vorschub und die Spantiefe durch das Werkzeug bzw. die Abmessungen der Gewinde gegeben. Als veränderlich bleiben demnach die Länge des Gewindes, das Kühlmittel und die Schnittgeschwindigkeit übrig. Letztere kann jedoch nicht immer ausgenutzt werden. Sie ist begrenzt durch die Erwärmung der empfindlichen Gewindespitzen, der Bruchgefahr des Werkzeuges und die Möglichkeit der Spanabfuhr.

Die Gewindeschneidwerkzeuge sind weitgehend genormt.

1. Der Schneidstahl, Strehler, Schneideisen, Schneidkopf.

Das einfachste Werkzeug zur Herstellung von Gewinden ist der *Schneidstahl*, der das Profil des Gewindeganges hat. Der Schneidstahl erzeugt in vielen Teilschnitten und Durchgängen das Gewinde. Für die Schnittwinkel ist die Steigung des Gewindes maßgebend. Der Freiwinkel beträgt etwa 15° und an den Flanken etwa 6°.

Schneidstähle als sog. Tangentialstähle lassen sich länger benutzen, da sie an der Spanfläche mehrfach nachgeschliffen werden können.

Die Anfertigung mit dem *Gewindestrehler*, bei dem die mehreren Zähne nebeneinander angeordnet sind, ist günstiger. Die Gewinde können in ein bis zwei Durchläufen geschnitten werden. Die Rund- oder Scheibenstrehler haben eine große Nutzungsdauer. Um den notwendigen Freiwinkel zu erreichen, muß die Werkzeugmitte um das Maß h über Werkstückmitte stehen. Wenn R der Radius des Rundstrehlers ist, ergibt sich $h = R \sin \alpha$, wobei α gleich dem Freiwinkel ist.

Die Herstellung von Gewinden mit dem *Schneideisen* ist zwar weit

---
[1] Vgl. auch Heft 1 der Werkstattbücher: O. M. Müller, Gewindeschneiden. Berlin: Springer 1950.

Das Gewindeschneiden und Gewindefräsen. 167

verbreitet, bringt aber große Ungenauigkeiten mit sich. Das Werkzeug ist gegenüber dem Werkstück nicht fest eingespannt. Es besteht daher keine Gewähr für die Mittigkeit und die richtige Steigung des Gewindes.

Der Anschnittwinkel soll etwa 30° sein. Für den Spanwinkel, bezogen auf einen mittleren Durchmesser von 10 mm, gelten folgende Werte:

Stahl 12—18°   Aluminium 15—22°
Magnesium 6—12°   Messing   4—8°

Der Freiwinkel beträgt 0—15°.

Die nachstehenden Schnittgeschwindigkeiten werden empfohlen:

Stahl 3—5 m/min
Gußeisen 2,5—3 m/min
Messing 10—15 m/min

Die Gewindeschneidköpfe mit tangential angeordneten Schneidbacken dienen zur Herstellung maßhaltiger Gewinde. Sie werden auf Automaten, Revolverbänken und Gewindeschneidmaschinen hauptsächlich für Außengewinde angewendet. Am Ende der Gewindelänge öffnet sich der Schneidkopf selbsttätig, so daß er beschleunigt in die Ausgangsstellung zurückgefahren werden kann.

Die nachstehenden Werkzeugwinkel und Schnittgeschwindigkeiten haben sich bewährt.

Werkzeug	Spanwinkel °	Freiwinkel °	Schnittgeschwindigkeit m/min
Messing Rotguß	0	8	4—18
Stahl bis 60 kg/mm²	13	8	4—12
Stahl über 60 kg/mm²	5	8	1—
Leichtmetall	25	10	4—18
Magnesium	0	10	6—8

2. Der Gewindebohrer.

Die Gewindebohrer sind weitgehend genormt, so daß dadurch die Form festgelegt ist. Um lehrenhaltige Gewinde herstellen zu können, ist es Voraussetzung, die Kernlöcher maßgerecht zu bohren. Beim Bohren schneidet der Bohrer auf (Bohrüberweite), und beim Gewindeschneiden wird der Werkstoff unterschiedlich vorgequetscht. Richtwerte für den Gewindekernloch-Durchmesser sind in DIN 336 mit Größt- und Kleinstmaß festgelegt. Als Werkstoffe, die wenig vorquetschen, sind zu nennen: Gußeisen, Bronze, Messing, harte Kupferlegierungen und Magnesium. Werkstoffe, die stark vorquetschen, sind: Stahl und Stahlguß, Temperguß, Zinklegierungen und Preßstoffe. Aluminiumlegierungen können wenig oder auch viel vorquetschen.

Die Schnittgeschwindigkeiten sind gering, da die ganze Zerspanbarkeit von den wenigen Anschnittzähnen geleistet wird. Außerdem kann man durch höhere Geschwindigkeit die Zeit zum Schneiden eines Gewindes nur unwesentlich verringern. Je höher die Geschwindigkeit ist, um so mehr schneidet der Bohrer auf.

Richtwerte: Werkzeugstahl-Gewindebohrer 5—10 m/min
Schnellstahl-Gewindebohrer 10—20 m/min

Von großer Bedeutung ist die Länge des Anschnittes. Bei Sacklöchern wird der Anschnitt durch die Eigenart der Löcher bestimmt, da die Fertigschneide bis auf den Grund ausschneiden soll. Bei Durchgangslöchern ist für tiefe Löcher der kurze Anschnitt richtig. Der lange Anschnitt kann nicht verwendet werden, weil das Drehmoment zu stark ansteigt.

Ein Bohrer M 12 benötigt bei einem Anschnitt von 7,5 mm Länge und Schneide von Stahl von 60 kg/mm² Festigkeit ein Drehmoment von 150 cmkg. STOEWER hat nach der Formel $M_d = 0{,}55\, D^{2,8}$ die Kurve des Bruchmomentes für Gewindebohren aufgestellt. Hieraus ergibt sich, daß der Bohrer für die vorstehend genannten Zerspanungsverhältnisse ein Drehmoment bis zu 600 cmkg aufnehmen kann. Es besteht also bei 150 cmkg genügend Sicherheit gegen Bruch.

Bei einer Vergrößerung des Spanwinkels γ von 0° auf 18° sinkt das Drehmoment um etwa 15%.

Richtwerte: Messing-Bronze $\gamma = 0—5°$
Stahl über 70 kg/mm²
Hartes Gußeisen
Stahl bis 70 kg/mm² $\gamma = 5—10°$
Gußeisen bis 200 Brinell
Längsspanende Leichtmetalle $\gamma = 20—30°$

Geschliffene oder geschnittene Gewindebohrer.

Bei Bohrern aus Werkzeugstahl beträgt der Anteil der geschnittenen Bohrer 86% und der geschliffenen 14%. Bei Schneidstahlbohrern ist es fast umgekehrt. Anteil an geschliffenen Bohrern 92%, an geschnittenen 8%.

Dies ist so zu erklären: Für normale Arbeitsvorgänge genügt die Genauigkeit der geschnittenen Werkzeugstahlbohrer, da die Toleranzen nach DIN-Mittel verlangt werden. Die geschliffene Ausführung kommt nur dort in Frage, wo größere Genauigkeit verlangt wird. Bei Schnellstahlwerkzeugen ist der Härtevorzug größer, der dann durch Schleifen beseitigt wird.

3. Das Gewindeschleifen.

Das Gewindeschleifen wird in zunehmendem Maße angewendet, wenn an die Oberflächengüte und Genauigkeit große Ansprüche gestellt werden.

Das Gewindeschneiden und Gewindefräsen. 169

Man unterscheidet zwischen Ein- und Mehrprofilscheiben. Mit den Einprofilscheiben wird ein Gang des Gewindes fortlaufend geschliffen. Mit den Mehrprofilscheiben werden mehrere Gänge gleichzeitig in etwas mehr als einer Werkstückumdrehung fertiggestellt.

Die Profilierung der Schleifscheiben erfolgt durch die an der Maschine angebaute Abziehvorrichtung. Die Einprofilscheiben werden durch Diamanten beiderseitig abgezogen und profiliert.

Mehrprofilscheiben werden dadurch profiliert, daß ein umlaufendes Werkzeug aus gehärtetem Stahl, welches ein entsprechendes Gegenprofil hat, in die Scheibe hineingedrückt wird. Hierbei wird das Profil aus der Scheibe herausgearbeitet. Das Werkzeug wirkt bei geringer Drehzahl drückend, so daß der Verschleiß gering bleibt.

Je geringer die Steigung des Gewindes ist, desto härter und feinkörniger muß die Schleifscheibe sein, damit das Profil möglichst lange hält.

4. Das Gewindefräsen.

Die gefrästen Gewinde lassen sich gegenüber den anderen Herstellungsverfahren schneller und billiger herstellen. Das kommt daher, daß immer viele Schneiden ein Eingriff sind und die Standzeit ein vielfaches des Gewindestahles beträgt.

Man unterscheidet die Herstellung von Kurzgewinden mit walzenförmigen Fräsern und Langgewinden mit scheibenförmigen Fräsern.

Im ersten Falle kann man Innen- und Außengewinde sowie Rechts- und Linksgewinde schneiden. Das Gewinde wird in einem Arbeitsgang während $1^1/_6$ Werkstückumdrehung gleich über der ganzen Länge fertiggefräst.

Die Schnittgeschwindigkeit wird durch den zu schneidenden Werkstoff bestimmt. Die Vorschubgeschwindigkeit hängt dagegen von der Gewindesteigung und -breite ab.

Es werden nachstehende Werte empfohlen:

Tabelle 42. *Schnittgeschwindigkeit und Vorschub für Kurzgewindefräser.*

Werkstoff des Werkstückes	Schnittgeschwindigkeit m/min für Steigungen bis 3 mm	Vorschub mm/min
Stahl bis 50 kg/mm^2	20— 35	40—70
Stahl bis 85 kg/mm^2	15— 25	30—50
Stahl bis 110 kg/mm^2	8— 14	15—25
Gußeisen	15— 25	40—70
Bronze Messing	40— 70	50—70
Leichtmetalle	140—200	50—70

170　Die einzelnen Zerspanungsarten.

Das Langgewindefräsen wird zur Herstellung langer Gewinde mit groben steilgängigen Formen (Trapezgewinde, Schneckengewinde usw.) benutzt. Die Langgewindefräsmaschine hat zur Bewegung des Frässupportes eine Leitspindel. Bei größeren Genauigkeitsansprüchen wird der Arbeitsgang in mehrere Schnitte unterteilt.

Die Schnittgeschwindigkeiten sind die gleichen wie bei Kurzgewindefräsen. Dieser Vorschub ist abhängig von Arbeitsgang und vom Durchmesser.

Tabelle 43. *Vorschub beim Langgewindefräsen.*

Werkstoff des Werkstückes	Arbeitsgang	Vorschub mm/min für eine Gewindesteigung			
		bis 10 mm	10 bis 20	20 bis 35	über 35 mm
Stahl bis 50 kg/mm²	Grobschnitt	40—70	30—40	20—30	20
	Feinschnitt	30—45	20—30	15—25	15
	Fertigfräsen in einem Schnitt	20—30	15—25	10—15	
Stahl von 110 kg/mm²	Grobschnitt	14—20	10—15	8—12	8
	Feinschnitt	10—14	8—12	5—8	5
	Fertigfräsen in einem Schnitt	8—12	—	—	—

K. Das Räumen.[1]

1. Begriff und Bedeutung des Räumens.

Unter Räumen versteht man ein Arbeitsverfahren, bei dem ein Werkzeug mit hintereinander angeordneten gleichartig geformten Schneidzähnen an einem Werkstück eine beliebige Form erzeugt. Dabei heben die Schneidzähne nacheinander je einen feinen Span ab.

Es erübrigt sich also eine besondere Vorschubbewegung, wie sie sonst immer notwendig ist.

Die wirtschaftliche Anwendung des Räumens als zerspanendes Bearbeitungsverfahren liegt vor allem auf dem Gebiete der Mengenfertigung, da schon von vornherein durch das Werkzeug die Gestalt, Form, Abmessung, Maßgenauigkeit und Oberflächengüte des Werkstückes bestimmt werden kann.

2. Innen- und Außenräumen.

Man unterscheidet je nach dem Arbeitsvorgang, ob die Form im Innern oder an der Außenseite des Werkstückes herausgearbeitet wird,
　a) Das Innenräumen,
　b) das Außenräumen.

---

[1] Vgl. auch Werkstattbücher, Heft 26: A. SCHATZ, Innenräumen, 3. Aufl. 1951, und Heft 80: A. SCHATZ, Außenräumen, Berlin: Springer 1940.

Das Räumen. 171

Beim Innenräumen bleibt das vorgebohrte Werkstück stets fest eingespannt, während das Räumwerkzeug durch die Bohrung gezogen wird. Der Räumvorgang soll möglichst zu Beginn der Arbeitsprozesse erfolgen, da sich die Räumwerkzeuge nicht genau zentriert in der Bohrung führen. Die Fertigbearbeitung des Werkstückes ist daher erst nach dem Räumen durchzuführen.

Beim Außenräumen unterscheidet man zwei Bewegungsarten:

Das Werkstück wird festgehalten, und die Räumnadel wird an der Außenseite des Werkstückes vorbeigezogen.

Die Räumnadel steht fest, und das Werkstück wird an dieser entlanggezogen. Daneben wendet man oft hohle Räumnadeln mit Innenschneiden an, bei denen das Werkstück durch die Bohrung des Räumwerkzeuges gezogen wird.

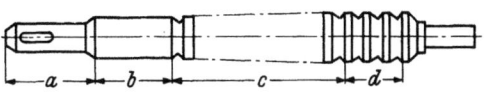

Abb. 96. Aufbau einer Räumnadel für Innenräumen.

1. *Aufbau der Räumwerkzeuge* (Abb. 96). An jedem Räumwerkzeug sind grundsätzlich 4 Teile zu unterscheiden:

a) Schaft,
b) Hals- oder Führungsteil,
c) Schneidenteil,
d) Schlicht- oder Kalibrierteil.

Der schneidende Teil „c" nimmt die eigentliche Zerspanungsarbeit vor. Es müssen mindestens 3—4 Zähne gleichzeitig im Schnitt sein, um einen ruhigen Gang des Werkzeuges sicherzustellen. Hierbei ist naturgemäß auch die Dicke des Werkstücks von Einfluß.

Der Teil „d" ist der sog. Kalibrierteil, mit dem das fertige Profil maßhaltig bearbeitet wird (Gesamtspantiefe max 10 μ).

2. *Form der Zähne* (Abb. 97). Die Form des Schneidzahnes wird bestimmt durch den Spanwinkel γ, der Fasenbreite f, dem Freiwinkel α und dem Neigungswinkel λ. Große Spanwinkel ergeben kleinen Kraftbedarf, gute Oberfläche, aber geringe Schneidhaltigkeit. Weiterhin ist der Einfluß des Werkstoffes auf den Spanwinkel von Bedeutung. Je zäher ein Werkstoff ist, um so größer ist der Spanwinkel zu wählen. Die nachstehende Tabelle enthält einige Erfahrungswerte für die Wahl des Spanwinkels.

Die Fase am Räumzahn soll die Widerstandsfähigkeit der Schneide erhöhen und die Oberfläche verbessern. Mit der Größe der Fase steigt die Schnittkraft.

Der Freiwinkel hat nur geringen Einfluß auf den Zerspanungsvorgang. Er soll aber möglichst klein gehalten werden, um die Widerstandskraft des Zahnes nicht unnötig zu schwächen. Zweckmäßige Größe des Freiwinkels etwa 2—5°.

11a*

Die einzelnen Zerspanungsarten.

Tabelle 44. *Werte für die Spanwinkel beim Räumen.*

Werkstoff	Spanwinkel für Schruppen	Schlichten	Fasenbreite *f* mm
Grauguß	6°	10°	0,3—0,5
Stahlguß	10°	12°	0,4—0,6
Temperguß	8°	10°	0,5—0,8
Stahl, weich	15°	18°	0,7—1,0
Stahl, hart	12°	15°	0,5—0,7
Messing		10°	0,6—0,8
Duraluminium Hydronalium	10—15°	12—18° je nach Aushärtungszustand	0,8—1,2
Silumin	20°	25°	0,5—0,8
Elektron	10°	10°	1,0—1,5

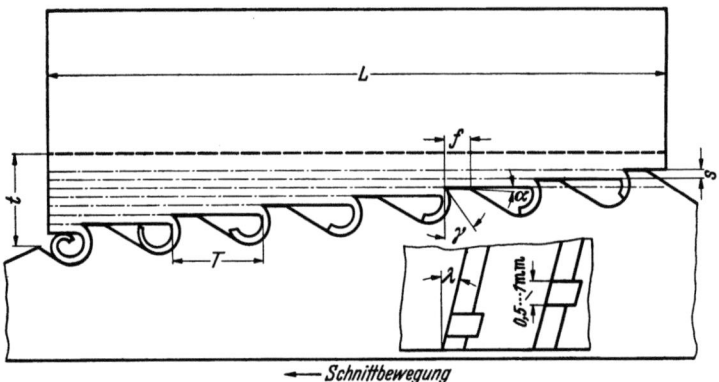

Abb. 97. Gestaltung der Räumwerkzeuge.

Zur Herabsetzung der Kraftschwankungen beim Ein- und Austritt der Schneide am Werkstück werden die Schneiden um den Winkel „λ" gegen die Bewegungsrichtung angeordnet (s. Abb. 97). Man nimmt meist einen Neigungswinkel bis zu 30°.

Die Zahnlücke, die zur Aufnahme des Spanes dient, soll außerdem vor allem bei zähen Werkstoffen dem Span einen guten Abfluß an der Schneidbrust ermöglichen. Die Form der Zahnlücke bei spröden Werkstoffen braucht dieser letzten Forderung nicht zu entsprechen. Es genügt, wenn neben einem großen Spanraum eine günstige Nachschliffmöglichkeit gegeben ist. Spanbrechernuten sollen verhindern, daß sich die Späne an den Wänden der Nuten reiben oder sich festsetzen.

Werkstoff der Räumnadeln. Je nach der geforderten Leistung wählt man für das Räumzeug
   a) Einsatzstähle,
   b) legierte Werkzeugstähle,
   c) Hartmetall.

Das Räumen. 173

Für niedrige Stückzahlen nimmt man meist Einsatzstähle mit höchstens 0,2% C. Die Verwendung von Einsatzstahl hat den Nachteil, daß die harte Schicht durch das Nachschleifen der Zähne schnell abgetragen wird, so daß eine neue Wärmebehandlung notwendig ist.

Für höhere Ansprüche wählt man legierte Werkzeugstähle mit einem C-Gehalt von 1,5—2% C, 12% Cr und Zusätzen von Wolfram und Vanadium. Hierbei entfällt die Wärmebehandlung nach dem Aufarbeiten der stumpfgewordenen Räumnadeln, da sie über dem ganzen Querschnitt hart sind.

Über die Erfahrungen der Verwendung von Hartmetall für Räumnadeln läßt sich noch kein abschließendes Urteil fällen.

3. Kräfte und Schnittgeschwindigkeiten beim Räumen.

Beim Räumen treten wie bei keinem anderen Bearbeitungsverfahren große Kräfte auf, die bei großen Querschnitten bis zu 50 t anwachsen können. Die Räumkraft P (s. Abb. 98) hat den Schnittwiderstand H und den Rückdruck R zu überwinden. Bei schrägverzahnten Werkzeugen tritt noch die seitlich wirkende Kraft S auf. Nach bisherigen Erfahrungen beträgt diese etwa 30—70% der Räumkraft P.

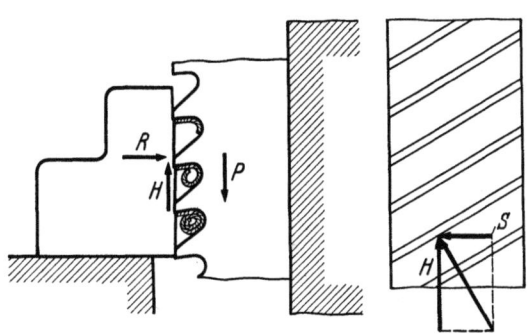

Abb. 98. Schnittkräfte am Räumwerkzeug.

Die Schnittgeschwindigkeit richtet sich allgemein nach der Spanstärke, Nutentiefe und Festigkeit des Werkstoffes. Man rechnet meist mit

Tabelle 45. *Schnittgeschwindigkeiten beim Räumen.*

Werkstoff	Festigkeit kg/mm²	Schnittgeschwindigkeit m/min
Gußeisen	bis 35	1,7—2,0
Stahl	bis 60	1,5—1,7
Stahl	bis 85	1,4—1,6
Chrom-Nickelstahl	bis 110	1,2—1,4
	über 110	0,8—1,2
Temperguß, Stahlguß	bis 45	1,7—2,0
Messing	bis 50	1,7—2,0
Alu-Gußleg.	17—40	3,0—4,5
Alu-Knetleg.	30—50	2,0—3,5

174 Die einzelnen Zerspanungsarten.

einer Schnittgeschwindigkeit $v = 1-4$ m/min. Bei den hohen Schnittgeschwindigkeiten muß für ausreichende Kühlung und Schmierung gesorgt werden. Richtlinien für erprobte Schnittgeschwindigkeiten siehe Tab. 45.

Schrifttum.

SCHATZ, A., Außenräumen. Werkstattbücher Heft 80 (1940).
MAUER, K., Betriebliche Maßnahmen zur besseren Ausnutzung der Räumwerkzeuge. Masch.-Bau-Betrieb Bd. 21 (1942) Heft 8, S. 327—331.
STEHLE, E., Das Räumen. Z. VDI Bd. 82 (1938) Nr. 14, S. 407—414.
SCHATZ, A., Innenräumen. 3. Aufl. des vorher von L. KNOLL † bearb. Heftes. Werkstattbücher Heft 26 (1951).

L. Das Schleifen.[1]

1. Allgemeines über das Schleifen.

Das Schleifen ist ein spanabhebender Vorgang, bei dem durch die scharfen Kanten einer Vielzahl kleiner Körner ganz feine Spänchen abgehoben werden. Trotz der Feinheit der Späne werden bei Verwendung neuzeitlicher Maschinen beachtliche Spanleistungen erzielt.

Die Versuche über den Schleifvorgang sind nicht sehr zahlreich, aber aufschlußreich. Außerdem liegen eine Menge praktischer Versuchsergebnisse vor, aus denen sich gute Richtlinien ableiten lassen.

Die große Entwicklung der Schleiftechnik begann mit der Erfindung des Siliziumkarbides und des Elektrokorunds.

Das Siliziumkarbid dient zum Schleifen von Hartmetall, Gußeisen, Temperguß, Leichtmetall und allen nicht metallischen Werkstoffen.

Die Schleifwerkzeuge aus Elektrokorund werden für gehärteten und ungehärteten Stahl benutzt.

Es ist sehr wichtig, bei der Verwendung der Schleifscheiben zu wissen, daß es sehr schwierig ist, gleichmäßige Fabrikate zu bekommen. Dies hat seinen Grund in der Ungleichmäßigkeit des Ausgangsmaterials, der Formgebung, des Brennens (etwa 90% aller Scheiben sind keramisch gebunden) und der

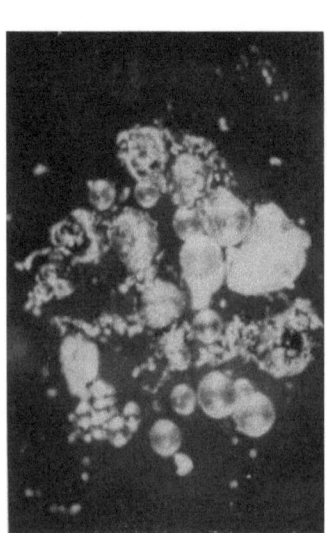

Abb. 99. Bei hohen Schleiftemperaturen geschmolzene keramische Bindung (nach OPITZ).

---

[1] Vgl. auch Heft 5 der Werkstattbücher: O. WERKMEISTER, Das Schleifen und Polieren der Metalle. 4. Aufl. Berlin: Springer 1947.

Arbeitsbedingungen. Die Temperaturen, die an der Schleifstelle entstehen, sind bedeutend höher als im allgemeinen angenommen wird. Die Arbeiten von OPITZ haben ergeben, daß das keramische Bindemittel bei entsprechenden Schleifbedingungen schmilzt und sich nach der Abkühlung zu kleinen Schmelzkugeln formt (Abb. 99).

2. Zusammenhang zwischen Schnittdruck und Schnittgeschwindigkeit beim Schleifen.

Es sind grundsätzlich Scheiben mit möglichst feinem Korn zu benutzen, da sie eine größere Anzahl schneidender Kanten haben und damit die Menge der abgehobenen Späne vergrößern. Sie erzeugen im Schnitt auch eine geringe Temperatur und weniger tiefe Schleifspuren. Damit wird aber die nachfolgende Operation erheblich abgekürzt.

Die Scheibengeschwindigkeit und die des zu schleifenden Werkstücks sind von besonderem Einfluß.

Die Schnittdrücke, die an der Zerspanungsstelle entstehen, müssen größenordnungsmäßig dicht an der oberen Grenze der Widerstandskraft der Bindung und des Kornes liegen.

Eine Zunahme des Druckes wird die Körner ausbrechen lassen, und die Scheibe wird weicher wirken.

Eine Herabminderung des Druckes wird eine Abstumpfung und ein Glänzen der Schleifkörner zur Folge haben. Die Scheibe wirkt härter.

Hieraus ist also die Nutzanwendung zu ziehen, daß man bei einer unzulässigen Änderung der Schnittdrücke entweder eine ungenügende Schneidleistung hat oder der Schleifscheibenverbrauch zu hoch wird.

Da die Schnittkraft in der Hauptsache durch das Verhältnis zwischen Scheibengeschwindigkeit und Werkstückgeschwindigkeit bestimmt wird, muß hier das Optimum gesucht werden.

Es gelten folgende Regeln für das Verhältnis der Geschwindigkeit zwischen Werkstück und Schleifscheiben. Wenn sich die Geschwindigkeit des Werkstückes gegenüber der der Schleifscheibe vergrößert, werden die Schnittdrücke größer. Die Körner werden ausgebrochen, die Scheibe wirkt weicher.

Wenn die Scheibengeschwindigkeit steigt gegenüber dem Werkstück, werden die Schnittdrücke geringer, und die Scheibe wirkt härter.

Nach diesen Regeln läßt sich, wenn spezielle Erfahrungen fehlen, durch einige Versuchsschliffe das günstigste Verhältnis finden. Es kommen auch Einflüsse, wie Größe des Vorschubes, Härte des Werkstoffes, die Korngröße usw., hinzu.

Bei größeren Vorschüben wählt man härtere Bindungen als umgekehrt. Harte Werkstoffe verlangen weiche Scheiben. Bei abnehmender Korngröße wirkt die Scheibe von sich aus härter.

Da die Schleifscheiben im Gebrauch ihren Durchmesser verringern, muß man die dadurch bedingten Änderungen der Schleifeigenschaften erkennen und für den Betrieb nutzbar machen.

Nach der vorstehenden Regel wird, wenn die Geschwindigkeit des Werkstückes konstant bleibt, die Scheibe bei abnehmendem Durchmesser weicher wirken. Um einen unzulässigen Scheibenverbrauch zu vermeiden, muß man die Werkstückgeschwindigkeit oder die Scheibengeschwindigkeit erhöhen. In der Praxis wird man auch verschiedene Werkstückdurchmesser mit verschiedenen Scheibendurchmessern miteinander so abstimmen, daß die Relativgeschwindigkeit in einem günstigen Verhältnis bleibt.

Tabelle 46. *Umfangsgeschwindigkeiten für die einzelnen Schleifarten.*

Schleifart	Werkstoff	Umfangsgeschwindigkeit m/s
Außenschleifen	Stahl	30
	Grauguß	25
	Hartmetall	8
	Zinklegierungen und Leichtmetall	35
Innenschleifen	Stahl	25
	Grauguß	25
	Hartmetall	8
	Zinklegierungen und Leichtmetall	20
Flachschleifen	Stahl	25
	Grauguß	20
	Hartmetall	8
	Zinklegierungen und Leichtmetall	25
Werkzeugschleifen	Stahl	25
	Hartmetall	22 (Handschleifen)
	Hartmetall	12 (Maschinenschl.)
Trennschleifen	Nichteisenmetalle, Stahl, Grauguß, Kunststoffe	45—80[1]
Abgraten	Grauguß	30
	Stahl	30—40[1]

Darüber hinaus soll aber den Betrieben auch noch ein Anhaltspunkt gegeben werden, welche Schleifkörper nach Schleifmittel, Körnung und Härte für die verschiedenen Schleifarbeiten, getrennt nach Werkstoffen auf Grund der praktischen Erfahrung, gewählt werden (Tab. 47).

---

[1] Grenzwert, Bindung Ba und Gu.

Das Schleifen.

Tabelle 47. *Richtwerte für Auswahl der Schleifscheiben für verschiedene Werkstoffe und Schleifarten.*

Außenschleifen (Maschinenschleifen).

Werkstoff	Schleifscheibendurchmesser		
	bis 350 mm	über 350 mm bis 450 mm	über 450 mm bis 600 mm
Einsatz- und Werkzeugstähle, einfach und mehrfach legierte Stähle, gehärtet, Härte bis 63 H Rc	EK 60 L	EK 50 L	EK 46 L
Einfach und mehrfach legierte Stähle, gehärtet und vergütet, Härte über 63 H Rc	EK 60 K	EK 50 K	EK 46 K
Schnellarbeitsstahl, gehärtet, Härte bis 63 H Rc	EK 60 Jot	EK 50 Jot	EK 46 K
Schnellarbeitsstahl, gehärtet, Härte über 63 H Rc	EK/SC 60 I	EK/SC 50 I	EK/SC 46 I
Hartmetall	SC 80 H	SC 60 H	—
Stahl, ungehärtet bis 70 kg/mm² Zugfestigkeit	NK 60 M	NK 50 M	NK 46 M
Stahl, vergütet bis 120 kg/mm² Zugfestigkeit	NK 60 L	NK 50 L	NK 46 L
Grauguß	SC/EK 60 I	SC/EK 50 Jot	SC/EK 46 Jot
Zinklegierungen und Leichtmetalle	SC 60 I[1]	SC 46 I[1]	SC 46 I[1]

Innenschleifen (Maschinenschleifen).

Werkstoff	Schleifscheibendurchmesser			
	bis 16 mm	über 16 mm bis 36 mm	über 36 mm bis 80 mm	über 80 mm bis 125 mm
Einsatz- und Werkzeugstähle, einfach und mehrfach legierte Stähle, gehärtet, Härte bis 63 H Rc	EK 80 L	EK 60 K	EK 46 Jot	EK 46 I
Einfache und mehrfach legierte Stähle, gehärtet, Härte über 63 H Rc	EK 80 K	EK 60 Jot	EK 46 I	EK 46 H
Stahl, ungehärtet bis 70 kg/mm² Zugfestigkeit	NK 80 M	NK 60 L	NK 46 K	NK 46 Jot
Stahl, vergütet bis 120 kg/mm² Zugfestigkeit	EK 80 L	EK 60 L	EK 46 Jot	EK 46 I
Grauguß	SC 80 K	SC 60 Jot	SC 46 I	SC 36 H

[1] Kunstharzbindung. Schleifwerkzeuge, Bezeichnung s. DIN 69100.

Auf Seite 176 ist noch eine Zusammenstellung von Richtwerten gegeben, um die Umfangsgeschwindigkeit für die einzelnen Werkstoffe richtig zu wählen (Tab. 46).

Flachschleifen (Maschinenschleifen).

Werkstoff	Schleifscheibendurchmesser			Segmente
	Gerade Schleifsch. bis 200 mm ⌀	Topfschleifscheibe bis 200 mm ⌀	über 200 bis 350 mm ⌀	
Einsatz- und Werkzeugstähle, einfach und mehrfach legierte Stähle, gehärtet, Härte bis 63 H Rc	EK 46 Jot	EK 36 Jot	EK 30 Jot	EK 30 Jot
Einfach und mehrfach legierte Stähle, gehärtet, Härte über 63 H Rc	EK 46 I	EK 36 I	EK 30 I	EK 30 I
Schnellarbeitsstahl, gehärtet, Härte bis 63 H Rc	EK 46 G	EK 46 G	EK 36 G	EK 30 I
Schnellarbeitsstahl, gehärtet, Härte über 63 H Rc	EK 46 G	EK 46 G	EK 36 G	EK 30 H
Hartmetall	SC 60 G	SC 60 G	SC 50 G	SC 50 H
Stahl, ungehärtet, bis 70 kg/mm² Zugfestigkeit	EK NK 46 K	EK NK 46 K	EK NK 36 K	EK NK 24 K
Stahl, vergütet, bis 120 kg/mm² Zugfestigkeit	EK 46 I	EK 46 I	EK 36 I	EK 24 Jot
Grauguß	EK SC 46 I	EK SC 46 I	EK SC 36 I	EK SC 30 Jot
Zinklegierungen und Leichtmetalle	SC 36 I[1]	SC 36 I[1]	SC 24 I[1]	SC 20 I[1]

Es ist nun noch von Interesse, wie sich die verbrauchten Mengen Schleifstoffe auf die einzelnen Qualitäten verteilen. Es liegt eine gute amerikanische Statistik für die Jahre 1927—1931 vor. Zu dieser Aufstellung sind die technischen Schleifmittel in drei Gattungen eingeteilt:

1. Metallschleifmittel, man bezeichnet damit granulierten Stahl, der in Form von Schrotkugeln anfällt und als Hilfsmittel beim Schneiden und Bohren von Stein benutzt wird (s. S. 300).

2. Schleifmittel aus Siliziumkarbid.

3. Schleifmittel aus Korund.

---

[1] Kunstharzbindung.

Das Schleifen.

Tabelle 48. *Richtwerte für die Auswahl der Schleifscheiben für das Werkzeugschleifen.*

Form der Scheibe	Schleifscheibendurchmesser mm	mm	mm	DIN 69149	Werkzeugstahl	Schnellarbeitsstahl	Hartmetall
A	80 150	100 175 250	125 200	(früher DIN 181)	EK 80 L EK 60 K EK 46 Jot	EK 80 K EK 60 Jot EK 46 Jot	SC 100 I SC 80 I SC 70 I
B BH	80 150	100 175 250	125 200	(früher DIN 181, DIN 185)	EK 80 K EK 60 K EK 46 Jot	EK 80 Jot EK 60 Jot EK 46 I	SC 100 I SC 80 I SC 70 I
C	80 150	100 175 250	125 200	(früher DIN 182)	EK 80 L EK 60 L EK 46 K	EK 80 K EK 60 K EK 46 K	SC 100 I SC 80 I SC 70 I
D	50 100	63 125	80 150	(früher DIN 182)	EK 80 K EK 60 K	EK 80 Jot EK 60 Jot	SC 100 I SC 80 I
E	50 100	63 125	80 150	(früher DIN 183)	EK 80 K EK 60 K	EK 80 Jot EK 60 Jot	SC 80 Jot SC 60 I
F	100×6 150×10	100×10 150×15 175×25	150×6 175×20	(früher DIN 183)	EK 80 K EK 80 K EK 60 K	—	—
G	150 250	175 300	200 350 / 225	(früher DIN 184)	NK 60 M NK 46 N	EK 60 M EK 46 N	—
Gerade Schleifscheiben für Umfangsschleifen bis 500 mm ⌀				DIN 69120	NK 30 P NK 46 M	EK 36 O EK 46 L	—
Gerade Schleifscheiben für Umfangsschleifen zum Schleifen der Spanstufe bis 300 mm ⌀				DIN 69120	—	—	SC 120 L
Topfschleifscheiben od. Schleifzylinder für Seitenschleifen bis 350 mm ⌀				—	NK 24 L NK 30 L	EK 24 K EK 36 K	—

Tabelle 49. *Richtwerte für das Abgraten* (Putzen).

Werkstoff	Handschleifmasch. Scheibendurchm. bis 200 mm		Ständerschleifmaschinen Scheibendurchm. bis 400 mm	Scheibendurchm. über 400—750 mm	Pendelschleifmasch. Scheibendurchm. 300 bis 600 mm	
	$v = 30$ m/s	$v = 45$ m/s	$v = 30$ m/s	$v = 45$ m/s	$v = 30$ m/s	$v = 45$ m/s
Stahl und Stahlguß	NK 20 Qu	NK 16 R[1]	NK 20 Qu NK 16 R[1]	NK 14 R	NK12Qu[1] NK16Qu[1]	NK 12 R[1]
Schweißnähte	NK 24 P	NK20Qu[1]	NK 24 P NK 20 Qu[1]	NK 16 R	NK14Qu[1] NK 20 P	NK14Qu[1]
Grauguß, Messing Bronze	SC 16 R SC 20 R	—	SC 20 R — SC 24 Qu	SC 14 S SC 16 S	SC 12 R SC 14 R	—
Leichtmetall	EK 36 M[2] NK 36 O[1]	—	EK 36 N[2] — NK 36 P[1]	EK 30 N[2] NK 30 O[1]	—	—

[1] Kunstharzbindung.
[2] Scheibe mit Füllung.

Jahr	Metallschleifmittel short tons	Siliziumkarbid short tons	Verwendungszweck	Korund short tons	Verwendungszweck
1927	13364	26289	Grauguß Hartmetall Glas Porzellan	50973	Stahl Stahlguß Temperguß
1928	18466	22162		59103	
1929	23789	30309		72614	
1930	16428	22008		46465	
1931	11105	8193		25070	

Diese Aufstellung ist sehr aufschlußreich. Zunächst ist der Verbrauch an Metallschleifmitteln sehr bedeutend, wohl in erster Linie durch die Erdölbohrungen. Der Verbrauch an Siliziumkarbid ist etwa die Hälfte dessen, was an Korund verbraucht wird. Dies entspricht auch ungefähr dem Anteil, den die mit diesen Schleifstoffen zu schleifenden Werkstoffe am Umsatz haben. Die Zahlen geben auch ein Spiegelbild der wirtschaftlichen Lage. Bei schlechtem Geschäftsgang wird weniger Stahl erschmolzen und dementsprechend auch weniger geschliffen.

M. Das Trennschleifen.

Trennscheiben sind dünne, nur wenige Millimeter starke, vollständig aus Schleifmittelmasse bestehende Scheiben.

Das Trennschleifen ist etwa im Jahre 1928 von Amerika übernommen worden. Die kurzen Schnittzeiten und die gute Schnittfläche sichern dem Verfahren eine ausgedehnte und rationelle Anwendung[1].

Die mit hoher Geschwindigkeit umlaufende Schleifscheibe wirkt wie eine Säge mit vielen unendlich feinen Zähnen. Die Scheibenbreite ist sehr gering, um zu große Schnittverluste zu vermeiden. Die Schleifscheibe muß bruchfest sein, große Freischnittwirkung, verbunden mit geringer Abnutzung, haben. Es darf keine Verfärbung der zu trennenden Werkstücke eintreten.

Die nachfolgende Tabelle gibt einen Überblick über die Zusammensetzung und Anwendungsgebiete der Scheiben.

Als allgemeine Regel kann man auch hier sagen, daß man weiche Werkstoffe mit harten Scheiben und harte Werkstoffe mit weichen Scheiben trennen soll. Eine große Härte wird durch einen größeren Anteil an Bindemittel erreicht.

Als Bindemittel werden Schellack, Kunstharz (Bakelit) und Gummi verwendet.

---

[1] PAHLITZSCH, G., Trennschleifen mit tangentialem Vorschub. Schleif- und Poliertechnik 18 (1941) S. 1.

Das Trennschleifen.

Tabelle 50.
Zusammenstellung der Arten der Trennscheiben und der zu trennenden Werkstoffe.

Art der Scheiben	Zu trennender Werkstoff	Durchmesser der Scheiben mm	Scheibenbreite mm
Normalkorund	Stahl und Nichteisenmetalle	300 400	2,5 3,8
Siliziumkarbid	Glas, Porzellanpreßstoff, Hartgummi, Stein	300 400	2,5 3,8
Diamantscheiben	Hartmetall, Quarz	250	0,41

Als Richtlinie für die Verwendung der verschiedenen Bindungsarten gilt die nachfolgende Zusammenstellung, ohne daß damit ein starres Rezept gegeben werden soll.

Bindung	Zu trennender Werkstoff	Scheibenbreite mm
Schellack (weiche Scheiben)	Stahl mit hohem C-Gehalt, Hartmetalle, Schnellarbeitsstahl, abgebrochene Spiralbohrer, Proben für metallographische Untersuchungen	2,5—3,8
Kunstharz (Bakelite)	Stähle aller Art sonstige Werkstoffe	2,5—3,8
Gummi	Aufschlitzen von Schreibfedern Trennen von Wolframstäben und Glasröhren	0,1—0,15 0,5—0,6 0,7—1,2

Die gummigebundenen Scheiben werden mit einem kleinsten Durchmesser von 30 mm und einer Dicke von 0,1 mm hergestellt.

Die Scheibengeschwindigkeit ist durch die Beanspruchung aus der Fliehkraft bedingt. Bei den Trennscheiben trifft beim Trennen von Stahl die höchstzulässige Geschwindigkeit mit der geeignetsten Arbeitsgeschwindigkeit zusammen. Metalle werden mit 80 m/s und nichtmetallische Stoffe mit 50 m/s getrennt.

Der Kraftbedarf ist durch den großen Vorschub, der wieder die kurzen Trennzeiten bedingt, sehr groß:

bis 30 mm ⌀   7,5—10 PS
30—40 mm ⌀   10 —15 PS
40—60 mm ⌀   15 —20 PS

Die Schnittzeit für die entsprechenden Durchmesser ergibt sich wie folgt:

⌀   10   20   30   40   50 mm
Trennzeit   1,0   1,5   2,5   4   6—8 Sekunden

1. Die verschiedenen Kühlverfahren.

Man unterscheidet Trockentrennen und Trennen mit Kühlflüssigkeit. Im letzteren Fall kann man die Kühlflüssigkeit wie bei jeder Schleifarbeit in einem oder zwei offenen Strahlen zuleiten. Man spricht dann von Naßtrennen. Bei besonders empfindlichen Stoffen genügt das Naßtrennen nicht, sondern man muß das „Tauchtrennen" anwenden. Bei diesem Arbeitsverfahren liegt das Werkstück vollständig unter dem Flüssigkeitsspiegel, und auch die Scheibe taucht beim Trennen darin ein. Dieses Verfahren hat den Nachteil, daß man das Werkstück unter dem Kühlmittelspiegel einspannen muß, wenn nicht eine Schwenkvorrichtung vorhanden ist. Auf der anderen Seite jedoch wird die Funkengarbe vermieden und der Schleifstaub sofort niedergeschlagen.

2. Die Gratbildung.

Die Gratbildung ist von der Härte und Schleifbarkeit des Werkstoffes abhängig. Werkstoffe mit Festigkeiten über 70 kg/mm^2 lassen sich auf jeden Fall gratfrei trennen. Zwischen 50 und 70 kg/mm^2 kann man durch geeignete Scheiben und Veränderung der Geschwindigkeit des Vorschubes auch noch Gratfreiheit erreichen. Unter 50 kg/mm^2 wird es meist nicht gelingen. Jedoch ist dieser Grat von einer solchen Beschaffenheit, daß man ihn ohne große Mühe entfernen kann.

3. Die Grenzen der Anwendbarkeit des Trennens.

Die Wirtschaftlichkeit des Trennens findet ihre obere Grenze bei 50, höchstens 60 mm Durchmesser, Vierkant oder Sechskant. Bei flachen Abmessungen bis 80, 30 mm. Für Stahl unter 50 kg/mm^2 oder Aluminium oder Kupfer bis 15 mm Stärke. Bei Rohren liegt die obere Grenze bei 90 mm und nicht zu großer Wandstärke.

Bei größeren Abmessungen wird der Kraftbedarf zu hoch, der Scheibenverschleiß zu groß und die Trennzeiten zu lang.

Man kann große Vorteile erreichen, wenn man bei stärkeren Abmessungen den zu trennenden Werkstoff auch umlaufen läßt. Es genügen Drehzahlen bis zu 10 U/min.

Man erreicht dadurch, daß infolge der geringen Wärmeentwicklung die Einhärtungstiefen auch viel geringer werden. Außerdem braucht nur der halbe Durchmesser bei Vollmaterial bzw. bei Rohren die einfache Wandstärke getrennt zu werden. Dadurch verringert sich auch der Scheibenverschleiß. Das Trennschleifen sollte wegen seiner großen Vorteile in steigendem Maße bei allen metallischen und nichtmetallischen Werkstoffen, wie z. B. Metallguß, Hartgummi, keramischen Platten usw., angewandt werden.

Tabelle 51. *Trennschleifscheiben für verschiedene Werkstoffe.*

a) Trockenschliff (Trennen).

Werkstoff	Schleifmittel	Bindung	Körnung
Kesselrohre	Aluminiumoxyd	Kunstharz	30
Gußeisen	Siliziumkarbid	,,	36
Stangen für Spiralbohrer	Aluminiumoxyd	,,	24/36/50
Stahlrohre	,,	,,	30—60
Chromnickelstahl	,,	,,	24
Schnellstahl	,,	,,	24/46/50
Stahlrohre 1,65 mm Wanddicke	,,	,,	80
Chrommolybdän-Stahlrohre	,,	,,	60—80
Schneiden und Schlitzen auf Werkzeugschleifmaschinen	,,	,,	50—60

b) Naßschliff (Trennen).

Stahl, kaltgewalzt mit niedrigem Kohlenstoffgehalt	Aluminiumoxyd	Gummi	50
Stahl, gehärtet	,,	,,	50
Schnellarbeitsstahl und Werkzeugstahl	,,	,,	60
Gezogene Stahlrohre	,,	,,	60

N. Ziehschleifen, Läppen und Feinziehschleifen (Superfinish).

Mit diesen Verfahren werden Oberflächen hoher Güte und großer Genauigkeit erzeugt. In allen Fällen handelt es sich um eine spanabhebende Formgebung, wenn auch die abgehobenen Späne noch sehr viel kleiner als beim Schleifen sind.

1. Ziehschleifen (Honen).

Das Ziehschleifen oder Honen ist ein Feinschleifverfahren für Wellen und Bohrungen. Es findet vorwiegend Anwendung zum Fertigbearbeiten von Bohrungen, z. B. von Motorenzylindern.

Die Definition des „AWF" lautet:

„Ziehschleifen ist ein Arbeitsverfahren, bei dem ein feinkörniges, gebundenes Schleifmittel mit gleichzeitiger ziehender und drehender Bewegung auf der vorbearbeiteten Fläche des Werkstückes unter Anwendung eines entsprechenden Druckes hin und her bewegt wird (Abb. 100).

Hierdurch wird eine verhältnismäßig glatte, meist nicht blanke Oberfläche erzielt. Durch Ziehschleifen kann wirtschaftlich eine Werkstoffabnahme bis zu 0,2 mm erreicht werden. Um makrogeometrische Verbesserungen zu erreichen, müssen nicht federnde Werkzeuge verwendet werden."

Als Werkzeuge dienen im Durchmesser vestellbare Ziehschleifahlen, die 3—10 Steine keramischer Bindung und feiner Körnung tragen. Die Honahlen (Werkzeughalter) sind abgestuft von etwa 20—300 mm Durchmesser und haben einen Verstellbereich von 4—20 mm.

Der Steinhalter führt in der Regel die drehende und hin und her gehende Bewegung aus. Die Umfangsgeschwindigkeit beträgt etwa 75 m/min bei 50—75 Doppelhüben/min. Harter Stahl erfordert kleinere Drehzahl und größere Hubzahl. Die Relativbewegung zwischen Werkstück und Werkzeug liegt bei 120—130 m/min. Der Schleifdruck beträgt 3,5—14 kg/cm². An der Zerspanungsstelle tritt ein Temperaturanstieg von 55—170° C auf. Gründliches Spülen ist erforderlich, um ein Zusetzen der Honsteine zu verhindern. Als Schmier- und Kühlmittel finden Schleiföle und Petroleum Verwendung.

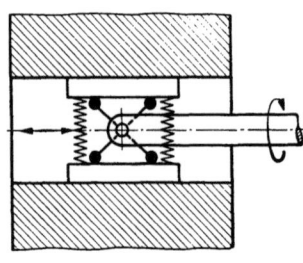

Abb. 100.
Honen (schematische Darstellung).

Eine formgenaue Vorbearbeitung des Werkstückes und geringe Zugabe (0,05—0,1 mm im Durchmesser) ist Voraussetzung. Die Mindesttiefe der zu bearbeitenden Bohrung ist ungefähr 12 mm; geringere Tiefen machen einen Führungsaufsatz erforderlich.

Das Ziehschleifen erzielt durchschnittliche Genauigkeiten von 0,01 mm. Die Oberflächengüte ist in erster Linie von Härte, Korn und Bindung der Steine abhängig. Die Formgenauigkeit der fertigbearbeiteten Werkstücke ist im wesentlichen durch die Werkzeugform bedingt.

2. Läppen.

Das Läppen ist ebenfalls eine spanabhebende Bearbeitung. Fälschlicherweise wird vielfach in der Praxis jedes Arbeitsverfahren mit Läppen bezeichnet, bei dem lose Schleifmittel verwendet werden.

Nach der Festlegung des „AWF" ist dieses Feinstbearbeitungsverfahren wie folgt definiert:

„Läppen ist ein Arbeitsverfahren, bei dem Werkstück und Werkzeug ohne zwangsläufige Führung beider Teile unter Verwendung lose aufgebrachten Schleifmittels und bei fortwährendem Richtungswechsel aufeinandergleiten.

Mit diesem Arbeitsverfahren werden entsprechend vorbearbeitete

Werkstücke so fertigbearbeitet, daß sie eine hohe geometrische Formgenauigkeit und Oberflächengüte aufweisen, wobei gleichzeitig enge Toleranzen eingehalten werden können."

Die einfachsten Werkzeuge sind Läppfeilen (flache Kupferstäbe), die wie gewöhnliche Feilen benutzt werden. Weitere Läppwerkzeuge werden aus Weißmetall, Antimon, Blei oder Grauguß hergestellt in Form von Läppfeilen oder Läpphülsen (Abb. 101).

Als Läppmittel werden vorzugsweise Chromoxyd, Polierrot, Korundstaub und in Sonderfällen Diamantkorn verwendet. Diese Materialien werden mit flüssigen oder halbflüssigen Stoffen auf Fettbasis gemischt (Mineralöle, pflanzliche und tierische Öle). Die Konsistenz des Läppmittels (Läpp-Pasten) ist dem jeweiligen Werkstoff des Werkstückes, der Umfangsgeschwindigkeit und dem verlangten Ergebnis anzupassen.

Das Läppen beseitigt Unrundheiten, Unebenheiten, Härteverzug, Passungsfehler, Vorschubmarkierungen und zum Teil die durch vorangegangene Arbeitsverfahren entstandenen Gefügestörungen.

Je nach der Form des Werkstückes findet das Außenrundläppen, Innenrundläppen, Flachläppen oder Planparallelläppen Anwendung.

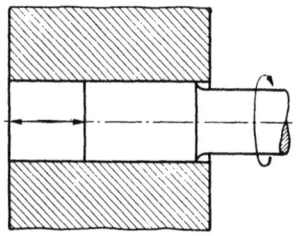

Abb. 101.
Läppen (schematische Darstellung).

Die Umfangsgeschwindigkeiten betragen bei Ringen und Dornen 10 bis 20 m/min und die Relativgeschwindigkeit zwischen Werkstück und Werkzeug bei Läppscheiben 6—30 m/min. Der Anpreßdruck beträgt etwa 2—6 kg/cm².

Die Arbeitszeit ist abhängig von den Läppzugaben, der Ausgangsrauhigkeit des Werkstückes, dem Läppmittel und dem Druck des Läppwerkzeuges. Nachstehende Tabelle zeigt einige Arbeitsbeispiele für Planparallel- und Außenrundläppen[1].

Die Läppzugabe beträgt bei bereits formgerechten Flächen 0,01 bis 0,02 mm. Zugaben bis zu 0,2 mm sind erforderlich, wenn Formverbesserungen erzielt werden sollen, hierbei wird mit gröberer Körnung vorgeläppt und mit feinem Läppmittel nachgeläppt. Die Herstellung von Flächen mit einer Planparallelität von 0,001 mm und die Einhaltung von Grenzmaßen von ± 0,005 mm bereiten keine großen Schwierigkeiten. Das Läppen ist ein Arbeitsverfahren, das die Herstellung von Flächen mit hoher Oberflächengüte und großer Formgenauigkeit und das treffsichere Einhalten enger Toleranzen ermöglicht.

---

[1] FINKELNBURG, H., Läppen, Werkstatt und Betrieb 83 (1950) Heft 1, S. 1–8.

Tabelle 52. *Werkstoffzugaben, Maßtoleranzen und Stückzeiten beim Läppen.*

Planparallelläppen.

Werkstück	Geläppte Fläche cm²	Zugabe je Fläche in mm	Geforderte und eingehaltene Toleranz (mm)	Gleichzeitig geläppte Teile	Stückzeit in sec	Läppzeit je cm² u. 0,1 mm Zugabe sec
Ring 80 Dmr. Ge	7,5	0,4	±0,006	28	18	0,6
Ring 175 Dmr. Ge	125	0,15	±0,002	5	110	0,6
Ring[1] 300 Dmr. Ge	200	0,13	±0,13	4	130	0,5
Platte[1] 28 Stahl	6	0,1	±0,0005	160	16	2,7
Platte 18 Stahl	2,5	0,1	±0,0005	140	21	8,5
Schieblehre Stahl	80	0,7	±0,003	12	360	0,65

Außenrundläppen.

Werkstück	Geläppte Fläche cm²	Zugabe Durchmesser mm	Geforderte und eingehaltene Toleranz mm	Gleichzeitig geläppte Teile	Stückzeit in sec	Läppzeit je cm² in sec
15 Dmr.×30 Stahl	14	0,05	±0,001	30	40	5,7
20 Dmr.×52 Stahl	33	0,05	±0,001	36	200	6,0
40 Dmr.×90 Stahl	112	0,01	0,25 μ Rauhigkeit	20	720	6,4
8,5 Dmr.×19 Neusilber	4,8	0,06	±0,0005	52	30	6,25

3. Feinziehschleifen (Superfinish).

In der Reihe der Feinstbearbeitungsverfahren ist das Feinziehschleifen als letztes entwickelt worden. Es ist eine Weiterentwicklung des Ziehschleifens.

Kleine, feinkörnige Schleifsteine werden mit Anpreßdrücken bis zu 2 kg/cm² Auflagefläche bei gleichzeitiger kurzer Schwinghubbewegung gegen das Werkstück gedrückt. Die Hubfrequenz beträgt 200 bis 1800 Hübe/min bei einer konstanten oder während des Arbeitsvorganges variablen Hublänge von 2—10 mm und setzt sich meistens aus verschiedenartigen Hubbewegungen zusammen (Anzahl der Bewegungen 3—12). Das Werkstück rotiert oder wird zusätzlich hin und her bewegt. Hierdurch macht jedes einzelne Schleifkorn je nach Art des verwendeten Gerätes eine einfache oder überlagerte sinusförmige Bewegung und hinterläßt auf der Werkstückoberfläche eine Kreuzschraffur (Abb. 102).

---
[1] Platten mit Hochglanz!

Die Schleifwerkzeuge haben etwa die gleichen Abmessungen wie beim Ziehschleifen. Ihre Härte ist H—J der Nortonskala bei einer Körnung von 180—600.

Die Härte der Schleifblöckchen ist unter anderem von wesentlichem Einfluß auf das erzielte Ergebnis. Grundsätzlich gilt auch beim Feinziehschleifen: weiche Werkstoffe erfordern harte Schleifkörper. HEMMINGWAY stellte für die Wahl der geeigneten Paarung von Schleifstein und Werkstoff des Arbeitsstückes nachfolgende Skala auf (s. Abb. 103).

Die Schleifkörner bestehen aus Elektrokorund bzw. Siliziumkarbid und sind vegetabilisch oder keramisch gebunden. Die Breite der Steine beträgt etwa 10—15 mm und wird ebenfalls wie die Anzahl der am Umfang arbeitenden Schleifblöckchen durch die Forderung nach guter Spülwirkung der Schleifflüssigkeit bestimmt.

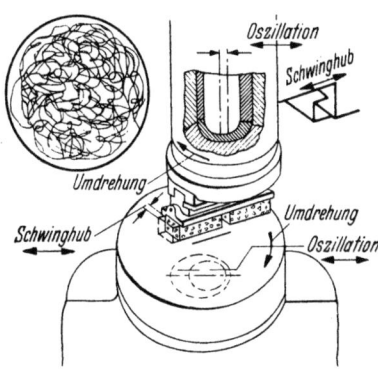

Abb. 102. Schematische Darstellung der Arbeitsweise einer Feinziehschleifmaschine für ebene Flächen (6fache Bewegung).

Als Schmiermittel kommt allgemein ein Gemisch geringer Viskosität von Petroleum (80—90%) mit Zusatzölen (Mineralölen und Fettölen) zur Anwendung. Das Schleiföl ist in seiner Viskosität auf den jeweiligen Verwendungszweck abzustimmen.

Die wichtigsten Einflußgrößen beim Feinziehschleifen sind:
Bewegung von Werkstück und Werkzeug,
Schleifdruck,
Schleiföl.

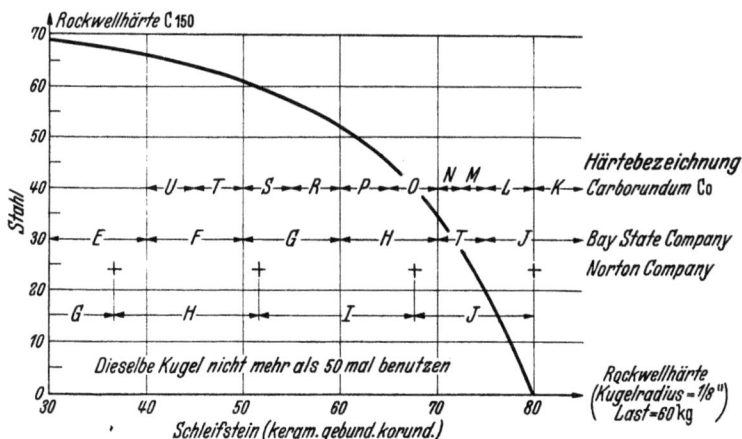

Abb. 103. Richtwerte für die Schleifsteinauswahl in Abhängigkeit von der Rockwellhärte.

Durch die ungleichförmigen und überlagerten Bewegungen greift jedes einzelne Schleifkorn das Werkstück immer wieder an anderen Stellen an. Die Bewegungsverhältnisse müssen so gewählt werden, daß während des Arbeitsvorganges das Schleifkorn möglichst spät in seine anfängliche Bahn zurückgelangt. Nachstehende Tabelle gibt für einige Arbeitsbeispiele zweckmäßige Geschwindigkeitsverhältnisse an:

Tabelle 53. *Arbeitsbeispiele für Feinziehschleifen.*

Werkstück	A Werkstückdrehzahl (U/min)	B Werkzeuggeschwindigkeit (Doppelhübe/min)	$\frac{B}{A}$
Kolben	460	240	0,52
Nocken	40	235	5,87
Kurbelwellen	135	450	3,33
Bremstrommeln	150	550	3,66
Schwungrad	175	900	5,14
Ventilkegel	950	750	0,78

Die Arbeitszeit wird durch die oben aufgeführten Einflußgrößen bestimmt. Eine Spanabnahme findet statt, wenn die Kornspitzen der Schleifkörper den Schmierfilm durchbrechen und das Werkstück berühren. Der Schmierfilm ist u. a. vom Anpreßdruck, von der Drehzahl, von der Viskosität des Schleiföles, vom Reibungskoeffizienten und von der Oberflächenrauhigkeit abhängig. Durch das Feinziehschleifen erfährt die Oberfläche des Werkstückes eine Glättung. Die damit verbundene Rauhigkeitsabnahme gibt dem Reibungskoeffizienten einen Mindestwert, bei dem sich zwischen Werkzeug und Werkstück ein Ölfilm bildet. Die Spanabnahme wird dadurch beendet und setzt erst wieder bei geänderter Arbeitsbedingung ein, z. B. bei Erhöhung des Druckes oder der Drehzahl.

Der Temperaturanstieg an der Zerspanungsstelle von maximal 0,5° C verursacht im Vergleich zum Läppen und Ziehschleifen praktisch keine Änderung der kristallinen Struktur der bearbeiteten Oberfläche. Die Bildung weicher Schichten mit zertrümmerten Kristallen, die nicht hoch belastbar sind, wird also beim Feinziehschleifen verhindert. Die Bedeutung dieses Feinstbearbeitungsverfahrens liegt in diesem Umstand und in der Erreichung hoher Oberflächengüten bei sehr kurzen Fertigungszeiten begründet. Es werden hohe Oberflächengüten mit Rauhigkeiten von 0,2—0,5 μ erreicht.

Durch spitzenloses Feinziehschleifen wird dann eine Formverbesserung erzielt, wenn die Steinbreite nahezu ein Drittel des Werkstückumfanges beträgt. (Gleichdick kleiner als 1 μ, Unrundheit kleiner als 2 μ, Verbesserung der Konizität.)

Die Fertigungszeiten betragen oft nur 30—50 Sekunden und ergeben in manchen Fällen eine 5—20fache Leistungssteigerung gegenüber dem Läppen.

Das Feinziehschleifen ermöglicht eine Bearbeitung zylindrischer, ebener und sphärischer Flächen sowie eine Bearbeitung von Bohrungen.

4. Die Kosten der Fein- und Feinstbearbeitung.

Beim Einsatz des Ziehschleifens, des Läppens und des Feinziehschleifens zur Verbesserung der Toleranzen ist naturgemäß die Kostenfrage zu berücksichtigen.

Abb. 104 zeigt, daß unterhalb einer Toleranz von 5 μ die Kosten unverhältnismäßig rasch ansteigen. Es ist daher von Fall zu Fall zu überlegen, ob die entstehenden Kosten durch die verbesserten Toleranzen gerechtfertigt werden oder ob es billiger ist, sich mit einem größeren Spiel oder einer geringeren Oberflächengüte abzufinden.

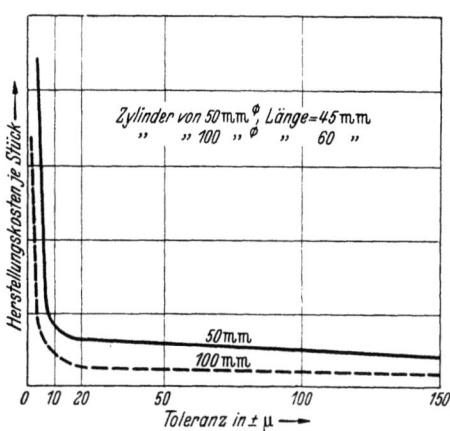

Abb. 104.
Herstellungskosten in Abhängigkeit von der Toleranz.

0. Das Polieren und Schwabbeln.

Das Polieren und Schwabbeln sind Oberflächen-Veredlungsverfahren, bei denen es auf die Herstellung von glänzenden und spiegelnden Oberflächen ankommt.

1. Wirkungsweise des Polierens.

a) Man kann das Polieren unterteilen in:
Vorpolieren,
Trockenpolieren,
Nachpolieren.

Das Vorpolieren wird mit grobem Schleifmittel der Korngröße 20—80 ohne Verwendung eines Schmiermittels ausgeführt. Die Korngröße ist abhängig vom Werkstoff des zu polierenden Teiles.

Das Trockenpolieren wird mit mittelfeinem Schleifmittel der Korngröße 90—120 und oft bis 150 ohne Verwendung eines Schmiermittels ausgeführt.

Das Nachpolieren erfolgt mit feinem Schleifmittel der Korngröße über 150 unter Verwendung von Schmiermitteln wie Öl, Bienenwachs und Talg.

Als Schleifmittel kommt für das Polieren hauptsächlich Elektro- oder Kunstkorund zur Anwendung. Daneben verwendet man noch Siliziumkarbid und türkischen Schmirgel, der zäher und weicher ist als der bekannte griechische Naxos-Schmirgel.

b) Das Pließten.

Der Begriff „Pließten" stammt aus der Solinger Stahlwarenindustrie.

Die von dem Schleifen herrührenden mehr oder weniger tiefen Schleifriefen werden beim Pließten entfernt, wobei eine starke Funkenbildung entsteht.

Das Pließten wird an einer mit Leder überzogenen Holzscheibe vorgenommen, auf der die Schmirgelkörner aufgeleimt worden sind. Dabei wird zusätzlich ein Brei, bestehend aus einem Gemisch von Schmirgel und Öl, auf das Werkzeug aufgetragen.

c) Die Polierscheiben.

Das Polieren wird mit runden Scheiben der verschiedensten Zusammensetzung, auf deren Umfang das körnige Schleifmittel aufgeleimt ist, ausgeführt. Man unterscheidet:

1. Holzscheiben (zum Vorpolieren). Sie tragen am Umfang einen Ring aus Leder und haben daher nur eine geringe Elastizität. Ihre Anwendung beschränkt sich hauptsächlich auf flache Oberflächen. Die geeignete Umfangsgeschwindigkeit ist 35 m/s.

2. Stahlscheiben (zum Vorpolieren). Diese Scheiben besitzen gleichfalls am Umfang einen Leder-, Zeltstoff- oder Leinenüberzug. Sie sind sehr haltbar und außerdem leicht auszubalancieren. Man bezeichnet sie auch als Allzweck-Scheiben, die im Vergleich zu Holzscheiben wesentlich wirtschaftlicher und sicherer arbeiten. Die Umfangsgeschwindigkeit liegt bei etwa 35—40 m/s.

3. Stoffscheiben (zum Vor-, Trocken- und Nachpolieren). Die Stoffscheiben werden am häufigsten zum Polieren verwendet. Sie bestehen aus zusammengenähten Zeltstoff- oder Musselinsegmenten, die bei den sog. harten Stoffscheiben noch verleimt sind. Die Anwendungsmöglichkeiten der Stoffscheiben ist sehr vielseitig und erstreckt sich auf Gußeisen, Stahl und Messing. Die geeignete Umfangsgeschwindigkeit liegt bei etwa 35 m/s.

4. Filzscheiben. Die Filzscheiben werden zum Nachpolieren in Verbindung mit feinkörnigem Schleifmittel verwendet. Sie sind teuer in der Anschaffung, erzeugen aber gute, glänzende Oberflächen.

5. Lederscheiben. Die Lederscheiben werden aus Walroß- und Ochsen-

leder hergestellt. Sie sind zäh und elastisch und finden daher vor allem in der Schneidwarenindustrie Verwendung. Günstige Umfangsgeschwindigkeit bei 30 m/s.

2. Das Schwabbeln.

Das Schwabbeln ist der Endprozeß bei der Oberflächenfeinstbearbeitung. Es kann in 2 Arbeitsfolgen unterteilt werden.

Vorschwabbeln (Entfernen von sichtbaren Polierkratzern).

Fertigschwabbeln (Hochglanzpolieren), Erzeugung einer glänzenden und spiegelnden Oberfläche.

Die Schwabbelscheiben.

Die Schwabbelscheiben sind größtenteils aus Musselintuch zusammengesetzt. Zum Vorschwabbeln verwendet man meist feste Scheiben, während zum Hochglanzpolieren lose Stoffscheiben benutzt werden.

Die Verwendung von Bürsten. Zur Entfernung von Rost und zur Erzeugung eines atlasartigen Glanzes auf Werkstücken, wie Meßlehren, Meßgeräten usw., verwendet man Metalldraht- oder auch Tampico-Bürsten. Letztere sind benannt nach der mexikanischen Hafenstadt Tampico im Staate Tamaulopas. Sie bestehen aus den Fasern des Agavenbaumes. Heute verwendet man in steigendem Maße Kunststoffasern (Perlon).

3. Richtlinien
für das Polieren und Schwabbeln verschiedener Werkstoffe.

Tabelle 54.
Richtlinien für das Polieren und Schwabbeln von Monel-Metall und Nickel.

		kalt gewalzte Bleche	tief gezogene Hülsen	geschweißte Teile	Gußstücke
Ausgangszustand		nicht vorbearbeitet	nicht vorbearbeitet	Schweißnähte geschliffen und auf Polierscheibe Körnung 80 poliert	geschliffen mit gummigebundener Schleifscheibe, Körnung 24 oder 36. $v = 40$–45 m/sec
Polieren					
	Scheibe	Stoff-Polierscheibe, aus zusammengenähten und verleimten Baumwollsegmenten			
	v (m/sec)	30–38			
Vorpolieren	Korngröße	180	120	120	80 und 120
Trockenpolieren	Korngröße	180	150	180	150
	Schmiermittel	Talg	Talg	—	—
Nachpolieren	Korngröße	200–220	180	180	180
	Schmiermittel	Talg	Talg	Talg	Talg
Bürsten	Bürste	—	—	Tampico-Bürste	—
	v (m/sec)	—	—	15–30	—
	Poliermittel	—	—	Schmirgelpaste	—

Schwabbeln

Vor-schwabbeln	Scheibe	feste Stoffscheibe			
	v (m/sec)	40—45			
	Poliermittel	Tripel	Tripel	Tripel	Tripel
Hochglanz-polieren	Scheibe	lose Stoffscheibe			
	v (m/sec)	50			
	Poliermittel	Al.-Oxyd	Al.-Oxyd	Al.-Oxyd	Al.-Oxyd
Reinigen	Reinigungs-mittel	Kreide	Kreide	Kreide	Kreide
erreichter Oberflächen-endzustand		fast spiegelnd	glänzend	Satinglanz	glänzend

Zum Polieren von rostfreiem Stahl dürfen niemals Poliermittel verwendet werden, die Eisenbestandteile enthalten. Eingebettete Eisenteilchen sind die Ursache für die Einleitung von Korrosion.

Tabelle 55. *Richtlinien für das Polieren und Schwabbeln von rostfreiem Stahl.*

		Walzblech	Stanzteile	Schmiedeteile	Schmiedeteile
Ausgangszustand		nicht vor-bearbeitet	nicht vor-bearbeitet	geschliffen mit gummi- oder kunstharz-gebundener Schleifscheibe Körnung 36 oder 60 $v = 35$—40 m/sec	

Polieren

	Scheibe	weiche Stoffscheibe aus zusammengenähten Baumwollsegmenten				
	v (m/sec)	35—40				
Vorpolieren	Korngröße	90 und 120	120	120	m. Öl	120	ohne u. m. Öl
Trocken-polieren	Korngröße	180	120	150		150	
	Schmier-mittel	Öl od. Talg	Öl od. Talg	—		—	
Nach-polieren	Korngröße	200—220	180	180		180	
	Schmier-mittel	Öl oder Talg					

Schwabbeln

Vor-schwabbeln	Scheibe	feste konische Stoffscheibe			
	v (m/sec)	min. 50			
	Poliermittel	Al.-Oxyd	Al.-Oxyd	Al.-Oxyd	Al.-Oxyd
Hochglanz polieren	Scheibe	lose Stoffscheibe			
	v (m/sec)	max. 45			
	Poliermittel	Al.-Oxyd			
Bürsten	Bürste	—	—	—	Tampico-Bürste
	v (m/sec)	—	—	—	max. 25
	Poliermittel	—	—	—	Bimsstein mit Öl
Reinigen	Reinigungs-mittel	Kreide			
erreichter Oberflächen-endzustand		spiegelnd	glänzend	spiegelnd	Satinglanz

Das Polieren und Schwabbeln.

Stahl wird selten geschwabbelt. Ist aber für besondere Zwecke eine glänzende Oberfläche notwendig, so wird er gewöhnlich mit Nickel, Chrom und Kupfer elektroplattiert. Das Hochglanzpolieren der aufplattierten Schicht erfolgt dann unter Verwendung von Polierkalk.

Automaten- und Stanzteile aus Messing werden in der Regel nur geschwabbelt, ohne vorhergehendes Polieren. Gußteile müssen zur Erreichung einer glänzenden Oberfläche stets poliert und geschwabbelt werden. Meist erübrigt sich aber ein Vorschleifen.

Tabelle 56.
Richtlinien für das Polieren und Schwabbeln von Stahl, Messing und Zink.

		Stahl		Messing-Gußteile	Zink-Spritzgußteile
		Schmiede- u. Gußteile	Stanzteile		
Ausgangszustand		geschliffen Korngröße 24—60 $v = 35$—40 m/sec	nicht vorbearbeitet	nicht vorbearbeitet (bei glatter Gußoberfläche)	

Polieren

	Scheibe	Stoff-Polierscheibe aus genähten und geleimten Baumwollsegmenten		wie bei Stahl, für ebene Flächen auch Polierbänder	wie bei Stahl, auch Scheiben aus Schafshaut
	v (m/sec)	35—38	34		42
Vorpolieren	Korngröße	60	150	80	120
Trockenpolieren	Korngröße	120	180	120	180
	Schmiermittel	—	Öl od. Talg	—	—
Nachpolieren	Korngröße	180	220	180	200—240
	Schmiermittel		Öl oder Talg		

Schwabbeln

Vorschwabbeln	Scheibe	—	—	Musselin-Schwabbelscheibe	
	v (m/sec)	—	—	40—50	43
	Poliermittel	—	—	Tripel	Tripel
Hochglanzpolieren	Scheibe	—	—	Musselin-Schwabbelscheibe	Tuchscheibe
	v (m/sec)	—	—	40—50	43
	Poliermittel	—	—	Polierrot oder Kalk	Kieselsäure Tonerde

Erzeugnisse aus Alu-Blech, wie sie vor allem im Haushalt Verwendung finden, brauchen nicht poliert zu werden. Zur Erreichung eines Spiegelglanzes genügt der normale Schwabbelvorgang mit geeigneten Poliermitteln.

Tabelle 57. *Richtlinien für das Polieren und Schwabbeln von Aluminium.*

		Blech-erzeugnisse	Automaten-teile	Spritzgußteile	Sandgußteile
Ausgangszustand		nicht vor-bearbeitet	vorbearbeitet (Drehen, Fräsen)	nicht vorbearbeitet (bei glatter Oberfläche)	
Vorpolieren	Scheibe	Stoffpolierscheibe aus genähten und verleimten Baumwollsegmenten			
	v (m/sec)	30			
	Korngröße	—	—	—	80
	Schmier-mittel	—	—	—	trocken, oder Lardöl mit Talg
Trocken-polieren	Scheibe	Filz- oder Schafshautscheibe			
	v (m/sec)	30			
	Korngröße	—	—	100	120
	Schmier-mittel	Talg, Lardöl oder Bienenwachs			
Nach-polieren	Korngröße	—	180—220	150	180
	Schmier-mittel	—	Talg, Lardöl oder Bienenwachs		
Vor-schwabbeln	Scheibe	feste Musselin-Scheibe			
	v (m/sec)	35—38			
	Poliermittel	Tripel	Tripel	Tripel	Tripel
Hochglanz-polieren	Scheibe	lose Musselin-Scheibe			
	v (m/sec)	38—40			
	Poliermittel	Kieselsaure Tonerde oder Wiener Kalk			

VII. Die rechnerische Ermittlung der Schnittgeschwindigkeit und des Schnittdrucks bei der Zerspanung.

A. Allgemeines.

Die Zerspanungslehre umfaßt die wirtschaftliche Erkenntnis der maschinellen Bearbeitung durch spanabhebende Formung, wie Drehen, Hobeln, Fräsen usw. Ihr Ziel ist, die Zerspanungsvorgänge durch Versuchsreihen zu erkennen und durch möglichst einfache rechnerische Beziehungen zu erfassen, ferner durch Aufstellung von Diagrammen und Nomogrammen ein wirtschaftliches Arbeiten zu ermöglichen, d. h. eine Ausnutzung des Werkzeuges bis an die Grenze seiner Leistungsfähigkeit ohne Überlastung der Maschine. Die Vielzahl der veränderlichen Einflußgrößen — TAYLOR berücksichtigte 12 Hauptveränderliche — lassen sich zu den drei Hauptgesichtspunkten zusammenfassen: Werkstoff, Werkzeug und Maschine.

B. Mathematische Zusammenhänge.

Die nachstehenden Gleichungen veranschaulichen die mathematischen Zusammenhänge:

Erklärung der Formelgrößen:

$d =$ größter vom Drehstahl berührter Drehdurchmesser in mm
$G =$ Spanvolumen in kg/h
$k_s =$ spezifischer Schnittdruck in kg je 1 mm² Spanquerschnitt
$N =$ Leistung in PS
$P =$ Schnittdruck in kg
$q =$ Spanquerschnitt in mm²
$s =$ Vorschub in mm je Umdrehung
$t =$ Schnittiefe in mm
$v =$ Schnittgeschwindigkeit in m/min
$\gamma =$ spezifisches Gewicht in g/cm³

$$v = \frac{d \cdot \pi \cdot n}{1000} \quad (1) \qquad P = q \cdot k_s \quad (2)$$

$$q = s \cdot t \quad (3) \qquad G = q \cdot v \cdot \gamma \cdot 60/1000 \quad (4)$$

$$N = \frac{P \cdot v}{60 \cdot 75}. \quad (5)$$

Für die Bestimmung der Hauptzeit (t_h in Minuten) zur Arbeitszeitermittlung gilt:

$$t_h = \frac{L}{s \cdot n} \cdot i \quad \text{(beim Drehen)} \quad (6)$$

$$t_h = \frac{L}{s \cdot n} \quad \text{(beim Bohren)} \quad (7)$$

$$t_h = \frac{L}{s \cdot n} \cdot i \quad \text{(beim Rundschleifen mit Vorschub)} \quad (8)$$

$$t_h = i \cdot \frac{B}{s} \cdot t_{h_1} \quad \text{(beim Hobeln und Stoßen).} \quad (9)$$

L in Formel (6) u. (9): Länge nach Zeichnung + An- und Überlauf
L in Formel (7): Lochtiefe + $d/4$ beim Bohren mit Spiralbohrern ins Volle
L in Formel (8): etwa Länge nach Zeichnung
n in Formel (6) u. (7): nach Gleichung (1)
n in Formel (8): $\frac{u \cdot 1000}{d \cdot \pi}$; $u =$ Umfangsgeschwindigkeit in m/min; $d =$ Schleifscheibendurchmesser in mm
i in Formel (6) u. (9): Anzahl der bei gleichen n und s abgehobenen Spanschichten
i in Formel (8): $\frac{z}{a} = \frac{\text{Schleifzugabe im Durchmesser}}{\text{Schleifscheibenanstellung im Durchmesser je Hub}}$
B in Formel (9): Hobelbreite = Werkstückbreite + Zugabe (von etwa 10 mm)
t_{h_1} in Formel (9): Zeit in Minuten für einen Doppelhub

Schnittgeschwindigkeit und Schnittdruck. Die wichtigsten bisherigen Ergebnisse der drehenden Zerspanung gruppieren sich mit ihren Problemen einmal um die Schnittgeschwindigkeit und zum anderen um den Schnittdruck und lassen sich grundsätzlich auf alle Werkzeuge mit gleichbleibendem Spanquerschnitt übertragen.

C. Die Errechnung der Schnittgeschwindigkeit.

Die Gleichung (1), die durch das Sägediagramm graphisch dargestellt wird, gilt allgemein, berücksichtigt jedoch nicht die Einflußgrößen, wie Werkstoff, Schneidenform usw.

Maßgebend für die Höhe der Schnittgeschwindigkeit ist die Standzeit des Werkzeuges bzw. die zulässige Schneidentemperatur. TAYLOR hat nachstehende Gleichung für die Schnittgeschwindigkeit aufgestellt:

$$v = \frac{C \cdot [1 - 0{,}72/r^2]}{(0{,}0394 \cdot s)^{0{,}4 + \frac{2{,}12}{5 + 1{,}26\,r}} \cdot (1{,}5/r) \cdot (0{,}13 + 0{,}0675\sqrt{\tau})^{\frac{\tau}{7{,}35\,\tau + 1{,}88\,t}}}, \quad (10)$$

worin v die Normalschnittgeschwindigkeit in m/min, s den Vorschub in mm/Umdrehung, t die Schnittiefe in mm, r den Radius der Stahlnase in mm und C eine Materialziffer, die sowohl vom Werkstück als auch vom Drehstahl abhängt, angibt. Normalschnittgeschwindigkeit ist diejenige Schnittgeschwindigkeit, bei der der Stahl nach 20 Minuten Standzeit unbrauchbar wird.

Diese Gleichung ist bis heute grundsätzlich die zuverlässigste, jedoch mit ihren 13 Exponenten im Nenner für die Praxis zu umständlich und überdies nur für die „Taylor-Schneide" gültig.

TAYLOR erkannte bereits die Notwendigkeit der Aufteilung des Spanquerschnittes nach t und s bei Angabe von Standzeitschnittgeschwindigkeiten und stellte fest, daß die Schnittgeschwindigkeit keinen merkbaren Einfluß auf den Schnittdruck hat. Die Untersuchung des Verhältnisses von Spantiefe zu Vorschub ergab bei großem Vorschub und kleiner Spantiefe die Anwendung einer kleineren Schnittgeschwindigkeit als bei großer Spantiefe und kleinem Vorschub (Dissertation KREKELER, T. H. Aachen).

Nach NIKOLSON ist:

$$v = \frac{K}{0{,}01 \cdot F + L} + M. \quad (11)$$

Hierin bedeuten: F = Spanquerschnitt [s. Formel (3)]
v = Schnittgeschwindigkeit
K, L, M = Konstante, die für Stahl und Gußeisen in Tabellen angegeben sind; z. B. für weichen Stahl: $K = 3{,}9$; $L = 0{,}071$; $M = 4{,}6$.

Die nach dieser Formel errechneten Werte weichen bei kleinen und großen Querschnitten bei Eintragung in das doppeltlogarithmische Feld stark von einer Geraden ab.

FRIEDRICH stellte für die Schnittgeschwindigkeit die Formel auf:

$$v_1 = \frac{e}{w_1 + k \cdot \sqrt{F}}, \qquad (12)$$

wobei v_1 die Schnittgeschwindigkeit (mm/s), F den Spanquerschnitt, e die Wärmeableitung pro Flächeneinheit, w_1 die Widerstandsarbeit für 1 mm² Spanquerschnitt in mmkg/mm² bedeutet. Die Werte k, w_1 und e ermittelte FRIEDRICH durch Versuche.

Nach HIPPLER ist:

$$v = \frac{M}{\sqrt[4]{F}}, \qquad (13)$$

$M=$ Schnittgeschwindigkeit für 1 mm² Spanquerschnitt in cm/s = Stoffzahl: der Wurzelexponent $1/4$ gibt die Richtungsgröße der Schnittgeschwindigkeitsgeraden im logarithmischen q-v-Diagramm an. Demnach liegen die Geraden nach HIPPLER für alle Werkstoffe parallel zueinander. HIPPLER entwickelte diese seine Formel aus Gleichungen von FRIEDRICH.

Das allgemeine Schnittgeschwindigkeitsgesetz lautet nach KRONENBERG:

$$v = \frac{C_v}{\sqrt[\varepsilon_v]{F}}. \qquad (14)$$

Der Wurzelexponent ε_v ändert sich mit dem Werkstoff und gibt den Änderungsverlauf der Schnittgeschwindigkeit mit dem Spanquerschnitt wieder. Zur Vermeidung von Irrtümern und Verwechselungen diene der Hinweis, daß der Spitzenwinkel an der Werkzeugschneide mit ε ohne Index bezeichnet wird. Die Schnittgeschwindigkeitsgeraden verschiedener Werkstoffe verlaufen nicht einander parallel, während die Richtungsfaktoren für die Geraden verschiedener Festigkeit desselben Werkstoffes gleichgroß sind. Je größer ε_v ist, desto größeren Einfluß hat die Änderung des Spanquerschnittes auf die Schnittgeschwindigkeit. Die C_v-Werte verkörpern die Einflüsse der Werkstoffestigkeit, des Drehstahlmaterials, der Schneidhaltigkeit usw. Die Schneidwinkel haben nennenswerten Einfluß auf die Schnittgeschwindigkeit, wie auch TAYLOR und SCHLESINGER feststellten. Die Werte für C_v und ε_v legte KRONENBERG an Hand eigener Versuchsergebnisse fest, ferner an Hand der Ergebnisse von TAYLOR und FRIEDRICH, hauptsächlich jedoch mit Hilfe der von „AWF" angegebenen Richtwerte.

Die Versuchsergebnisse von WALLICHS-KREKELER veranlaßten WOXEN, für eine Standzeit von 60 Minuten folgende Formel aufzustellen:

$$v_{60} = \frac{1240}{H - 50} \cdot (1{,}0 + l/q_w), \qquad (15)$$

worin H die Brinellhärte (130—280), l/q_w das „Spanäquivalent" ist. Spanäquivalent in Werten von $1 \div 3$ für Grobschnitt.

DABRINGHAUS hat mit den Werten von WALLICHS-KREKELER ein sog. Zerspanungsschaubild aufgestellt, woraus man die v_{60}-Ziffer in Abhängigkeit von der Festigkeit entnehmen kann[1].

Die Standzeit von 60 Minuten (v_{60}) ist vom Reichsausschuß für Arbeitsstudien (Refa) und der ADB empfohlen worden. Sie bildet das richtige Verhältnis zwischen Standzeit, Rüst- und Nebenzeit des Werkzeuges sowie Werkzeugverbrauch und gilt für den Grobschnitt.

Alle vorstehenden Gesetze beruhen auf Versuchsergebnissen im Drehvorgang und Trockenschnitt.

D. Die Errechnung der Schnittkraft.

Für die rechnerische Ermittlung der Schnittkraft gilt allgemein die Gleichung (2).

Die Schnittkraft ist unabhängig von:
1. der Schnittgeschwindigkeit (bei freiem Spanablauf bis etwa 100 m/min),
2. der Werkzeugart,
3. der Höheneinstellung des Werkzeuges.

Die Schnittkraft ist abhängig von:
1. der Festigkeit des Werkstoffs,
2. der Legierung des Werkstoffs,
3. der Werkzeugform.

Der in der Formel (2) enthaltene Faktor k_s muß diese von der Schnittkraft abhängigen Einflußgrößen erfassen.

Die anfänglichen Forschungsergebnisse wichen sehr stark voneinander ab, da ihnen ein geeignetes Merkmal für die Vergleichbarkeit fehlte. SCHLESINGER stellte fest, daß im Augenblick des Stumpfwerdens der Werkzeugschneide die horizontalen Druckkomponenten, Rückdruck und Vorschubdruck stark anwachsen („SCHLESINGER-Kriterium").

TAYLOR gab folgende Gesetze für die Schnittkraft an:

$$P = 138 \cdot t^{0,93} \cdot s^{0,75} \quad \text{(Guß hart)} \tag{16}$$

$$P = 200 \cdot t \cdot s^{0,93} \quad \text{(Stahl mittel)} \tag{17}$$

$$k_s = \frac{138}{t^{0,066} \cdot s^{0,25}} \quad \text{[aus Gleichung (16)]} \quad \text{[querschnitt} \tag{18}$$
k_s = spez. Schnittdruck für jeden Span-

$$k_s = \frac{200}{t^{0,066}} \quad \text{[aus Gleichung (17)]} \tag{19}$$

---

[1] WALLICHS u. DABRINGHAUS, Masch.-Bau Bd. 9 (1930) S. 257.

Die Errechnung der Schnittkraft. 199

$$P = 138 \cdot F^{0,842} \quad \begin{array}{l}\text{[aus Gleichung (16)]}\\ \text{bezogen auf den Spanquerschnitt mit}\\ \text{der Zusammensetzung } s/t = {}^1/_1\end{array} \quad (20)$$

$$k_s = \frac{P}{F} = \frac{138}{\sqrt[6,34]{F}} \quad \text{[aus Gleichung (18)].} \quad (21)$$

KLOPPSTOCK weist nach, daß bei den geraden Stählen im Gegensatz zu den Festellungen TAYLORS, der Versuche mit dem Taylorstahl durchführte, keine nennenswerten Einflüsse für Spanquerschnitte mit der Zusammensetzung $s/t = {}^1/_{10}$ und $s/t = {}^{10}/_1$ vorliegen. Sein Gesetz für die Schnittkraft bei Gußeisen lautet:

$$k_s = \frac{95,5}{\sqrt[7,4]{F}}. \quad (22)$$

Nach FRIEDRICH ist:

$$k_s = k + \frac{w_1}{\sqrt{F}}, \text{ worin die Werte } k \text{ und } w_1 \text{ seiner Formel (12)} \quad (23)$$
entsprechen.

Die Abnahme der spez. Schnittkraft ist nach FRIEDRICH darin begründet, daß bei kleinen Spänen der Werkstoff feiner gespalten wird als bei großen und daher spezifisch betrachtet einen größeren Arbeitsaufwand benötigt.

HIPPLER stellte für die spez. Schnittkraft das Gesetz auf:

$$k_s = \frac{K}{\sqrt[4]{F}}, \text{ wobei } K \text{ eine von Festigkeit und Härte des} \quad (24)$$
Werkstoffes abhängige Materialzahl ist.

Neue Ergebnisse zeigen, daß die Geraden im logarithmischen Feld für die spez. Schnittkraft nicht parallel verlaufen, wie es der konstante Wurzelexponent $1/4$ bei HIPPLER fordert. Ein weiterer Nachteil ist, daß seine K-Werte nur für einen Keilwinkel von $\beta = 62°$ gelten.

Das allgemeine Gesetz für die Schnittkraft nach KRONENBERG lautet:

$$k_s = \frac{C_{k_s}}{\sqrt[\varepsilon_{k_s}]{F}}. \quad (25)$$

Hierin bedeutet k_s wiederum die spezifische Schnittkraft für jeden Spanquerschnitt, C_{k_s} den spezifischen Schnittwiderstand in kg/mm² bei einem Spanquerschnitt von $F = 1$ mm². Die Werte für C_{k_s} und ε_{k_s} ermittelte KRONENBERG nach TAYLOR, FRIEDRICH, AWF, KLOPPSTOCK usw.

$$P = C_{k_s} \cdot q^{(1 - 1/\varepsilon_{k_s})} \quad \text{[nach Gleichung (25)].} \quad (26)$$

Gleichung (25) gilt strenggenommen nur für Schneidwinkel, wie sie der AWF angibt.

Mit Einbeziehung der Härte und des Meißelwinkels gilt nach KRONENBERG z. B. für Gußeisen:

$$P = F^{0,865} \cdot 9{,}6 \sqrt[2,5]{H} \cdot \sqrt[1,15]{\frac{\beta}{50}} \qquad (27)$$

und allgemein für die Schnittkraft bei einem Spanquerschnitt von 1 mm²:

$C_{k_s} = 2{,}5$ bis $3 \sqrt{H \cdot \beta}$ unter Zugrundelegung der Brinellhärte, (28)

$C_{k_s} = 4{,}2$ bis $9 \sqrt{k_z \cdot \beta}$ bezogen auf die Festigkeit. (29)

Die Vielzahl der empirisch gewonnenen Ergebnisse lassen die Schwierigkeiten erkennen, die bei der Aufstellung von Zerspanungsgesetzen vorliegen.

VIII. Die Schneidenwinkel und Schneidflächen am Werkzeug.

Die Angabe der Schneidenwinkel dient einmal zur Herstellung und zum Schleifen der Werkzeuge und zum anderen zur Beschreibung des Schneidvorganges. Eine exakte Festlegung und Bezeichnung der am Werkzeug vorhandenen Schneiden ist schwierig, da das Werkzeug jede beliebige Lage zum Werkstück einnehmen kann. Der genaue Vergleich von Zerspanungsvorgängen, namentlich bei Forschungsarbeiten, macht es aber notwendig, die Spanwinkel unabhängig von der Form und der Lage des Werkzeuges auf den gleichen Nenner zu bringen.

In den meisten Industrieländern bestehen Schneidstahlnormen, die mit Hilfe von jeweils festgelegten Meßebenen bzw. Koordinatensystemen die Lage der Hauptschneide sowie der Spanfläche bestimmen. Die DIN-Normen bestimmen die Schneidenwinkel mittels Bezugsebenen, die sich aus den Bewegungsrichtungen bei der Zerspanung ergeben (Abb. 105). Die VSM-Normen (Schweiz) messen den Einstell-, Keil- und Spanwinkel in einer Ebene, die senkrecht zur Auflagefläche und senkrecht zur Projektion der Schneide auf der Auflagefläche des Stahles steht (Abb. 106). American Standard Association (ASA) in USA. nimmt die drei Dimensionen des Stahlschaftes als Koordinatensystem für die Festlegung der

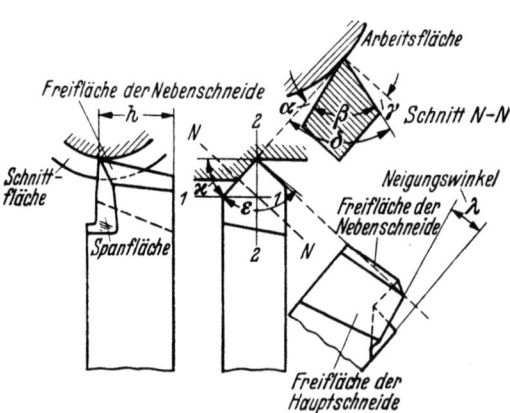

Abb. 105. Messung der Winkel nach den Definitionen der DIN-Normen (DIN 4951) (Deutschland).

Winkel (Abb. 107). Die Amerikaner haben also ihre Normen konsequent für eine möglichst bequeme Formbeschreibung des Werkzeuges aufgebaut, während die DIN-Norm 4951 ein von der Werkzeugform unabhängiges Koordinatensystem hat und daher mehr der Forderung nach Beschreibung des Schneidvorganges entspricht.

Eine kritische Betrachtung stellt bei allen Normensystemen Mängel fest, die zu Irrtümern führen können.

Bei der Auswertung von Literaturangaben muß, wie aus der Verschiedenheit der Definitionen hervorgeht, unbedingt Klarheit darüber herrschen, ob eine Norm und welche Norm für die Angaben der Schneidengeometrie vorliegen, um Irrtümer und falsche Vorstellungen zu vermeiden.

Besondere Vorsicht ist bei der Benutzung von Angaben aus dem amerikanischen Schrifttum über Zerspanungsvorgänge mit negativem Spanwinkel, „negative rake angle", geboten, da in Wirklichkeit in unserem Sinne oft kein negativer Spanwinkel vorliegt. Die nachstehende kurze Gegenüberstellung diene zur Erläuterung:

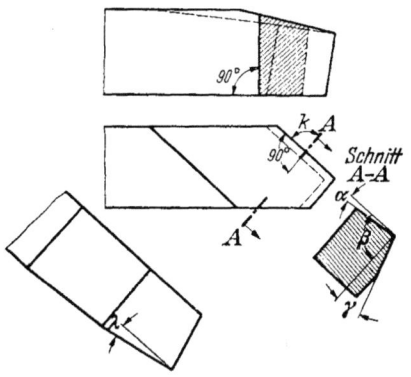

Abb. 106. Messung der Winkel nach der Definition der VSM-Normen (Schweiz).

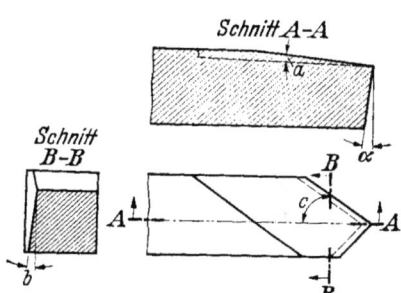

Abb. 107. Messung der Winkel nach der Definition von ASA (USA.).

Für den normalen Zerspanungsvorgang genügt die Festsetzung der Beziehung zwischen γ, $\varkappa$ und λ. Der Freiwinkel kann unbeachtet bleiben, da er lediglich eine Mindestgröße haben muß, damit die Freifläche nicht reibt. Der Winkel der Nebenschneide ist bei Schruppvorgängen ebenfalls bedeutungslos, da er beim Schlichten lediglich die Oberflächengüte beeinflußt (s. Abb. 105).

Für einen Vergleich der deutschen und amerikanischen Schneidenwinkel ist der normale Drehvorgang geeignet, bei dem definitionsgemäß die „Auflagefläche" des Stahles eine Achse des Koordinatensystems der amerikanischen Norm enthält und mit einer Bezugsebene der DIN-Schneidstahlnormen zusammenfällt. Hierdurch ist ein korrekter Vergleich möglich.

Es ist nach DIN: γ der Spanwinkel,
λ der Neigungswinkel,
$\varkappa$ der Einstellwinkel.

Nach ASA ist: a der „back rake angle",
b der „side rake angle",
c der „side cutting edge angle".

Das Vorzeichen des Spanwinkels γ und des Neigungswinkels λ ist für den normalen Drehvorgang durch die Definition der DIN-Norm eindeutig gegeben. Die Frage, ob die Winkel a und b positiv oder negativ sind, wird durch die ASA-Norm ebenfalls klar beantwortet. Es ergeben sich jedoch Schwierigkeiten beim Vergleich der beiden Normen. Die Winkelwerte für c und $\varkappa$ liegen zwischen $0°$ und $90°$ und sind daher immer positiv.

Die Beziehungen zwischen den deutschen und amerikanischen Schneidenwinkeln, die jeweils den Zerspanungsvorgang charakterisieren, lauten:

1. $\operatorname{tg}\gamma = \operatorname{tg} a \cdot \sin c + \operatorname{tg} b \cdot \cos c$, $\gamma = f(a, b, c)$
2. $\operatorname{tg}\lambda = \cos c \cdot \operatorname{tg} a - \sin c \cdot \operatorname{tg} b$, $\lambda = f(a, b, c)$
3. $\varkappa = 90° - c$.

Die mathematische Auswertung der vorstehenden Formeln ergibt für den maximalen Spanwinkel γ die Bedingung, daß bei einem Einstellwinkel $\varkappa = 45°$ die Werte a und b gleichgroß sind.

Für die Lösung der Gleichung (1) und (2) hat KRONENBERG ein Nomogramm entwickelt, das die gesuchten Werte leicht auffinden läßt (Abb. 108). Es läßt erkennen, daß das Vorzeichen des Spanwinkels γ und des Neigungswinkels λ nicht immer mit den Vorzeichen von „back rake angle" a und „side rake angle" b übereinstimmt. Ebenfalls zeigt es, daß in einigen Fällen die Beantwortung der Frage, ob ein positives oder negatives γ bzw. λ vorliegt, von dem Wert des Einstellwinkels $\varkappa$ abhängt.

Zur Ermittlung des jeweils gesuchten Winkelwertes mit Hilfe des Nomogrammes nach KRONENBERG (Abb. 108) werden die gegebenen Werte für a und b auf den beiden seitlichen Skalen durch eine Gerade verbunden. Der Schnittpunkt dieser Geraden mit der Vertikalen des jeweiligen c-Wertes ergibt in der Kurvenschar den gesuchten Span- bzw. Neigungswinkel.

Eingetragenes Beispiel (Abb. 108):

„back rake angle" $a = +20°$
„side rake angle" $b = -10°$ (!)
„side cutting edge angle" $c = 30°$
Spanwinkel $\gamma = +2°$ (!)
Neigungswinkel $\gamma = -12{,}5°$

Allgemein gilt:

1. wenn a und b positiv, Spanwinkel γ stets positiv und Neigungswinkel λ stets negativ,

2. wenn a und b negativ, Spanwinkel γ stets negativ und Neigungswinkel λ stets positiv.

Hierbei sind beide Fälle unabhängig von dem c-Wert bzw. $\varkappa$-Wert.

Die vorstehende Gegenüberstellung läßt die Notwendigkeit einer allgemeingültigen Definition der Schneidenwinkel erkennen. Da die Auflagefläche des Stahles, wie bereits erwähnt, eine beliebige Raumlage zum Werkstück einnehmen kann, z. B. bei schrägstehendem Stahlhalter oder bei Messerköpfen, so müssen zweckmäßig die Bezeichnungen und Maß-

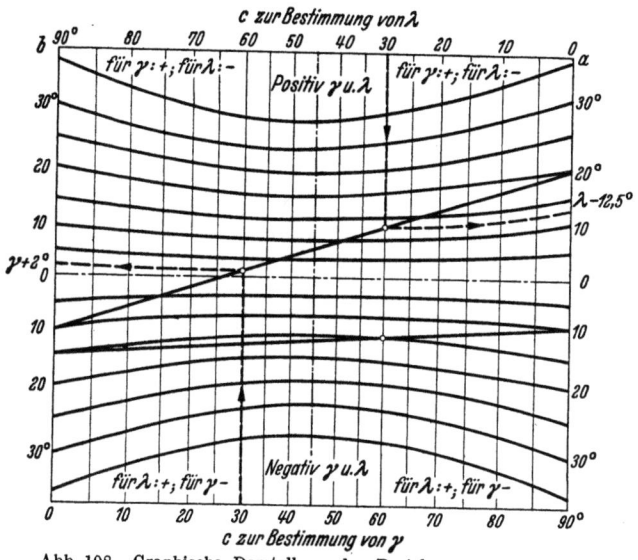

Abb. 108. Graphische Darstellung der Beziehungen zwischen den Winkeln zwischen den Systemen VSM und ASA (nach KRONENBERG).

zahlen einmal für die geometrische Festlegung der Werkzeugform und damit auch für das bequeme Nachschleifen des Werkzeuges und zum anderen für die Beschreibung des Zerspanungsvorganges auf zwei verschiedenen Koordinatensystemen basieren.

IX. Die Anwendung des negativen Spanwinkels bei der Zerspanung.

Die Entwicklung der Werkzeugstähle vom Kohlenstoffstahl ausgehend über Schnellarbeitsstähle verschiedener Zusammensetzung, über gegossene Hartmetalle bis zu den gesinterten Hartmetallen der Neuzeit ergab eine Erhöhung der Schnittgeschwindigkeit von etwa 6 m/min bis zu 300 m/min. Die Hauptschwierigkeit bei der Steigerung der Schnittgeschwindigkeit lag in der Beherrschung der hohen Temperaturen an der Werkzeugschneide.

204 Die Anwendung des negativen Spanwinkels bei der Zerspanung.

Bei Hartmetallen steht dem Vorteil der großen Dauerwarmhärte eine gewisse Sprödigkeit als Nachteil gegenüber, so daß eine Zerstörung durch Ausbröckeln der Schneidkante namentlich bei unterbrochenem Schnitt und bei zähharten Werkstücken eintreten kann.

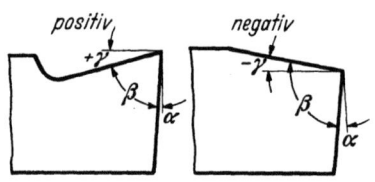

Abb. 109. Winkelbezeichnung am Drehstahl.

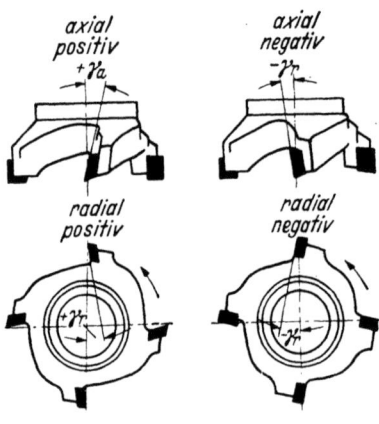

Abb. 110. Winkelbezeichnung am Fräswerkzeug.

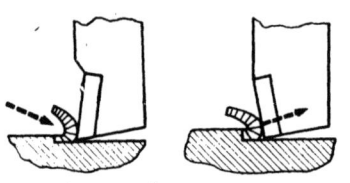

Abb. 111. Beanspruchung der Schneide bei positiven und negativen Spanwinkeln.

Zur Überwindung dieser Schwierigkeiten wurde der Weg beschritten, die Schneidengeometrie zu ändern. Dies führte zu Erfolgen auch bei Zerspanungsarten, bei denen bisher die Hartmetalle versagten. Es gelang, alle Vorteile des Hartmetalles, wie höhere Schnittgeschwindigkeit, geringerer Verschleiß, höhere Temperaturbeständigkeit, durch Anwendung von Schneidwerkzeugen mit negativem Spanwinkel auch beim unterbrochenem Schnitt (Drehen genuteter Wellen und Fräsen) auszunutzen.

Das Verfahren des negativen Spanwinkels, „negative rake angle cutting", ist durch Verkleinerung des Spanwinkels über 0° hinaus auf negative Werte bzw. durch Vergrößerung des Keilwinkels gekennzeichnet, wodurch die Widerstandsfähigkeit der Hartmetallschneiden erhöht wird und hohe Schnittgeschwindigkeiten erreicht werden.

Die Radbandagen gebrauchter Eisenbahnräder, die durch Härteunterschiede infolge örtlicher Aufhärtung beim Bremsen besonders schwierig zu zerspanen sind, wurden schon vor dem Kriege mit negativem Spanwinkel bei mäßig hohen Schnittgeschwindigkeiten zerspant.

Die Abb. 109 zeigt die Gegenüberstellung des positiven und negativen Spanwinkels am Drehstahl und Abb. 110 die des positiven bzw. negativen Axial- bzw. Radialwinkels am Fräswerkzeug[1].

Die Vorteile der Anwendung des negativen Spanwinkels sind:

---

[1] E. BICKEL, Geometrie der Schneide. Industrielle Organisation Nr. 5, 1946, S. 136, 143; Nr. 1, 1949, S. 11.

1. Verbesserung der Standzeit von Hartmetallwerkzeugen und Anwendung auch bei schwierigen Zerspanungsverhältnissen, da die Schneidkante nicht mehr so sehr der Gefahr des Ausbrechens ausgesetzt ist (Abb. 111 und Abb. 112).

2. Verkürzung der Maschinenzeit durch Erhöhung der Schnittgeschwindigkeit.

3. Steigerung der Oberflächengüte.

Die Nachteile der durch erschwerte Spanbildung auf der Spanfläche bedingten höheren Zerspanungstemperatur sind bei der Anwendung von Hartmetallen von untergeordneter Bedeutung.

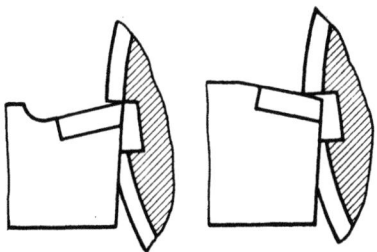

Abb. 112. Verhalten von Werkzeugen mit positivem und negativem Spanwinkel im unterbrochenen Schnitt.

Das Hauptanwendungsgebiet der Zerspanung mit negativem Spanwinkel ist das „Messerkopffräsen".

Die Messerköpfe werden massiv und wuchtig ausgeführt und haben einzelne, verstellbare Messer oder direkt auf den Fräserkörper aufgelötete Hartmetallplättchen. Die Zähnezahl ist allgemein kleiner als bei solchen mit positiven Winkeln, um einmal den nötigen Platz für den Spanabfluß zu haben und zum anderen eine Überlastung der Maschine zu verhindern (Zähnezahl $z =$ etwa dem in Zoll angegebenen Fräserdurchmesser).

Die Anbringung einer Schwungmasse ist zweckmäßig, um einen vibrationsfreien und gleichmäßigeren Lauf der Maschine zu erzielen und um Belastungsspitzen zu überbrücken.

Nach Abb. 113 gilt für den wahren Spanwinkel[1]:

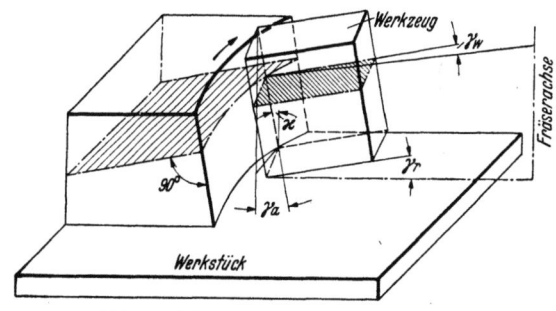

Abb. 113. Messung der Winkel am Messerkopf.

$$\operatorname{tg} \gamma_w = \operatorname{tg} \gamma_r \cdot \cos \varkappa + \operatorname{tg} \gamma_a \cdot \sin \varkappa$$

$\gamma_a =$ Axialwinkel
$\gamma_r =$ Radialwinkel
$\varepsilon =$ Eingriffswinkel
$\varkappa =$ Eckwinkel
$i =$ Kennlinienwinkel.

---

[1] KRONENBERG, M., Inclination of the cutting edge and its relation to chip curling. The Tool Engineer March 1945.

Je nach Härte des zu bearbeitenden Stahles liegt die Schnittgeschwindigkeit zwischen 100 und 250 m/min bei Brinellhärten von 400 bis 110. Die Vorschübe betragen je nach Art des Fräsers (Sägeblätter, Scheibenfräser, Stirnfräser) 0,07 bis 0,3 mm pro Zahn.

Für die Winkel sind folgende Werte zu empfehlen:

Stirnfräser: Axial- und Radialwinkel $-10°$ für harte Stähle und je $-5°$ für Stähle bei Brinellhärten bis zu 180.

Scheibenfräser: Axialwinkel $-5°$, Radialwinkel $-10°$ für harte und zwischen $0°$ und $-5°$ für weichere Stähle.

Als allgemeine Regel gilt: Je höher die Festigkeit des Werkstückes ist, um so größer muß der wahre negative Spanwinkel gewählt werden.

Die Schnittkräfte am Werkzeug nehmen mit abnehmendem Spanwinkel zu, so daß in der Praxis vielfach die Leistung der Maschine nicht ausreicht. Mit zunehmender Schnittgeschwindigkeit nehmen die Schnittkräfte bei negativem Spanwinkel ab, während sie bei positivem Winkelwert nahezu konstant oder eher ansteigend sind. Diese Tendenz der Schnittkräfte ändert sich jedoch je nach Vorschubgröße bei etwa 150 bis 200 m/min. Die Kurven, die sich bei der Aufzeichnung des Hauptschnittdruckes in Abhängigkeit von der Schnittgeschwindigkeit ergeben, schneiden sich daher nicht; die Schnittkraft für positive Spanwinkel nähert sich derjenigen für negative nur bis zu Werten, die 15—20% niedriger liegen, und verläuft dann ungefähr parallel der ersteren. Sie fällt also mit zunehmender Schnittgeschwindigkeit über 150—200 m/min gleichfalls ab. Dieses Verhalten hat vermutlich seine Ursache in der Verformungsgeschwindigkeit.

Die meist bessere Oberflächengüte bei diesem Zerspanungsverfahren ist wahrscheinlich ebenfalls nicht allein durch die Anwendung negativer Spanwinkel sondern vielmehr durch die hohe Schnittgeschwindigkeit begründet.

Vergleichbare Standzeitversuche liegen beim generellen Zerspanen mit negativem Spanwinkel nicht vor. Es ist jedoch augenscheinlich, daß die Standzeit höher liegt als beim positiven Spanwinkel, da der Keilwinkel größer wird und gleichzeitig die gefährlichen Kräfte von der Schneidkante weg an weniger empfindliche Stellen verlegt werden.

Die spezifische Spanleistung pro PS und min ist unter gleichen Bedingungen bei negativem Spanwinkel kleiner, da eine höhere Maschinenleistung erforderlich ist. Eine Herstellung zäherer Hartmetalle als bisher wird die Beibehaltung positiver Spanwinkel ermöglichen, da der Leistungsbedarf hierbei geringer ist.

Die Schnittgeschwindigkeit und Vorschübe lassen sich um ein Mehrfaches gegenüber den bisherigen Werten steigern[1].

---

[1] BICKEL, E., Der Einfluß der Schnittgeschwindigkeit auf den Leistungsbedarf beim Fräsen. Industrielle Organisation XVI. Jahrg. Nr. 3, 1947, S. 77—80.

X. Die zu zerspanenden Werkstoffe.

Im Sinne der geforderten Ganzheitsbetrachtung und der bestehenden Wechselwirkung zwischen Werkstoff und Schneidstoff ist auch ein Überblick über die häufig zu zerspanenden Werkstoffe notwendig. Sie sind zum großen Teil genormt bzw. zur Norm vorbereitet.

Es ist in nicht allzu ferner Zeit damit zu rechnen, daß in der Norm gleich eine Zerspanbarkeitsziffer angegeben wird. In Amerika hat man für eine große Anzahl von Stählen damit begonnen[1]. In Deutschland zeigen sich auch die ersten Ansätze[2]. Es handelt sich bisher um relative Zahlen, die auf einen Standardwerkstoff bezogen sind.

Im nachstehenden werden daher die häufig in den Betrieben zerspanten Werkstoffe mit ihren kennzeichnenden Eigenschaften und ihren Verwendungszwecken zusammengestellt, um die Sammlung der Zerspanbarkeitswerte vorzubereiten.

Man unterscheidet bei den hauptsächlich verwendeten Stahlsorten nach ihrer Zusammensetzung und ihrem Verwendungszweck:

Unlegierte Stähle nach DIN 1611, 1612, 1613, 1621

Unlegierte Einsatz- und Vergütungsstähle nach Stahl-Eisen-Werkstoffblatt 800—49 und 500—49

Automatenstahl

Stahlguß

Gußeisen

Temperguß

Nickellegierte Stähle für den Groß-Maschinenbau

Nitrierstähle

Verschleißfeste Stähle (Manganstähle)

Nichtrostende und säurebeständige Stähle

Dauermagnetwerkstoffe

Zerspanbarkeit von Auftragschweißungen

Walzenguß.

Bei diesen Stählen werden eine Reihe von Legierungselementen entweder allein oder in Verbindung miteinander verwendet, um die gewünschten Eigenschaften zu erhalten. Über die kennzeichnende Wirkung dieser Legierungselemente auf die Eigenschaften der Stähle und die Zerspanbarkeit ist das Notwendigste S. 2 bis 7 gesagt.

---

[1] Metal Handbook 1948, S. 369—371.
[2] LÜPFERT, a. a. O. u. AWF Betriebsblatt 154 und Typrichtblätter AWF und Versuche des Laboratoriums für Werkzeugmaschinen T.H. Aachen.

A. Der Einfluß der Metallurgie auf die Zerspanbarkeit.

Es ist kein Zweifel darüber, daß die metallurgischen Vorgänge von großem Einfluß auf die Zerspanbarkeit sind.

Im nachstehenden werden die bisher bekanntgewordenen Erfahrungen und Betriebsansichten zusammengestellt.

1. Die Wirkung von Einschlüssen auf die Zerspanbarkeit.

Die Stahlerzeugung soll so gesteuert werden, daß harte Einschlüsse nach Möglichkeit vermieden werden. Sie wirken ähnlich wie die Doppelkarbide stark verschleißend. Sulfide beeinflussen die Zerspanbarkeit günstig, jedoch sollen sie möglichst klein und gleichmäßig verteilt sein. Al_2O_3 macht sich jedoch wegen seiner großen Härte und verschleißenden Eigenschaften sehr störend bemerkbar. Silizium beeinträchtigt die Zerspanbarkeit besonders dann, wenn es ausgeschieden wird und in Form von Nestern auftritt.

2. Der Einfluß des Verarbeitungsganges auf die Zerspanbarkeit.

Die Verarbeitungsverfahren im Zuge der Stahlherstellung, die einen Einfluß auf die Zerspanbarkeit haben, sind:

a) die Warmverarbeitung,
b) die Kaltverarbeitung,
c) die Wärmebehandlung.

Zu a) *die Wirkung der Warmverarbeitung* auf die Zerspanbarkeit wird als geringer angesehen als z. B. der Einfluß der Wärmebehandlung.

Die gewünschte Korngröße kann durch Kontrolle der Endtemperatur bei der Warmverarbeitung innerhalb gewisser Grenzen erreicht werden. Bei unlegierten Kohlenstoffstählen soll nach allgemeinen Erfahrungen die Endtemperatur der Warmverarbeitung bei etwa 930° C liegen.

Eine nicht zu kleine Korngröße wird als günstig angesehen.

Bei legierten Stählen kann durch eine infolge günstiger Warmverformung bedingte geringere Härte die Zerspanbarkeit sehr gefördert werden.

Zu b) *die Kaltverarbeitung.* Die Zerspanbarkeit der meisten Stähle wird durch Kaltverarbeitung verbessert. Dies ist in besonders starkem Maße bei Automatenstählen der Fall. Durch die Kaltverarbeitung wird zwar die Festigkeit erhöht, die Dehnung und Zähigkeit aber vermindert. Die Festigkeitssteigerung infolge der Kaltverarbeitung hat zerspanungstechnisch günstigere Auswirkungen, als dies bei der Festigkeitserhöhung durch Legierungszusätze oder eine Wärmebehandlung der Fall ist. Die sog. Kalthärtbarkeit der austenitischen Stähle erschwert die Zerspanbarkeit und darf nicht mit der normalen Kaltverarbeitung verwechselt werden.

Zu c) *die Wärmebehandlung.* Diese Art der Weiterverarbeitung übt wohl den größten Einfluß auf die Zerspanbarkeit aus. Das beste Mittel, die Zerspanbarkeit eines gegebenen Werkstoffes zu verbessern, ist das Glühen und Normalisieren unter günstigen Bedingungen.

3. Der Einfluß der Gefügeausbildung auf die Zerspanbarkeit von Kohlenstoffstählen.

Die Gefügeausbildung eines Stahles ist stark veränderlich, je nach Art der vorhergegangenen spanlosen Verarbeitung. (Warmwalzen, Schmieden, Pressen und Kaltziehen) oder der Art der Wärmebehandlung, die der Stahl durchgemacht hat (Normalisieren, Weichglühen, Glühen).

Es hat sich daher als zweckmäßig erwiesen, zur Prüfung der Bearbeitbarkeit hinsichtlich der Gefügeausbildung für verschiedene Stahlsorten sog. Gefügetafeln (Gefügerichtreihen), nach dem Vorschlag von DIERGARTEN, zu verwenden, die für bestimmte Zerspanungsvorgänge die günstigste Gefügeform aufweisen. Man ist dadurch in der Lage, durch Vergleich des Gefügebildes des angelieferten Materials mit dem entsprechenden Gefügebild auf der Gefügetafel eine sichere Aussage zu machen, ob die geeignete Gefügeausbildung vorliegt oder ob durch eine zusätzliche Wärmebehandlung erst die günstigste Gefügeform für den vorgesehenen Arbeitsvorgang geschaffen werden muß.

In den folgenden Abschnitten wird an Hand von Gefügebildern der Einfluß des Gefüges auf die Zerspanbarkeit von unlegierten und legierten Kohlenstoffstählen erklärt und veranschaulicht[1].

Die niedriggekohlten, unlegierten Stähle (0,1—0,3% C). Das Gefüge der untereutektoiden Stähle besteht aus α-Mischkristallen (Ferrit) und Perlit, einem feinen Gemenge aus Ferrit und Zementit, das mit wachsendem C-Gehalt immer mehr zunimmt.

Ferrit ist ein weicher und dehnbarer Werkstoff und läßt sich mit nur geringem Werkzeugverschleiß zerspanen. Infolge seiner großen Dehnung und damit seinem großen Deformationsvermögen stellt seine Zerspanung mehr ein Reißvorgang dar, der sich nach außen in einer rauhen und unregelmäßigen Oberfläche äußert. Der Ferrit klebt an der Schneidkante des Werkzeuges und bildet dort durch Verschweißung eine Aufbauschneide.

Die lamellare Struktur des Perlits ist verhältnismäßig hart und hat einen größeren Formänderungswiderstand als Ferrit. Das Verhalten des Ferrits und Perlits in den untereutektoiden Stählen bei der Zerspanung kann man sich so vorstellen, daß der Ferrit das Ausbrechen des Perlits

---

[1] NORMANN E. WOLDMAN, Good and Bad Structures in machining Steels. Mat. and Methods Vol. 25 (1947) No. 2, S. 80—86.

verhindert, während der Perlit dem großen Verformungsvermögen des weichen Ferrits entgegenwirkt. Die Zerspanbarkeit der niedriggekohlten unlegierten Stähle steigt mit größer werdendem C-Gehalt bis 0,3%, um dann aber mit weiterwachsendem C-Gehalt wieder abzunehmen. Eine Steigerung der Zerspanbarkeit dieser Stähle wird durch Kaltverformung und der damit verbundenen Verkleinerung der Korngröße erreicht. Je kleiner die Korngröße und je größer die Härte, desto besser wird die Zerspanbarkeit.

Die unlegierten Einsatzstähle für Automatenbearbeitung. Diese Stähle lassen sich leicht mit hohen Schnittgeschwindigkeiten und Vorschüben zerspanen, da sie neben ihren zerspanungstechnisch guten Eigenschaften, infolge Kaltverformung und kleiner Korngröße, meist noch unlösliche, intermetallische Teilchen von Mangansulfid oder Blei enthalten. Es treten aber Schwierigkeiten ein, wenn an den Werkstücken nach der Aufkohlung in Einsatzkästen oder Salzbädern noch eine Fertigbearbeitung vorgenommen werden muß. Wenn das Schneidwerkzeug unterhalb der aufgekohlten Randschicht in das weiche Kernmaterial eindringt, so zeigt sich eine rauhe, unregelmäßige Oberfläche und beim Gewindeschneiden ein Aufreißen der Gewindegänge.

Die Ursache dieser Schwierigkeiten liegt nicht allein in der Verminderung der Härte des Kernes infolge des Glühvorganges, sondern hauptsächlich in der Veränderung der Gefügeausbildung durch die Glühbehandlung (s. Abb. 114 und 115).

Die niedriglegierten Einsatzstähle. Es ist hierbei notwendig, ähnlich wie bei den unlegierten Einsatzstählen, die Zeilenstruktur mit großen Ferritbändern zu vermeiden (s. Abb. 116 und 117).

Schwierigkeiten bei der Zerspanung von Zeilengefüge treten besonders beim Bohren, Gewindeschneiden und Räumen und Reiben auf. Sie äußern sich in einer großen Oberflächenrauhigkeit, deren Größe davon abhängig ist, ob die Zerspanung senkrecht oder parallel zur Werkstückachse vorgenommen wird.

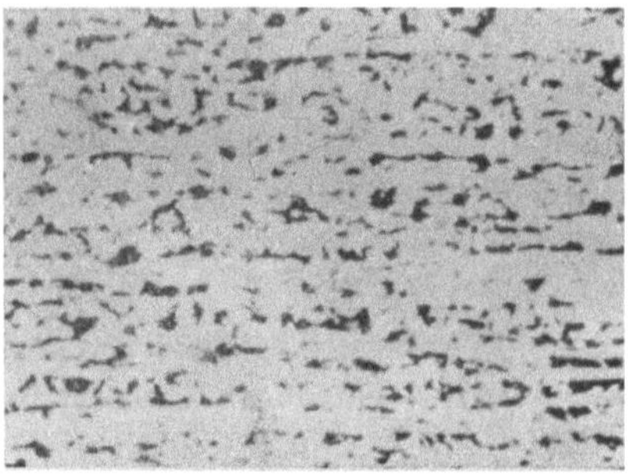

Die Abb. 118—120 zeigen 3 Mikrogefüge von Stahl SAE 3115 normalisiert. Bei Abb. 118 liegt das Gefüge ohne Zeilenausbildung vor, Abb. 119 zeigt eine geringe Zeilenstruktur, die für die Zerspanung noch annehmbar ist, während das Gefüge in Abb. 120 eine für die zerspanende Bearbeitung nicht mehr zulässige ausgeprägte Zeilenstruktur aufweist.

Abb. 114. Mikrogefüge eines unlegierten Automatenstahles mit Bleizusatz (kalt gezogen). SAE 1115 (0,16% C, 0,85% Mn, 0,12% S) gut bearbeitbar' $v = 100$.

Die unlegierten und niedriglegierten Kohlenstoffstähle mit einem C-Gehalt von 0,3—0,5% C. Während bei den niedriggekohlten unlegierten Stählen die Zerspanbarkeit um so besser ist, je feiner das Korn ist, trifft dies bei den höhergekohlten Stählen nicht mehr zu. Hier ist ein zu feines Korn unerwünscht, da es bei der Zerspanung eine starke Erwärmung der Schneidkante und damit eine Verringerung der Standzeit verursacht. In Abb. 121a bis 121f werden nachstehend einige Gefügeformen in der Reihenfolge ihrer Güteeigenschaften gezeigt.

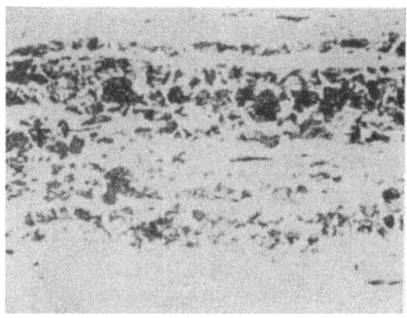

Abb. 115. Mikrogefüge eines Stahles gleicher Zusammensetzung wie in Abb. 114 (nach dem Aufkohlen, vor dem Härten), schlechter bearbeitbar, $v = 100$.

Die niedriglegierten Kohlenstoffstähle mit einem C-Gehalt über 0,5 bis 0,7% C. Der Stahl mit der besten Standzeit für grobe Zerspanung dieser Gruppe hat eine Struktur von grobem, körnigem Zementit. Jedoch ist die erzeugte Oberfläche nicht besonders zufriedenstellend, was aber bei dieser Art der Bearbeitung, wo das Hauptgewicht auf hohe Standzeit und große Schnittgeschwindigkeit gelegt wird, nicht ins Gewicht fällt.

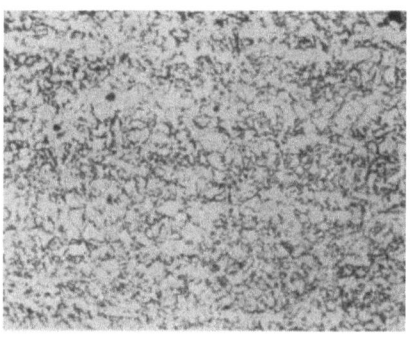

Abb. 116. Mikrogefüge eines niedriglegierten Einsatzstahles SAE 2515 (0,14% C, 0,5% Mn, 5% Ni), gut bearbeitbar, $v = 100$.

Für Feinbearbeitung, wie Räumen, Reiben, Gewindebohren usw., ist ein Gefüge mit körnigem Zementit nicht erwünscht, infolge der erzeugten rauhen, aufgerissenen Oberfläche. Die hierfür günstigste Gefügeform ist ein Gefüge mit lamellarem Perlit. Will man also nur mit einem Gefüge auskommen, so kann dies nur auf Kosten der Vorteile

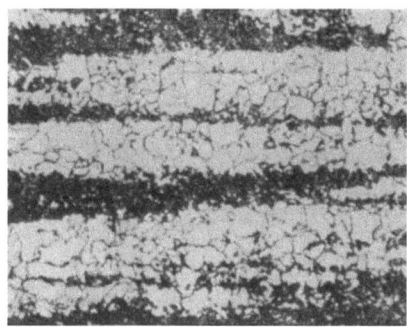

Abb. 117. Mikrogefüge eines Stahles gleicher Zusammensetzung wie in Abb. 116 mit ausgeprägter Zellenstruktur infolge falscher Glühbehandlung, schwer bearbeitbar, $v = 100$.

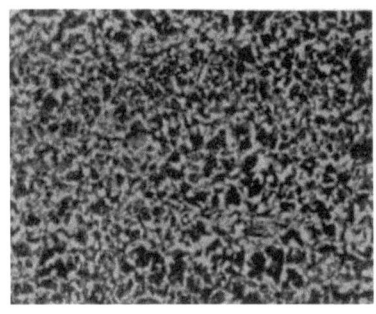

Abb. 118. Mikrogefüge eines niedriglegierten Stahles (normalisiert), SAE 3115 (0,16% C, 0,5% Mn, 1,3% Ni, 0,6% Cr), gut bearbeitbar, $v = 100$.

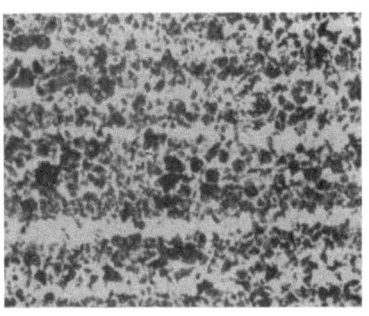

Abb. 119. Mikrogefüge eines Stahles gleicher Zusammensetzung wie in Abb. 118 (leichtes Zeilengefüge), schlechter bearbeitbar, $v = 100$.

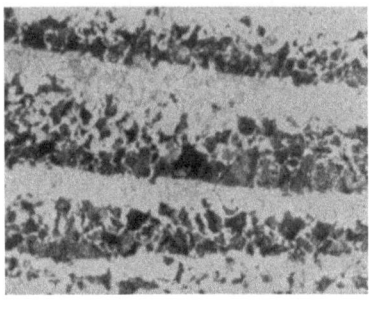

Abb. 120. Mikrogefüge eines Stahles gleicher Zusammensetzung wie in Abb. 118 (ausgeprägtes Zeilengefüge), schlecht bearbeitbar, $v = 100$.

der oben angeführten Grenzfälle erfolgen.

In den Abb. 122a bis 122f sind die für die Zerspanung wichtigen Gefügeausbildungen für den Stahl SAE 3250 zusammengestellt.

Die unlegierten Kohlenstoffstähle mit einem C-Gehalt von 0,7 bis über 1% C. Die Zerspanbarkeit dieser Stähle wird auch durch ihre Gefügeausbildung bestimmt (siehe Abb. 123a bis 123c).

Die beste Zerspanbarkeit liegt bei einem vollständig ausgeglühten Gefüge mit körnigem Zementit. Dieses Gefüge ist für Grob- und Feinbearbeitung ein Optimum.

Aus den vorstehend zusammengestellten Gefügerichtreihen läßt sich folgendes ersehen:

Es besteht eine enge Beziehung zwischen dem Mikrogefüge eines Stahles und seiner Zerspanbarkeit.

a) Die gute Zerspanbarkeit nimmt mit steigendem C-Gehalt bis 0,3% zu und nimmt dann wieder ab.

b) Niedriggekohlte Stähle mit 0,1—0,3% C lassen sich am besten im normalisierten und im kalt verfestigten Zustand zerspanen.

c) Kohlenstoffstähle mit 0,3 bis 0,5% C lassen sich im normalisierten Zustand bei gleichmäßig verteiltem Perlit im Gefüge am besten zerspanen. Dies gilt für Fein- und Grobbearbeitung. Dagegen ergibt sich bei körnigem Zementit eine schlechte Oberfläche.

d) Kohlenstoffstähle mit 0,5 bis 0,7% C haben die beste Zerspanbarkeit für Grobbearbeitung bei einem Gefüge mit grobem, körnigem Zementit, für Feinbearbeitung dagegen bei einem Gefüge mit lamellarem Perlit.

Der Einfluß der Metallurgie auf die Zerspanbarkeit.

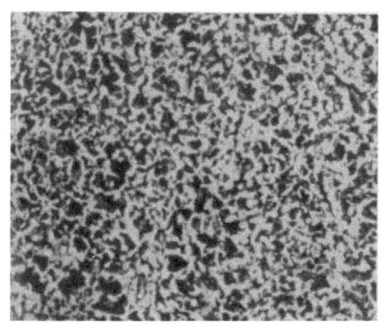

Abb. 121a. Normale Korngröße, gut zerspanbar für Grob- und Feinbearbeitung.

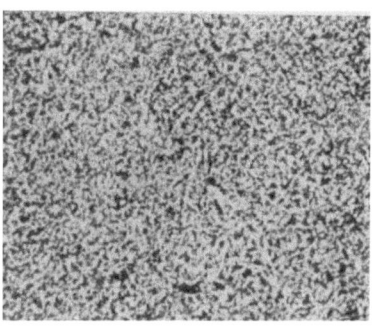

Abb. 121b. Zu feines Korn, geringe Standzeit, gute Oberfläche.

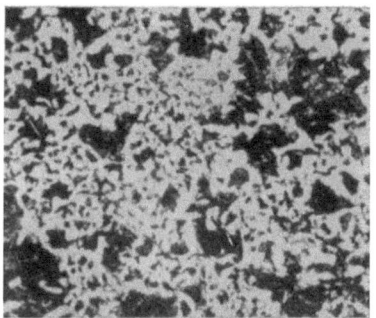

Abb. 121c. Stark voneinander abweichende Korngrößen, schlechter bearbeitbar, geringe Oberflächengüte.

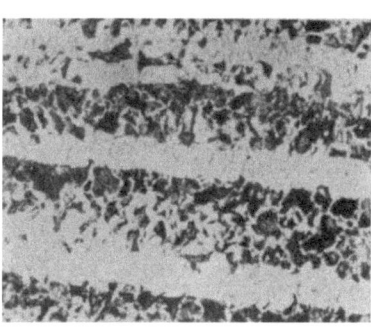

Abb. 121d. Zeilenstruktur, schwer zerspanbar, schlechte Oberfläche.

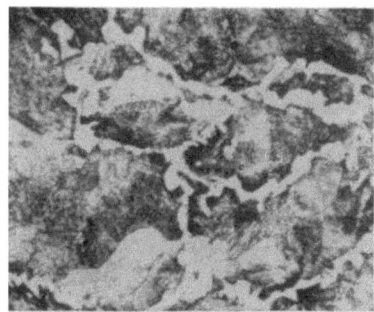

Abb. 121e. Große Perlitkörner von schmalen Ferritbändern umhüllt (neigt zu Verwerfungen beim Härten), schwer zerspanbar.

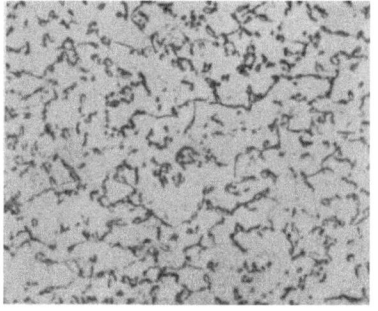

Abb. 121f. Körniger Zementit in Ferritgrundmasse. Verhältnismäßig gut zerspanbar, aber schlechte Oberfläche bei der Feinbearbeitung.

Abb. 121a bis 121f. Mikrogefüge von niedriglegiertem Stahl, SAE 3115 (0,35% C, 0,7% Mn, 1,3% Ni, 0,65% Cr) mit verschiedenen Gefügeausbildungen, $v = 100$

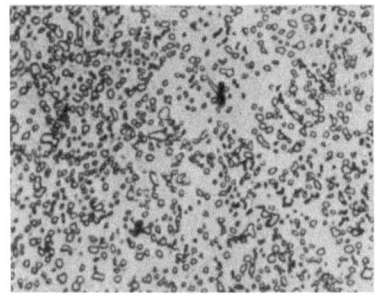

Abb. 122a. Feiner, körniger Zementit, günstig für grobe Schnitte, aber schlechte Oberfläche.

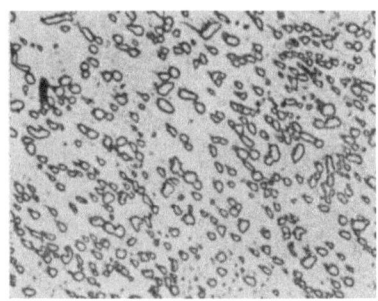

Abb. 122b. Grober, körniger Zementit, bestes Gefüge, für grobe Schnitte, aber schlechte Oberfläche.

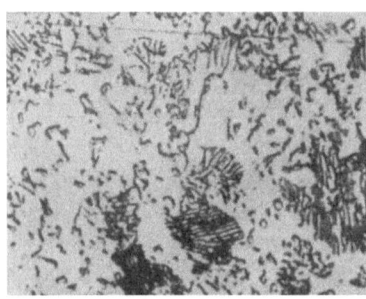

Abb. 122c. Etwa 25% lamellarer Perlit, Grundmasse Ferrit, günstig für sehr grobe Schnitte.

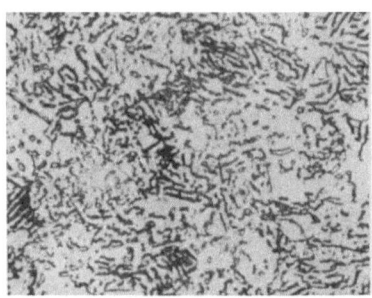

Abb. 122d. Etwa 50% lamellarer Perlit, noch gerade geeignet für Fein- oder Grobbearbeitung.

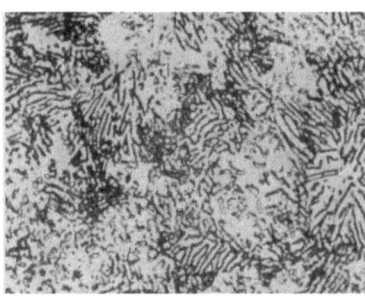

Abb. 122e. Etwa 75% lamellarer Perlit, günstig für leichte Schnitte und Feinbearbeitung.

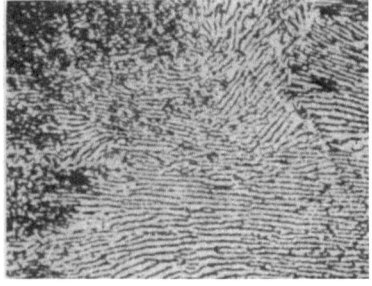

Abb. 122f. Etwa 100% lamellarer Perlit, bestes Gefüge für leichte Schnitte und Feinbearbeitung.

Abb. 122a bis 122f. Mikrogefüge eines niedriglegierten Stahles, SAE 3250 (0,5% C, 0,45% Mn, 1,25% Cr, 1,5% Ni), mit verschiedenen Gefügeausbildungen, $v = 750$.

Der Einfluß der Metallurgie auf die Zerspanbarkeit. 215

e) Kohlenstoffstähle mit 0,7 bis 1,0% C und darüber haben die beste Zerspanbarkeit für Grob- und Feinbearbeitung bei einem Gefüge von körnigem Zementit.

Es wäre wünschenswert, diese Gefügereihen zu erweitern und auf alle Werkstoffe auszudehnen.

4. Der Einfluß der Brinellhärte auf die Zerspanbarkeit.

Unter Härte soll hier die Brinellhärte verstanden werden, da sie wohl zu jeder Werkstoffprüfung gehört und durch die lange praktische Erfahrung manche Rückschlüsse auf andere Werkstoffeigenschaften zuläßt.

Viele Forscher haben nach dem Zusammenhang zwischen der Brinellhärte und der Zerspanbarkeit gesucht. Das Ergebnis ist, daß fast genau soviel Beweise dafür wie dagegen erbracht wurden.

Als Ergebnis dieser fleißigen Arbeiten kann man aber feststellen, daß doch durch die Brinellhärte ein ganz guter Anhaltspunkt gegeben ist, sofern man Stähle einer einheitlichen Werkstoffgruppe vergleicht. Dies ist z. B. bei den Chromnickelstählen nach Werkstoffblatt 500 und 800 der Fall, die in ganz eingehenden Standzeitversuchen im Vergleich mit der Brinellhärte geprüft wurden.

5. Der Einfluß der Zugfestigkeit auf die Zerspanbarkeit.

Die Zugfestigkeit läßt ebenfalls unter den gleichen Einschränkungen,

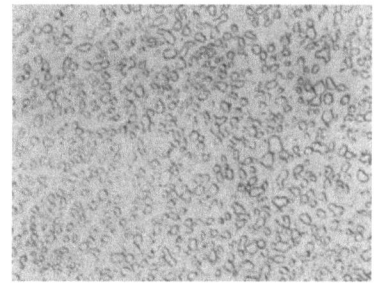

Abb. 123a. Körniger Zementit, bestes Gefüge für leichte und grobe Schnitte.

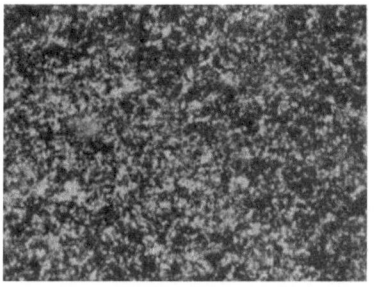

Abb. 123b. Sorbitisch-perlitisches Gefüge, sehr schlecht bearbeitbar.

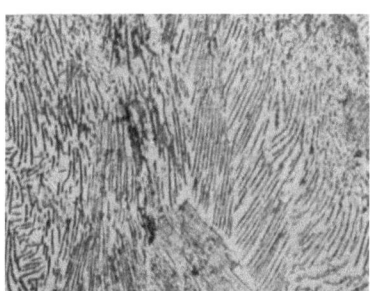

Abb. 123c. Gefüge aus lamellarem Perlit, für Feinbearbeitung geeignet.

Abb. 123a bis 123c. Mikrogefüge eines unlegierten Stahles, SAE 1095 (1% C, 0,4% Mn, 0,04% P, 0,05% S) mit verschiedenen Gefügeformen, $v = 500$.

wie im vorhergehenden Abschnitt gesagt, gewisse Rückschlüsse auf die Zerspanbarkeit zu. Die Bedeutung der Zugfestigkeit für die Zerspanung beruht jedoch in der Aussage über die Dehnung.

Die am häufigsten zerspanten Werkstoffe.

B. Die unlegierten Kohlenstoffstähle und Apparatebaustähle nach DIN 1611.

Zunächst sollen die Stähle nach DIN 1611 besprochen werden, da sie wohl am häufigsten im Maschinen- und Fahrzeugbau verwendet werden. Die Angabe des Verwendungszwecks gibt einen Anhaltspunkt, in welchem Ausmaß die Zerspanung an der Fertigstellung des Werkstückes beteiligt ist. Die Ausgangsmaße sind grundsätzlich so zu wählen, daß möglichst wenig Werkstoff zerspant wird. Auf die Möglichkeiten des Präzisionsschmiedens und -ziehens muß besonders hingewiesen werden.

Die Richtwerte für die Zerspanbarkeit sind aus der AWF 158 oder sonstigen in diesem Buch angegebenen Tabellen zu entnehmen.

Die Zugfestigkeiten der unlegierten Stähle (Maschinenbau- und Apparatebaustähle) nach DIN 1611.

Lfde. Nr.	Stahlbezeichnung	Kohlenstoffgehalt %	Zugfestigkeit kg/mm^2	Verwendungszweck
1	St 00.11	—	50	für untergeordnete Zwecke.
2	St 34.11	0,12	34—42	für Teile von besonderer Zähigkeit und Einsatzhärtung.
3	St 37.11	—	37—45	verwendbar für Teile, die nicht bearbeitet werden, aber wie z. B. bei Stahlkonstruktionen eine gewisse Festigkeit haben müssen.
4	St 42.11	0,25	42—50	für Teile, die Stößen oder wechselnden Beanspruchungen unterliegen, Treibstangen, Kurbeln usw. Leichte Zerspanbarkeit. Gewinde gut schneidbar.
5	St 50.11	0,35	50—60	für höherbeanspruchte Triebwerksteile und dort, wo wegen Vorschub eine höhere Festigkeit gewählt werden muß. Wellen, gekröpfte Kurbelwellen, Turbinenwellen, Spindeln, Kolben und Schieberstangen, Steuerhebel, Bolzen, Gewinderinge, ungehärtete Zahnräder.
6	St 60.11	0,45	60—70	wie St 50.11, jedoch für höhere Beanspruchungen und wenn an Gewicht gespart werden soll. Für Teile mit hohem Flächendruck, Paßstifte, Keile, Ritzel, Schnecken, Preßspindeln. Beim Wechseln der Beanspruchung ist Vergütung zu empfehlen. Die Bearbeitung ist teuer, da die anwendbaren Schnittgeschwindigkeiten geringer sind.

Lfde. Nr.	Stahl-bezeich-nung	Kohlen-stoffgehalt %	Zug-festigkeit kg/mm²	Verwendungszweck
7	St 70.11	0,60	70—85	Für Teile, die große Härte erfordern. Steuerteile, Walzen, naturharte Werkzeuge, Gesenke, Ziehringe, Preßdorne. Die Bearbeitung ist noch teurer als bei St 60.11.

An dieser Stelle sind auch noch die Normen DIN 1612, 1613 u. 1621 (Form-, Stab-, Breitflachstahlbleche) zu erwähnen, für die sinngemäß das vorstehend Gesagte gilt.

C. Die Erläuterung der neuen Norm für unlegierte und legierte Stähle.

Nach DIN 17006 Bl. 1 S. 4 sind unlegierte Stähle solche Stähle, deren obere Grenze des Gehaltes an Silizium 0,5%, an Mangan 0,8%, an Aluminium oder Titan 0,1% oder an Kupfer 0,25% nicht überschritten wird.

Die unlegierten Stähle werden gekennzeichnet:

1. Nach ihrer Zugfestigkeit, wenn sie nicht für eine Wärmebehandlung bestimmt sind und wenn die Zugfestigkeit im Anlieferungszustand für die Verwendung maßgebend ist.

2. Nach ihrer chemischen Zusammensetzung, wenn sie für eine Wärmebehandlung bestimmt sind (Einsatz und Vergütungsstähle).

3. Nach ihrer Erschmelzart, für sog. Massenstähle.

Die vollständige Benennung eines unlegierten Stahles nach der Zugfestigkeit setzt sich der Reihe nach zusammen:

a) Kennbuchstaben für die Erschmelzungsart, z. B. M (Martinstahl), T (Thomasstahl).

b) Kennbuchstaben über Eigenschaften, die durch Erschmelzung oder Verarbeitung bedingt sind.

c) Kennzeichen St = Stahl.

d) Kennziffer für den Gewährleistungsumfang (für Streckgrenze, Falt- oder Stauchversuche, Kerbschlagzähigkeit, Warmfestigkeit, elektrische oder magnetische Eigenschaften).

e) Kennziffer für Mindestzugfestigkeit in kg/mm².

f) Kennbuchstaben für den Behandlungszustand (kommt für Gruppe 1 selten zur Anwendung).

Beispiel: 1. Stahl mit 37 kg/mm² Festigkeit, schmelzschweißbar.

Bezeichnung S St 37.

2. Alterungsbeständiger Stahl mit 42 kg/mm² Festigkeit normal geglüht, mit gewährleisteter Streckgrenze und Kerbschlagzähigkeit.

Bezeichnung A St 42. 6 N.

Die Benennung eines Stahles nach seiner chemischen Zusammensetzung ergibt die genaueste Kennzeichnung des Werkstoffes. Liegt kein Grund vor, die Erschmelzungsart oder eine besondere Eigenschaft, die mit der Erschmelzung oder Verarbeitung zusammenhängt, in die Benennung aufzunehmen, so beginnt die Markenbezeichnung (z. B. unlegierte Einsatz- und Vergütungsstähle) mit dem chemischen Symbol C = Kohlenstoff. Dahinter folgt unmittelbar der mittlere Kohlenstoffgehalt als Hundertfaches des %-Gehaltes.

Soll der Mindestwert der Festigkeit angegeben werden, ohne daß ein bestimmter Behandlungszustand genannt wird, so ist vor die Kennziffer der Zugfestigkeit der Buchstabe F zu setzen.

Beispiel: 1. Kohlenstoffstahl mit 0,35% C, normal geglüht.
   Bezeichnung: C 35 N.
   2. Unlegierter Stahl mit 0,35% C, mit einer Zugfestigkeit von 60 kg/mm^2. Bezeichnung: C 35 F 60.

Bei den sog. Massenstählen, die in der Regel beim Verbraucher keine Wärmebehandlung erfahren, läßt man zur Kürzung und Unterscheidung von den Einsatz- und Vergütungsstählen das Symbol C = Kohlenstoff weg. An seiner Stelle setzt man aber grundsätzlich das Zeichen für die Verschmelzungsart, einschließlich etwaiger zusätzlicher Kennbuchstaben.

Beispiel: 1. Ein Thomasstahl mit 0,08% C. Bezeichnung: T 8.
   2. Ein alterungsbeständiger Siemens-Martinstahl mit 0,14% C.
   Bezeichnung: M A 14.

Legierte Stähle.

Als legiert gelten Stähle, wenn die obere Grenze des vorgeschriebenen sehr angestrebten Gehaltes an Silizium 0,5%, an Mangan 0,8%, an Aluminium oder Titan 0,1% oder an Kupfer 0,25% überschreitet oder wenn sonstige Legierungsmittel absichtlich zur Erzielung bestimmter Stahleigenschaften zugesetzt werden.

Niedriglegierte Stähle im Sinne vorstehender Definition sind solche Stähle, in denen im allgemeinen nicht mehr als 5% besondere Legierungselemente enthalten sind. (Automatenstähle gelten daher sinngemäß als niedriglegiert, da sie außergewöhnlich hohe Prozentsätze, z. B. an Schwefel, enthalten.)

Die Benennung der legierten Stähle setzt sich hauptsächlich zusammen aus:

1. Der Kohlenstoffkennzahl als das Hundertfache des mittleren C-Gehaltes (ohne Angabe des Symbols C).

2. Den chemischen Symbolen der Legierungselemente. Diese stehen unmittelbar hinter der C-Kennzahl, nach ihrem fallenden %-Gehalt geordnet, hintereinander.

3. Den Kennzahlen der Legierungselemente. Diese stehen hinter der

Symbolgruppe in der gleichen Reihenfolge wie die Symbole. Die Legierungskennzahlen sind in einer gemeinsamen Zahlengruppe zusammengefaßt und werden gebildet, indem man den mittleren Soll-Gehalt an Legierungselementen mit nachstehenden Multiplikatoren multipliziert. Die Multiplikatoren haben den Zweck, möglichst kleine, ganze Legierungskennzahlen, d. h. ohne Dezimalstellen, zu erhalten.

Legierungszusätze	Multiplikator bei niedriglegierten Stählen
Chrom, Kobalt, Mangan, Nickel, Silizium, Wolfram	4
Aluminium, Beryllium, Blei, Bor, Kupfer, Molybdän, Niob, Tantal, Titan, Vanadium, Zirkon	10
Phosphor, Schwefel, Stickstoff, Kohlenstoff, Cer	100

Beispiel: 1. Chromstahl mit 0,15% C und 0,75% Cr im Einsatz gehärtet.
Bezeichnung: 15 Cr 3 E.
2. Automatenstahl mit 0,22% C und 0,2% S.
Bezeichnung: 22 S 20.

D. Zusammenstellung der unlegierten und niedriglegierten Einsatz- und Vergütungsstähle.

1. *Einsatzstähle (Stahl-Eisen-Werkstoffblatt 800-49)*.

Markenbezeichnung DIN 17006	Frühere Markenbezeichnung etwa	C-Gehalt %	Festigkeit kg/mm²	Verwendungszweck
C 10	—	0,06—0,12	42—52	kleinere Maschinenteile, z. B. für Schreibmaschinen, Schrauben, Räder, Bolzen, Naben, Federlaschen.
C 15	St C 16.61	0,12—0,18	50—65	Hebel, Zapfen, Mitnehmer, Gelenke, Bolzen, Büchsen u. dgl.
Ck 10	—	0,06—0,12	42—52	Teile wie aus C 10 und C 15, bei denen jedoch höhere Ansprüche an Gleichmäßigkeit, Freiheit von nichtmetallischen Einschlüssen und an die Oberflächenbeschaffenheit gestellt werden, Schleifmaschinenspindeln, Kolbenbolzen, Nocken, Wellen, Gleitbahnen.
Ck 15	Schwefel- u. Phosphorgehalte sind niedriger als bei C 10 und C 15	0,12—0,18	50—65	

Markenbezeichnung DIN 17006	Frühere Markenbezeichnung etwa	C-Gehalt %	Festigkeit kg/mm²	Verwendungszweck
15 Cr 3	EC 60	0,12—0,18	60—85	Nockenwellen, Rollen, Bolzen, Kolbenbolzen, Spindeln, Meßwerkzeuge.
16 Mn Cr 5	EC 80	0,14—0,19	80—110	kleinere Zahnräder u. Wellen im Fahrzeug und Getriebebau.
20 Mn Cr 5	EC 100	0,17—0,22	100—130	mittlere Zahnräder u. Wellen im Fahrzeug- und Getriebebau.
15 Cr Ni 6	—	0,12—0,17	90—120	Zahnräder im Gegenlauf zu 18 Cr Ni 8
18 Cr Ni 8	—	0,15—0,20	120—145	Tellerräder u. Antriebsritzel im Lastfahrzeugbau, sowie hochbeanspruchte Zahnräder und Wellen größerer Abmessungen.
41 Cr 4	—	0,38—0,44	155—180	aus einem Zyanbad gehärtete Getrieberäder.

Alle aufgeführten Stähle sind zur Abbrennstumpfschweißung geeignet. Für die Abschmelzschweißung kommen ebenfalls alle Stähle außer 41 Cr 4 in Betracht.

2. Vergütungsstähle (Stahl-Eisen-Werkstoffblatt 500-49).

Markenbezeichnung nach DIN 17006	frühere Markenbezeichnung etwa	C-Gehalt [%]	Zugfestigkeit[1] im vergüteten Zustand f. 16 bis 40 mm ⌀ [kg/mm²]	Verwendungszweck
C 22	St C 25.61	0,18—0,25	50—60	Wellen, Schrauben, Gestänge, Heber.
C 35	St C 35.61	0,32—0,40	60—72	Spindeln, Bolzen, Kurbeln, Achsräder.
C 45	St C 45.61	0,42—0,50	65—80	Kurbelwellen, Steuerschnecken, Schaltstangen.
C 60	St C 60.61	0,57—0,65	75—90	hochbeanspruchte Bauteile.
Ck 22	Schwefel- u. Phosphorgehalte sind niedriger als bei C 22, C 35, C 45 u. C 60	0,18—0,25	50—60	Teile wie aus C 22, C 35, C 45 und C 60, bei denen jedoch höhere Ansprüche an Gleitmäßigkeit, Freiheit von nicht metallischen Einschlüssen u. a. die Oberflächenbeschaffenheit gestellt werden.
Ck 35		0,32—0,40	60—72	
Ck 45		0,42—0,50	65—80	
Ck 60		0,57—0,65	75—90	

Markenbezeichnung nach DIN 17006	frühere Markenbezeichnung etwa	C-Gehalt [%]	Zugfestigkeit[1] im vergüteten Zustand f. 16 bis 40 mm ⌀ [kg/mm²]	Verwendungszweck
40 Mn 4	—	0,36—0,44	80—95	Vorderachsen, Achsschenkel, Wellen.
30 Mn 5	V M 125	0,27—0,34	80—95	Vorderachsen, Achsschenkel, Radnaben.
37 Mn Si 5	V M S 135	0,33—0,41	90—105	Kurbelwellen, Propellerwellen, Naben.
42 Mn V 7	—	0,38—0,45	100—120	für hohe Beanspruchungen
34 Cr 4	V C 135	0,30—0,37	90—105	Vorderachsen, Getriebeachsen, Hebel.
25 Cr Mo 4	VC Mo 125	0,22—0,29	80—95	Vorderachsen, Achsschenkel, Rohre, Bleche.
34 Cr Mo 4	VC Mo 135	0,30—0,37	90—105	Kardan, Vorgelege, Hinterachswellen, Lenkheber.
42 Cr Mo 4	VC Mo 140	0,38—0,45	100—120	wie vorstehend, wenn stärkere Abmessungen vorliegen.
50 Cr Mo 4	—	0,46—0,54	110—130	wie vorstehend bei höheren Beanspruchungen.
30 Cr Mo V 9	—	0,26—0,34	125—145	für sehr hohe Beanspruchungen
36 Cr Ni Mo 4	—	0,32—0,40	100—120	für sehr hohe Beanspruchungen
34 Cr Ni Mo 6	—	0,30—0,38	110—130	für sehr hohe Beanspruchungen
30 Cr Ni Mo 8	—	0,26—0,34	125—145	für sehr hohe Beanspruchungen

E. Die Zerspanbarkeit der nickellegierten Stähle für den Großmaschinenbau.

Außer den vorstehend aufgeführten Stählen, die im gesamten Motoren-, Maschinen- und Fahrzeugbau verwendet werden, gibt es noch einige mit Nickel legierte Stähle, die nicht genormt sind. Diese Stähle finden bei hochbeanspruchten Teilen im Großmaschinenbau Verwendung und erhalten ihre erste Formgebung meist als Freiform-Schmiedestücke. Zerspanungstechnisch sind sie von Interesse, weil meist große Spanabnahmen erforderlich sind.

Die Richtwerte für die Zerspanbarkeit können der AWF 158 entnommen werden.

---

[1] Die Zugfestigkeit im vergüteten Zustand nimmt mit größer werdendem ⌀ ab. Alle aufgeführten Stähle sind für die Abbrennstumpfschweißung geeignet, jedoch nicht für die Schmelz- und Widerstandsschweißung.

Nr.	C %	Ni %	Festigkeit (vergütet) kg/mm²	Verwendungszweck
1	0,10—0,20	1—5	50—70	Hohlwellen, Rotorkörper, Anker, Kolbenstangen, Turbinenschaufeln, Achsen
2	0,30	1—4	60—80	Schraubenbolzen, Induktorwellen, Turbinenwellen, Turbinenscheiben, Spindeln
3	0,40	1—2	65—80	Zahnkränze, Kammwalzen, Querhäupter, Hochdruckflanschen
4	0,50	1,0	75—80	Motorwellen, Kreuzköpfe, Pilgerdorne

F. Die Zerspanbarkeit des Stahlgusses.

Als Stahlguß wird jeder Stahl bezeichnet, der im Siemens-Martin-Ofen, Tiegelofen, Elektroofen oder in der Birne erzeugt und in Formen gegossen wurde.

Stahlguß wird an Stelle von Gußeisen verwendet, wenn höhere Zähigkeit bei Stoß- und Schlagbeanspruchung und hohe Festigkeit verlangt werden. Die nachstehenden Werte sind genormt.

Markenbezeichnung nach DIN 1681 Normalgüte	Zugfestigkeit kg/mm²
Stg 38.81	38
Stg 45.81	45
Stg 52.81	52
Stg 60.81	60

Außerdem gibt es noch Sondergüten, die aber hier nicht aufgeführt sind. Bei diesen Sondergüten werden noch besondere Vorschriften über die Streckgrenze, einen Faltversuch, Vorschlagzähigkeit und magnetische Eigenschaft gemacht. Da diese Werte nach der heutigen Erkenntnis die Zerspanbarkeit nicht beeinflussen, wird auf die Aufzählung im einzelnen verzichtet. Das gleiche gilt für die Vornorm 1882 Stahlguß mit gewährleisteten Wärmefestigkeitseigenschaften.

Die Zerspanbarkeit des Stahlgusses kann gemeinsam mit der der übrigen Stähle gleichen C-Gehaltes betrachtet werden. Die Richtwerte sind aus AWF 158 zu entnehmen.

G. Die Zerspanbarkeit des Gußeisens.

Grauguß (DIN 1691), auch Gußeisen genannt, ist ein Eisenwerkstoff mit meist mehr als 1,7% Kohlenstoff, von dem ein größerer Teil im Graphit vorhanden ist, der dem Bruch eine hell- bis dunkelgraue Farbe gibt. Grauguß wird aus Roheisen allein und (oder) aus Gußbruch-Stahlschrott und anderen Zusätzen erschmolzen, in Formen gegossen und im allgemeinen keiner nachträglichen Wärmebehandlung unterworfen.

Güteklasse	Markenbezeichnung	Zugfestigkeit[1] kg/mm²	Verwendungszweck
Normaler Grauguß	Ge 12.91	12	für allgemeine Zwecke des Maschinenbaues
	Ge 14.91	16 14 11	
	Ge 18.91	20 18 15	
Hochwertiger Grauguß	Ge 22.91	24 22 19	für hochbeanspruchte Teile
	Ge 26.91	28 26 23	für hochbeanspruchte Teile
Sondergrauguß	Ge 30.91	30 25	nur in Ausnahmefällen verwenden

Gußeisen enthält meist 3—4% Kohlenstoff, 0,3—1,5% Phosphor und etwa 0,1% Schwefel, dazu kommen noch Gehalte an Silizium und Mangan, die bestimmend sind, ob das Gußeisen grau oder weiß erstarrt.

Das weiße Gußeisen kann nur sehr schwer mit spanabhebenden Werkzeugen bearbeitet werden.

In dem grauen Gußeisen ist der größere Teil des Kohlenstoffes als Graphit in der ziemlich weichen ferritisch, perlitischen Grundmasse vorhanden.

Alle Festigkeitswerte sind bei Gußeisen sehr von der Wandstärke abhängig. Daher wird bis zu einem gewissen Grade auch die Zerspanbarkeit durch die Abmessungen des Gußstückes beeinflußt. Als legiert gilt Gußeisen (einschließlich Temperguß), wenn es mehr als 0,1% Al, 0,2% Co, 0,3% Cr, 0,25% Cu, 1,5% Mn, 0,05% Mo, 0,1% Nb, 0,3% Ni, 4,0% Si, 0,1% Ta, 0,1% Ti, 0,05% V oder 0,2% W enthält.

Bei den legierten Gußeisensorten muß man zwischen den gut zerspanbaren und den weniger gut zerspanbaren Typen unterscheiden; z. B. läßt sich ein Gußeisen mit etwa 1,82% Ni, 0,65% Cr, 0,31% Mo und 1,57% Silizium gut zerspanen. Diese Legierungen finden sehr häufig für Drehbankbetten Verwendung.

---

[1] Für die Bestimmung der Festigkeit sind die Vorschriften über Probeentnahme, Probeform usw. zu beachten.

224   Die zu zerspanenden Werkstoffe.

Nickellegiertes, weiß abgeschrecktes Gußeisen läßt sich dagegen nicht spanabhebend bearbeiten, wenn die Brinellhärte über 400 beträgt. Ebenso verhält es sich mit hitzebeständigen austenitischen und siliziumreichen Legierungen. Diese erhalten ihre Form durch Gießen. Sie können allenfalls durch Schleifen bearbeitet werden.

Das Gußeisen gehört zu den Werkstoffen, die bei der Zerspanung mulmige bröcklige Späne ergeben. Trotz der geringen Zugfestigkeit und

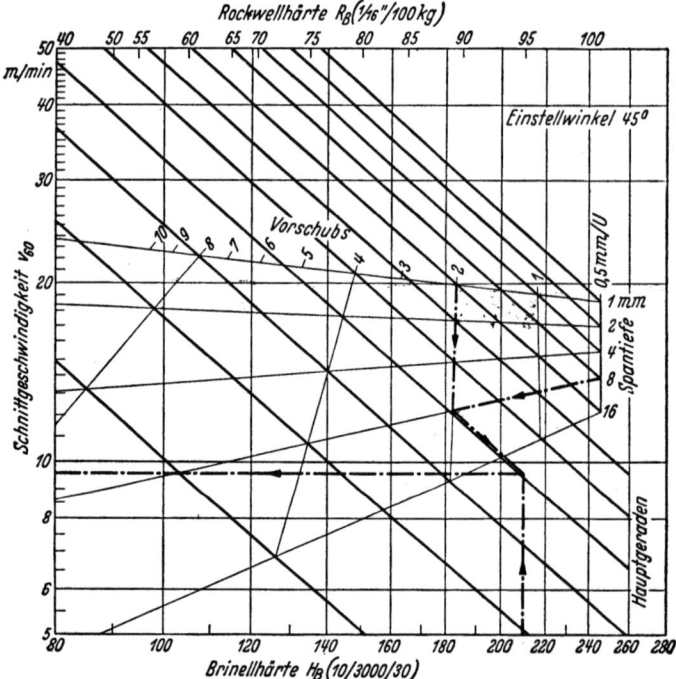

Abb. 124. Zerspannungsschaubild für das Drehen von Gußeisen.

Kerbfestigkeit sind die anwendbaren Schnittgeschwindigkeiten nicht so hoch wie bei Baustählen. Bei gleicher Festigkeit ist die v_{60}-Ziffer für Stahl etwa viermal so groß wie für Gußeisen. Trotz der geringeren Schnittgeschwindigkeiten ist der Verschleiß der Werkzeuge auch größer, weil die Form des Kohlenstoffes im Gußeisen von größtem Einfluß ist.

Auf Grund eingehender Drehversuche[1] hat man für die normalen Gußeisensorten ein Zerspannungsschaubild zur Bestimmung der v_{60}-Ziffer zusammengestellt (Abb. 124).

Das Schaubild ist wie folgt angewendet:

---

[1] WALLICHS, A. u. H. DABRINGHAUS, Zerspanbarkeit des Gußeisens im Drehvorgang. Gießerei 17 (1930) S. 1169.

Ein Werkstoff von 210 kg/mm² Brinellhärte soll bei 8 mm Spantiefe und einem Vorschub von 2 mm/U zerspant werden. Man stellt auf der von links oben nach rechts unten verlaufenden Hilfsgeraden den Schnittpunkt fest und kann dann links die Ordinate mit 9,5 m/min ablesen. Die Tafel gilt für einen Einstellwinkel $\varkappa = 45°$, für die Umrechnung auf andere Einstellwinkel gelten folgende Werte:

Einstellwinkel	30°	45°	60°	90°
v_{60} Umrechnungsziffer	1,15	1,0	0,89	0,72

Die Werte gelten für trockenen Schnitt. Für den Betrieb muß man jedoch die Geschwindigkeitswerte um 20% verringern, da in der Praxis die Bedingungen nicht so genau eingehalten werden können.

Beim Bohren von Gußeisen ergeben sich Abweichungen gegenüber dem Bohren von Stahl und Stahlguß.

Die Einzellochtiefe hat keinen Einfluß auf $v_{L\,2000}$. Ebenso hat sich gezeigt, daß Bohrer von 12—40 mm Durchmesser keinen Einfluß auf die Schnittgeschwindigkeit haben, das gleiche gilt für die Zuspitzung der Querschneidenbreite. Für die Schnittkräfte beim Bohren von Gußeisen hat man für einen Bohrerdurchmesser von 22 mm folgende Beziehungen aufgestellt:

Werkstoff	Achsdruck A kg	Drehmoment Md cmkg
Gußeisen $H_B = 140$ (kg/mm²)	$1200 \cdot s^{1,14}$	$700 \cdot s^{1,14}$
$H_B = 200$ (kg/mm²)	$2200 \cdot s^{1,25}$	$780 \cdot s^{1,25}$

H. Die Zerspanbarkeit von Temperguß.

„Temperguß" ist jede im Rohzustand graphitfreie, nicht schmiedbare Einsatzlegierung mit in der Regel etwa 2—3,5% Kohlenstoffgehalt, die ihre Formgebung durch Gießen in Formen erhält und deren Kohlenstoff durch eine nachfolgende Glühung

a) in neutraler Atmosphäre als Temperkohle abgeschieden wird (schwarzer Temperguß — Kurzbezeichnung Schwarzguß),

b) in oxydierender Atmosphäre ganz oder teilweise aus dem Gußstück entfernt wird (weißer Temperguß), wobei der im Kern vorliegende Werkstoff den Kohlenstoff meist als Temperkohle oder Perlit enthält. Der weiße Temperguß darf nicht mit weißem Gußeisen verwechselt werden, denn er ist zäh und kann zerspant werden.

Durch die Wärmebehandlung nach a) oder b) wird Guß zäh, hämmerbar, leichter zerspanbar und in beschränktem Maß schweißbar.

Zwischen diesen beiden Hauptgruppen kommen Übergänge vom schwarzen zum weißen Bruchaussehen vor. So entsteht als Abart des

Schwarzgusses der Schwarzkernguß, bei dem die Entkohlung auf dünne Oberflächenschichten beschränkt bleibt. Darunter befindet sich eine härtere Schicht aus Perlit.

Der sog. Bohrguß hat ein größeres Anwendungsgebiet für Hohlschlüssel, deren Schaft sich leicht ausbohren läßt.

Bezeichnung	Zugfestigkeit kg/mm²	Verwendungszweck
Te G 92	35	Handelsüblicher weißer Temperguß
Te W 92	40	Hochwertiger weißer Temperguß
Te S 92	36	Hochwertiger schwarzer Temperguß (Schwarzguß)

Bei der Ermittlung der Festigkeit sind die Vorschriften hinsichtlich Probeentnahme und der Probeabmessung zu beachten.

Eine Umrechnungszahl für die Brinellhärte zur Festigkeit kann nicht gegeben werden, da die Härte nach Dicke des Gußstückes und Entfernung von der Oberfläche verschieden ist.

Das Schrifttum bringt über die Zerspanbarkeit sehr wenig Unterlagen[1].

SCHALLBROCH und WALLICHS haben Schnittkraftmessungen durchgeführt (Abb. 125).

Die Schnittkräfte waren bei schwarzem Temperguß geringer, weil durch das Vorhandensein von Temperkohle die Späne leichter und in kurzen Stücken abbrechen.

Temperguß sollte mit mehr als 10 m/min Schnittgeschwindigkeit bearbeitet werden, um eine gute Oberfläche zu bekommen.

Ein sehr häufig angewandter Arbeitsvorgang ist das Gewindeschneiden bei FITTINGS.

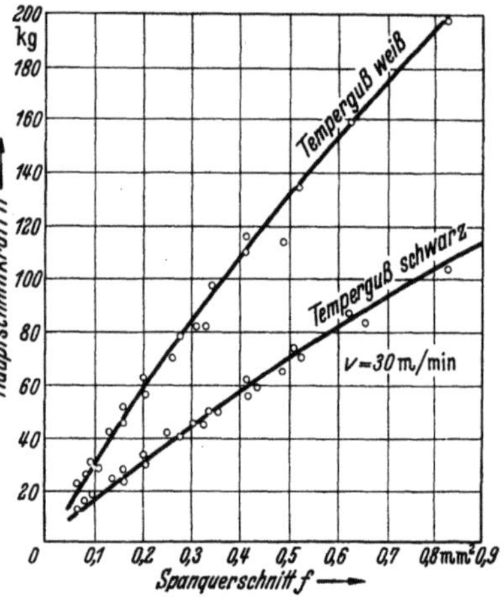

Zur besseren Spanabfuhr ist jeweils beim Gewindebohrer ein Zahn ausgelassen, so daß der Spanraum praktisch vergrößert wird und eine gute Spanform erreicht wird.

Es sind in der Praxis folgende Schnittgeschwindigkeiten üblich:

Innengewinde bis $1^{1}/_{2}''$, 13 m/min. — Werkzeug: Werkzeugstahl mit $1^{1}/_{2}$–2% Wolframgehalt.

Abb. 125. Hauptschnittkraft in Abhängigkeit vom Spanquerschnitt bei Temperguß.

[1] SCHALLBROCH, H. u. R. WALLICHS, T. Z. für prakt. Metallbearbeitung Jg. 48 (1938) S. 849. — M. COEHNEN, Werkstattstechnik 35 (1931) S. 221. — K. ROESCH, Stahl und Eisen 54 (1934) S. 306–310.

Innengewinde über $1^1/_2''$, 8 m/min.
Außengewindestrehlen 13 m/min (für hohe Ansprüche).
Mit Werkzeugen aus Schnellarbeitsstahl: 20 m/min ohne Rücksicht auf die Werkstückabmessungen.
Überdrehen der Flanschen.
50—55 m/min, 0,8 mm/U Vorschub, 0,4 mm Spantiefe, Werkzeug: Schnellarbeitsstahl.
Bohren: Bohrerdurchmesser 15—54 mm, Schnittgeschwindigkeit 24 m/min, Vorschub 0,15—0,2 mm/U.
Abstechen: 20—30 m/min Schnittgeschwindigkeit.
Bei dickwandigem Temperguß mit viel Perlit.
Werkzeug: Hartmetall H 1.
Grobschnitt: Schnittgeschwindigkeit 55—60 m/min Vorschub 0,3 mm/U.
Feinschnitt: Schnittgeschwindigkeit 70—80 m/min Vorschub 0,09 bis 0,10 mm/U.

Die Zerspanbarkeit ist in weitem Maße von der Struktur und von der Wandstärke des Tempergusses abhängig. Die Oberflächenschicht ist um so schwerer zu zerspanen, je höher die Gießtemperatur war.

J. Die Zerspanbarkeit der Nitrierstähle.

In neuerer Zeit haben die Nitrierstähle eine wachsende Bedeutung bekommen. Der Verbrauch ist z. B. von 1928—1937 um 1200% gestiegen. Die Zerspanbarkeit ist ungünstiger als bei einem Vergütungsstahl gleicher Festigkeit.

Sie zeichnen sich infolge ihrer besonderen Zusammensetzung, die vor allem aus den Legierungselementen Aluminium, Molybdän und Chrom besteht, durch ihr günstiges Verhalten bei der Nitrierhärtung aus.

Die Nitrierstähle, die entweder im stickstoffabgebenden Gas (Ammoniakgas, Gasnitrierung) oder in stickstoffabgebenden Salzbädern (Badnitrierung) nitriert werden, weisen gegenüber den Einsatzstählen, die in kohlenstoffabgebenden Einsatzmitteln gehärtet werden, erhebliche Vorteile auf.

Die Oberfläche ist bedeutend härter, verschleißfester und besitzt auch gleichzeitig eine gute Korrosionsbeständigkeit. Daneben läßt die erreichte Härte erst bei Temperaturen über 500° C nach.

Die zu nitrierenden Stähle werden vor dem Versticken bei Anlaßtemperaturen über 500° C vergütet, und man erreicht dadurch einen hochfesten Kern, der auch nach dem Versticken erhalten bleibt.

Formänderungen der Werkstücke durch Verzug treten bei der Nitrierung nicht ein.

Chemische Zusammensetzung der Nitrierstähle (Stahl-Eisen-Werkstoffblatt 850-47).

Bezeichnung	C %	Si %	Mn %	P %	S %	Al %	Cr %	Mo %	Ni %	V %
27 CrAl 6	0,24—0,30	0,15—0,35	0,50—0,70	<0,035	<0,035	1,0—1,2	1,3—1,5	0	0	0
34 CrAl 6	0,30—0,38	0,15—0,35	0,50—0,70	<0,035	<0,035	1,0—1,2	1,3—1,5	0	0	0
32 AlCrMo 4	0,30—0,35	0,15—0,35	0,50—0,70	<0,025	<0,025	1,0—1,2	1,0—1,2	0,15—0,20	0	0
31 CrMoV 9	0,26—0,34	0,15—0,35	0,50—0,70	<0,025	<0,025	0	2,2—2,5	0,15—0,20	0	0,10—0,15
33 CrAlNi 7	0,30—0,37	0,15—0,35	0,40—0,60	<0,025	<0,025	1,0—1,2	1,6—1,8	0	0,90—1,1	0
30 CrAlS 5	0,25—0,35	0,15—0,35	0,25—0,40	0,08—0,10	0,08—0,10	0,8—1,0	1,1—1,3	0	0	0

Fortsetzung

Bezeichnung	Rundstahl mm ⌀	Zugfestigkeit im vergüteten Zustand kg/mm²	Härte HV der Oberfläche nach dem Nitrieren kg/mm²	Anlaß-temperatur °C	Verwendung
27 CrAl 6	bis 80	65—80	900	580—650	Ventilspindeln, Tauchkolben, Kolbenstangen, Meßwerkzeuge, Schleif- u. Fräsmaschinenspindeln
34 CrAl 6	bis 80	80—100	900	580—650	
32 AlCrMo 4	bis 80	80—95	900	580—650	Ausschließlich für Meßdampfarmaturenteile, die Temperaturen über 450° C ausgesetzt sind
31 CrMoV 9	bis 80	100—115	750	580—630	Ventilspindeln u. ähnliche Heißdampfarmaturenteile bei Höchstdrücken, Schleifmaschinenspindeln, Meßwerkzeuge
33 CrAlNi 7	über 100—250	80—100	900	610—660	Schwere Tauchkolben, Kolbenstangen u. ähnliche Teile bes. großer Abmessungen
30 CrAlS 5	bis 80	65—80	900	580—650	Leicht zerspanbarer Stahl f. Automatenteile, bes. f. die Textilindustrie

Vorstehend sind die im Stahl-Eisen-Werkstoffblatt 850 genormten Nitrierstähle, ihre chemische Zusammensetzung, Festigkeitseigenschaften, Wärmebehandlung und das Anwendungsgebiet aufgeführt.

Drehen. Die Nitrierstähle werden in den meisten Fällen im vergüteten Zustand angeliefert und haben dann eine Brinellhärte von 220 bis 260 kg/mm², in manchen Fällen auch 300 kg/mm².

Zwischen der Vorbearbeitung und der Fertigbearbeitung ist vorteilhaft ein Glühvorgang einzuschalten bei einer Temperatur, die gewöhnlich 40° C höher liegt als die Nitriertemperatur.

Dadurch werden die durch Schruppen und Wärmebehandlung ausgelösten inneren Spannungen beseitigt. Für das Drehen werden folgende Schnittgeschwindigkeiten und Vorschübe empfohlen.

Tabelle 58. *Schnittgeschwindigkeiten, Vorschübe und Schneidenwinkel beim Drehen von Nitrierstahl.*

Werkzeug-sorte	Schnitt-tiefe mm	Vorschub in mm/Umdrehung Schnittgeschwindigkeit in m/min			
		0,2	0,4	0,8	1,6
Schnell-arbeitsstahl	0,4	36..39	32..35	29..30	......
	0,8	33..35	29..31	25..27	21..23
	1,6	30..33	27..29	24..26	20..22
	3,2	......	24..26	21..23	19..20
	6,4	......	20..22	19..20	16..18
Stellit	0,4	54..60	48..53	41..45	......
	0,8	53..54	43..46	37..40	32..35
	1,6	45..51	39..42	35..37	30..32
	3,2	......	35..38	32..34	27..29
	6,4	......	30..32	27..29	23..25
Hartmetall	0,4	135..150	120..135	105..113	......
	0,8	120..135	105..113	96..104	......
	1,6	110..120	99..105	87..96	......
	3,2	......	90..99	78..87	......
	6,4	......	84..90	69..78	......

Schneidenwinkel.

Schnellarbeitsdrehstahl (für Schruppen) in °	Hartmetall (für leichte Schlichtschnitte) in °
$\alpha = 3\text{—}6$	6—12
$\gamma = 6\text{—}8$	9—20
$\varkappa = 80$	70—85

Die Zerspanbarkeit der Nitrierstähle. 231

Tabelle 59. *Schnittgeschwindigkeiten, Vorschübe und Winkel am Bohrer beim Bohren von Nitrierstahl.*

Bohren. Zum Bohren von Nitrierstahl werden folgende Schnittgeschwindigkeiten und Vorschübe empfohlen.

Bohrerdurchmesser in mm	Vorschübe in mm/Umdrehung		Schnittgeschwindigkeit[1] in m/min
	225—250 bei Brinellhärte	250—300 bei Brinellhärte	
3	0,10	0,08	12..15
6	0,18	0,13	12..15
12	0,25	0,20	12..15
19	0,33	0,25	12..15
25	0,40	0,30	12..15

	Nitrierstahl bis $H_B = 250$ kg/mm² in °	Nitrier-Automatenstahl in °
Spitzenwinkel	130—140	118
Hinterschliffwinkel	5	10

Als Kühlmittel dienen Schneidöl, geschwefeltes Öl oder hochwertiges Mineralöl.

Gewindeschneiden.

Tabelle 60. *Geschwindigkeiten beim Gewindeschneiden von geglühtem Nitrierstahl.*

Gewindedurchmesser in mm	Werkzeugstahl Schnittgeschwindigkeit m/min	Schnellarbeitsstahl Schnittgeschwindigkeit m/min
6	10,5	12,0
10	9,5	10,5
13	7,5	10,5
16	7,5	10,5
19	6,0	9,0
25	6,0	9,0
32	5,4	7,5
38	5,4	7,5
50	4,5	6,0
64	4,5	4,5
76	3,0	4,5

Winkel am Gewindebohrer. Anschnittwinkel 20°, Spanwinkel 10—15°.

---

[1] Die Geschwindigkeiten wurden bei Verwendung eines Schneidöles mit hohem Schwefelgehalt ermittelt.

Die zu zerspanenden Werkstoffe.

Fräsen. Für das Fräsen sind folgende Richtwerte zu empfehlen.

	Schruppfräsen	Schlichtfräsen
Schnittgeschwindigkeit m/min	18—24	28—38
Vorschub (mm/Zahn)	0,2—0,25°	
Freiwinkel	3—5°	
Hinterschleifwinkel	10—15°	
Spanwinkel	10—15°	

Schleifen. Die Auswahl der Schleifscheiben richtet sich danach, ob das Rund- oder Planschleifen vor dem Nitrieren oder nach dem Nitrieren des Stahles erfolgt.

Für geglühten Nitrierstahl werden vor dem Nitrieren keramischgebundene, weiche Alu-Oxydschleifscheiben mit Körnung 36—46 verwendet, während Nitrierstähle nach dem Nitrieren mit weicheren Schleifscheiben geschliffen werden.

Die Schleifzugabe soll höchstens 0,13—0,15 mm betragen, da die Härte des nitrierenden Stahles mit der Einsatztiefe sehr rasch abnimmt. In nachstehender Zahlentafel sind für verschiedene Schleifarbeiten empfehlenswerte Schleifscheiben für ungehärtete und nitrierte Nitrierstähle aufgeführt.

Art des Schliffes	Art des Schleifmittels	Körnung	Härte der Scheibe	Bindung	Umfangsgeschwindigkeit m/sec
Vor dem Nitrieren					
Rundschliff	Al-Oxyd	36—46	weich	keram.	27,5—32,5
,, hohe Güte	Si-Karbid	46	mittel	,,	,,
Flächenschliff					
glatte Scheibe	Al-Oxyd	46	weich	,,	22,5—25
Topfscheibe	Si-Karbid	36	,,	,,	,,
spitzenlos	Al-Oxyd	46—60	mittel	,,	27,5—32,5
Innenschliff	Si-Karbid	46	weich	,,	,,
Nach dem Nitrieren					
Rundschliff					
Vorschleifen	Al-Oxyd	36—60	,,	,,	27,5—32,5
Fertigschleifen	Al-Oxyd	60—100	,,	,,	,,
Spiegelschliff	Si-Karbid	400—500	,,	Schell.	,,
Flächenschliff					
glatte Scheibe	Al-Oxyd	46—60	,,	keram.	22,5—25,0
Topfscheibe	Al-Oxyd	46—60	,,	,,	,,
Innenschliff	Al-Oxyd	36—60	,,	,,	27,5—22,5
hohe Güte	Si-Karbid	80—100	,,	,,	,,

K. Die Zerspanbarkeit der verschleißfesten Stähle.

Diese Stähle bedürfen einer besonderen Erwähnung, da sie infolge ihrer hohen Kalthärtbarkeit schwer zu zerspanen sind.

Wie der Name sagt, dienen sie zur Herstellung solcher Bauteile, die stark auf Verschleiß beansprucht werden. Das Legierungselement, welches die Verschleißfestigkeit steigert, ist Mangan. Es wird bei den Stählen der höchsten Verschleißfestigkeit in Mengen von 12—14% zugesetzt.

Von den vielen Abarten der Verschleißbeanspruchung werden als Beispiel die beiden am häufigsten vorkommenden behandelt. Es sind dies:

1. Eine Verschleißbeanspruchung im Zusammenhang mit dem Auftreten höherer Drücke oder Schlagbeanspruchung (Aufbereitung, Brikettierung, Herstücke, Weichen).

2. Eine Verschleißbeanspruchung ohne wesentlichen Druck durch schmirgelnde Arbeitsvorgänge (Düsen von Sandstrahlgebläsen, Mahltrommeln).

Für den unter 1. genannten Fall wird ein Stahl nachstehender Zusammensetzung verwendet.

Bezeichn.	C %	Si %	Mn %	P %	S %	Cr %
G 120 Mn 50	1,1—1,3	0,30—0,50	12,0—13,0	<0,100	<0,040	(1,5)[1]

Bei einer Festigkeit von 90—110 kg/mm² ergibt sich eine Streckgrenze von 40—60 kg/mm² und eine Dehnung von 50—60%. Sie deutet schon an, daß es sich hier um einen Stahl von besonderem Verhalten handelt.

Seine beste Eigenschaft ist die große Verfestigung durch Kaltverfestigung, oft auch Kalthärtbarkeit genannt. Wenn die Oberfläche des Stahles über die Streckgrenze hinaus beansprucht wird, wird durch die eintretende Härtesteigerung der Abnutzungswiderstand sehr viel größer.

Für den unter 2 genannten Fall braucht man einen Stahl mit einem Kohlenstoffgehalt von 1,2% sowie Zusätzen von Chrom und Wolfram. Der Stahl muß eine große Oberflächenhärte haben. Für die verschleißfesten Stähle werden nachstehende Schnittbedingungen empfohlen: Hartmetall S 3, Schnittgeschwindigkeit für Grobschnitt 10—25 m/min und Feinschnitt 25—40 m/min. Die beste Zerspanbarkeit erhält der Stahl bei 12—13% Mn durch Abschrecken von 1000° C in Wasser, Glühen bei 650° C über 2 h, Abkühlen in Asche. Nach der Bearbeitung wieder von 1000° C in Wasser abschrecken, um die geforderte Festigkeit wieder zu erreichen.

---

[1] Aus Schrott.

L. Nichtrostende und säurebeständige Stähle.

Unter nichtrostenden und säurebeständigen Stählen versteht man Stähle, die mit Chrom und Nickel und in geringeren Beimengungen mit anderen Elementen legiert sind, die von der Luft, Seewasser und den meisten Säuren nicht merkbar angegriffen werden. Daneben findet man auch Stahllegierungen mit Mangan, Molybdän und Siliziumzusätzen, die die gleichen Eigenschaften haben.

Die nicht-austenitischen Stähle haben die gleiche Zerspanbarkeit wie die gewöhnlichen Stähle gleicher Zugfestigkeit. Sofern die reinen Chromstähle zum Schmieren neigen, werden sie auf 60—75 kg/mm² Zugfestigkeit vergütet.

Die austenitischen Stähle haben infolge ihrer großen Kalthärtbarkeit eine schlechte Zerspanbarkeit. Um eine Verfestigung der Oberfläche zu vermeiden, verwendet man möglichst Hartmetall mit hohen Schnittgeschwindigkeiten bei kleinen Spanquerschnitten.

Abb. 61. *Schnittbedingungen bei der spanabhebenden Bearbeitung von rost- und säurebeständigen Stählen.*

Bearbeitungs-verfahren	Schnittgeschwindig-keit v (m/min)	Vorschub s	Schnittwinkel in °	Kühlmittel
Drehen Schnell-arbeitsstahl	Schruppen 10—12	Schruppen 0,2—1,0 mm/U	$\alpha = 6$—8 $\gamma = 4$—8 $\lambda = 3$—5 $\varkappa = 45$	Schneidöl Kühlmittelöl
Hartmetall	Schruppen 20—30 Anwendung von Spanbrecher-nuten	Schruppen 0,2—1,0 mm/U	$\alpha = 5$ $\gamma = 0$—3 $\lambda = 3$—5 $\varkappa = 45$ durch Abschrä-gen der Schneid-kanten (negat. Spanwinkel) Ver-besserung der Standzeit	Schneidöl Kühlmittelöl
Hartmetall	Schlichten 60—100 Schnittiefe nicht größer als 0,5 mm	Schlichten 0,1—0,2	$\alpha = 5$ $\gamma = 4$—8 $\lambda = 3$ $\varkappa = 45$	Schneidöl Kühlmittelöl
Bohren Schnell-arbeitsstahl	8—10 bei Bohrer-$\varnothing = {}^3/_4$ Materialstärke muß v verringert werden. Bei Boh-rer-$\varnothing$ $^1/_4$ Mat.-Stärke muß v ver-größert werden	0,1—0,2	Spitzenwinkel 135—140	Kühlmittelöl

Bearbeitungs-verfahren	Schnittgeschwindigkeit v (m/min)	Vorschub s	Schnittwinkel in °	Kühlmittel
Reiben Pendelreibahle mit Hartmetall schneiden	6—8	0,25—0,5 Vorschub wird mit der Stärke der Bohrung vergrößert	Spiral-verzahnt	Schneidöl
Fräsen Schnell-arbeitsstahl	8—10	0,1—0,5	$\alpha = 6$ $\gamma = 0-2$ $\lambda = 4$	Kühlmittelöl
Schleifen	Schleifscheibenkörnung für Vorschliff 40—60 Schleifscheibenkörnung für Fertigschliff 60—80 Schleifscheibenhärte für Vorschliff i—k Schleifscheibenhärte für Fertigschliff l—m In den meisten Fällen werden saubergewalzte und gezogene Halb- oder Fertigerzeugnisse nicht geschliffen, sondern lediglich poliert. Bei Guß muß man häufig schleifen zur Entfernung von Schlackeneinschlüssen = (Kreuzschliff).			
Hochglanz-Polieren	Schwabbelscheiben aus feinem Woll- od. Musselinstoff. $v = 50-60$ m/s, Fettfreiheit des ganzen Arbeitssystems		Poliermittel aus ungeschmolzenem Alu-Oxyd in feinstgemahlenem Zustand (eisenfrei). Nur kleiner Anpreßdruck, da sonst Überhitzung u. Verfärbung der Stahloberfläche.	

XI. Die Zerspanbarkeit von Automatenstahl.

A. Begriffbestimmung der Automatenstähle.

Die Automatenstähle werden, wie der Name sagt, auf schnellaufenden Automaten und Revolverbänken zerspant.

Sie zeichnen sich bei der Zerspanung durch folgende Eigenschaften aus:

1. Sie lassen die Anwendung hoher Schnittgeschwindigkeiten zu. Somit wird die Fertigungszeit abgekürzt.

2. Sie bekommen bei der Zerspanung eine saubere und gesunde Oberfläche, so daß die gefertigten Teile ohne Nachbehandlung eingebaut werden können.

3. Die Späne sind kurz und brüchig. Damit werden Störungen wegen Überfüllung und Verstopfung des Spänekastens vermieden.

4. Sie verursachen einen geringen Schnittdruck, so daß das Werkzeug trotz hoher Schnittgeschwindigkeit geschont wird und die Maschine erst nach einem längeren Zeitraum neu eingerichtet zu werden braucht.

B. Die Normung der Automatenstähle und Prüfung der Zerspanbarkeit.

Bevor die heute gebräuchlichen Automatenstähle auf dem Markt waren, wurden in der Industrie für Teile, die den vorstehend geschilderten Anforderungen in etwa entsprachen, meistens Paketierschweißstähle und Puddelstähle verwendet. Diese Qualitäten hatten in gezogenem Zustand eine Festigkeit von 45—60 kg/mm². Wenn eine höhere mechanische Beanspruchung auftrat, wurde dafür der sog. Schraubenstahl (heute C 25) mit 50—70 kg/mm² Festigkeit verwendet.

Die Zerspanbarkeit dieser Stähle war infolge der Seigerungen relativ günstig, jedoch gaben die Schlackenzeilen ständig zu Beanstandungen der Oberflächengüte Veranlassung. Die technologischen Werte genügten auch nicht immer den Ansprüchen.

Man ging daher schon vor dem ersten Weltkrieg, etwa 1910, zu den heute üblichen Automatenstählen mit hohem P- und S-Gehalt über, wie sie jetzt in DIN 17290 genormt sind.

Die gute Zerspanbarkeit ist durch höhere Schwefelgehalte, oft auch durch höhere Gehalte an Schwefel und Phosphor, gemeinsam bedingt. In gleicher Richtung wirkt eine Kaltverformung, bei der trotz der Festigkeitssteigerung die Zerspanbarkeit verbessert wird.

Die Norm 17290 gilt für gewalzten, geschmiedeten, geschälten oder gezogenen Stahl, der im nichtwärmebehandelten, im geglühten oder vergüteten Zustand vorliegen kann.

In der Regel wird Automatenstahl in der Thomas-Birne oder im Siemens-Martin-Ofen erschmolzen.

Zur Prüfung der Zerspanbarkeit und der sonstigen günstigen Eigenschaften wurden eine große Anzahl von Untersuchungen angestellt.

Zunächst ermittelte man grundsätzlich den Unterschied der anwendbaren Schnittgeschwindigkeit bei einem ausgesprochenen Automatenstahl und einem normalen Thomasstahl annähernd gleicher Festigkeit.

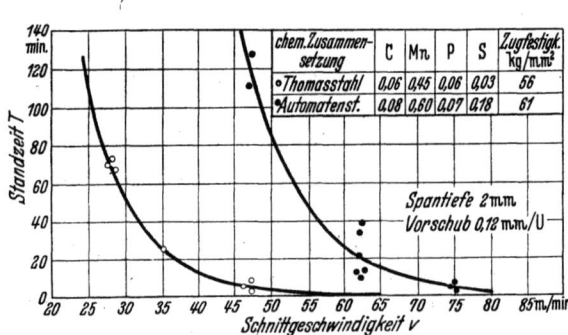

Abb. 126. $T-V$-Kurven von Thomas- und Automatenstahl annähernd gleicher Festigkeit und Zusammensetzung (nach Opitz).

Wie Abbild. 126 zeigt, ist der Unterschied beispielsweise bei 120 Minuten Standzeit mit einer Schnittgeschwindigkeit von 47 m/min zu 23 m/min ganz beträchtlich.

Bei den weiteren Untersuchun-

Tabelle 62. *Zusammensetzung der Automatenstähle nach DIN 17290.*

Bezeichnung	Verwendungszweck	C %	Si %	Mn %	P %	S %
9 S 20	Schnellautomatenweichstahl[1]	≦ 0,12	—	0,5—0,8	≦ 0,10	0,18—0,24
9 S 25	Hochleistungsautomatenstahl[1]	≦ 0,12		0,6—1,0	≦ 0,10	0,24—0,30
10 S 20	Automateneinsatzstahl[2]	0,06—0,12	0,10—0,40	0,50—0,80	bei Thomasstahl ≦ 0,09 bei Siemens-Martin-Stahl 0,07	0,18—0,26
15 S 20	,,	0,12—0,18	0,10—0,40	0,50—0,80		0,18—0,26
22 S 20	Automatenvergütungsstahl[2]	0,18—0,25	≦ 0,40	0,50—0,80		0,18—0,26
30 S 20	,,	0,25—0,32	≦ 0,40	0,50—0,80		0,15—0,25
35 S 20	,,	0,32—0,40	≦ 0,50	0,50—0,80		0,15—0,25
45 S 20	,,	0,42—0,50	≦ 0,50	0,50—0,80		0,15—0,25
60 S 20	,,	0,57—0,65	≦ 0,50	0,50—0,80		0,15—0,25

gen der Automatenstähle hat man zunächst an die Verfahren zur Zerspanbarkeitsprüfung der Baustähle angeknüpft.

Man hat daher den klassischen Standzeitversuch als Langdrehversuch mit Erliegen der Schneiden angewendet. Es ergab sich aber, daß bei der guten Zerspanbarkeit der Automatenstähle der Werkstoff- und Zeitverbrauch sehr groß wurde. In Übereinstimmung mit den T-V-Kurven der Baustähle zeigten die Automatenstahlkurven im doppellogarithmischen Feld eine gerade Linie, deren Neigung bei jedem Werkstoff verschieden war. Auch hat man festgestellt, daß die beim Automatendrehen notwendigen Schnittunterbrechungen die Standzeit nicht beeinflussen.

Trotz dieser Analogien zum bisher üblichen Standzeitversuch ergab sich, daß auch aus anderen als den vorgenannten Gründen der Erliegeversuch unzweckmäßig ist. Die Automatenteile müssen, da sie keine Nachbehandlung erfahren, sehr genau von der Maschine fallen. Daher wird die Standzeit nicht durch Abschmelzen der Meißelschneide, sondern schon vorher durch Verschleiß beendet. Wenn infolge des Verschleißes eine unzulässige Durchmesserzunahme am Werkstück auftritt, muß das Werkzeug nachgeschliffen werden, und der Versuch ist beendet.

---

[1] Unberuhigt vergossen. [2] Beruhigt vergossen (seigerungsarm).

Zu den Bezeichnungen, wie sie in der Spalte 1 der obengenannten Tabelle angegeben sind, treten für Angabe des Lieferzustandes und der Wärmebehandlung noch folgende Zusätze:

K = kalt gezogen,
U = unbehandelt (gewalzt, geschmiedet oder geschält),
V = vergütet (gezogen oder geschält).

Man hat daher die Bestimmung der Verschleißmarkenbreite B zunächst für Längsdrehversuche und später in weiterer Vereinfachung für die Einstechversuche als Kriterium der Zerspanbarkeit des Automatenstahles eingeführt.

Die unberuhigt vergossenen Automatenstähle zeigten die besten Zerspanbarkeitseigenschaften. Der sich hierbei bildende Seigerungskern verschlechtert aber die mechanischen Eigenschaften, insbesondere die Kerbzähigkeit und die Schwingungsfestigkeit.

Zur Verbesserung dieser Eigenschaften wird der Pfanneninhalt beim Vergießen durch Zugeben von Silizium oder Aluminium beruhigt. Schwefel und Phosphor verteilen sich dann gleichmäßig über den ganzen Querschnitt. Es war nun das Bestreben, einen beruhigten Automatenstahl zu schaffen, der bei guten mechanischen Eigenschaften die Zerspanbarkeit des unberuhigt vergossenen Stahles hatte. Eine Untersuchung verschiedener Beruhigungsmittel ergab nach Abb. 127, daß Mangan in seiner Wirkung dem unberuhigt vergossenen Stahl am nächsten kam. Es zeigt sich aber auch, daß das Silizium die Zerspanbarkeit des beruhigt vergossenen Stahles noch weiter verschlechtert[1].

Das Merkmal der Automatenstähle ist der hohe Gehalt an Phosphor und Schwefel. Mangan bildet mit dem Schwefel zusammen die nichtmetallischen Mangansulfideinschlüsse, die den Stahl durchsetzen. Je feiner und gleichmäßiger diese Einschlüsse verteilt sind, desto besser ist ihre Wirkung auf die Standzeit der Werkzeuge und die Kurzbrüchigkeit der Späne.

Zu grobe Einschlüsse und langgezogene Schlackenzeilen sind aber nachteilig.

Die Verbesserung der Zerspanbarkeit durch den Zusatz von Blei. Vor etwa 15 Jahren war der Stand der Zerspanbarkeit der Automatenstähle so, daß man bei einem unberuhigt vergossenen Stahl für eine Standzeit von acht Stunden mit einer Schnittgeschwindigkeit von 65 m/min und bei einem beruhigt vergossenen Stahl mit einer Schnittgeschwindigkeit von 50 m/min rechnete. Die Zahlen gelten für ein Werkzeug aus Schnellarbeitsstahl mit 18% W, 4% Cr und 1% V[2].

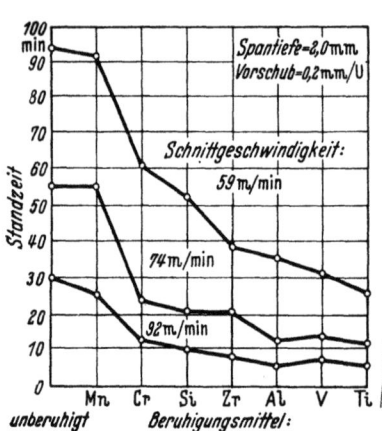

Abb. 127. Standzeit der Versuchsstähle bei verschiedenen Beruhigungsmitteln.

[1] WEIDTMANN, O., Zerspanbarkeitsversuche mit beruhigten Automatenstählen, Stahl und Eisen 56 (1936) S. 790—795.

[2] PAGEL, W., Anforderungen des Verbrauchers an die Automatenstähle. Stahl und Eisen 56 (1936) S. 861—863.

Die Normung der Automatenstähle und Prüfung der Zerspanbarkeit. 239

Mit diesen Schnittgeschwindigkeiten fand man sich jedoch nicht ab. Man suchte nach neuen Wegen, die Zerspanbarkeit weiter zu verbessern. Hierbei griff man auf ein schon älteres Verfahren, nämlich den Zusatz von geringen Mengen Blei, zurück. Dieses Verfahren wurde zuerst von W. RÜBEL in Mengen von 1% Blei für Dynamostahl genannt, ohne daß es große praktische Bedeutung bekam[1].

Die Versuche in Amerika. In neuerer Zeit fanden sich dann Hinweise über Erleichterung der Zerspanbarkeit durch Bleizusätze bis 1% in französischen Patenten, die die Inland Steel Companie Chicago angemeldet hatte[2].

Es haben damals sofort acht amerikanische und ein englisches Hüttenwerk Lizenzen auf die genannten Patente genommen, so daß mit größeren Lieferungen zu rechnen war, die auf Grund dieser Lizenzen herausgebracht werden sollten. Dies war aber nicht der Fall, sondern es kamen vorerst nur Versuchsschmelzen heraus.

Diese hatten einen Bleigehalt von 0,25% und erhielten für die BESSEMER-Güte die Bezeichnung ,,Plus Lead'' und für die SIEMENS-MARTIN-Güte ,,Ledloy''.

Im amerikanischen Schrifttum wurde vor dem Kriege verschiedentlich über sehr günstige Zerspanungsergebnisse mit diesen Stählen berichtet[3].

Damit setzte aber auch die Diskussion in allen Ländern ein, ob Bleizusatz die Zerspanbarkeit verbessert oder nicht. Diese Auseinandersetzung ist heute noch nicht ganz abgeschlossen, zumal nennenswerte Mengen von bleihaltigem Automatenstahl erst jetzt auf den Markt zu kommen scheinen.

Die Versuche in Deutschland. Über die Versuche in Deutschland wurde erstmalig von H. SCHRADER berichtet[4]. Diese Arbeiten wurden in München, später durch Erprobung im Kurzprüfverfahren weitergeführt[5]. Zunächst war die Frage der Herstellung von Stählen mit einem genügend hohen Bleigehalt zu klären. In Anbetracht der allgemeinen Wichtigkeit dieses Problems muß hier kurz darauf eingegangen werden.

---

[1] DRP. 254865 vom 7. Juni 1911.
[2] FRANZ, Patent 839239, 839240, 839241 vom März 1939 und November 1937.
[3] ROBBINS, F. J., Iron Age 142 (1938) S. 28–33. — F. J. ROBBINS u. G. R. CASKEY, Heat Treat. Forg. 25 (1939) S. 546–551. — Trans. Amer. Soc. Met. 27 (1939) S. 887–915. — NEAD J. H., O. E. SIMS und V. E. HARDER, Metals and Alloys 10 (1939) S. 68–73 und 109–114.
[4] SCHRADER, H., Leistungssteigerung bei spanabhebender Bearbeitung durch Bleizusatz zum Stahl. Arch. f. d. Eisen-Hüttenwesen 17 (1943) S. 65–76. Gruppe E (die Versuche wurden bereits 1939 durchgeführt).
[5] SCHRADER, H. u. H. SCHALLBROCH, Zerspanbarkeit bleihaltiger Stähle. Die Technik 3 (1948) S. 97–103.

Da Blei mit geschmolzenem Stahl unlöslich und außerdem spezifisch schwerer ist, bietet die Beigabe zum Stahl große Schwierigkeiten. Außerdem erfordert die Entfernung der dabei auftretenden sehr giftigen Bleidämpfe besondere Maßnahmen. Da Blei einen Siedepunkt von 1600° C und das Oxyd sogar von unter 1500° C hat, läßt sich bei den hohen Gießtemperaturen des Stahles dieser starke Verdampfungsverlust von bis zu 80% des aufgegebenen Bleies nicht vermeiden.

Als Bleizuträger kommen metallisches Blei, Bleiglanz, Bleioxyd, Bleiphosphat und Bleilegierungen in Frage.

Bei geringen Bleizusätzen (0,2%) gehen 50% bei höheren Zusätzen (1%) 80% verloren.

Nach dem ausländischen Schrifttum ist die günstigste Beimischung im fertigen Stahl 0,3—0,5% Pb. Die bisher in Deutschland erschmolzenen Stähle haben Bleigehalte von 0,11—0,35%. Eine Wirkung macht sich schon von 0,1% an bemerkbar.

Der Zusatz des Bleies erfolgt entweder durch Ablegen von Stücken auf den Pfannenboden, wobei der aufsteigende Bleidampf durch den Gießstrahl aus dem Ofen nochmals durchgemischt wird, oder es wird in Form feiner Körner in den Gießstrahl der Pfanne vor Eintritt in die Kokille zugegeben. Nach einer andern Leseart soll der Bleizusatz bei fallendem Gießen durch eine Rutsche gegen den Gießstrahl geleitet werden.

SCHRADER hat nicht nur Automatenstähle, sondern auch eine Reihe anderer Stähle mit Bleizusatz untersucht. Die Arbeiten fanden durch SCHEPERS und KRAUSS eine wertvolle Ergänzung[1]. Besonders, da auch ein original-amerikanischer Automatenstahl mit etwa 0,14% Pb untersucht wurde. Im nachstehenden werden nicht nur die bleihaltigen Automatenstähle, sondern auch die übrigen Stähle mit Bleizusatz behandelt.

Bei der Auswertung der SCHRADERschen und SCHALLBROCHschen Versuche ist zu beachten, daß die Verschleißmarkenbreite auf der Spanfläche gemessen wurde[2]. Dies geschah, weil außer Automatenstahl noch viele andere Stahlzusammensetzungen, die Kolkverschleiß hervorriefen, geprüft wurden und weil man durch die Schnittbedingungen erreichen wollte, daß der Warmverschleiß erfaßt wurde. Später wurde es üblich, den Verschleiß nur auf der Freifläche[3] zu messen. Hinsichtlich der Beurteilung des untersuchten Stahles ist dies ohne Belang, zumal die Ergebnisse durch den effektiven Erliegeversuch kontrolliert wurden.

---

[1] SCHEPERS, A. u. R. KRAUSS, Zerspanungseigenschaften bleihaltiger und bleifreier Stähle. Stahl und Eisen 68 (1948) S. 90—91.

[2] OPITZ, H. u. E. PRINTZ, Beitrag zur Zerspanbarkeit von SM-Stählen, Hartmetallwerkzeugen. T. Z. f. prakt. Metallbearbeitung 48 (1938) S. 773—779. Beschreib. d. Verfahren z. Ausmessen d. Spanflächenverschleißes.

[3] WALLICHS, A. u. F. HUNGER, Untersuchung der Drehbarkeit von Leichtmetallen. Maschinenbau-Betrieb 16 (1937) S. 81—86.

Die Normung der Automatenstähle und Prüfung der Zerspanbarkeit. 241

Die untersuchten Werkstoffe sind in der nachfolgenden Tabelle zusammengestellt.

Die Problemstellung ist nun wie folgt:

1. Erhöht der Bleizusatz die Zerspanbarkeit der reinen Automatenstähle, ohne deren sonstige Eigenschaften zu verschlechtern?

Chemische Zusammensetzung der untersuchten Stähle.

Stahl Nr.[1]	Stahlart	C %	Si %	Mn %	P %	S %	Cr %	Mo %	W %	Sonstiges	Pb %
1a	St C 16.61	0,13	0,28	0,48	0,01	0,015					—
1b	St C 16.61	0,13	0,23	0,44	0,01	0,015					0,22
2a	St C 16.61	0,16	0,23	0,39							—
2b	St C 16.61	0,11	0,20	0,40							0,27
2c	St C 16.61	0,11	0,24	0,40							0,35
3a	St C 16.61	0,17	0,33	0,54	0,01	0,027					—
3b	St C 16.61	0,17	0,33	0,54	0,01	0,027					0,24—0,27
4a	Automatenstahl	0,16	0,35	0,56	0,086	0,015					—
4b	Automatenstahl	0,15	0,28	0,52	0,086	0,015					0,17
5a	Werkzeugstahl	1,03	0,36	0,47							—
5b	Werkzeugstahl	1,09	0,38	0,47							0,49
6a	ECMo 100	0,20	0,34	1,17			0,16	0,28			—
6b	ECMo 100	0,19	0,27	1,17			0,16	0,28			0,21
7a	Einsatzstahl	0,17	0,30	0,54			1,31	0,35			—
7b	Einsatzstahl	0,16	0,21	0,49			1,25	0,28			0,20
8a	Warmarbeitsstahl	0,31	0,22	0,40			1,84		9,1	1,86 Ni	—
8b	Warmarbeitsstahl	0,31	0,31	0,30			2,86		8,6	2,00 Ni	0,21
9a	Schnelldrehstahl	0,76	0,22	0,39			2,81		11,1	0,28 V	—
9b	Schnelldrehstahl	0,71	0,32	0,29			4,30		11,2	0,32 V	0,11
10a	Ventilkegelstahl	0,17	2,34	0,75			4,04	0,78	2,27	1,47 V	—
10b	Ventilkegelstahl	0,53	1,71	0,77			15,3	0,80	12,2	1,35 V	0,16
11a	Manganhartstahl	1,24	0,36	13,1			15,0			13,2 Ni	—
11b	Manganhartstahl	1,20	0,28	12,1						15,3 Ni	0,20
12a	Unmagnetischer Stahl	0,30	1,02	17,9	0,051	0,01	1,21				—
12b	Unmagnetischer Stahl	0,30	1,02	17,9	0,051	0,01	1,21				0,17

[1] a = ohne Bleizusatz, b = mit Bleizusatz.

2. Wird durch Bleizusatz die Zerspanbarkeit der normalen Weichstähle ohne höheren P- und S-Gehalt verbessert?

3. Ist es möglich, auch bei anderen Stahlzusammensetzungen, z. B. Werkzeugstählen, nichtrostenden Stählen und Manganstählen usw., eine Verbesserung der Zerspanbarkeit durch Bleizusatz zu erreichen?

Die Antwort auf diese drei Fragen sei kurz vorweggenommen.

Zu 1. Es zeigten sich durch die Bleizugabe keine nachteiligen Folgen für die technologischen und physikalischen Eigenschaften. Man kann also von dem Vorteil der besseren Zerspanbarkeit unbedenklich Gebrauch machen. Der Aufwand ist jedoch beträchtlich.

Zu 2. Hier ergaben die Versuche, daß ein Bleizusatz selbst unter Zugabe von Kupfer bei einem unlegierten Stahl mit niedrigen Kohlenstoff- und Schwefelgehalten keine Verbesserung der Zerspanungseigenschaften bringt. Der Bleizusatz ist so gedacht, daß er den schwefelhaltigen Automatenstählen zusätzlich eine bessere Zerspanbarkeit gibt.

3. Bei allen untersuchten Stahlsorten ergab der Bleizusatz eine Verbesserung der Zerspanbarkeit, die zum Teil erheblich ins Gewicht fällt. Bei Stahlsorten, die von Hause aus schwer zu zerspanen sind, wie beispielsweise Schnelldrehstahl, sind die Unterschiede zwar nicht so groß, aber immerhin beachtlich. Es scheint, daß die verbesserten Thomasstähle eine so gute Zerspanbarkeit haben, daß ein Zusatz von Blei überflüssig ist.

SCHALLBROCH hat einige, der in Tab. 59 genannten Stähle im Kurzprüfverfahren auf Verschleiß, Schnittemperaturen, Spanbildung u. a. m. untersucht und ebenfalls festgestellt, daß in fast allen Fällen der Bleizusatz einen günstigen Einfluß ausübt.

Der Automatenstahl 9 S 25 der Tabelle 62 entspricht auch ohne Blei allen Anforderungen.

C. Die Wirkung der Zusätze Schwefel, Blei und Selen bei austenitischen Stählen.

Die austenitischen Stähle erhalten, wenn sie für Automatenarbeit bestimmt sind, zur Verbesserung der Zerspanbarkeit einen hohen Schwefelgehalt (bis 0,3%), ohne daß die sonstigen Eigenschaften darunter leiden.

Trotzdem ergaben sich dabei oft Späne, die in Form eines Bandes ablaufen und so zäh sind, daß man sie umbiegen kann, ohne daß sie abbrechen. Um diesem Umstand abzuhelfen, hat man nun Blei bis zu 0,16% zugegeben.

Der Stahl mit Bleizusatz ergab sowohl im abgeschreckten wie im kaltgeschmiedeten Zustand eine bessere Zerspanbarkeit.

Einen ähnlich guten Erfolg brachte ein Zusatz von 0,25% Selen, zu einem nichtrostenden Automatenstahl. Beim Drehen und Gewindeschneiden ergab sich die nachstehende beachtliche Erhöhung der Schnittgeschwindigkeit.

Stahl Nr.	C %	Cr %	N %	Se %	Brinellhärte kg/mm²	Schnittgeschwindigkeit m/min	
						Drehen	Gew.-Schneiden
1	0,08	18,40	8,80	—	255	18,6	2,1
2	0,09	18,20	9,20	0,25	255	31,4	7,3

Die übrigen Eigenschaften des nichtrostenden Stahles wurden durch den Selenzusatz nicht beeinträchtigt. Neuerdings wird auch Wismut als Zusatz empfohlen. Die Daten für die Schnittgeschwindigkeit zeigen, welche Erfolge hier noch zu erwarten sind.

D. Die Verteilung und der Nachweis von Bleieinschlüssen in Stahl.

Da, wie eingangs erwähnt, das Blei keine Lösung mit dem Stahl eingeht und die Verteilung sehr schwierig ist, muß man noch wissen, in welcher Menge es zugegeben werden muß und was nachher noch im Stahl vorhanden ist. Abb. 128 zeigt, daß bis 0,35% Pb eine Steigerung der Zerspanbarkeit möglich ist. Dies stimmt auch mit der praktischen Erfahrung der Werte von 0,25—0,5 überein. Bei diesen Prozentsätzen werden auch Anhäufungen von Bleieinschlüssen vermieden.

Wenn bei hohen Bleizugaben starke Bleiablagerungen auftreten, so ergibt sich beim Drehen eine starke Funkenbildung, und in der Umgebung des Meißels zeigt sich ein gelblichweißer Niederschlag von Bleioxyddämpfen.

Der Nachweis von Blei im Stahl ohne genaue chemische Analyse ist für den normalen Betrieb sehr schwierig. Eine praktische und einfache Methode ist noch nicht gefunden. Dies wird auch erst dann notwendig sein, wenn die bleilegierten Stähle in größerem Umfang im Gebrauch sind.

Für den metallographischen Nachweis hat sich das Verfahren von K. E. VOLK bewährt[1]. Eine alkoholische, essigsaures Kaliumoxyd enthaltende Lösung bildet auf Bleieinschlüssen ein gelbes Bleioxyd, das die Einschlüsse klar her-

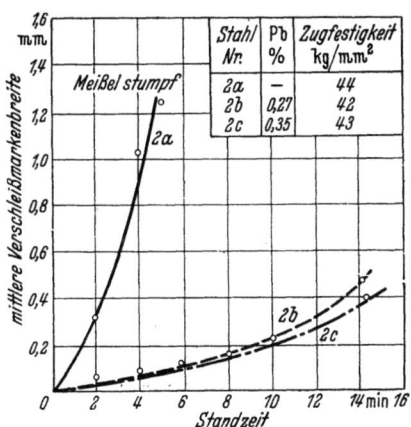

Abb. 128. Verringerung des Meißelverschleißes durch steigenden Bleizusatz bei der Zerspanung von StC 1661 in normalgeglühtem Zustand (nach SCHRADER).

[1] Arch. Eisenhüttenwesen 16 (1942/43) S. 81—84.

vortreten läßt. Dabei können die Bleieinschlüsse in metallischer oder oxydischer Form vorliegen.

Man kann Blei auch durch Glühen bei 500° C nachweisen, da Bleieinschlüsse bei dieser Temperatur flüssig werden und als Schmelzperlen an der Oberfläche zu erkennen sind.

Die Ursache der günstigen Wirkung des Bleizusatzes. Bei der Frage nach dem eigentlichen Grund der günstigen Wirkung des Bleizusatzes muß man dreierlei Ergebnisse auseinanderhalten:

1. Die gute Spanbrüchigkeit.
2. Die geringere Schnittemperatur.
3. Der geringere Werkzeugverschleiß, der sich zusammen mit den beiden ersten Ursachen als bessere Zerspanbarkeit äußert.

Zu Punkt 1 ist zu bemerken, daß in Anlehnung an die Erkenntnisse der spanbrechenden Wirkung von anderen Einschlüssen bei Automatenstählen, Leichtmetallen, Zinklegierungen usw. die feinverteilten Bleipartikelchen ebenso wirken. Diese Einlagerungen erleichtern ein Trennen und ein Abbrechen der Späne zu kurzen Stückchen.

Zu Punkt 2. Die Veränderung der Spanfärbung läßt unmittelbar auf einen niedrigeren Arbeitsaufwand und einen geringen Schnittdruck schließen. Wenn die Späne bei den bleihaltigen Legierungen gelb ablaufen gegenüber den blauen Spänen beim normalen Stahl, so deutet das auf einen Temperaturunterschied von mindestens 100° C zugunsten der bleihaltigen Stähle hin.

Dies läßt sich durch eine Schmierwirkung des feinverteilten Bleizusatzes erklären.

Zu Punkt 3. Der geringe Werkzeugverschleiß und damit die längere Standzeit bzw. erhöhte Schnittgeschwindigkeit ist in der Haupsache wohl der guten Schmierwirkung zuzuschreiben.

Reibungsversuche haben ergeben, daß eine Schmierwirkung durch den Bleizusatz vorhanden ist.

E. Die Wirkung anderer Elemente auf die Zerspanbarkeit von Automatenstahl.

Eingangs war schon ein Bild gebracht worden über die Untersuchung, welche Beruhigungsmittel dem unberuhigt vergossenen Stahl am nächsten kämen. Dementsprechend lag es nahe, auch noch einen Ersatz oder bessere Mittel als Blei zu suchen und evtl. die Nachteile, die mit dem Bleizusatz verfahrensmäßig verbunden sind, zu vermeiden.

Allerdings sollten zwei Forderungen, nämlich die Unlöslichkeit im Stahl zur guten Spanbrüchigkeit und die Schmierwirkung bei der Zerspanung, beibehalten werden.

Wirkung anderer Elemente auf die Zerspanbarkeit von Automatenstahl. 245

Es wurden nachstehende Metalle geprüft, wobei allerdings Antimon, Zinn und Zink der Forderung nach Unlöslichkeit nicht vollständig entsprechen. Wohl dagegen die drei letzten Metalle.

Schmelz- und Siedetemperatur verschiedener Elemente sowie chemische Zusammensetzung und Festigkeitseigenschaften in normalgeglühtem Zustand der damit legierten Stähle.

Zusatz-element	Schmelz-temperatur °C	Siedetemp. bis 760 mm QS °C	Zugesetzte Menge %	Stahl Nr.	C %	Si %	Mn %	Sonstiges	Zugfestigkeit kg/mm²
Antimon	630	1645	0,5	13	0,04	0,23	0,30	0,30 Sb	39,0
Zink	419	907	1,0	14	0,03	0,26	0,32	0,00 Zn	36,2
Zinn	232	2362	0,5	15	0,03	0,22	0,34	0,23 Sn	39,9
Blei	327	1755	1,0	16	0,02	0,25	0,32	0,15 Pb	36,3
Kadmium	321	767	1,0	17	0,02	0,21	0,32	0,06 Cd	36,4
Thallium	293	1457	1,0	18	0,04	0,29	0,38	0,00 Th	35,9
Wismut	271	1560	1,0	19	0,03	0,24	0,31	0,22 Bi	36,3

Bei Durchsicht dieser Tabelle stellt man fest, daß sich infolge des niedrigen Siedepunktes kein Zink mehr in der Schmelze befindet. Es findet sich auch kein Thallium mehr, trotzdem der Siedepunkt höher ist als bei Kadmium, von dem wenigstens noch Spuren gefunden wurden. Es bleiben also nur noch Blei, Wismut, Zinn und Antimon in nennenswerten Mengen im Stahl übrig. So etwa fällt auch die Reihenfolge der nachstehenden, Abb. 129 dargestellten, Drehversuche aus. Das gute Ergebnis mit Wismut wird auch von anderer Seite hinsichtlich der Zerspanbarkeit für das Sägen und Bohren von nichtrostenden und hitzebeständigen Stählen bestätigt[1].

Die Bestrebungen, durch Zusätze irgendwelcher Art die Spanbildung und die Zerspanbarkeit der Automatenwerkstoffe zu verbessern, sind nicht allein auf die Automatenstähle beschränkt geblieben, sondern haben sich auch auf andere Werkstoffe erstreckt.

Im nachstehenden ist daher über dieses wichtige Gebiet eine zusammenfassende Darstellung gegeben.

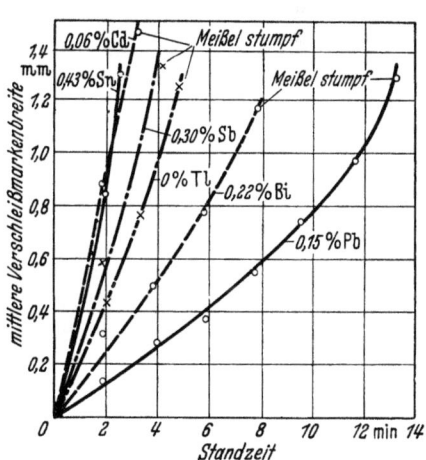

Abb. 129. Wirkung verschiedener Zusätze an Metallen im Vergleich zu Blei auf den Werkzeugverschleiß beim Einstechen an weichen Stählen.

---
[1] PRAY, H., P. S. PEORLES u. W. F. FINK, Amer. Soc. Fest. Mater Jale 1941, S. 10 nach Metals u. Alloys 14 (1941) S. 241; vgl. Stahl u. Eisen 62 (1942) S. 1008.

Werkstoffgruppe	Zusatzelement %		Einfluß auf die Zerspanbarkeit
Automatenstähle	Schwefel	0,2—0,4	Verbesserung der Spanbildung und Oberflächengüte
	Phosphor	0,07—0,15	
	Blei	0,1—0,5	Verbesserung der Zerspanbarkeit
	Wismut	bis 0,25	Verringerung d. Schnittdrücke
Nichtrostender Stahl	Schwefel	bis 0,2	Verbesserung der Spanbildung
	Blei	0,1—0,5	Erhöhung der Schnittgeschw.
	Selen	bis 0,2	
	Wismut	bis 0,2	
Baustähle, Einsatz u. Vergütungsst. unleg. Werkzeugst. Schnelldrehstähle Manganhartstähle magnetischer Stähle	Blei von 0,1—0,5		Verbesserung der Spanbildung Verringerung des Werkzeugverschleißes Verbesserung d. Oberflächengüte
Kupfer	Thallium	bis 0,5	Verbesserung des Spanablaufs (Verhinderung des Klebens)
	Selen	bis 0,2	
	Beryllium	bis 0,4	
	Wismut	bis 0,2	
	Tellur		
Messing	Blei	0,6—3,5	Allgemeine Verbesserung der Zerspanbarkeit auf Automaten für allgemeines Zerspanen
	Blei	0,5	
	Blei	2,3—3	
	Aluminium Eisen Mangan Nickel	bis 0,5	Verbesserung d. Spanbrüchigkeit, kurzbrüchige Späne
	Tellur	bis 0,5	
	Selen	bis 0,2	
Phosphorbronze Siliziumbronze Aluminiumbronze gegossene Phosphorbronze	Blei	0,5—1	Verbesserung des Spanablaufs
	Phosphor	über 0,3	
Leichtmetalle	1. Gruppe: diese Zusätze bilden mit der Grundlegierung intermetallische Verbindungen in feiner Verteilung Eisen bis 0,5 Mangan bis 1,6 Titan bis 0,1 Nickel bis 2,0 Vanadin bis 0,2 Molybdän bis 0,1		Gute Spanbrüchigkeit

Werkstoffgruppe	Zusatzelement %	Einfluß auf die Zerspanbarkeit
Leichtmetalle	2. Gruppe: diese Zusätze sind im Metall, im flüssigen und festen Zustand nicht löslich	Gute Spanbrüchigkeit
	Blei, Kadmium, Wismut, Zinn, Antimon — bis 1,5	gute Spanbrüchigkeit, über 1,5% hinaus besteht die Gefahr von Seigerungen
Zink	Cu bis 4 Mangan bis 0,5 Blei bis 0,5 Thallium 0,02—0,05	kurzbrüchige Späne. Um bei Bleizusatz der interkristallinen Korrosion entgegenzuarbeiten, muß der Al-Gehalt gering sein, außerdem fügt man als Gegenmittel Cu, Mg der Legierung zu

F. Richtwerte für die Zerspanbarkeit von Automatenstählen.

Es besteht schon lange sowohl bei Erzeugern wie auch bei Verbrauchern das Bedürfnis, Richtwerte zu haben, wie sich die Automatenstähle zerspanen lassen. Es ist nicht so sehr der Wunsch, dabei eine Kontrolle auszuüben, sondern mehr das Bedürfnis zu wissen, wie sich die Stähle untereinander verhalten. Es ist dies aus Gründen der Kalkulation und der Einstellung der Maschine notwendig. Man wird am besten bei diesen Richtwerten zu Relativwerten kommen, derart, daß man einen als gut zerspanbar bekannten Stahl gleich 100 einsetzt und die übrigen entsprechend höher oder niedriger einstuft.

In Deutschland sind solche Werte erstmalig von BOSCH bekanntgeworden[1]. Diese Werte sind aus der laufenden Überprüfung im Feinschnitt und der normalen Fertigung im Betrieb entstanden. Die nachfolgende Tabelle gibt einen Überblick über die Werkstoffe, die erfaßt wurden. Zu der im Drehversuch ermittelten relativen Zerspanbarkeit ist auch die praktisch im Betrieb gebrauchte Schnittgeschwindigkeit angegeben.

Diese Zusammenstellung gilt nicht nur für Automatenstähle, sondern für eine Reihe legierter und unlegierter Stähle bis zum Schnellstahl und Warmarbeitsstahl. Sie gibt einen Anhaltspunkt für den Unterschied zwischen einem Automatenstahl und dem infolge der vielen stark verschleißenden Doppelkarbide schwer zerspanbaren Schnellstähle. Bei dem

---

[1] LÜPFERT, H., Kurzprüfverfahren zur Ermittlung der Zerspanbarkeit von Stählen und die Schneidhaltigkeit v. Werkzeugen bei Drehen im Feinschnitt. Arch. f. d. Eisenhüttenwesen 17 (1943) S. 89—98 E.

Tabelle 63.
Relative Zerspanbarkeitswerte (9 S 20 = 100) und praktisch angewandte Schnittgeschwindigkeiten in m/min für verschiedene Stahlsorten.

Marke	Chemische Zusammensetzung (%)					Zugfestigkeit kg/mm²	Relative Zerspanbark. 9 S 20 100%	praktisch gebrauchte Geschwind. m/min
	C	Mn	S	Cr	Mo			
9 S 20	0,10	0,50	0,20			50—75	100	70
9 S 20	0,10	0,50	0,20			38—50	92	60
St 37	0,10					37—45	86	55
15 S 20	0,12	0,50	0,18			50—70	78	60
C 15	0,16	0,40				50—60	70	50
C 15	0,16	0,40				38—48	70	50
C 10	0,10	0,40				45—55	70	50
20 CrMnMo 5	0,20	1,00		1,20	0,25	65—75	62	45
C 25	0,25	0,40				60—70	59	45
St 60	0,45	0,30				60—70	47	35
Achsenst.	0,45	1,00				70—80	47	35
Achsenst.	0,50	0,70				65—75	47	35
42 CrMo 4	0,42	0,60		1,10	0,20	65—75	39	30
C 100 W 1	1,00	0,25				65—75	36	28
			W %		V %			
Warmarb.-St.	0,25		10,00	2,50	0,10	65—85	28	20
Schnellst.	0,80		10,00	3,80	2,50	70—90	25	15

letzteren kann man nur ein Viertel der Schnittgeschwindigkeit anwenden als beim Automatenstahl.

In Amerika ist man nun bezüglich der Richtwerte noch einen Schritt weitergegangen.

Dort hat man jetzt in der neusten Ausgabe des Metal Handbooks[1] für etwa 150 verschiedene Stahlsorten die relative Zerspanbarkeit angegeben. Die Werte beziehen sich auf den meist verwendeten Automatenstahl B 1112, der gleich 100 gesetzt wurde. Wegen der Bezeichnung sei auf die Fußnote der nachfolgenden Tab. 64 verwiesen.

Das Werkzeug war aus Schnellstahl. Die Schnittiefe betrug 2,5 mm und der Vorschub 0,125—0,250 mm/U. Es wurde ein Schneidöl verwendet. Die Schnittgeschwindigkeit wurde so eingeteilt, daß eine Standzeit von 4—8 Stunden erreicht wurde. Die Mitglieder des Ausschusses, die diese Zahlen festgelegt haben, sind sich darüber im klaren, daß es sich um relative Zahlen handelt und daß sie mehr wirtschaftlichen als wissenschaftlichen Wert haben.

Von Interesse ist in diesem Zusammenhang auch, daß ein Automatenmessing mit 65% Cu, 73% Zn und 3% Pb gegenüber dem Automatenstahl B 1182 mit 100 einer Bearbeitbarkeitskennziffer von 300 bis 400 hat.

---

[1] Metallographische Einflüsse auf d. Zerspanbarkeit v. Stählen. Aus Metals Handbook 1948, 2. Edition, S. 369—371.

Der Zusatz von Natriumsulfit zur Verbesserung der Zerspanbarkeit. 249

Tabelle 64.
Zusammenstellung der relativen Zerspanbarkeitswerte und der Analysendaten amerikanischer Automatenstähle.

Marke[1]	Automatenstähle[4]		P %	S %	Bearbeitbarkeit
	C %	Mn %			
B–1113	0,13	0,70/1,00	0,07/0,12	0,24/0,33	135
B–1112[2]	0,13	0,70/1,00	0,07/0,12	0,16/0,23	100
C–1119	0,14/0,20	1,00/1,30	0,045	0,24/0,33	95
B–1111	0,13	0,60/0,90	0,07/0,12	0,08/0,15	94
C–1116[3]	0,14/0,20	1,10/1,40	0,045	0,16/0,23	91
C–1117[3]	0,14/0,20	1,00/1,30	0,045	0,08/0,13	85
C–1118[3]	0,14/0,20	1,30/1,60	0,045	0,08/0,13	82
C–1119	0,08/0,13	0,60/0,90	0,045	0,08/0,13	82
C–1120[3]	0,18/0,23	0,70/1,00	0,045	0,08/0,13	82
C–1144	0,40/0,48	1,35/1,65	0,045	0,24/0,33	79
C–1137	0,32/0,39	1,35/1,65	0,045	0,08/0,13	73
C–1141	0,37/0,45	1,35/1,65	0,045	0,08/0,13	70

Neuerdings gehen die amerikanischen Firmen so weit, daß sie ihrem Abnehmer beim Angebot gleich sagen, mit welcher Schnittgeschwindigkeit die angebotenen Stähle bearbeitet werden können. Das setzt natürlich voraus, daß man diese Angaben auch kontrollieren kann.

G. Der Zusatz von Natriumsulfit zur Verbesserung der Zerspanbarkeit von Automatenstählen.

Die Zunahme der Nachfrage nach Automatenstählen in Amerika hat den Anstoß zu Forschungen in Amerika gegeben, um neue Herstellungsmethoden zu finden, zur Behebung der anhaftenden Mängel bei den normalen hochschwefligen Automatenstählen.

Untersuchungen von E. L. RAMSAY und L. G. GRAPER[5] hatten das Ergebnis, daß schwefelhaltige BESSEMER-Stähle sich besser walzen lassen als die gleichen Qualitäten von SM-Stählen und daß weiterhin unberuhigte oder halbberuhigte vergossene Stähle gleichfalls besser walzbar sind als vollständig desoxydierte oder beruhigte Stähle. Diese Erkenntnis führte zu der Vermutung, daß der Sauerstoff eine wichtige Rolle spielt bei den Walzqualitäten der schwefelhaltigen Stähle.

---

[1] Nach American Iron and Steel Institute: A = legierte basische Siemens-Martin-Stähle, B = Bessemer, C = unlegierte basische Siemens-Martin-Stähle, E = Elektrostähle.
[2] Bearbeitbarkeit bezogen auf den Stahl B–1112 = 100%.
[3] Gelten auch als Einsatzstähle.
[4] Nicht geglüht.
[5] Manufacture of free-cutting steels. Iron and Cool Trades Review Vol. CXLV August 28 (1942) S. 700.

Es ist allgemein bekannt, daß die Rotbrüchigkeit der schwefelhaltigen Stähle auf den niedrigen Schmelzpunkt der Sulfidverbindungen zurückzuführen ist, die sich an den Korngrenzen bei der Erstarrung des Stahles ausscheiden. Bei den Walztemperaturen schmelzen die Sulfidverbindungen und rufen dann das Aufreißen des Stahles hervor.

Diese Erscheinung wird vermieden, wenn man an Stelle von Schwefel Natriumsulfit oder Natrium-Bisulfit zugibt, das bei der Erwärmung in Natriumoxyd und Schwefeldioxyd zerfällt.

$$Na_2SO_3 + \text{Wärme} = Na_2O + SO_2$$
$$Na_2S_2O_5 + \text{Wärme} = Na_2O + 2\,SO_2$$

Es kann angenommen werden, daß bei den hohen Temperaturen der Schmelze das Schwefeldioxyd zerfällt (SO_2 zerfällt bei etwa 1100° C) und der Sauerstoff neben dem Schwefel in das Eisengitter eingebaut wird.

Der Schwefelgehalt kann kleingehalten werden (0,02—0,08%), da der zusätzliche Sauerstoff den fehlenden Schwefelgehalt in seiner Wirkung ersetzt.

Nachstehend sind noch einmal die Vorteile des Sulfits gegenüber Schwefel für Automatenstähle aufgeführt.

1. Sulfitstähle können so gut wie normale schwefelfreie Stähle gewalzt werden.

2. Sulfitstähle haben weniger hochschmelzende Einschlüsse infolge der reinigenden Wirkung des Natriumoxyds.

3. Die Sulfiteinschlüsse sind gleichmäßiger verteilt.

4. Sulfitstähle können mit höherer Schnittgeschwindigkeit bearbeitet werden und haben eine bessere Oberflächengüte und vor allem eine längere Werkzeuglebensdauer.

H. Der Zusatz von Natriumsulfit, um die Zerspanbarkeit höher gekohlter Stähle zu verbessern.

Es war schon früh bekannt, daß nur einige Hundertstel Prozent Schwefel genügen, um einen warmbrüchigen Stahl zu erhalten, der schwierig zu walzen war. Den Einfluß des Schwefels hob man teilweise auf durch eine größere Manganmenge.

Später erkannte man, daß kleine Mengen von Schwefel eine große Wirkung auf die Verbesserung der Bearbeitbarkeit von Stahl haben. Es kamen dann die Stähle mit Schwefelzusätzen auf, die aber nur für Zwecke verwendet werden können, wo beste Bearbeitungseigenschaften ohne besondere Festigkeitseigenschaften verlangt wurden.

In den letzten Jahren wurden nun Versuche unternommen, Schwefel auch den höhergekohlten Stählen (Vergütungsstähle) zuzugeben[1].

Der Zusatz von Schwefel zu den Vergütungsstählen brachte keine wesentliche Verbesserung der Bearbeitbarkeit.

In den USA. wurden bereits schon vor 1942 6000 t Stahl erzeugt, dem der Schwefel in Form von Natriumsulfit (Na_2SO_3) zugeführt wurde. Es stellte sich heraus, daß kein Ausgleich durch Mn mehr nötig war und daher diese Stähle praktisch unbegrenzt zu verwenden waren, wie die unbehandelten Stähle.

Die Wirkung des Natriumsulfits auf die Bearbeitbarkeit war am größten bei den Stählen über 0,3% C, d. h. bei den Vergütungsstählen.

J. Der Zusatz von Selen, um die Zerspanbarkeit rostsicherer Stähle zu verbessern.

Die gute Wirkung des Selenzusatzes besteht darin, daß er dem rostfreien Stahl Eigenschaften verleiht[2], die eine gute Verarbeitungsmöglichkeit auf Automaten zuläßt.

Selen ist ein Nebenprodukt der Kupferschmelze und der Herstellung von Schwefelsäure.

Der rostfreie Automatenstahl wird in einem elektrischen Induktionsofen geschmolzen. Einige Minuten vor dem Abgießen wird eine sorgfältig gewogene Menge Ferroselen zugesetzt, die durch die heftige Bewegung des Bades sich schnell darin verteilt.

Diese rostsicheren Automatenstähle lassen sich auch sehr gut auf Schraubenautomaten verarbeiten.

Die Gewinde haben eine gute Oberfläche.

XII. Die Zerspanbarkeit der Dauermagnetwerkstoffe.

Im Stahl-Eisen-Werkstoffblatt 360 sind die derzeit betriebsmäßig hergestellten Stähle und Eisenlegierungen, die nach zweckentsprechender Wärmebehandlung auf Grund ihrer Koerzitivkraft und ihrer Remanenz für Dauermagnete Verwendung finden, zusammengestellt.

Nach ihrer Struktur kann man die Dauermagnetlegierungen in zwei Hauptgruppen teilen:

1. Legierungen mit Martensitstruktur (höherem C-Gehalt und hohem Co-Gehalt).

---

[1] JOHNSON, F. O., Production of High-Strength Steels with improved machinery characteristics. Metal Progress 52 (1947) S. 565—567.

[2] Selenium as an Alloy in stainless Steels. Iron Age vol. 130 (1932) S. 404—405.

Chemische Zusammenstellung der Dauermagnetwerkstoffe.

Benennung	Chemische Zusammensetzung, Höchstgehalte in % an							
	Al	Co	Cr	Cu	Mo	Ni	Ti	W
Cr 30	—	—	3,3	—	—	—	—	—
Co 40	—	2,1	4,0	—	—	—	—	0,7
Co 50	—	6,5	8,5	—	1,3	—	—	—
Co 60	—	11,0	8,5	—	1,6	—	—	—
Co 70	—	16,0	9,0	—	1,6	—	—	—
Co 90	—	31,0	4,7	—	0,4	—	—	4,8
AlNi 90	12,0	—	—	—	—	22,0	—	—
AlNi 120	13,0	—	—	—	—	27,5	—	—
AlNiCo 160	11,5	10,0	—	4,0	—	24,5	—	—
AlNiCo 200	8,0	18,5	—	4,0	—	18,5	4,0	—
AlNiCo 400	9,5	24,0	—	4,0	—	15,5	—	—

Tabelle 65.
Magnetische Eigenschaften und Verarbeitungsmöglichkeiten der Dauermagnetwerkstoffe.

Benennung	Prüfzustand	Remanenz (Gauß)	Koerzitivkraft (Örstedt)	Temperat.-Beständ. ~ °C	Verform- und Bearbeitbarkeit
Cr 30	gehärtet	9500	56	schlecht	Schmiedbar u. walzbar. Im geglühten Zustand spanabheb. bearbeitbar. Im harten Zustand nur schleifbar
Cr 35	,,	9200	63		
Co 40	,,	9400	70		
Co 50	,,	8400	120		
Co 60	,,	8400	155		Bearbeitbarkeit wie oben, außerdem noch gießbar
Co 70	,,	8400	180		
Co 90	,,	8400	230		
Al Ni 90		7400	260		Formgebung nur dch. Gießen, Sintern u. Pressen möglich, Weiterbearbeitung durch Schleifen. Bei den Co-freien Legierungen mäßige Bearbeitbarkeit durch geeignete Wärmebehandlung erreichbar (DRP. 645471)
Al Ni 120		5400	460		
Al Ni Co 160	gegossen oder gesintert u. wärmebehandelt	6200	630	400—500	
Al Ni Co 200		6200	730		
Al Ni Co 400	gegossen u. wärmebehandelt in Vorzugsrichtung magnesiert	10500	550		

2. Legierungen mit Gefügeänderungen auf der Grundlage der Ausscheidungshärtung (Al-Ni-Legierung).

Nachteilig ist bei den Legierungen der Gruppe 1 die geringere Koerzitivkraft und die schlechte Temperaturbeständigkeit. Die Legierungen der Gruppe 2 haben hohe Koerzitivkräfte und sind bis zu 500°C temperaturbeständig. Sie besitzen eine gute Gießbarkeit und ermöglichen die Anwendung einfacher Härteverfahren. Ein weiterer Vorteil liegt in dem bedeutend geringeren Preis des Nickels gegenüber Kobalt. Nachteilig ist die schwierige Bearbeitbarkeit, so daß die Hauptformgebung durch Gießen, Sintern und Schleifen erfolgen muß. Lassen sich zerspanende Bearbeitungsvorgänge, wie z. B. Bohren, nicht vermeiden, so kann man auch Weicheisen mit eingießen, das dann nachher wieder ausgebohrt wird.

Nebenstehend sind die chemischen Zusammensetzungen sowie die magnetischen Eigenschaften und die Verarbeitungsmöglichkeiten der Dauermagnetwerkstoffe nach Stahl-Eisen-Werkstoffblatt 360–47 zusammengestellt.

XIII. Die Zerspanbarkeit von Auftragschweißungen.

Die Auftragschweißungen werden im großen Umfang angewendet, um Teile einer Maschine, eines Apparates oder eines Werkzeuges gegen Verschleiß zu sichern. Da die Auftragwerkstoffe entweder höher legiert sind oder abweichende physikalische Eigenschaften aufweisen, erspart man dadurch die Herstellung des ganzen Konstruktionsteiles aus dem Auftragwerkstoff. Man kann den normalen Konstruktionswerkstoff verwenden und sichert lediglich die hochbeanspruchten Teile gegen Verschleiß. Diese Verbundkonstruktion hat auch den Vorteil, daß man sehr leicht Ausbesserungen an den verschlissenen Stellen ausführen kann. Die Auftragschweißungen müssen anschließend in sehr vielen Fällen spanabhebend bearbeitet werden. Hierbei ist zu berücksichtigen, daß die aufgetragene Schweiße Eigenschaften hat, die vom Grundwerkstoff abweichen und dementsprechend bei der Wahl des Werkzeuges und die Schnittbedingungen berücksichtigt werden müssen. Durch das Schweißen ändern sich die Werkstoffe infolge des Abbrandes mancher Legierungsbestandteile im Lichtbogen oder in der Schweißflamme. Weitere Änderungen der physikalischen Eigenschaften sind durch die Dicke und die Anzahl der Lagen, durch die Erkaltungsverhältnisse und die Vereinigung mit dem Grundstoff bedingt. Es kommt hinzu, daß die Oberfläche meist sehr rauh ist und zudem noch mit Karbiden und Oxydresten durchsetzt ist. Außerdem sind eine Reihe von Auftragdrähten martensitisch oder austenitisch und zeigen somit die mit diesem Zustand verbundenen erschwerten Zerspanungseigenschaften.

Auftragdrähte für Werkzeuge zur Warm- und Kaltarbeit.

Mit Hilfe dieser Drähte werden die Abgratschnitte, Preß- und Schneidengesenke, Druckgußformen usw. an den Stellen, die dem größten Verschleiß unterliegen, gepanzert. Man erspart dadurch die Neuanfertigung der ganzen Werkzeuge und kann bei Verschleiß immer wieder die Toleranzen einhalten.

Zusammensetzung der Auftragdrähte für Werkzeuge zur Kalt- und Warmarbeit.

Lfd. Nr. der St.-E.-Liste	Bezeichnung	Chemische Zusammensetzung								Verwendungszweck
		C %	Si %	Mn %	Cr %	Mo %	Ni %	V %	W %	
313	30 W Cr V 179	0,25 bis 0,35	0,15 bis 0,30	0,2 bis 0,4	2,2 bis 2,5			0,5 bis 0,6	4,0 bis 4,5	Warmarbeitswerkzeuge Formteil Preß- u. Schmiedegesenke
319	55 Ni Cr Mo V 6	0,5 bis 0,6	0,15 bis 0,30	0,5 bis 0,7	0,6 bis 0,8	0,1 bis 0,15	1,5 bis 1,8	0,1 bis 0,18		
251	20 Cr 52	0,17 bis 0,22	0,3 bis 0,5	0,2 bis 0,4	12,5 bis 13,5					Druckformen (nichtrostend)

Die gegossenen oder gesinterten Hartmetalle auf Wolfram-Karbidbasis.

Eine Bearbeitung dieser Werkstoffe ist nur durch Schleifen möglich. Es kommen hierfür Siliziumkarbidscheiben der Körnung 50—70 und der Härte I—J in Frage.

Die Schweißraupen der übrigen Auftragdrähte lassen sich durch Drehen, Bohren, Fräsen und Hobeln bearbeiten. In Anbetracht der Härte der Auftragschweißungen und der zum Teil hohen Legierungsbestandteile kommen Hartmetallwerkzeuge in Frage.

Da der Grundwerkstoff auch in der Übergangsschicht nicht zu sehr aufgerührt werden soll, um die Eigenschaften der Auftragschweiße nicht zu beeinträchtigen und so in der Hauptsache die Schweißstelle bearbeitet werden soll, braucht man bei der Auswahl der Hartmetallsorte meist auf den Grundstoff keine Rücksicht zu nehmen.

Nachstehend werden nun einige Erfahrungswerte über die Zerspanbarkeit von Auftragschweißen gegeben, da genau gültige Richtlinien noch nicht aufgestellt werden können[1]. Es ist daher nur möglich, auf Grund der vorliegenden Ergebnisse Rückschlüsse auf ähnlich gelagerte Fälle zu ziehen.

Für die anzuwendenden Winkel gelten folgende Richtlinien.

Da Werkstoffe hoher Festigkeit zerspant werden, soll der Keilwinkel β möglichst groß sein. Das bedingt, daß der Freiwinkel α zwischen 4 und 7° liegt. Der Spanwinkel $\gamma = 0°$ oder bis zu $-10°$ besonders bei sehr harten Werkstoffen.

---

[1] Die spanabhebende Formung geschweißter Werkstoffschichten. J. WITTHOFF u. F. HETTICH, Werkstatt und Betrieb 82 (1949) S. 202—204.

Tabelle 66. *Beispiele für die Bearbeitung von Schweißschichten im Drehvorgang (nach* WITTHOFF *u.* HETTICH).

Lfd. Nr.	Werkstück Bezeichnung	Zusatzwerkstoff[1]	Werkzeug Bezeichnung	Schn.-stoff	Arbeitsbedingung Schnittgeschwin. m/min	Spantiefe mm	Vorschub mm/U
1	Rohr[2]	Stahl v. 60 kg/mm² F.[7]	Drehstahl	S 2	92	1..3	0,2
2	Kupplung[2]	,, ,, 65 ,, ,,	,,	S 2	23	1..3	0,2
3	Ring[3]	,, ,, 65 ,, ,,	,,	S 2	45	3	0,5
4	Hinterachsbrücke[3]	,, ,, 70 ,, ,,	Schrppst.	S 3	40	0..4	0,7
5	Wagenrad[4]	,, ,, 50 ,, ,,	,,	S 3	38[8]	2..3	1,0
6	Wagenrad[4]	,, ,, 50 ,, ,,	Formstahl	S 3	18	3..4	1,5
7	Wagenrad[4]	,, ,, 50 ,, ,,	,,	S 3	22	2..4	1,1
8	Lokomotivlaufrad[5]	,, ,, 60..70 ,, ,,	,,	S 3	15	2	0,6
9	Reifenform[6]	,, ,, 50 ,, ,,	Drehstahl	H 1	27	2..5	0,3
10	Seiltrommel[6]	,, ,, 50 ,, ,,	,,	H 1	30	2..4	0,25
11	Seiltrommel[6]	,, ,, 50 ,, ,,	,,	H 1	25	3..4	0,25
12	Zapfen[2]		,,	H 1	8	2..4	0,28
13	Transportschnecke	Manganhartst. mit 12% Mn	,,	H 1	8	2,5	0,2
4	Zapfen[2]	Cr-Ni-Stahl von 110 kg/mm² F.[7]	Drehstahl	S 1	41	0..3	0,3
15	Ventil[3]	Cr-Ni-Stahl mit 18% Cr, 8% Ni	,,	H 1	23	1..3	0,2
16	Rahmen	Cr-Ni-Stahl von 170 kg/mm² F.[7]	,,	H 1	25	2	0,3
17	Scheibe	hitzebeständiger Cr-Ni-Stahl	,,	H 1	20	3,5	0,25
18	Ventilsitz[3]	Stahl mit 30% Cr	,,	H 1	36	2,5	0,2
19	Brenner	Cr-Mn-Stahl von 115 kg/mm² F.[7]	,,	H 1	22	1..3	0,17
20	Ventil[3]	Stellit	Drehstahl	H 1	20	3..4	0,15
21	Ventilsitz[3]	,,	,,	H 1	11,5	4..5	0,15
22	Ventilkegel[3]	,,	,,	H 1	11	3..5	v. Hand
23	Ventilsitz[3]	,,	,,	H 1	10	1	0,1
24	Ventilsitz[3]	,,	,,	H 1	6	0,2	v. Hand

[1] Die Festigkeitsangaben beziehen sich nicht auf die harten Randschichten.
[2] Grundwerkstoff: Stahl.
[3] Grundwerkstoff: Stahlguß von 65 kg/mm² Festigkeit.
[4] Grundwerkstoff: Stahl von 60..70 kg/mm² Festigkeit, Radsatz hart gebremst.
[5] Grundwerkstoff: Stahl von 85 kg/mm² Festigkeit, Radsatz hart gebremst.
[6] Grundwerkstoff: Gußeisen.
[7] F.: Festigkeit.
[8] Hoher Wert.

XIV. Die Zerspanbarkeit von Walzen für die bildsame Verformung.

Die Walzen dienen zum Verformen von metallischen und nichtmetallischen Werkstoffen aller Art. Außerdem werden sie häufig zum Quetschen, Kneten und Mischen benutzt.

Die Walzen müssen sowohl hinsichtlich ihrer Festigkeitseigenschaften wie auch nach ihrer Oberflächenbeschaffenheit den gestellten Anforderungen entsprechen.

Bei dem Warmwalzen mit starken Drücken und großen Querschnittsabnahmen kommt es auf erhöhte Lebensdauer und große Bruchsicherheit an.

In anderen Fällen ist eine gute Oberflächenbeschaffenheit von großer Bedeutung. Beim Polier- und Glättungsstich der Bleche und Folien muß die Walze von solcher Oberflächengüte sein, daß kein Muster auf dem Walzgut abgebildet wird.

A. Einteilung der Walzen.

So groß wie die Zahl der Anwendungsgebiete ist, ist auch die Zahl der Walzentypen und ihrer Herstellungsart. In nachstehender Zusammenstellung ist eine Übersicht der meist gebräuchlichen Arten gegeben. Sie soll laufend ergänzt und vervollständigt werden.

I. Stahlwalzen aus Stahlguß.

Unlegiert:
C-Gehalt 0,6—0,7%
Shorehärte[1]: 30—36
Verwendungszweck:
Blockwalzen, Vorstraßen
Vorwalzen für Bleche und schwere
Profile, Stützwalzen kontinuierlicher
Gerüste.

Legiert:
Ni, Mo, Mn: bis zu 1%
Cr, Wo: bis zu 2%
C-Gehalt: 0,5—1,5%
Shorehärte: 40—50
Verwendungszweck:
Profile, Fertigwalzen, kontinuierliche
Straßen mittlerer Größe.
Shorehärte: 55—70
Verwendungszweck: Vorwalzen für
Draht-, Bandeisen-, Feineisen-, Profilund Blechstraßen.
Fertigwalzen für Profil- und Platinenstraßen, Stauchwalzen für Bandeisenstraßen, Stützwalzen für Kaltwalzwerke.

---

[1] Die Shorehärten in dieser Aufstellung sind, soweit nicht besonders erwähnt, nach Schuchardt und Schütte angegeben.

Einteilung der Walzen.

II. Gehärtete Stahlwalzen.

Unlegiert:
C-Gehalt: 0,9—1,1%
Shorehärte: 98—102

Legiert:
Cr: bis 1%
Shorehärte: 98—100

Verwendungszweck: Egalisieren und Polieren von Nichteisenmetallen, Arbeitswalzen im Quattuor.

III. Hartgußwalzen.

Unlegiert:
C-Gehalt: 3—3,8%
Schalenhartguß
Tiefe der Hartschalen 15—20 mm
Shorehärte: 65—80
Verwendungszweck: Vor- und Fertigwalzen von Eisen und Metall. Vor- und Fertigwalzen kleinerer Profile, für Warmbandwalzen, Müllereiwalzen für Papier und Gummi.

Legiert:
C-Gehalt bis 4% C und 4,5% Ni
Shorehärte: 95—100
Verwendungszweck: Egalisieren, Dressieren und Polieren von Eisen und Metallblechen, Kaltbandwalzen, Arbeitswalzen im Quattuor und Trio für Gummi- und Papierindustrie.

IV. Graugußwalzen.

Sandguß oder Lehmgußwalzen

In der Kokille gegossen

Unlegiert:	Legiert:	Unlegiert:	Legiert:
C-Gehalt: 2,4—2,6%	C-Gehalt: 2,6—2,8%	C-Gehalt: 3—3,2%	C-Gehalt: 3—3,2%
Si-Gehalt: 0,7% bis 1,0%	Si-Gehalt: 1,82%	Si-Gehalt: 0,9% bis 1,2%	Si-Gehalt: 1,82%
Shorehärte: 30—40	Cr: 0,2—1,0%	Shorehärte: 42—45	Cr: 0,2—1,0%
	Mo: 0,1—0,6%		Mo: 0,1—0,6%
	Ni: bis 1%		Ni: bis 1%
	Shorehärte: 35—70		Shorehärte: 45—70

Verwendungszweck: Vor- und Fertigwalzen bis zu den größten Profilen. Grobbleche, Vorwalzen für Feinbleche.

Hohlwalzen zum Gummiwalzen, Hohlkörperwalzen für Lebensmittel (Nährmittel, Ölfrüchte). Diese Walzen haben 800—1000 mm Durchmesser und 35 mm Wandstärke. Sie sind für die zuletzt angegebenen Anwendungsgebiete meist beheizt.

V. Walzen aus Hartmetall.

Die Walzen aus Hartmetall (Sorte G) werden in Mehr-Walzen-Kaltgerüste eingebaut und dienen zum Kaltwalzen von legierten Bändern hoher Festigkeit.

Nach Angaben der Widia-Fabrik Essen können Walzen von 180 mm Ballendurchmesser und 350 mm Gesamtlänge aus Vollmaterial oder mit eingesetztem Stahlkern geliefert werden. In Amerika sollen Walzen von

250 mm Ballendurchmesser und 1000 mm Ballenlänge hergestellt worden sein[1].

Bei der Verwendung von Hartmetallwalzen in Kaltwalzenwerken sind folgende Vorteile zu erwarten.

Geringere Durchbiegung infolge des kleineren Elastizitätsmoduls und geringere Abplattung im Walzspalt. Dadurch ergibt sich eine große Stichabnahme und verringerte Antriebsleistung.

Das Hartmetall hat eine große Abriebfestigkeit und damit eine höhere Lebensdauer.

Zur Unterscheidung der Walzen nach der Härte wird die Shorehärte angegeben. Diese Härteprüfung eignet sich gut, da der kleine handliche Apparat ohne Schwierigkeit an die Walzen großer Länge und Durchmesser herangebracht werden kann und keinerlei Spuren der Prüfung hinterläßt.

Es ist jedoch immer anzugeben, ob die Prüfung nach Original SHORE oder SCHUCHARDT und SCHÜTTE ermittelt wurde. Die letzteren sind im unteren Bereich bis etwa 65 kleiner und darüber größer als Original-Shore-Werte. Dies ist besonders bei der Übernahme von Garantien zu beachten.

Die Walzen erhalten ihre erste Formgebung durch Gießen, Schmieden oder Sintern. Hierbei werden durch die Art der Erzeugung und Legierung nach Möglichkeit die technologischen und physikalischen Werte erreicht, um den reinen Betriebsbedingungen zu genügen.

Die weitere Formgebung erhalten die Walzen durch Drehen und Schleifen. Da schon, rein tonnenmäßig gesehen, das Walzen den größten Anteil an aller Formgebung hat, ist es notwendig, sich mit der Zerspanbarkeit zu befassen. Es kommt hinzu, daß die Herstellung bester Walzenoberflächen durch Schleifen bisher noch sehr wenig geklärt ist.

B. Die Zerspanbarkeit der Walzen im Drehvorgang.

1. Ballendrehen.

Gemäß der Form der Walzen wird in der Hauptsache der Drehvorgang angewendet. Er ist unterteilt nach Vordrehen und Fertigdrehen.

Beim Vordrehen werden die Unrundheiten durch das Gießen und die harte, äußere Kruste abgehoben. Dementsprechend sind die Spantiefen oft sehr groß und die Schnittgeschwindigkeiten klein.

Je nach den anzugleichenden Abweichungen sind Spantiefen von 60 bis 100 mm notwendig. Da die hierzu notwendigen Plättchen sehr groß

---

[1] CRUMP, H., Large Cemented Carbide Sections Gain Wide Industrial use. Steel v. 27. 9. 48, S. 103—106.

sind, vermeidet man nach Möglichkeit das Auflöten von Hartmetall, sondern klemmt sie fest.

Sehr häufig findet man Schnellstahlmeißel mit einem Querschnitt von 100×100 mm. Hierbei hat man auch eine Gewähr, daß die großen Schnittdrücke gut aufgenommen werden. Es ist später immer sehr schwer, die beim Drehen auftretenden Rattermarken durch Schleifen zu entfernen.

Der Unterschied der Zerspanbarkeit zwischen der Gußhaut und dem gesunden Werkstoff ist, wie die nachstehende Angabe zeigt, sehr groß. Von Bedeutung ist hierbei die Gießform und die Gießtemperatur. Walzen mit einer Shorehärte von mehr als 85 lassen sich meist nur noch durch Schleifen bearbeiten.

Schnittgeschwindigkeit v_{60} von Gußhaut und gesundem Werkstoff bei Stahlguß.

Werkstoff	Festigk. kg/mm²	Spantiefe a mm	Vorschub s mm/U	v_{60} m/min Gußhaut	gesunder Werkstoff	Gießtemp. °C
Stg 50.81	48	4	1,12	0,5	43	1600
Stg 50.81 (1,04% Ni)	55	4	1,12	14,5	35	1415

Ein Beispiel für die Zerspanungsbedingungen für eine legierte Stahlgußwalze der I. Gruppe gibt die Tab. auf S. 260.

Um den großen Spanquerschnitt und die Kruste besser bewältigen zu können, wurde die Walze zum Vordrehen weich geglüht und erst zum Fertigdrehen auf Arbeitsfestigkeit vergütet.

2. Das Zapfendrehen.

Tabelle 67. *Zerspanungsbedingungen für das Vor- und Fertigdrehen des Zapfens einer legierten Stahlgußwalze.*

Zerspanungsvorgang	Härte		Zapfendrehen						Werkzeug
	Brinell	Orig. Shore	Spantiefe a mm	Vorsch. s mm/U	Einstellw. $\varkappa°$	Freiw. $\alpha°$	Spanw. $\gamma°$	Schn.-geschw. m/min	
Vordrehen	230 geglüht	42	30	1,2 bis 1,5	60	3—6	5	3—3,5	SS-Stahl
Fertigdrehen	280 vergütet	50	0,35	0,3	45	3—6	3	40	Hartm. H 1

Der Zapfen läßt sich meist leichter zerspanen, da schon beim Gießen Vorkehrungen (durch Verbundguß und durch Glühen) getroffen werden, daß die Härte geringer ist.

Die nachstehende Zusammenstellung (S. 261) gibt einen guten Anhaltspunkt, welche Zerspanungsbedingungen für die verschiedenen Walzensorten sich in der Praxis bewährt haben. Die Angaben umfassen ein vielseitiges Programm einer bekannten Walzengießerei.

Die nebenstehende Tabelle (69) soll naturgemäß meist als Richtlinie dienen. In den einzelnen Werkstätten sind die Verhältnisse und die Maschinen nicht gleich.

Die Tabelle gibt aber einen guten Anhaltspunkt, welche Werte sich im Dauerbetrieb erreichen lassen.

Bei den vorliegenden Werten wird im allgemeinen eine Standzeit von 60—120 Minuten erreicht. Die Lebensdauer der Werkzeuge ist infolge Ungleichmäßigkeiten im Werkstoff, harten Stellen usw. unterschiedlich. Bei Hartmetallplättchen machen sich infolge der hohen Schnittdrücke die beim Auflöten begangenen Fehler besonders bemerkbar.

In vielen Betrieben ist als Vorbereitung zum Schleifen ein sog. Schälschnitt üblich. Hierbei haben sich folgende Schnittbedingungen bewährt.

Spantiefe 0,25 mm, Vorschub 15 bis 20 mm/min und eine Schnittgeschwindigkeit von 20—25 m/min.

Für die Verwendung von Schnellstahl, Hartmetall und Schleifscheiben gilt folgende Richtlinie:

Schnellstahl
bis 50 Original-Shorehärte

Hartmetall H 1
von 50—70 Shorehärte

Hartmetall H 2
von 70—85 Shorehärte

Schleifscheibe
über 85 Shorehärte.

Tabelle 68. *Zerspanungsbedingungen für das Vor- und Fertigdrehen einer legierten Stahlgußwalze (Verwendungszweck s. Aufstellung S. 256, I. Gruppe).*

Zersp.-Vorgang	Zusammensetzung					Härte		Spantiefe a mm	Vorschub s mm/U	Ballendrehen			Schnittgeschwind. v m/min	Werkzeug
	C %	Mn %	Si %	Cr %	W %	Brinell	Orig. Shore			Einstellwinkel $\varkappa°$	Freiwinkel $\alpha°$	Spanwinkel $\gamma°$		
Vordrehen	1,25	0,35	0,35	2,0	1,5	230 geglüht	42	60	0,65—1,2	60	3—6	5	3—3,5	Kobaltleg. Schnellstahl
Fertig-drehen	1,25	0,35	0,35	2,0	1,5	320 vergütet	55	0,75	0,3—1	45	3—6	0—3	25	Hartmetall S 1

Die Zerspanbarkeit der Walzen im Drehvorgang.

Tabelle 69. *Zerspanbarkeitsbedingungen für das Drehen einiger Walzensorten.*

Walzensorte	Zusammensetzung				Härte		Ballendrehen						Werkzeug
	C %	Mn %	Si %	Cr %	Mo %	Brinell	Orig. Shore	Span-tiefe a mm	Vorschub s mm/U	Ein-stellw. $\varkappa°$	Freiw. $\alpha°$	Spann.	Schnitt-geschwind. m/min	
Hartguß normal	3—3,8	0,4—1	0,4—0,8			400—500	66—80	5—10	1—2,5	12	6	0	4—6,5	Hartmetall H_1
Hartguß legiert	3—3,8	0,4—1	0,4—0,8		0,3	475—550	75—80	5—10	1—2	12	6	0	3—4	H 2
mild, hart normal	3	0,6	1,6			250—270	45—50	5—10	1—2,5	12	6	0	5—7,5	H 1
mild, hart legiert	3	0,6	1,6	1	0,2	320—350	55—59	5—10	1—2	12	6	0	4—5	H 1
halbhart normal	2,5	0,6	0,7			210	40	10—15	1,5—2,5	12	8—10	6	8—10	Schnellstahl
Stahlersatz	2,4—2,65	0,5	1,5—2			250—275	45—50	5—10	1—2	12	6	0	3—4	H 1

Zerspanungsbedingungen für das Zapfendrehen für vorstehende Walzensorten.

Walzensorte	C %	Mn %	Si %	Cr %	Mo %	Brinell	Orig. Shore	Span-tiefe a mm	Vorschub s mm/U	Ein-stellw. $\varkappa°$	Freiw. $\alpha°$	Spann.	Schnitt-geschwind. m/min	Werkzeug
Hartguß normal						210—225	40—43	30—80	0,5—1,5	60	8—10	6	7,0	Schnellstahl
Hartguß legiert						220—225	40—43	30—80	0,5—1,5	60	8—10	6	7,0	Schnellstahl
mild, hart normal						210—225	40—43	30—80	0,5—1,5	60	8—10	6	7,0	Schnellstahl
mild, hart legiert						210—225	40—43	30—80	0,5—1,5	60	8—10	6	7,0	Schnellstahl
Stahlhart normal						210	40	30—80	0,5—1,5	60	8—10	6	7,0	Schnellstahl
Stahlersatz						210—225	40—43	30—80	0,5—1,5	60	8—10	6	7,0	Schnellstahl

C. Das Schleifen der Walzen.

Wie aus vorstehender Richtlinie hervorgeht, lassen sich Walzen mit einer Original-Shorehärte von mehr als 85 nicht mehr drehen, sondern nur noch schleifen. Dies sind aber auch in den meisten Fällen die Walzen, die für die Endbearbeitung die beste Oberfläche haben müssen.

Sehr viele Walzen können und dürfen nicht geschliffen werden. So z. B. ist es aus Kostengründen unmöglich, für Profilwalzen genügend profilierte Scheiben herzurichten. Auch ist eine gewisse Rauhigkeit notwendig, um das Mitnahmevermögen zu erhöhen. Bei Knüppeln geschieht dies sogar durch Querprofilieren der Walzen. Die auf den Knüppeln auftretenden Markierungen stören nicht, da sie beim weiteren Auswalzen verschwinden.

Trotzdem bleiben noch genügend Walzen und Walzentypen übrig, die geschliffen werden müssen. Dies ist auch der Grund dafür, daß besondere Walzenschleifmaschinen gebaut werden, die den Genauigkeitsansprüchen genügen müssen.

Zunächst müssen einige allgemeine Bemerkungen gemacht werden, da nicht nur hinsichtlich des Weges zur Erzielung eines guten Walzenschliffs große Unklarheiten vorhanden sind, sondern es bestehen auch noch keine Regeln für die Oberflächengüte selbst und deren Aussehen.

Die Ansprüche, die an eine geschliffene Walzenoberfläche gestellt werden müssen.

Für die Oberfläche der geschliffenen und polierten Walzen gilt als fundamentale Regel, daß das Walzgut an seiner Oberfläche nie besser werden kann, als es die Oberfläche der Walze selbst ist. Wenn also die Walze irgendein Muster, das von der Vorbehandlung herrührt, zeigt, so wird dies ganz genau auf das Blech, Band oder Folie übertragen. Die geschliffenen Oberflächen haben eine gewisse Rauhigkeit, deren Höhen und Täler in ihrem Höhenunterschied ein Maß für die Oberflächengüte sind. Hinsichtlich der übrigen Einflußgrößen sei auf das besondere Kapitel über die Oberflächengüte verwiesen.

Die Rauhigkeiten, die bei einer fein- und feinstgeschliffenen sowie polierten Walze auftreten, sind so klein, daß sie fast nur nach Interferenzen gemessen werden können. Sie sind meist unter einem μ. Am besten geht man so vor, daß erst die Rauhigkeit des Walzgutes gemessen wird, dann zur Kontrolle auch die Walzenoberfläche. Das Interferenzmikroskop muß durch eine geeignete Hilfseinrichtung, die mit einem Kreuzsupport versehen ist, auf der in der Schleifmaschine eingespannten Walze angebracht werden. Da diese Apparatur am besten am Schleifsupport befestigt wird, kann man die ganze Oberfläche der Walze abfahren. Dies ist wichtig wegen der evtl. Welligkeit der Rauhigkeiten.

Das Schleifen der Walzen. 263

Leider bestehen noch keinerlei Richtlinien, welche Rauhigkeiten man zulassen kann, damit das Walzgut den Ansprüchen genügt.

Es besteht noch nicht einmal Einigkeit darüber, ob eine glänzende, matte oder eine spiegelnde Oberfläche ein besseres Walzgut ergibt.

Es setzt sich immer mehr die Meinung durch, daß Glanz bei keiner Schleifart ein wichtiges Anzeichen der Oberflächengüte ist. Es ist bekannt, daß glänzende Flächen zwar infolge von vielen in sich glatten Unebenheiten das Licht gut reflektieren und so eine Oberflächengüte im Sinne geringer Rauhigkeiten vortäuschen, die gar nicht vorhanden ist. Wir wissen von dem Bearbeitungsverfahren des Superfinishens, daß die effektive Oberflächengüte nur durch einen spanabhebenden Vorgang erreicht wird.

Bei matt aussehenden Flächen liegen die einzelnen Teile, aus denen sich die Oberfläche zusammensetzt, fast in einer Ebene. Es sind nicht viele metallisch blanke Stellen vorhanden, da die Oberfläche samtartig aufgerauht ist und geringe Vertiefungen noch von dem Läppen herrühren. Diese Oberflächen sind gut, da sie auf dem Walzgut keine Muster hinterlassen.

Die spiegelnden Oberflächen sind sehr geeignet, wenn die Spiegelung verzerrungsfrei ist. Es ist dies ein Zeichen, daß die Oberfläche riefenfrei und ohne Welligkeit ist. Wenn ein Traganteil von 100% erreicht wird, ist die Oberfläche des Walzgutes einwandfrei.

Beim Polieren ohne Spanabnahme werden die Spitzen der Rauhigkeiten nur umgelegt. Beim Walzen beispielsweise blättern sie dann nach den ersten Arbeitsgängen ab und verursachen dadurch Oberflächenfehler. Daher muß das Bestreben beim Schleifen von Walzen auf feinste Oberfläche darauf hinauslaufen, die Schleiffolgen so abzustimmen, daß bis zuletzt eine, wenn auch feinste Spanabnahme erfolgt. Dadurch ist aber eine weitere wichtige Regel für das Walzenschleifen festgelegt. Dieser Arbeitsvorgang braucht Zeit. Er darf in keinem Fall durch Gewaltmaßnahmen, wie grobe Scheiben, unerlaubte Geschwindigkeiten u. a. m., abgekürzt werden.

Für gehärtete Stahlwalzen trifft auch die Grundregel zu,

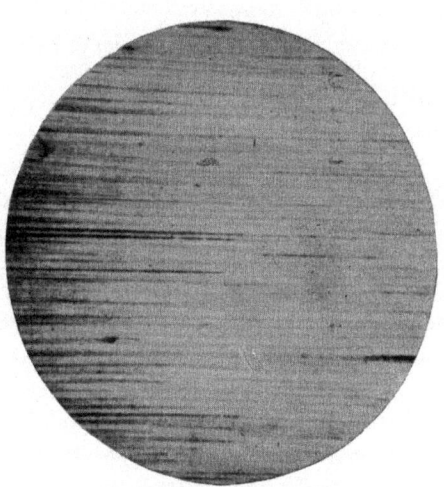

Abb. 130. Gehärtete Stahlwalze mit Siliziumkarbidscheiben (Korn 500) geschliffen.

264 Die Zerspanbarkeit von Walzen für die bildsame Verformung.

daß solche Werkstoffe mit Korundscheiben geschliffen werden sollen, da sie weniger Schleifrisse hinterlassen als eine Siliziumkarbidscheibe (Abb. 130 u. 131).

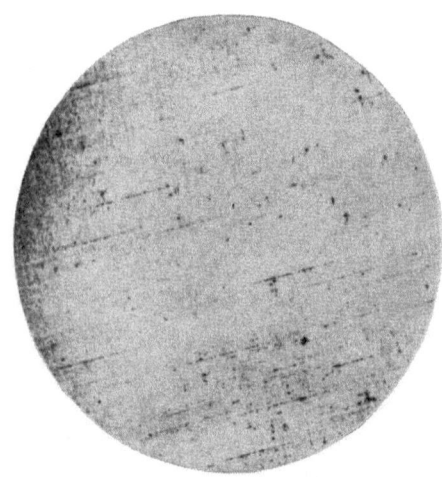

Abb. 131. Gehärtete Stahlwalze mit Korundscheiben (Korn 500) geschliffen.

Hartgußwalzen sind dagegen mit Siliziumkarbidscheiben zu schleifen.

Bei verchromten Walzen ist eine Korundscheibe vorzuziehen.

1. Das Schleifen der Stahlwalzen.

Zunächst sei hier eine Vorschrift der amerikanischen Caborundum Companie für das Schleifen von gehärteten Stahlwalzen wiedergegeben, die wegen ihrer Ausführlichkeit sehr instruktiv ist und bemerkenswert viele praktische Unterlagen gibt.

Sie gibt Daten über Schleifen gehärteter Stahlwalzen in Arbeitsgängen, die in aufeinanderfolgender Reihenfolge angeordnet sind, vom Grobschliff bis zum Ultra-Feinschliff.

Zu dieser Tabelle ist noch folgendes zu ergänzen. Mit feiner werdendem Schliff wird das Korn feiner, die Scheibengeschwindigkeit geringer und die Spantiefe geringer. Bemerkenswert ist die Vorschrift für das Abrichten. Die einzelnen Schleifgruppen sind in zwei bis vier Einzeloperationen unterteilt. Im ersten Teilarbeitsgang wird die Scheibe offen, also gut und griffig, im zweiten nur leicht und im dritten wenig oder nicht abgerichtet.

Dies bedeutet also, daß im Sinne des früher Gesagten bei kleinstem Vorschub die geringste Spanabnahme stattfindet.

Zu der Operation Ultrafeinstschliff ist folgendes zu sagen:

Früher war man Anhänger des sog. funkenlosen Schleifens, welches die letzte Feinheit der Oberfläche bringen sollte. Dies ging so vor sich, daß eine sehr weiche und feinkörnige Scheibe sich mit leichtem Anpreßdruck nur glättend über die Walzenoberfläche bewegte. Jetzt ist man in dem schon erwähnten Zusammenhang mit dem Superfinish-Verfahren zu dem Ultrafeinschliffverfahren mit kleinsten Spanabnahmen übergegangen. Genau wie beim Superfinishen spielt auch hier das Schmiermittel eine große Rolle. Es fehlt allerdings die Vielzahl der überlagerten Bewegungen, da sich dies durch die Art der Maschine und durch die Größe der

Tabelle 70. *Praktisch gebräuchliche Werte für Schleifscheibengeschwindigkeiten zum Schleifen von Stahlwalzen.*

Scheib.-Nr.	Korngröße	Nummer u. Art des Arbeitsvorganges	Scheibengeschwindigk. m/sek	Vorschub mm/U	Spantiefe mm	Abrichten	gewöhnliche Scheibengrößen mm
1	24—50	1	28,0	Größt-Vorsch.		offen (gut)	600×50
	24—50	2 Grobschliff	20,4	Mittel- ,,	1,27	leicht	750×75
	24—50	3	20,4	Kleinst- ,,		nicht	900×75
2	80	1	28,0	Größt-Vorsch.		offen	600×50
	80	2 Feinschliff	20,4	Mittel- ,,	0,625	leicht	750×75
	80	3	20,4	Kleinst- ,,		nicht	900×75
3	150×180	1	25,4	Größt-Vorsch.		offen	,,
	150×180	2 Halbfeinst	20,4	Mittel- ,,		leicht	,,
	150×180	3 und	20,4	Kleinst- ,,	0,25	wenig	,,
	150×180	4 Nachschliff	20,4	Kleinst- ,,		nicht	,,
4	320—FF	1 Feinstschl.	20,4	Größt-Vorsch.		leicht	,,
	320—FF	2 und	20,4	Mittel- ,,	0,020	wenig	,,
	320—FF	3 Nachschliff	20,4	Kleinst- ,,		nicht	,,
5	500	1 Hochfeinst-	20,4	Mittel-Vorsch.		wenig	
	500	2 schliff	20,4	Kleinst- ,,	0,025	nicht	500×50
6	Ultra-fine	Ultra-	12,7	Mittel-Vorsch.		wenig	600×75
		feinstschliff	15,2	Kleinst- ,,	0,0075	nicht	750×75

Walze vorläufig nicht durchführen läßt. Außerdem sind die Ergebnisse so günstig, daß man bei gehärteten Stahlwalzen damit auskommen wird.

Nach dem Verfahren der Carborundum Companie wird der Ultrafeinstschliff als letzter Arbeitsgang in zwei Abschnitten, aber mit der gleichen Korngröße durchgeführt.

Im ersten Abschnitt wird die Scheibe mit Mittel-Vorschub und unter Zugabe eines Kühlmittels von großer Spülkraft (gefilterte Emulsionen mit geringem Ölzusatz) solange über die Walzenoberfläche geführt, bis die Maßhaltigkeit erreicht ist und alle Bearbeitungsmarken der vorhergehenden Operationen verschwunden sind. Die Spantiefe ist mit höchstens 7,5 μ vorgesehen.

Im zweiten Abschnitt wird der kleinste Vorschub eingestellt und die Scheiben ohne Änderung der Tiefenzustellung und ohne Abziehen zur Ergänzung der Politur über die Scheibe geführt. Hat diese Maßnahme nach zwei Durchgängen keinen Erfolg, so wird eine Art Läppmittel zu Hilfe genommen. Ein mit dieser Paste gefüllter Beutel wird auf der der Schleifscheibe abgewendeten Seite befestigt. Der gedrosselte Kühlmittelstrahl laugt den Beutel langsam aus und bringt das Läppmittel zwischen die Schleifscheibe und das Werkstück. Auf diese Weise braucht die Konzentration des Kühlmittels nicht geändert zu werden.

Die gehärteten Stahlwalzen sind in Amerika in stärkerem Maße in Gebrauch als in Deutschland.

2. Das Schleifen von Hartgußwalzen.

Diese Walzen haben in Deutschland ein großes Anwendungsgebiet gefunden. Da sie eine Shorehärte von 95—100 haben, werden sie nur durch Schleifen bearbeitet.

In Deutschland ist es üblich, folgende Operationen anzuwenden:

Vorschliff: Körnung 24/36 Härte K
Fertigschliff: Körnung 70/100 Härte Jot
Nachschliff: Körnung 150 Härte Jot
Polierschliff: Körnung 500 Härte Jot
Geschwindigkeit der Scheiben 22 m/s
Geschwindigkeit des Werkstückes
   beim Vorschleifen   35 m/min
   beim Polierschliff   18 m/min.

Eine amerikanische Vorschrift lautet wie folgt (Tabelle 71):

Tabelle 71. *Daten über Schleifen von Hartgußwalzen in Arbeitsgängen, die in aufeinanderfolgender Reihenfolge angeordnet sind, vom Grobschliff zum Feinschliff.*

Scheib.-Nr.	Korngröße	Nummer u. Art des Arbeitsvorganges	Scheibengeschwindigk. m/sek	Vorschub mm/U	Spantiefe mm	Abrichten	gewöhnliche Scheibengröße mm
1	20—36	1	28,0	Größt-Vorsch.		offen	750×50
	20—36	2 Grobschliff	28,0	Mittel- ,,	1,27	leicht	750×100
	20—36	3	20,4	Kleinst- ,,		nicht	
2	60—80	1	28,0	Größt-Vorsch.		offen	900×75
	60—80	2 Feinstschliff	20,4	Mittel- ,,	0,50	leicht	900×100
	60—80	3	20,4	Kleinst- ,,		nicht	

Hierbei ist vorgesehen, daß ebenfalls wie in der deutschen Vorschrift mit einer Scheibe von 150 und 500 Körnung nachgeschliffen bzw. poliert wird. Hierbei soll die Schleifgeschwindigkeit der Scheiben auf 60% verringert werden. Dieses steht wiederum mit den allgemeinen Richtlinien in Einklang.

3. Das Schleifen von verchromten Walzen.

Beim Schleifen der verchromten Walzen ist zunächst folgendes zu beachten:

a) Die Rauhigkeiten der Ausgangsoberfläche werden durch das Verchromen nicht ausgefüllt. Lediglich der Durchmesser hat nun die doppelte Dicke der Chromschicht zugenommen.

b) Die Chromschicht ist sehr unterschiedlich in der Härte und Porosität und sehr dünn im Verhältnis zum Durchmesser.

Es muß darauf geachtet werden, daß die Ausgangsfläche schon möglichst wenig Rauhigkeiten hat. Beim Verchromen werden die Täler einer Oberfläche nicht ausgefüllt, sondern die Chromschicht lagert sich in den Tälern und an den Bergen ab. Daher ergibt die verchromte Oberfläche ein getreues Bild der alten Fläche, vermehrt um die Chromschicht. Beim Schleifen wird dann die Chromschicht der Berge abgeschliffen bzw. sehr geschwächt.

Es kommt noch erschwerend dazu, daß entsprechend dem Herstellungsgang die Härte und Porösität sehr unterschiedlich sind.

Beim Schleifen verchromter Schichten haben sich am besten Korundscheiben bewährt, da die Chromkarbide sehr hart sind. Entsprechend der dünnen Schicht werden feinkörnige Scheiben von 120—150 Körnung benutzt. Die Schleifscheibengeschwindigkeit beträgt etwa 20 m/s.

Die Scheiben sollen weich sein bei kleinen Vorschüben. Die Spantiefe beträgt rund 0,05 mm.

Schrifttum.

Scherer, R., Geschmiedete Arbeitswalzen für Kaltwalzwerke und ihre Herstellung. Stahl und Eisen 59 (1939) Heft 40, S. 1105—1111.

Hohage, R., Stülzwalzen für Kaltwalzwerke 59 (1939) Heft 44, S. 1197—1200.

Gebhart, K., Bisherige Entwicklung und gegenwärtiger Stand der Kaltwalzen. Z. VDI 83 (1939) Nr. 9, S. 269—275.

Champbell, T. C., Hartmetallwalzen zum Kaltwalzen von Bandstahl. Iron Age 145 (1940) Nr. 5, S. 44—46.

Henning, F., Verwendung von gesinterten Hartmetallegierungen für Werkzeuge zur Stahlbearbeitung. Steel Process 32 (1946) Nr. 6, S. 379—382.

Hinweis in Stahl und Eisen 68 (1948), Heft 9/10, S. 167.

Slick, E. C. u. R. E. White, Wolfram-Karbid-Walzen zum Flachwalzen von Draht. Iron Age 160 (1947) 9 Okt., S. 71—77.

Wills, H. I., Verfahren zum Schleifen von auf Hochglanz polierten Walzen. Steel 109 (1941) S. 78, 80, 88.

Wills, H. I., Die Vermeidung von Fehlstellen beim Fertigschleifen von auf Hochglanz geschliffenen Walzen. Steel 109 (1941) S. 92 und 95—96.

Waldrich, H. A., G. m. b. H. Siegen in Westfalen. Hausmitteilung Heft 1, 1937.

XV. Die Zerspanbarkeit von Kupfer.
A. Das Kupfer und seine Legierungen.

Es ist unmöglich, im Rahmen dieses Buches eine ausführliche Darstellung der in der Technik verwendeten Kupferlegierungen zu geben, da sie zu zahlreich sind. Der folgende Abschnitt beschränkt sich daher auf das wesentliche, was zur Kenntnis der Zerspanbarkeit notwendig ist.

Für Kupfer gilt die DIN 1708.

Die Wirkung von Beimengungen an Ni, Fe, Mn, Cr, Al, Mg, Si beeinflussen die mechanischen Eigenschaften des Kupfers in günstigem Sinne und verbessern, wie später nachgewiesen wird, zum Teil die Zerspanbarkeit.

Insbesondere ist auch auf die Beimengung von Beryllium und Tellur verwiesen, deren Wirkung in dem anschließenden Kapitel behandelt wird.

Beryllium beeinflußt die mechanische Eigenschaft günstig, ohne die elektrische Eigenschaft herunterzudrücken.

Legierungen, die aus Kupfer und Zink bestehen, bezeichnet man, sofern sie weniger als 68% Kupfer enthalten, nach DIN 1709 mit Messing. Mit mehreren Zusätzen werden sie als Sondermessing bezeichnet. Man unterscheidet hier wieder Gußmessing (GMs) und Walz- und Schmiedemessing (Ms). Die beigefügte Zahl gibt den Kupfergehalt an.

Für die spanabhebende Bearbeitung kommt von den Sondermessingarten hauptsächlich Ms 60 mit 60% Cu und 40% Zn sowie Ms 58 mit 58% Cu, 40% Zn und 2% Pb in Frage. Ms 58 ist die Standardlegierung, die die beste Zerspanbarkeitseigenschaft hat und gleichzeitig die besten technologischen Werte aufweist. Die Zusätze wirken sich so aus, daß Blei die Zerspanbarkeit verbessert. Zinn erhöht die Korrosionsbeständigkeit. Nickel beeinflußt die mechanischen Eigenschaften günstig, und Eisen bewirkt Verfeinerung des Gefüges und Erhöhung der Zugfestigkeit.

Mangan und Aluminium verbessern ebenfalls die mechanischen Eigenschaften. Bei Sondermessing werden je nach Bedarf einzelne Komponenten besonders verstärkt.

Mit Rotguß bezeichnet man Kupfer-Zinn-Zink-Legierungen. Auch hier verbessert ein Bleizusatz die Zerspanbarkeit. Bronze ist eine Legierung aus Kupfer und Zinn, wenn sie mit Phosphor desoxydiert ist, wird sie mit Phosphorbronze bezeichnet. Die beigefügten Zahlen geben den Zinngehalt in Prozenten an, also GBz 20 bedeutet: Gußbronze mit 20% Zinn.

Dann gibt es noch die Bezeichnung WBz für Walzbronze.

Sofern der Bronze Eisen, Mangan oder Aluminium zugesetzt ist, bezeichnet man sie als Stahl-, Mangan- und Aluminiumbronze.

Für diese ganze Werkstoffgruppe liegen noch verhältnismäßig wenig versuchsmäßig ermittelte Richtlinien vor, da diese Versuche sehr teuer sind und außerdem diese Werkstoffe anteilmäßig nicht so häufig zerspant werden wie die übrigen.

Wenn allerdings, wie z. B. beim Beryllium-Kupfer, genaue Werte vorliegen, so werden sie ausführlicher gebracht, da man daraus für andere Qualitäten Rückschlüsse ziehen kann.

B. Richtwerte für die Zerspanbarkeit von Kupfer.

Die Zerspanbarkeit von weichem, reinem Kupfer ist schlecht. Der Werkstoff neigt zum Kleben und Verschmieren.

Eine Verbesserung der Zerspanungseigenschaften erreicht man, indem das Kupfer entweder hart gezogen wird, oder durch Beimengungen der eingangs erwähnten Art.

Wegen der geringen Festigkeit des Kupfers ist ein großer Spanwinkel zu wählen. Der Winkel der Nebenschneide mit der Vorschubrichtung soll 1—2° betragen, damit die von der Hauptschneide zurückgebliebenen Rauhigkeiten geglättet werden. Das ist besonders dann empfehlenswert, wenn der Werkstoff schmiert.

Für die Freiwinkel, Spanwinkel bei den hauptsächlichsten Zerspanungsarten werden folgende Werte empfohlen:

Werkzeug	Drehen			
	Grobschnitt		Feinschnitt	
	$\alpha°$	$\gamma°$	$\alpha°$	$\gamma°$
Schnellarbeitsstahl	10—15	15—40	8—12	20—45
Hartmetall	6— 8	25—30	6— 8	22—28

Die anwendbare Schnittgeschwindigkeit. Falls der Verwendungszweck nicht unbedingt weiches Kupfer vorschreibt, ist hartgezogenes oder durch Legierungsbeigabe gehärtetes Kupfer zu zerspanen.

Bei Kupfer wird der Drehmeißel nicht durch Wärmeeinfluß abgestumpft, da die Temperaturen und Schnittdrücke nicht sehr hoch sind. Infolge der hohen Wärmeleitfähigkeit des Kupfers kann überhaupt kein örtlicher Wärmestau eintreten. Für das Drehen von Kupfer werden bei den üblichen Spanabmessungen nachstehende Richtlinien gegeben.

Werkstoff	Werkzeug	v_{60} m/min		v_{240} m/min		v_{480} m/min	
		Grobschnitt	Feinschnitt	Grobschnitt	Feinschnitt	Grobschnitt	Feinschnitt
Kupfer	Schnellarbeitsstahl	60	120	50	100	45	70
	Hartmetall	180	300	146	230	100	150

Der Verschleiß ist ziemlich groß, weil das Kupfer wegen geringer Festigkeit stark klebt. Daher wirkt auch das Elektrolytkupfer weich, stärker verschleißend als das Elektrolytkupfer hart.

Richtwerte für die übrigen Zerspanungsarten.

Bohren. Es haben sich die Bohrer bewährt, die als Cu-Al-Bohrer im Handel sind. Diese Bohrer haben einen Drallwinkel von 45° mit gut geschliffenen Spiralnuten. Es kommen aber auch wesentlich steilgängigere Bohrer vor. Wenn es sich um genaue Bohrungen handelt, wie z. B. bei Düsen für Schneidbrenner, müssen sie noch gerieben werden.

Als Richtwerte für die Schnittgeschwindigkeit und die Vorschübe beim Bohren gelten:

$v = 25\text{--}50 \text{ m/min}$ } die kleinen Werte gelten für Bohrer mit ge-
$s = 0{,}05\text{--}0{,}4 \text{ mm/U}$ } ringerem Durchmesser.

Beim Bohren von Blechen empfiehlt es sich, Bohrer mit einem Spitzenwinkel von 160° und Zentrierspitze zu wählen, damit das Loch rund wird und ein Aufbiegen der Bleche vermieden wird.

Fräsen. Die Spanräume sind möglichst groß zu wählen. Der Freiwinkel soll 5—7° und der Spanwinkel 15—18° sein. Dazu gehört eine Schnittgeschwindigkeit von 30—35 m/min und ein Vorschub von 200 bis 500 mm/min.

Beim Formfräsen ist ebenso wie beim Räumen die bei Kupfer auftretende große, bleibende Dehnung zu berücksichtigen.

C. Die Zerspanbarkeit von Bronze und Rotguß.

Die Bronze als Legierung von Kupfer und Zinn ist so alt wie das Messing. Es sind folgende Kurzzeichen eingeführt: GBz Gußbronze, WBz Walzbronze und Rg Rotguß. Die beigefügten Zahlen geben den Zinngehalt an. GBz 20 bedeutet also Gußbronze mit 20% Zinn.

Im Rotguß ist ein Teil des teuren Zinns durch das billigere Zink (bis zu 10%) ersetzt.

Bei der Zerspanung von Bronze und Rotguß tritt kein Erhitzen durch Wärmeeinfluß auf, sondern der bei allen Metallen bekannte Verschleiß auf der Freifläche. Für verschiedene Typen von Bronze wurden die v_{60}-, v_{120}-, v_{240}-Werte ermittelt. Die $T-V$-Kurven zeigten die gleiche Tendenz und die gleiche Gesetzmäßigkeit wie bei Stahl, nur in einem anderen Schnittgeschwindigkeitsbereich.

Dabei ergab sich, daß die Stahlbronze nur schwer und mit geringen Geschwindigkeiten zu zerspanen war. Dies ist auf den hohen Eisen- und Nickelgehalt zurückzuführen.

Die Festigkeit von Rotguß und Messing läßt sich bei Schleuderguß sehr verbessern. Nachstehend werden Richtlinien für die Vorschübe und anwendbare Schnittgeschwindigkeit bei solchen Werkstoffen angegeben.

Tabelle 72. *Richtwerte für das Drehen von Bronze.*

Werkstoff	Cu %	Sn %	Zn %	Al %	Fe %	Ni %	Mn %	Pb %	Festig- keit kg/mm²	Schnittgeschw. m/min			Span- quer- schnitt mm²
										v_{60}	v_{120}	v_{240}	
Stahlbronze	83	—	—	10	3,5	3,5	—	—	91,5	37	30	16	2×0,2
Manganbr.	86,4	—	—	9,4	—	1,10	2,10	—	77	48	40	28	2×0,3
Al-Bronze	90,5	—	—	9,5	—	—	—	—	66	68	42	48	2×0,3

Tabelle 73. *Richtwerte für das Drehen von Rotguß und Messing.*

Werkstoff	Cu %	Sn %	Zn %	Pb %	Festig- keit kg/mm²	Vorschub mm/U		Schnittgeschw. m/min	
						Grob- schnitt	Fein- schnitt	Grob- schnitt	Fein- schnitt
Rotguß 5	85	5	7	3	15	0,4	0,2	85	170
Rotguß 10	86	10	4	—	20	0,3	0,18	75	150
Gußbronze 14	86	14	—	—	20	0,28	0,15	70	140
Sonderguß- Messing	58	Mn+Al+Fe+Sn bis zu 7,5% nach Wahl, Rest Zn			45	0,72	0,12	55	120

Für die Umrechnung der Schnittgeschwindigkeit von v_{60} in 2 Stunden, 4 Stunden und 8 Stunden gilt ebenfalls die Beziehung
$$v_{120} = v_{60} \cdot 0{,}9,\ v_{240} = v_{60} \cdot 0{,}78,\ v_{480} = v_{60} \cdot 0{,}56.$$
Die Winkel an den Werkzeugen können denen der Stahlbearbeitung angeglichen werden.

Die Schnittdrücke sind, wie Tabelle 26 zeigt, gering, aber deutlich abgegrenzt gegen Automatenmessing. Die schlecht zerspanbare Stahlbronze zeigt auch die höchsten Schnittdrücke.

Die Bohrbarkeit von Bronze und Rotguß ist auch gut. Man hat für drei Qualitäten die $v_{L\,2000}$-Ziffern bestimmt. Hierbei hat naturgemäß die Stahlbronze auch die geringste Bohrbarkeitsziffer.

Stahlbronze ⎫   18 m/min Bohrdurchm. 4 mm
Al-Bronze   ⎬ $v_{L\,2000}$ 65 m/min
Manganbronze ⎭   55 m/min Vorschub 0,7 mm/U.

Die Richtwerte für die Verwendung von Hartmetall.

In den letzten Jahren hat die Anwendung von Hartmetall (G 1) bei der Kupfer-, Messing- und Bronzebearbeitung große Fortschritte gemacht. Als Richtwerte werden die nachstehenden Schnittgeschwindigkeiten empfohlen.

Werkstoff	Schnittgeschwindigkeit m/min (Hartmetall G 1)	
	Grobschnitt	Feinschnitt
Kupfer	300—350	350—500
Messingguß	300—500	450—700
Rotguß	300—450	400—500
Gußbronze	150—300	250—400

Die Verwendung von Diamanten. Für die Fein- und Feinstbearbeitung ergibt sich ein gutes Anwendungsgebiet für Diamanten. Näheres hierüber ist im Abschnitt über die Diamanten nachzulesen.

D. Die Zerspanbarkeit von Beryllium-Kupfer.

Das Beryllium-Kupfer zeichnet sich durch seine große Dauerfestigkeit und seinen hohen Verschleißwiderstand aus. Hinzu kommt noch seine gute thermische und elektrische Leitfähigkeit in Verbindung mit dem gleichen Korrosionswiderstand wie beim sauerstofffreien Kupfer. Die guten mechanischen Eigenschaften des Beryllium-Kupfers sind auf das Beryllium zurückzuführen, das in geringen Mengen bis 2,5% dem Kupfer zugesetzt, diesem eine starke Aushärtbarkeit verleiht.

Das Beryllium-Kupfer kann vor dem Härten mit geeigneten Werkzeugen, Schnittbedingungen und Schneidflüssigkeiten in ähnlicher Weise leicht bearbeitet werden wie Kupfer und Phosphorbronze. Die vorhergegangene Wärmebehandlung ist von Einfluß. Das 2%ige hochfeste Beryllium-Kupfer wird am besten im unvergüteten Zustand bearbeitet. Jedoch härtet Beryllium-Kupfer im kaltverformten Zustand bei der Bearbeitung, ähnlich wie der 18-8 rostfreie Stahl, schnell auf. Es ist daher ratsam, für die Schnittiefe mindestens 0,18 mm zu wählen, um unter die aufgehärtete Schicht zu kommen. Die 0,4%ige Legierung hat ihre günstigsten Zerspanungseigenschaften im vergüteten Zustand.

Im nachstehenden sind Richtwerte für Schnittgeschwindigkeiten angegeben.

Tabelle 74. *Schnittgeschwindigkeits-Richtwerte für das Drehen von kaltverformtem Beryllium-Kupfer ($\sigma_B = 70$ kg/mm²).*

Schneidwerkstoff	Schnittiefe 3—6 mm Vorschub 0,38—0,75 mm/U		Schnittiefe 1,5—3 mm Vorschub 0,25—0,50 mm/U		Schnittiefe 0,4—1,5 mm Vorschub 0,2—0,3 mm/U		Schnittiefe 0,2—0,4 mm Vorschub 0,05—0,2 mm/U	
	Geschw.-bereich v m/min	mittlere Geschw. v m/min	Geschw.-bereich v m/min	mittlere Geschw. v m/min	Geschw.-bereich v m/min	mittlere Geschw. v m/min	Geschw.-bereich v m/min	mittlere Geschw. v m/min
Schnelldrehstahl	15—30	23	23—38	30	30—60	45	45—90	68
Hartmetall	38—83	60	45—100	75	60—120	90	90—180	135

Bohren. Das Beryllium-Kupfer soll für Bohrarbeiten möglichst in geglühtem Zustand vorliegen. Zu empfehlen sind hohe Schnittgeschwindigkeiten, kleine Vorschübe und Kühlflüssigkeit, Kühlmittelöl.

Fräsen. Beryllium-Kupfer hat beim Fräsen, ähnlich wie beim Drehen, im kaltverformten Zustand die besten Zerspanungseigenschaften. Für die Schnittiefe gelten daher die gleichen Verhältnisse wie beim Drehen. Für das Planfräsen hat sich der spiralverzahnte Fräser am besten bewährt.

Tabelle 75. *Richtwerte für günstige Schnittbedingungen beim Fräsen.*

Fräserwerkstoff	Schnittiefe über 3 mm v (m/min)	Schnittiefe 1,5—3 mm v (m/min)	Schnittiefe unter 1,5 mm v (m/min)
Schnellarbeitsstahl	30—45	45—60	60—90
Hartmetall	60—120	90—180	150—270

Tabelle 76. *Richtwerte für die Wahl des Vorschubes beim Fräsen von Beryllium-Kupfer* ($\sigma_B = 70$ kg/mm^2).

Fräserart	Vorsch. bzw. Schnittiefe über 3 mm s_z (mm/Zahn)	Vorsch. bzw. Schnittiefe 1,5—3 mm s_z (mm/Zahn)	Vorsch. bzw. Schnittiefe unter 1,5 mm s_z (mm/Zahn)
Walzenfräser	0,25—0,6	0,35—0,50	0,2 —0,3
Scheibenfräser	0,3 —0,6	0,4 —0,75	0,2 —0,35
Messerkopf	0,3 —0,6	0,4 —0,75	0,2 —0,35
Kreuzverzahnt	0,2 —0,35	0,35—0,45	0,15—0,25
Fingerfräser	0,2 —0,3	0,25—0,35	0,1 —0,25

Sägen. Für das Sägen von Beryllium-Kupfer verwendet man Sägeblätter und Kreissägeblätter, wie sie allgemein für Messing, Bronze oder Kupfer geeignet sind.

Bei den übrigen Zerspanungsarten kann man sich nach den Richtlinien für Messing richten.

Das Beryllium-Kupfer wird in steigendem Maße für die Herstellung von Kunststofformen benutzt. Man macht sich dabei die leichte Vergießbarkeit und gute spanabhebende Bearbeitbarkeit in unvergütetem Zustand zunutze. Aus diesem Grunde ist dieser Werkstoff besonders erwähnt worden.

E. Die Zerspanbarkeit von Messing.

Messing ist die wichtigste und älteste Kupferlegierung. Messingarbeiten wurden schon im ersten und zweiten Jahrhundert n. Chr. am Mittel- und Niederrhein festgestellt.

Die dem Kurzzeichen GMs (Gußmessing) und Ms (Walz- und Schmiedemessing) beigegebene Zahl zeigt den Kupfergehalt an.

Alle Sorten von Messing werden mit gutem Erfolg spanabhebend in großen Mengen verformt. Die Bedeutung des Messings kann man daraus ersehen, daß 30% des Weltkupferverbrauchs auf die Herstellung von Messing entfällt, 35% der deutschen Zinkerzeugung wird zu Messing verarbeitet.

Die Standardlegierung Ms 58 (mit 58% Cu, 40% Zn und 2% Pb), die am häufigsten spanabhebend verarbeitet wird, liegt mit ihrer guten Zerspanbarkeit vor allen anderen Werkstoffen. Um die Späne kurzbrüchig zu machen, hat man 2% Pb zulegiert. Einige andere Zusatzlegierungen, wie Mangan und Tellur und Selen usw., erfüllen den gleichen Zweck und verbessern die mechanischen Eigenschaften. Man bezeichnet sie als Sondermessinge.

Die englische Standardlegierung enthält 60% Cu, 37% Zn und 3% Pb. Die amerikanische Legierung enthält bei gleichem Kupfergehalt bis 3,75% Pb.

Im Langdrehversuch mit Erliegekriterium sind effektive Standzeiten ermittelt worden. Die Zusammensetzung der Messingsorten wurden aus Versuchsgründen variiert.

Bez.	Cu %	Zn %	Al %	Fe %	Ni %	Mn %	Pb %	Sn %	Festigk. kg/mm²	v_{60}	v_{240}	v_{480}
										m/min		
A	58,4	38,6	—	—	—	—	0,7	0,22	47	86	—	—
B	57,7	39,6	—	—	—	—	2,10	0,25	49	84	—	—
C	58	40	—	—	—	—	2	—	44,5	83	—	—
D	51,2	43,9	0,86	1	1,4	1,51	—	—	77	88	72	47
E	55,5	38,7	1,5	1	0,5	3,8	—	—	65	38	—	—
F Ms 58	58	40	—	—	—	—	2	—	48	85	70	45

Für die Umrechnung von v_{60} auf Standzeiten von 2 Std., 4 Std. und 6 Std. bestehen folgende Umrechnungszahlen, wenn v_{60} bekannt ist:
$$v_{120} = v_{60} \cdot 0{,}9 \quad v_{240} = v_{60} \cdot 0{,}78 \quad v_{480} = v_{60} \cdot 0{,}56,$$
wenn man die Zerspanbarkeit eines normalen Automatenstahles gleich 100 setzt, ist die Zerspanbarkeit für Messing 400.

Die ausländischen Standardlegierungen haben im allgemeinen einen höheren Bleigehalt als die deutschen. Das Blei kommt mit dem Zink in das Messing, so daß also die Zinkanalyse auch den Bleigehalt des Messings bestimmt. Blei hat über einen Gehalt von 2% hinaus keine zerspanungsfördernde Wirkung. Da aber über 3% Bleigehalt schon eine Schädigung der mechanischen Eigenschaften eintreten kann, genügt eine Beimengung von 2% Pb.

Es ergibt sich, daß Automatenmessing immer leichter zu zerspanen ist als die übrigen Legierungen. Hinsichtlich der bei Automatenmessing anzuwendenden Geschwindigkeiten ergibt sich, daß die Lebensdauer eines Werkzeuges nur von dem Weg abhängt, währenddessen die Schneide unter Schnitt steht. Sie ist daher von der Schnittgeschwindigkeit weitgehend unabhängig. Daher soll die Schnittgeschwindigkeit so hoch gewählt werden, wie es Maschine und Werkstück zulassen. Der Spanwinkel ist im allgemeinen 0°.

Die Verschleißwirkung von Messing ist die geringste von allen dort untersuchten Werkstoffen. Das gleiche trifft für die an der Schneide auftretende Temperatur zu.

Das Bohren von Messing. Die Zerspanbarkeit im Bohrvorgang ist ebenfalls sehr gut. Die Versuche, die übliche Kennziffer $v_{L\,2000}$ zu ermitteln, schlugen fehl, da die Bohrer auch bei höchsten Schnittgeschwindigkeiten keine meßbare Abnutzung zeigten. Dementsprechend waren auch die Bohrkräfte sehr gering.

F. Die Zerspanbarkeit von Monelmetall.

Das Monelmetall ist eine Ni-Cu-Legierung, die in den USA. gleich als Legierung aus Cu- und Ni-haltigem Rotnickelkies erschmolzen wird. Es hat eine gute Korrosionsbeständigkeit gegen feuchte Luft, Alkalien und Säuren. Die magnetische Umwandlungstemperatur liegt bei $+95°$ C. Neben diesem Standard-Monelmetall sind zwei weitere Handelssorten entwickelt worden, das K-Monelmetall und das Monel R. Das K-Monelmetall ist aushärtbar und besitzt außer einer guten Korrosionsbeständigkeit eine sehr hohe Festigkeit, Zähigkeit und Härte. Die magnetische Umwandlungstemperatur liegt bei $-40°$ C. Das Monel R zeichnet sich durch gute Zerspanungseigenschaften aus.

In der folgenden Tabelle sind die wichtigsten Angaben über die chemische Zusammensetzung, die Zugfestigkeit, die Verwendung und über die Schnittbedingungen bei der Zerspanung der drei Handelssorten zusammengefaßt.

Tabelle 77. *Chemische Zusammensetzung, Zugfestigkeit und Verwendung von Monelmetall.*

Bezeichnung	chemische Zusammensetzung	Zugfestigkeit kg/mm²	Verwendung
Monelmetall	Ni — 67% Cu — 28% Rest aus Fe, Mn, Cu u. Si	bis 60	für Herstellung von Elektroden, um Gußeisen-Kaltschweißungen auszuführen, deren Nähte nachträglich spanabhebend bearbeitet werden können. Die Schweißnaht ist feilenweich.
K-Monelmetall Härtestufe A (weich) Härtestufe B (mittelhart) Härtestufe C (hart) Härtestufe D (sehr hart)	Ni — 63% Cu — 25% Al — 2,5% C — 0,2% Rest aus anderen Metallen	max 84 84—98 98—112 min 112	Riemenverbinder für Antriebe in Bergwerken u. chem. Betrieben, Turbinenschaufeln f. hohe Drücke u. Temperaturen, Kolbenstangen f. Schiffspumpen, die Seewasserkorrosion aushalten müssen, Ventilkugeln u. Ventilsitze in Erdölpumpen, harte Messer u. Papierschaber in Papiermaschinen, Holländern u. Kugelstoffmühlen.
Monel R	—	bis 60	gut zerspanbar, für Drehteile auf Revolverbänken u. Automaten.

Tabelle 78. *Schnittbedingungen bei der spanabhebenden Bearbeitung von Monelmetallen.*

	Drehen		Fräsen	Bohren
Monelmetall				
1. Knetlegierung				
Schnittgeschw. (m/min)	30	13	Schnittgeschw.	Schnittgeschw.
Vorschub (mm/U)	0,4	1,6	f. geglühtes	$v = 18$ m/min
Spantiefe (mm)	0,8	3,2	Mat.	f. SS-Bohrer mit
2. Gußlegierung			$v = 12$—20 m/min	polierten Nuten
Schnittgeschw. (m/min)	18	10	f. nichtgeglüht.	Kühlmittel: ge-
Vorschub (mm/U)	0,4	1,6	Mat.	schwefeltes
Spantiefe (mm)	0,8	3,2	$v = 3$—5 m/min	Schneidöl
K-Monelmetall				
Schnittgeschw. (m/min) bei Teilen von Härte A u. B mit Schnelldrehstahlwerkzeugen	wie bei Stahl		wie bei Stahl	wie bei Stahl
	lange, glatte, fortlaufende Späne			
Schnittgeschw. (m/min) bei Teilen von Härte C u. D mit Hartmetallwerkzeugen	$\sim 1/2$ wie bei Stahl		$\sim 1/2$ wie bei Stahl	$\sim 1/2$ wie bei Stahl
Monel R				
Schnittgeschw. (m/min)	38			
Vorschub (mm/U)	bis 0,3			
Schnittiefe (mm)	bis 3			
mit Schnelldrehstahlwerkzeugen				

Der Spanwinkel wird allgemein etwas größer gewählt als bei Stahl, während der Freiwinkel für einige besonders schwer zerspanbare Legierungen kleingehalten werden soll.

Literatur.

SCHALLBROCH, Bearbeitung von Legierungen auf Nickelgrundlage. Werkstatttechnik (1938) S. 44.

MÜLLER, R., K-Monel-Metall und seine technischen Eigenschaften. Rundschau Jg. 28 (1936) Heft 4, S. 97—99.

XVI. Die Zerspanbarkeit von Zinklegierungen.

Die Zusammensetzung der Zinklegierungen.

Die Zusammensetzung der Zinklegierungen hat sich in den letzten 15 Jahren ständig geändert und ist ein Spiegelbild der jeweiligen Rohstofflage.

A. Zinklegierungen für eine spanabhebende Bearbeitung.

Die chemische Zusammensetzung und Verwendungszwecke für Zinklegierungen.

Benennung	Kurzzeichen Schlagzeichen	Zusammensetzung %	Zustand	Zugfestigkeit kg/mm²	Richtlinien für die Verwendung
Gußlegierungen					
Feinzinkgußleg. GZn-Al4Cu1	GZn-Al4Cu1 Z 410	Al 3,5—4,3 Cu 0—0,6 Mg 0,02—0,05 Zn Rest	Sandguß Kokillenguß	18 20	Gußstücke aller Art, Lager, Schneckenräder u. a. Gleitorgane, auch Schleuderguß
Feinzinkgußleg. GZn-Al6Cu1	GZn-Al6Cu1 Z 610	Al 5,6—6,0 Cu 1,2—1,6 Zn Rest	Sandguß Kokg.	18 22	Gußstücke, insbes. f. schwierige Teile
Feinzink-Druckgußlegierung DZn-Al4	DZn-Al4 Z 400	Al 3,5—4,3 Cu 0—0,6 Mg 0,02—0,05 Zn Rest	Druckguß	25	Gußstücke aller Art, insbes. bei hohen Anforderungen an Maßbeständigkeit
Feinzink-Druckgußlegierung DZn-Al4Cu1	DZn-Al4Cu1 Z 410	Al 3,5—4,3 Cu 0,6—1,0 Mg 0,02—0,05 Zn Rest	gepreßt und gezogen gewalzt	30 35	Stangen, Rohre, Profile, Gesenkpreßteile auf Automaten bed. verarbeitbar Bleche und Bänder, insbes. f. Stanzstücke
Knetlegierungen					
Feinzink-Knetlegierung Zn-Al 10 Cu 1	Zn-Al 10 Cu 1 Z 410	Al 9—11 Cu 0,5—1,0 Mg 0,02—0,05 Zn Rest	gepreßt und gezogen	32	Stangen, Profile, Gesenkpreßteile mit hoher Festigkeit f. Automatenverarbeitung bedingt geeignet
Feinzink-Knetlegierung Zn-Al 32 Cu 3	Zn-Al 32 Cu 3 Z 3230	Al 30,5—33,5 Cu 2,5—3,5 Mg 0,03—0,08 Zn Rest	gepreßt und gezogen	45	Stangen hoher Festigkeit f. Automatenteile und Lager
Feinzink-Knetlegierung Zn-Cu 1	Zn-Cu 1 Z 010	Al 0—0,2 Cu 0,6—1,2 Mn 0—0,5 Zn Rest	gepreßt und gezogen gewalzt	20 18	Stangen, Rohre, Profile, Drähte Bleche u. Bänder f. Zieh- u. Drückarbeit
Feinzink-Knetlegierung Zn-Cu 4 Pb 1	Zn-Cu 4 Pb 1 Z 041 Pb	Al 0,05—0,2 Cu 3,5—5,4 Pb 1,0—1,4 Zn Rest	gepreßt und gezogen	27	Stangen f. Automatenteile

278 Die Zerspanbarkeit von Zinklegierungen.

Die Zinklegierungen, die bisher von Bedeutung sind und für eine spanabhebende Bearbeitung in Frage kommen, waren im DIN-Einheitsblatt 1724 (Ausgabe Jahrg. 1944) enthalten. In der Tabelle auf S. 277 sind aber schon einige neue Qualitäten, vor allen Dingen sog. Automatenlegierungen aufgeführt, die später in die Norm aufgenommen werden und sich jetzt schon eingeführt haben.

Von besonderem Interesse hinsichtlich der Zerspanbarkeit sind die Automatenlegierungen Zn-Al 10 Cu 1, Zn-Al 32 Cu 3, Zn-Cu 4 Pb 1 und Zn-Al 4 Cu 1. Daher sollen diese zuerst betrachtet werden, zumal die hierbei gültigen Gesetze auch auf die anderen Zinklegierungen angewendet werden können.

Bei der Zerspanbarkeit der Automatenlegierungen aus Zink gilt die gleiche Rangordnung der Einflußgrößen wie bei den übrigen Automatenlegierungen.

Über die Zerspanbarkeit von Zinklegierungen, insbesondere der Automatenlegierungen, sind von KÖNIG sowie von SCHALLBROCH und BIELING zwei ausgezeichnete Arbeiten durchgeführt worden, die wichtige Ergebnisse gebracht haben[1].

B. Die Spanbildung.

Bei den Zinklegierungen fallen wegen der hohen Schnittgeschwindigkeiten und der verhältnismäßig großen Spanquerschnitte erhebliche Spanmengen an, die möglichst leicht von der Zerspanungsstelle entfernt werden müssen.

Der Einfluß von Vorschub und Spantiefe äußerte sich so, daß mit wachsendem Vorschub die günstige Spanform (Brüchigkeit) zunahm und mit steigender Spantiefe abnahm.

Es empfiehlt sich daher, einen möglichst großen Vorschub und kleine Spantiefe zu wählen.

Der Einstellwinkel hat keinen nennenswerten Einfluß, jedoch soll er möglichst groß gewählt werden, um die in das Werkstück gehende Komponente des Schnittdrucks wegen der geringen Festigkeit des Zinks

---

[1] KÖNIG, W., Drehen von Zinklegierungen, insbesondere auf selbsttätigen Drehbänken. Zinktechnische Berichte Nr. 2. Herausgegeben von der Zinkberatungsstelle GmbH Verlag W. Knapp in Halle (Saale) 1948.
SCHALLBROCH, H. u. W. BIELING, Prüfung und Bewertung der Zerspanbarkeit bei Zinklegierungen. Zinktechnische Berichte Nr. 1, ebendort 1942.
Die Versuche von SCHALLBROCH u. BIELING wurden mit dem Werkstoff Zn-Al 10 Cu 2 durchgeführt. Inzwischen ist durch Herabsetzung des Kupfergehaltes die Legierung Zn-Al 10 Cu 1 an deren Stelle getreten.
Die Legierungen, die von KÖNIG untersucht wurden, werden auch nicht alle hergestellt. Jedoch ändert dies an den gewonnenen Erkenntnissen nichts.

Die Spanbildung. 279

möglichst klein zu halten. Dadurch werden Schwingungen und Rattermarken vermieden.

Der Einfluß des Spanwinkels ist stark von der Zusammensetzung der Zinklegierung abhängig.

In der Praxis sind für die Zerspanbarkeit von Zinklegierungen folgende Spanwinkel gebräuchlich:

        Zn-Al 4 Cu 1 und Zn-Al 10 Cu 1 unvergütet   10°
        Zn-Cu 4 Pb 1   0°
        Zn-Al 10 Cu 2   25°

Der Freiwinkel muß wie angegeben zwischen 8 und 12° sein. Ein zu kleiner Freiwinkel bewirkt eine störende Ansatzbildung und großen Werkzeugverschleiß.

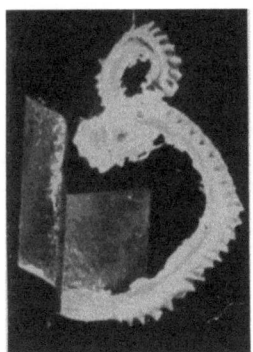 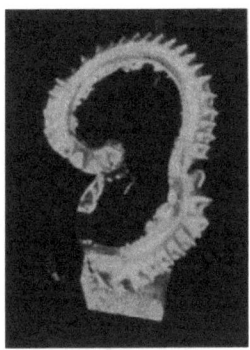

Abb. 132. Scheinspan bei der Zinkbearbeitung.

Der Vorschub soll zwischen 0,05 und 0,40 mm/U sein. Der Vorschub darf 0,05 mm/U bei einer Schneidenabrundung von 0,3 mm nicht unterschreiten, um eine gute und saubere Oberfläche zu bekommen.

Aus Gründen der Oberflächengüte wird also die Richtlinie des großen Vorschubes ebenfalls gefördert.

Bei den Zinklegierungen leidet die Oberfläche sehr leicht durch die sich bildende Aufbauschneide. SCHALLBROCH hat festgestellt, daß die Zinklegierungen die Werkzeugschneiden mit einer Aufbauschneide ganz umhüllen. Diese Aufbauschneide verhält sich ganz anders als bei den übrigen Werkstoffen. Beim Zink haftet sie nicht nur an der Spanfläche, sondern auch an der Freifläche. Die Schneide wird durch die abwandernden Aufbauschneiden nicht mehr freigegeben, sondern der Vorgang ist so kontinuierlich, daß ein Span sowohl über die Spanfläche wie auch über die Freifläche abläuft, der mit dem richtigen Span eine gewisse Ähnlichkeit hat. Man hat ihn daher als Scheinspan bezeichnet (Abb. 132).

Wenn die normalen Aufbauschneiden die Hauptschnittkraft schon auf das 1,5—2fache ansteigen lassen können, ist diese Auswirkung bei einem doppelten Scheinspan noch stärker.

Es ist daher wichtig, durch ein geeignetes Kühlmittel und Wahl der Zerspanungsbedingung diesen Aufbauschneiden entgegenzuwirken.

C. Die spanbrechenden Zusätze.

Ähnlich wie bei Stahl- und Leichtmetall-Automatenlegierungen hat man auch bei Zink die spanbrechenden Zusätze versucht. Bei Zink trat die große Schwierigkeit auf, daß die Neigung zur interkristallinen Korrosion durch die Anwesenheit von Aluminium, Zinn, Blei, Kadmium oder Thallium sehr gefördert wird. Wenn Aluminium als Legierungsbestandteil vorhanden ist, so dürfen die anderen Metalle bestimmte Höchstgehalte nicht überschreiten[1]. Das sind aber nun gerade die Zulegierungen, die sich bei den übrigen Werkstoffen gut bewährt haben.

Es ist gelungen, das Problem metallurgisch so zu beherrschen, daß durch richtige Abstimmung der Legierungselemente und durch Zusätze von Kupfer, Magnesium oder Lithium die spanbrechende Wirkung erreicht wird und die Legierungen doch als korrosionsfest angesehen werden können.

Die Automatenlegierung Zn-Cu 4 A hatte als spanbrechende Zugabe 0,6% Wismut. In der nachstehenden Tabelle sind drei verschiedene Legierungen mit und ohne Wismut unter Angabe der v_{240}-Schnittgeschwindigkeit zusammengestellt.

Tabelle 79. *Automaten-Zinklegierung mit und ohne Wismut.*

Werkstoff Nr.	Al %	Cu %	Mg %	Pb %	Fe %	Mn %	Zn %	Bi %	v_{240} m/min
1	4,0	0,50	0,04	—	—	0,50	94,96	—	72
2	0,2	4,00	—	—	—	0,50	95,3	0,5	78
3	4,0	2,00	—	—	—	0,50	93,5	—	68

Man ersieht aus den v_{240}-Werten, daß der Wismutzusatz nicht nur die Spanbildung günstig beeinflußt, sondern auch eine höhere Schnittgeschwindigkeit und geringeren Werkzeugverschleiß zuläßt.

Es ergab sich aber bald die Notwendigkeit, Wismut einzusparen und durch andere Metalle zu ersetzen.

Die Legierung Zn-Cu 4 A wurde durch Zn-Cu 4 Pb 1 ersetzt und damit in Anlehnung an die übrigen Automatenwerkstoffe auch die gute Wirkung des Bleizusatzes nutzbar gemacht. Man hat auch schon Thallium in Mengen von 0,02—0,03% zugesetzt.

---

[1] Zinktaschenbuch, 2. Aufl. 1942, Verlag W. Knapp, Halle (Saale) S. 295.

D. Richtlinien für die Anwendung der übrigen Zerspanungsvorgänge.

Die vorstehenden Betrachtungen waren zwar größtenteils auf die Automatenlegierungen ausgerichtet, jedoch gelten die allgemeinen, dort aufgestellten Grundsätze auch für die allgemeinen Zerspanungsvorgänge.

Das Bohren. Zum Bohren sollen Bohrer mit großen Spanräumen, einem Drallwinkel von 20° und einem Spitzenwinkel von 130° benutzt werden.

Die Vorschübe sollen zwischen 4 und 20 mm $\varnothing$, 0,1—0,4 mm/U betragen bei 60—90 m/min Schnittgeschwindigkeit.

Senken und Reiben. Beim Senken ist der Vorschub bei gleicher Schnittgeschwindigkeit doppelt so groß wie beim Bohren.

Zum Reiben sind Reibahlen mit geraden Nuten und verchromten Schneiden zu empfehlen. Die Schnittgeschwindigkeit soll 5—14 m/min und der Vorschub je nach dem Durchmesser 0,1—0,7 mm/U betragen.

Das Fräsen. Beim Fräsen soll grundsätzlich gleichläufig und nicht gegenläufig gearbeitet werden. Der Spantransport ist dabei besser, und die Beschädigungen der Oberfläche werden vermieden.

Die Schnittgeschwindigkeit soll 100—200 m/min sein. Der Vorschub 200—600 mm/min. Es sind große Spanräume, große Zahnteilungen und große Spanwinkel notwendig.

Bei Messerköpfen, die mit Hartmetall bestückt sind, kann man je nach Durchmesser Schnittgeschwindigkeiten von 400 m/min und Vorschübe bis zu 1200 mm/min anwenden.

Gewindeschneiden. Bei der Ausbildung von Gewinden ist die geringe Dauerstandsfestigkeit der Zinklegierungen zu berücksichtigen. Die Gewinde dürfen nicht zu fein und zu scharfkantig im Grund sein. Es genügen für Außen- und Innengewinde Einzelschneider. Bei Schneideisen beträgt die Schnittgeschwindigkeit bis 40 m/min. Bei den übrigen Gewindeschneidwerkzeugen 15—25 m/min. Für das Schneiden von Außengewinden haben sich selbstöffnende Köpfe bewährt, da die Gewinde beim Rücklauf des Werkzeuges nicht beschädigt werden kann.

Sägen. Beim Sägen ist entsprechend dem hohen Vorschub bis zu 2000 mm/min besonders auf große Spanräume zu achten, damit die abgehobenen Späne geschluckt werden können, solange der Zahn noch im Eingriff ist. Dementsprechend muß auch die Teilung groß sein. Schnittgeschwindigkeit bei 600 m/min. Bandsägen und Trennscheiben lassen sich sehr gut verwenden.

Feilen. Die normalen Feilen sind unbrauchbar, da sie sich sofort zusetzen. Man muß gefräste Feilen verwenden.

Schleifen. Für diesen Arbeitsvorgang kommt nur ein Abgraten mit einer Siliziumkarbidscheibe der Härte L und grobem Korn (30) in Frage.

XVII. Die Zerspanbarkeit der Aluminiumwerkstoffe.

A. Die Arten und die Zusammensetzung der Aluminiumwerkstoffe[1].

Die Daten für Reinaluminium sind in DIN 1712 zusammengestellt.

Da die Festigkeit von Reinaluminium verhältnismäßig niedrig ist, hat man durch Hinzulegieren von anderen Elementen Werkstoffe höherer Festigkeit und besonderen Eigenschaften hergestellt.

Als derartige Legierungszusätze kommen hauptsächlich Kupfer, Silizium, Zink, Magnesium und Mangan in Frage.

Häufiger kommen auch Nickel, Titan, Chrom, Kobalt und Eisen vor. Eisen ist in allen Legierungen als Verunreinigung vorhanden.

Bei Automatenlegierungen wird noch Blei bis 1,5% zugesetzt, um kurzbrüchige Späne zu bekommen. Versuchsmäßig wurden hierfür auch Kadmium, Antimon und Wismut benutzt.

Hinsichtlich der allgemeinen Zerspanbarkeit wirkt sich Kupfer am günstigsten aus, da es zur Härtung der Grundmasse beiträgt und somit das Schmieren verhindert.

Der nachteilige Einfluß des Eisens beginnt bei einem Gehalt von 0,8%. Meist beträgt der Eisengehalt 0,5%. Silizium wirkt auch stark verschleißend, besonders wenn bei langsamer Abkühlung oder bei einem Siliziumgehalt von mehr als 12,8% harte Siliziumkristalle auftreten. Das Eutektikum liegt bei 12,8%.

Eine Brandgefahr besteht bei Aluminium selbst bei feinsten Spänen nicht.

In der Norm 1725 Blatt 1 sind die Aluminiumknetlegierungen und in DIN 1725 Blatt 2 die Aluminiumgußlegierungen zusammengestellt.

B. Allgemeines über die Zerspanbarkeit der Aluminiumwerkstoffe.

Durch die ständig wachsende Anwendung der Leichtmetalle, insbesondere im Zusammenhang mit der Erhöhung der Festigkeitswerte (bis 56 kg/mm²) und Einführung des dadurch möglichen Leichtbaues, hat die Zerspanbarkeit besondere Bedeutung erhalten.

Im Anfang hat man versucht, die Erfahrungen der Stahl- und Gußeisenbearbeitung auch auf die neuartigen Werkstoffe zu übertragen. Man mußte aber bald erkennen, daß für die Leichtmetalle ganz andere Gesetze gelten und daher die Werkzeuge und die Zerspanungsbedingungen angepaßt werden müssen.

---

[1] Aluminium-Taschenbuch. 9. Aufl. Aluminiumzentrale G.m.b.H.

Die grundsätzlichen Richtlinien für die Leichtmetallzerspanung sind wie folgt:

1. Das Werkzeug verliert seine Schneidfähigkeit nicht wie bei Stahl und Gußeisen durch die Temperaturstandzeit, sondern es tritt ein ständig zunehmender Verschleiß an der Schneidkante des Werkzeuges auf (Verschleißstandzeit).

2. Die Späne sind nicht ohne weiteres kurzbrüchig, sondern langspanend. Bei den hohen Schnittgeschwindigkeiten treten sie zudem in großen Mengen auf, so daß auch die Spanräume den Werkzeugen entsprechend ausgebildet sein müssen. Die Abfuhr der Leichtmetallspäne ist schwierig und erfordert, um Verstopfungen im Spanraum zu vermeiden, besondere Maßnahmen.

3. Zur Erhaltung einer gesunden und guten Oberfläche sind besondere Maßnahmen bezüglich der Form der Werkzeuge, der Geschwindigkeit und Vorschübe notwendig.

4. Die Leichtmetalle wirken trotz ihrer geringen Härte und ihres geringen Zerspanungswiderstandes unverhältnismäßig stark verschleißend auf die Werkzeuge. Das gleiche ist bei den Lehren festzustellen.

5. Die Maschinen und Werkzeuge müssen für die notwendigen hohen Drehzahlen geeignet sein.

C. Der Abstumpfvorgang der Werkzeuge bei der Aluminiumbearbeitung.

Bei der Zerspanung von Stahl und Eisen sind, wie aus Abb. 47 hervorgeht, die Schnittkraft und die an der Schneide auftretenden Temperaturen sehr viel höher als bei Leichtmetallen. Bei den erstgenannten Werkstoffsorten wird also das Werkzeug durch die Temperatur und den Druck zum Erliegen kommen.

Diese Erscheinung tritt beim Zerspanen der Leichtmetalle nicht auf. Infolge der guten Wärmeleitfähigkeit und der geringen Härte tritt nur eine fortschreitende Abnutzung auf. Diese Abnutzung läßt sich einmal am Werkzeug und zum anderen am Werkstück feststellen. Am Werkstück äußert sich der Verschleiß des Werkzeuges als Zunahme des Durchmessers. Es ist aber sehr umständlich und langwierig, dies festzustellen. Daher hat man das Verfahren, den Verschleiß am Werkzeug zu ermitteln, als Kennzeichen für die Zerspanbarkeit der Leichtmetalle entwickelt (s. Abschnitt Verschleißstandzeit).

Nachdem in der $T'-V$-Kurve ein geeignetes Verfahren zur Kennzeichnung der Zerspanbarkeit im Drehvorgang gefunden wurde, sind für die Aluminiumwerkstoffe Richtwerte aufgestellt worden.

D. Richtwerte für die Zerspanbarkeit der Aluminiumwerkstoffe.

Richtwerte für das Drehen von Leichtmetall nach der Verschleißmarkenbreite.

Für die Leichtmetalle der Al-Cu-Mg-, Al-Mg-Si- und Al-Mg-Legierungen sind in den AWF-Blättern 1064—1067 Richtwerte für das Drehen aufgestellt.

Es sind hier Schnittgeschwindigkeiten für Schnellstahl und Hartmetall angegeben, die auf verschiedenen Verschleißmarkenbreiten B (mm) und Standzeiten T' (mm) basieren. Dazu sind jeweils die verschiedenen Vorschübe und Spitzenabrundungen angegeben. Am Kopf des Blattes sind die Werte für die geeigneten Winkel eingetragen. Diese Blätter geben erschöpfende Unterlagen für die praktische Arbeit im Betrieb. Sie sind besser als alle Diagramme oder Formeln.

Um einen Anhalt zu geben, wie solche Blätter aufgebaut sind, wird nachstehend ein Auszug aus AWF 1067 für die Al-Mg-Si-Legierung Flieg 3355,4 wiedergegeben. Der Umfang dieser Richtwerte verbietet leider die ganze Wiedergabe.

Tabelle 80. *Tafel für spezifische Schnittkräfte.*

Werkzeug	Schnellstahl			Hartmetall		
	Spezifische Schnittkraft k_s (kg/mm²)					
	Schnittgeschwindigkeit v (m/min)					
Vorschub s (mm/U)	40	63	100	160	250	400
0,10	118	115	112	109	106	100
0,16	115	112	109	106	100	95
0,25	109	109	106	100	95	93
0,40	106	103	100	95	90	85
0,63	95	93	88	83	78	75
1,0	80	78	73	67	63	58

Umrechnungsfaktor für Schnittgeschwindigkeiten bei Verwendung von Schnellstahl und Hartmetall bei

$\varkappa = 30°: 1{,}10$
$\varkappa = 45°: 1{,}00$
$\varkappa = 60°: 0{,}96$
$\varkappa = 90°: 0{,}90$

1. Richtwerte für das allgemeine Drehen unter Berücksichtigung einer wirtschaftlichen Standzeit.

Solange noch nicht für alle Aluminiumwerkstoffe solche ausführlichen Werte zur Verfügung stehen, müssen allgemeine Richtlinien für die Zerspanbarkeit gegeben werden.

Grundsätzlich soll mit kleinem Vorschub und großer Spantiefe unter Anwendung der größtmöglichen Schnittgeschwindigkeiten zerspant werden. Der Spanwinkel soll größer sein, als dies bei anderem Werkstoff der Fall ist. Der Keilwinkel darf jedoch nicht zu schwach werden. Daher ist

Richtwerte für die Zerspanbarkeit der Aluminiumwerkstoffe.

Tabelle 81. *Schnittgeschwindigkeitstafel für Deutsches Hartmetall.*
Güteklasse G 1

Schnittgeschwindigkeit v (m/min) bei zulässiger Verschleißmarkenbreite B (mm) der Meißelfreifläche

Spitzenabrundung (mm)	Standzeit T' (min) Vorschub s (mm/U)	B = 0,05				B = 0,10				B = 0,15			
		60	120	240	480	60	120	240	480	60	120	240	480
r = 2	0,04	710	450	280	185	1180	750	488	308		1030	670	425
r = 2	0,063	670	425	265	175	1120	710	463	290		975	630	400
r = 1	0,1	630	400	250	165	1060	670	438	273		925	600	375
r = 1	0,16	600	375	236	155	1000	630	413	258		875	560	355
r = 1	0,25	560	355	224	145	950	600	388	243		825	530	325
r = 0,5	0,4	530	335	212	136	900	560	365	230		775	500	315
r = 0,5	0,63	500	315	200	129	850	530	345	218		730	475	300
r = 0,5	1,0	475	300	190	122	800	500	325	206		690	450	280

Schnittgeschwindigkeit v (m/min) bei zulässiger Verschleißmarkenbreite B (mm) der Meißelfreifläche

Spitzenabrundung (mm)	Standzeit T' (min) Vorschub s (mm/U)	B = 0,20				B = 0,25				B = 0,30			
		60	120	240	480	60	120	240	480	60	120	240	480
r = 2	0,04		1290	825	530			975	630			1120	730
r = 2	0,063		1220	775	500			925	600			1060	690
r = 1	0,1		1150	730	475			875	560			1000	650
r = 1	0,16		1090	690	450			825	530			950	615
r = 1	0,25		1030	650	425			775	500			900	580
r = 0,5	0,4		975	615	400			730	475			850	545
r = 0,5	0,63		925	580	375			690	450			800	515
r = 0,5	1,0		875	545	355			650	425			750	488

Erläuterung: Mit Rücksicht auf wirtschaftliche Werkzeugausnützung ist jeweils die größte der angegebenen Verschleißmarkenbreiten B zu wählen. Nur bei höherer und höchster Arbeitsgüte (Oberflächengüte und Toleranz) sind kleinere Verschleißmarkenbreiten B zugrunde zu legen.

Nicht ausgefüllte Spalten in den Schnittgeschwindigkeitstafeln für Schnellstahl und Deutsches Hartmetall bedeuten, daß die betreffenden Standzeiten nicht gewählt werden können, weil die Schnittgeschwindigkeiten für das betreffende Werkzeug zu hoch oder zu niedrig sind. In diesem Falle sind die Werte aus den danebenstehenden Spalten für längere oder kürzere Standzeiten zu wählen.

der Spanwinkel bei Hartmetall immer kleiner zugunsten eines stärkeren Keilwinkels gehalten.

Bei der Zerspanung hochsiliziumhaltiger Legierungen ist die Schnittgeschwindigkeit zu verringern, da sonst die Gefahr besteht, daß die Siliziumnester herausgerissen werden und eine rauhe Oberfläche entsteht.

Für das Drehen haben sich nachstehende Werte bewährt:

Tabelle 82. *Schnittbedingungen und Spanwinkel für das Drehen von Aluminiumwerkstoffen.*

Schneidstoff	Schnittgeschw. m/min Brinellhärte kg/mm²			Vorsch. mm/U	Spantiefe mm	Schnittwinkel			Brinell kg/mm²
	bis 60	über 60	Si-leg.			α	γ	β	
Schnellarbeitsstahl	300 bis 600	100 bis 300	50 bis 100	0,1 bis 2,5	1—10	6—10	30—35	54—45	bis 60
						6—10	45—50	39—30	über 60
Hartmetall	150 bis 300	300 bis 400	80 bis 150	0,1 bis 1,2	1—10	6—10	50—60	20—30	bis 60
						5—8	60—64	12—18	über 60
Diamanten	200 bis 600	bis 2000		0,02 bis 0,1	0,3				

Für die Zerspanung von Silumin und Alusil (24% Si) haben sich für Hartmetall folgende Werte als geeignet erwiesen:

Tabelle 83.

Werkstoff	Schnittgeschwindigkeit m/min		Spanwinkel γ
	Grobschnitt	Feinschnitt	
Silumin	80—100	130—150	18°
Alusil 24% Si	40—100	90—150	10°

2. Richtlinien für die Anwendung der übrigen Zerspanungvorgänge.

Hinsichtlich der Auswahl der zu benutzenden Hartmetallsorten gilt folgende Richtlinie:

Hartmetallsorte	Kennfarbe	Anwendungsbereich für Aluminiumwerkstoff
G	blau	Für alle Hartmetallwerkzeuge mit großen und mittleren Spanwinkeln. Für große und mittlere Spanquerschnitte.
H 1	gelb	Für Feinstbearbeitung Bearbeitung von Cu-Al-Si, bei mittleren und kleinen Spanquerschnitten.

Das Bohren von Aluminiumwerkstoffen. Auch beim Bohren sind besonders geformte Werkzeuge vorteilhaft. Sie weichen in ihrer Form stark von den sonst üblichen ab.

Zum Bohren von Löchern unter 1 mm Durchmesser werden die normalen Bohrer benutzt, da bei den kleinen Abmessungen Drall und Nuten ohne Einfluß sind. Es werden die nachstehenden Schnittbedingungen für mit Hartmetall bestückte Bohrer empfohlen.

Tabelle 84. *Richtwerte für das Bohren von Aluminiumwerkstoffen.*

Werkstoffe Brinellhärte kg/mm²	Schnittgeschw. m/min	Vorschub mm/U Bohrer von 8—35 mm ⌀
bis 60 Brinell	bis 400	0,10—0,15
über 60 Brinell	bis 300	0,07—0,12
Silumin	bis 150	0,05—0,1

Die größten Vorschübe gelten für die großen Bohrdurchmesser.

Bei Schnellarbeitsstahl beträgt die anwendbare Schnittgeschwindigkeit 60—80 m/min. Der Vorschub kann aber um die Hälfte höher als bei Hartmetall gewählt werden, da die Hartmetallbohrer nur sehr kleine Vorschübe vertragen.

Die Maßhaltigkeit beim Bohren. Bei allen Aluminiumwerkstoffen ist mit einem Aufbohren zu rechnen. Bei Werkstoffen mit geringer Brinellhärte ist das entstehende Übermaß ziemlich erheblich.

Beim Bohren mit Bohrbüchse verringert sich das Übermaß auf die Hälfte. Die Schnittgeschwindigkeit muß dann, um unnötigen Verschleiß des Bohrers zu vermeiden, auf die Hälfte herabgesetzt werden. Es hat sich gut bewährt, die Spannuten der Bohrer zu polieren, um die Spanabfuhr zu erleichtern.

Das Senken und Reiben. Zum Aufbohren vergossener Löcher bedient man sich vorteilhaft eines Senkers, der als Spiralsenker mit drei Schneiden und als Aufstecksenker mit vier und mehr Schneiden vorgesehen ist. Die Schnittgeschwindigkeit soll 20—50 m/min betragen. Die Vorschübe sollen in der gleichen Größenordnung wie bei Schnellarbeitsstahlbohrern genommen werden.

Da, wie vorher erwähnt, beim Bohrer innen ein Übermaß auftritt, können genaue Bohrungen, falls dies notwendig ist, nur durch Aufreiben hergestellt werden.

Für kleinere Bohrungen werden Reibahlen mit geraden Zähnen und für größere Bohrungen spiralgenutete Reibahlen benutzt.

Für die einzelnen Schneidstoffe ergeben sich folgende Richtwerte:

Tabelle 85. *Richtwerte für das Senken und Reiben.*

Schneidstoff	Schnittgeschwindigkeit	Vorschub mm/U	Bearbeitungszugabe mm Auf den Durchmesser berechnet
Werkzeugstahl	15—25	0,4—1,0	0,3—0,8 mm
Schnellarbeitsstahl (verchromt)	20—30	0,4—1,0	0,3—0,8 mm
Hartmetall	30—50	0,05—1	0,3—0,8 mm

Mit Reibahlen aus Werkzeugstahl hat man wegen des großen Verschleißwiderstandes gute Ergebnisse erzielt. Bei starkverschleißenden Leichtmetallen haben sich verchromter Schnellarbeitsstahl und Hartmetall bewährt.

Bei Verwendung eines Kühlmittels muß man darauf achten, daß mit steigender Viskosität die Reibungswerte zunehmen. Ein dünnflüssiges Kühlmittel, z. B. eine Emulsion, ist daher vorzuziehen.

Man muß beim Reiben immer darauf achten, daß richtige Späne entstehen, da dann das aufgeriebene Loch einwandfrei ist.

Das Oberfräsen. Das Oberfräsen ist ein Arbeitsvorgang, der von der Holzbearbeitung übernommen wurde (s. S. 325). Es steht bearbeitungstechnisch zwischen dem Bohren und dem Fräsen. Die Werkzeuge werden je nach dem Durchmesser ein- oder mehrschneidig ausgeführt. Neuerdings ist man auch dazu übergegangen, die Maschinen aus der Holzbearbeitung zu verwenden, um die dort üblichen hohen Drehzahlen von bis zu 24000 U/min ausnützen zu können.

Bei mit Preßluft angetriebenen Oberfräsen lassen sich Drehzahlen von 50000 U/min erreichen. Diese Maschinen werden von Hand bedient. Sie werden zum Sauberfräsen der Kanten von Aluminiumblechen benutzt. Außerdem für Nuten, Aussparungen und Abrundungen.

Beim Fräsen von Aluminiumwerkstoffen unterscheidet man als Werkzeug die Fräser und die Messerköpfe.

Die Fräser sind gekennzeichnet durch grobe Zahnteilung und große Spanräume. Bei den großen Geschwindigkeiten und großen Vorschüben müssen die anfallenden Späne geschluckt werden, da bei einer Verstopfung sofort eine Schneidabstumpfung eintritt. Die Fräser werden zur Bearbeitung kleiner Flächen und zu Profilarbeiten benutzt.

Die Schnittgeschwindigkeit für Schnellarbeitsstahl liegt zwischen 150 und 300 m/min, wobei der kleinere Wert für Brinellhärten über 60 kg/mm^2 benutzt wird. Bei Hartmetall sind die entsprechenden Werte 250 bis 800 m/min. Die Spantiefe beträgt beim Grobschnitt bis 10 mm und beim Feinschnitt 0,2—0,5 mm. Der Vorschub hängt vom Durchmesser des Fräsers ab. Nach einer bewährten Faust-Formel kann s in mm/min etwa doppelt so hoch gewählt werden wie v in m/min. Daher wird bei $v = 500$ m/min, $s = 1000$ mm/min.

Der Spanwinkel γ beträgt 30—40° und der Freiwinkel wegen des großen Vorschubes 10—15°.

Die Messerköpfe unterscheiden sich von den übrigen durch eine wesentlich geringere Messerzahl und große Möglichkeiten zur Spanabfuhr.

Mit Hartmetall kann man eine Geschwindigkeit bis zu 2000 m/min und bei Schnellarbeitsstahl bis zu 1200 m/min erreichen. Man kann eine Vorschubsgeschwindigkeit von 1500—2500 mm/min einstellen. Aus diesen

Werten ersieht man, daß mit gutem Erfolg Holzbearbeitungsmaschinen eingesetzt werden können.

Gewindeschneiden. Bei Leichtmetallen werden Feingewinde mit scharfen Kanten am besten ganz vermieden. Bei den Gewinden mit hoher Beanspruchung der Schraubenverbindung ist auf saubere Herstellung zu achten.

Die Gewindebohrer müssen breite Nuten mit polierten Flächen haben, um einen guten Späneabfluß zu gewährleisten. Die Schnittgeschwindigkeit soll 30—40 m/min sein. Der Gewindebohrer soll je nach Durchmesser ein Untermaß von 0,01—0,04 mm haben.

Bei Außengewinden ist auf große Sauberkeit zu achten, um ein Fressen zu vermeiden. Die Leichtmetallschrauben vertragen kein häufiges Lösen und Anziehen.

Das Sägen. Es werden Bandsägen und Kreissägen verwendet. Bei den Bandsägen werden Schnittgeschwindigkeiten von 2500—4000 m/min angewendet. Der Vorschub ist unabhängig von der Schnittgeschwindigkeit und wird durch die Werkstoffdicke bestimmt.

Werkstoffdicke: 12, 20, 26, 30 mm
Vorschub: 6,5, 5,4, 4,0, 3,3 m/min.

Die Bänder haben bei einer Breite von 40—60 mm eine Dicke von 0,8—1,2 mm. Der Zahngrund muß gut gerundet und ausreichend groß sein. Die Zahnteilung richtet sich nach der Dicke des zu schneidenden Werkstoffes.

Die Kreissägen lassen bei Herstellung aus Schnellarbeitsstahl eine Schnittgeschwindigkeit von 400—1200 m/min zu. Bei Werkzeugstahl ist die Schnittgeschwindigkeit auf 200—400 m/min zu verringern. In ihrer äußeren Form haben sie durch die großen Spanräume und geringen Zähnezahlen Ähnlichkeit mit den Holzkreissägen. Die Zähne sind aus dem Blatt herausgearbeitet oder eingesetzt. Das Trennschneiden ist bei Aluminiumwerkstoffen nicht möglich, da die Scheiben schnell verkleben. Außerdem ist die Gratbildung zu groß.

Das Feilen. Zum Feilen werden gefräste Werkzeuge mit gekerbten Zähnen benutzt. Der Keilwinkel der Zähne beträgt 45—50° und der Spanwinkel 5—7°. Die Spankammern sind gut auszurunden, da sich richtige Späne bilden.

3. Die Automatenlegierungen.

Ähnlich wie bei den Stählen hat man auch bei den Aluminiumwerkstoffen Automatenlegierungen geschaffen, die kurze Späne und gute Oberflächenbeschaffenheit ergeben. Die Schnittgeschwindigkeit ist nicht so ausschlaggebend, da sie ohnehin bei Leichtmetall hoch ist. Diese Legierungen dienen in erster Linie als Austausch für Automatenmessing. Darüber hinaus hat es sich aber auch als nützlich erwiesen, solche Qualitäten für kleine Normteile zerspanen zu können.

Die Zusätze, die die gute Spanbrüchigkeit ergeben, lassen sich in zwei Gruppen einteilen: Solche, die mit der Grundlegierung intermetallische Verbindungen in feiner Teilung eingehen, und solche, die in flüssigem und festem Metall nicht löslich sind. Im ersten Fall handelt es sich um Zusätze von Eisen, Mangan, Titan, Vanadin usw. Im zweiten Fall um Blei, Kadmium, Wismut, Antimon usw.

Am häufigsten findet man einen Bleizusatz bis 1,5%. Darüber hinaus besteht die Gefahr von Seigerungen.

Für die Zerspanungsbedingungen gelten folgende Richtlinien, wobei für die Schnittgeschwindigkeit und Standzeit acht Stunden angenommen sind.

Freiwinkel $\alpha°$	Spanwinkel $\gamma°$	Schnittgeschwindigkeit m/min	
		Grobschnitt Vorschub bis 1,2 mm/U	Feinschnitt Vorschub bis 0,2 mm/U
5—8	0—5	120—200	600—800

Diese Werte gelten für Hartmetall. Bei Schnellarbeitsstahl ist die Schnittgeschwindigkeit auf die Hälfte zu verringern.

4. Das Schleifen der Aluminiumwerkstoffe.

Dem Schleifen der Leichtmetallegierungen muß man besondere Aufmerksamkeit zuwenden, da genau wie bei der übrigen spanabhebenden Bearbeitung die Verhältnisse beim Stahl nicht übertragen werden können.

Beim Schleifen werden die Leichtmetallspäne zwar leicht abgetrennt, sie hängen aber an den Schleifkörnern fest und drücken sich in die Poren der Schleifscheiben hinein. Man bezeichnet diesen Vorgang in der Praxis als Verschmierung.

Infolge der geringen Härte des zu schleifenden Werkstoffes können die keramischgebundenen Schleifscheiben sich nicht selbst wieder freischneiden, da die Körner nicht ausbrechen können.

Man hat früher den Ausweg versucht, dieses Verschmieren durch Bestreichen mit Maschinenöl oder Leinöl zu verhindern. Der Gedanke war hierbei, das Festsetzen der Metallspäne überhaupt zu verhindern. Dies ging aber nur eine gewisse Zeit, da die Viskosität dieses Imprägnieröles durch die auftretende Schleifwärme rasch abnahm und es sich sehr schnell verbrauchte. Der größte Teil wurde auch durch die Zentrifugalkraft abgeschleudert.

In neuerer Zeit ist darauf hingewiesen worden[1], daß sich diese Schwie-

---

[1] SCHULTE, E., Zur Bearbeitung des Aluminiums und seiner Legierungen mit starren Schleifscheiben. Werkstatt und Betrieb 80 (1947) S. 203.

rigkeiten durch Verwendung von bakelitgebundenen Scheiben vermeiden lassen. Die Schleifkörner brechen nach einer genügend langen Schleifleistung aus und geben das nächste Korn frei.

Bisher wurde im Schrifttum wegen der scharfen Schneiden und glatten Ablaufflächen im allgemeinen Siliziumkarbid empfohlen.

Neuerdings geht man immer mehr dazu über, für die gröbere Spanabnahme Elektrokorundscheiben zu nehmen, zumal die Festigkeit einiger Leichtmetallegierungen auf 52 kg/mm² und darüber gesteigert wurde. Bei Feinschleifarbeiten verwendet man aber nach wie vor Siliziumkarbidscheiben.

Die Körnung muß auch der Eigenart des Werkstoffes Aluminium angepaßt werden. Man wählt eine feinere Körnung als bei Stahl, da die Schleifspuren bei Aluminium leichter hervortreten als bei einem härteren Werkstoff.

Tabelle 86. *Richtwerte für die Auswahl der Schleifscheiben für Aluminiumlegierungen (nach E. SCHULTE).*

Schleifart	Art der Schleifscheiben
Abgraten und Putzen von Hand	
Scheiben bis 125 mm ⌀	NK Ba 36 N
Scheiben 150—250 mm ⌀	NK Ba 30 N
Scheiben 300—500 mm ⌀	NK Ba 24—30 N
Flächenabrichten von Hand, Seitenschliff	
kleine Teile	NK Ba 46 M
große Teile	NK Ba 36 M
Feinschleifen von Hand	
Umfangsschliff, bis 200 mm Scheiben-⌀	SC Ba 80 L
250—400 mm Scheiben-⌀	SC Ba 60 L
Seitenschliff	SC Ba 60 K
Flächenschleifen, halb- oder vollautomatisch	
Topfscheiben, Ringe, Segmente	
kleine Teile	NK Ke hochporös 100 H
große Teile	NK Ke hochporös 80 H
gerade Scheiben, Umfangsschliff	NK Ke hochporös 80 H/1
Außen-Rundschliff (zwischen Spitzen)	
Scheiben bis 250 mm ⌀	NK Ke hochporös 100 I
Scheiben 300—500 mm ⌀	NK Ke hochporös 80 I
spitzenlos	SC Ba 60 M
Kolben	NK Ke hochporös 80 I
Innen-Rundschliff	
Scheiben bis 40 mm ⌀	NK Ke hochporös 100 H
Scheiben 50—100 mm ⌀	NK Ke hochporös 80 H

NK = Normalkorund, Ke = keramische Bindung, SC = Siliziumkarbid, Ba = Kunstharz-(Bakelite-)Bindung.

Die Schleifscheibengeschwindigkeit kann naturgemäß, da nach vorstehender Tabelle sehr häufig kunstharzgebundene Scheiben benutzt werden, mit 45 m/s eingesetzt werden. Bei der guten Wärmeleitfähigkeit des Aluminiums ist keine örtliche Überhitzung zu befürchten.

Soweit keramischgebundene Scheiben benutzt werden, so ist die dafür vorgesehene Geschwindigkeit von 30 m/s bei Handschliff und 35 m/s bei Maschinenschliff anzuwenden.

Beim Schleifen mit Topfscheiben ist infolge der großen Berührungsfläche eine Geschwindigkeit von 20—25 m/s richtig. Der Schleifdruck ist in allen Fällen gering zu halten.

XVIII. Die Zerspanbarkeit von Magnesiumlegierungen.

A. Allgemeines über Magnesiumlegierungen.

Die Magnesiumerzeugung baut sich auf zwei Rohstoffgruppen auf; den natürlich vorkommenden Magnesiumsalzen (Magnesiumchlorid in Salzlagerstätten, Solen und Meerwasser) und den Karbonaten Magnesit und Dolomit.

Das heute hauptsächlich angewendete Herstellungsverfahren wurde von der ehem. I.G. Farbenindustrie AG. Bitterfeld entwickelt, wonach das Magnesium aus wasserfreiem Magnesiumchlorid durch Elektrolyse hergestellt wird.

Die Zerspanbarkeit der Magnesiumlegierungen muß in einem besonderen Abschnitt behandelt werden, da sie einige spezielle Eigenschaften haben und man nicht in den Fehler verfallen darf, Magnesium und Aluminium zerspanungstechnisch für etwas Gleichartiges zu halten.

Das Magnesium erhält seine für den Leichtbau so wertvollen Eigenschaften erst durch Zugabe von Legierungselementen. Die wichtigsten sind Aluminium, Zink, Mangan, Silizium und Cer.

Chemische Zusammensetzung und Festigkeitswerte der wichtigsten Magnesiumgußlegierungen.

Kennzeichnung nach DIN 1717			Zusammenfassung					
Gattung	Kurzzeichen	Kennfarbe	Al %	Zn %	Mn %	Si %	Mg %	Festigkeit[1] kg/mm²
G Mg-Al	G Mg-Al	gelb-blau	7,5	—	0,3	0,1	Rest	15—19
G Mg-Al-Zn	G Mg-Al 3-Zn	gelb-schwarz	3,0	1,0	0,3	0,2	,,	16—20
	G Mg-Al 4-Zn	gelb-grün	4,0	3,0	0,3	0,2	,,	17—21
	G Mg-Al 6-Zn	gelb-weiß	6,0	3,0	0,3	0,2	,,	16—20
G Mg-Mn	G Mg-Mn	gelb-rot	—	—	2,0	0,2	,,	8—11
G Mg-Si	G Mg-Si	gelb-rot schwarz	—	—	—	1,25	,,	9—13

[1] Die Werte gelten für Sandguß.

Allgemeines über Magnesiumlegierungen.

Die Analysendaten und die Festigkeitswerte für die Magnesiumknetlegierungen sind in der nachfolgenden Tabelle zusammengestellt.

Chemische Zusammensetzung und Festigkeitswerte der wichtigsten Magnesiumknetlegierungen.

Kennzeichen nach DIN 1717			Zusammensetzung					Festigkeit kg/mm²
Gattung	Kurzzeichen	Kennfarbe	Al %	Zn %	Mn %	Si %	Mg %	
Mg-Al	Mg-Al 3	gelb-schwarz	3,0	1,0	0,3	0,2	Rest	24—29
	Mg-Al 6	gelb-weiß	6,5	0,75	0,3	0,2	,,	27—33
	Mg-Al 9	gelb-blau	9,5	0,75	0,3	0,2	,,	32—38
Mn-Zn	Mg-Zn	gelb-rot blau	—	4,5	0,2	0,2	,,	24—28
Mg-Mn	Mg-Mn	gelb-rot	—	—	2,0	0,2	,,	19—23

Die Magnesiumlegierungen lassen sich von allen Metallen am leichtesten zerspanen. Man muß jedoch fünf Punkte beachten, durch die sie sich bei der Zerspanbarkeit von den übrigen Metallen unterscheiden.

1. Der spezifische Schnittdruck ist sehr viel niedriger als bei anderen Werkstoffen. Zum Vergleich seien nachstehende Werte für einen Spanquerschnitt von 1 mm² angegeben.

    Stahl (50 kg/mm²)   160 kg/mm²
    Messing Ms 58   70 kg/mm²
    Aluminium-Silizium-Legierung 67 kg/mm²
    Magnesiumlegierung   24 kg/mm².

2. Die anzuwendenden Schnittgeschwindigkeiten sind sehr hoch. Über 500 m/min bei Schnellarbeitsstahl und 1500 m/min für Hartmetall (G 1). Diese höheren Schnittgeschwindigkeiten sind möglich, weil die Wärmeentwicklung an der Schneide infolge des niedrigen Schnittdruckes gering ist. Die Grenze nach oben ist durch die Maschinen und die Abmessungen der Werkstücke gegeben.

3. Die Magnesiumlegierungen haben das geringe spezifische Gewicht von 1,8 kg/dm³ (Aluminium 2,7). Dadurch, daß die Legierungen meist trocken bearbeitet werden, wird bei der spanabhebenden Bearbeitung in Verbindung mit dem geringen spezifischen Gewicht die Bildung des Magnesiumstaubes sehr gefördert. Dieser Staub muß bekämpft werden, und die Schlittenführungen und Lager sind davor zu schützen.

4. Es entstehen sehr leicht Aufbauschneiden. Außerdem überziehen sich die Werkzeugflächen, über die der Span abläuft, mit einer Magnesiumschicht. Dadurch wird die Reibung zwischen Span und Werkzeug erhöht. Diese unangenehme Eigenschaft macht sich gerade beim Bohren bemerkbar. Die ersten Fehler muß man durch die Wahl der Schnittbedingungen bekämpfen.

Beim zweiten Fehler haben sich gut polierte Spangleitflächen bewährt. In allen Fällen muß aber auf genügend große Spanräume geachtet werden.

5. Die Späne der Magnesiumlegierungen können bei der spanabhebenden Bearbeitung in Brand geraten, bei dem Stück selbst und bei großen Spänen besteht diese Gefahr kaum, ebenso bei Beachtung der Sicherheitsvorschriften.

Anders ist es jedoch bei feiner Spanabnahme und großer Staubbildung. Stumpfe und am Stahlrücken reibende Werkzeuge können hier wohl zur Entzündung führen. Ebenso ist eine Funkenbildung durch Schlagen mit Eisenwerkzeugen sehr gefährlich. Das gleiche gilt von größeren Spanansammlungen in oder bei der Maschine.

Entstehende Brände dürfen auf keinem Fall mit Wasser gelöscht werden, da dann die Wirkung noch verschlimmert wird.

Sand- und Graugußspäne, die sehr oft zum Löschen von Magnesiumbränden empfohlen werden, sind sehr ungeeignet.

Durch Sand werden die Führungen und Lagestellen beschädigt. Der Feuchtigkeitsgehalt wirkt anfachend auf den Brand.

Graugußspäne sind deshalb schwierig zu verwenden, weil sie noch Reste von Formsand enthalten und durch Oxydation zum Zusammenballen neigen.

Es wurde daher eine neue Löschflüssigkeit entwickelt, die infolge der höheren Viskosität gut auf den Magnesiumspänen haftet und die Sauerstoffzufuhr abschneidet, so daß der Brand erstickt wird.

Die Löschflüssigkeit besteht aus Mineralöl mit hoher Viskosität und hohem Flammpunkt, sowie Zusätzen, die eine gesteigerte Löschwirkung gewährleisten[1].

Sie enthält weder Wasser noch Sauerstoff und keine Stoffe, die mit brennendem Magnesium reagieren können. Es tritt auch keine Rauch- oder Gasentwicklung auf.

Die Maschine kann sofort nach dem Löschen weiterlaufen, ohne daß sie besonders gereinigt werden muß.

Die Verordnungen und Sicherheitsvorschriften für die Bearbeitung von Magnesiumlegierungen sind im Reichsarbeitsblatt Nr. 23 vom 15. 8. 1938 zusammengestellt und erläutert.

B. Richtwerte für die spanabhebende Bearbeitung.

Drehen. Es ist möglich, durch geeignete Werkzeugwinkel und Schnittbedingungen einen kurzen spritzigen Span wie bei Ms 58 zu erreichen. Sehr oft wird der Spanwinkel auch gleich Null, besonders bei Formstählen,

---

[1] Magnexin entwickelt von Junkers Flugzeug- und Motorenwerke und der Deutschen Shell A.G.

Richtwerte für die spanabhebende Bearbeitung.

gewählt. Die Schnittgeschwindigkeit für Schnellarbeitsstahl und einer Standzeit von acht Stunden sind in der nachstehenden Tabelle zusammengestellt.

Tabelle 87. *Schnittgeschwindigkeit v m/min für das Drehen von Magnesiumlegierungen mit Werkzeugen aus Schnellarbeitsstahl.*

Vorschub mm/U	Schnittgeschwindigkeit m/min Spantiefe		Für normale Dreharbeit kann man folgende Winkel anschleifen
	1 mm	5 mm	
0,1	575	530	Spanwinkel γ 15—30°
0,4	500	460	Freiwinkel α 8—10°
			Keilwinkel β 50—65°
0,8	470	430	der Einstellwinkel $\varkappa$ soll möglichst
1,4	450	400	65° sein, um die in das Werkstück
2,0	430	400	gehende Schnittdruckkomponente ähnlich wie bei Zink möglichst gering zu halten.

Bei Hartmetall läßt sich bei einem Spanquerschnitt von 2 mm² und 800 m/min Schnittgeschwindigkeit eine Standzeit von 40 Stunden erreichen.

1. Tieflochbohren in Magnesiumlegierungen.

Zum Bohren tiefer Löcher sind dann besondere Bohrer notwendig, wenn die Gefahr des Zusammenballens der Späne besteht.

Als tiefe Löcher bezeichnet man meist solche mit mehr als dem fünffachen Durchmesser. Man verwendet Bohrer nach DIN 337—340.

Beim Bohren tiefer Löcher mit Spiralbohrern geringen Durchmessers sollen sich die Späne als gerades Band in den Spannuten von selbst nach oben schieben. Bei größerem Durchmesser muß der Vorschub vergrößert werden, bis die Späne bröckelig werden.

Bei erhöhter Geschwindigkeit und größerem Vorschub wird die Oberflächenbeschaffenheit der Löcher verbessert. Die nachstehende Tabelle gibt Richtwerte für das Bohren tiefer Löcher und weniger tiefer Löcher in Magnesiumlegierungen.

Tabelle 88. *Richtwerte für das Bohren von Magnesium.*

Tiefe des Loches	Nutensteigungswinkel	Spitzenwinkel	Schnittgeschwind. m/min	Vorschub mm/U	Zustand der Spannuten
Tiefe mehr als 5facher $\varnothing$	40—45°	118°	90—600	0,1—0,53	poliert und verbreitert
Tiefe weniger als 5facher $\varnothing$	10—20°	70—118°	90—600	0,1—0,75	poliert und verbreitert

Eine aufschlußreiche Zusammenstellung zeigt die nächste Tabelle für einen Bohrer von 8,5 mm Durchmesser.

Tabelle 89. *Richtwerte für das Tieflochbohren in verschiedenen Metallen.*

Werkstoff	Schnittgeschw. m/min	Vorschub mm/U	Axialdruck für Vorschub 0,23 mm/U kg	Kraftverbrauch für Vorschub 0,38 mm/U PS/cm²/min
Stahl	18	0,1 —0,25	520	0,09
SAE 1112	25	0,1 —0,25	280	0,05
Gußeisen	30	0,01—0,25	180	0,03
Messing	60	0,25	85	0,02
Aluminium	75	0,15—0,50	100	0,02
Magnesium	90—600	0,36—0,75	40	0,01

2. Die übrigen Zerspanungsarbeiten.

Für die übrigen Zerspanungsvorgänge kann man sich nach den Werten für Aluminiumwerkstoffe richten.

XIX. Die spanabhebende Bearbeitung von natürlichen Steinen.

Der Ausdruck „spanabhebend" ist im Falle der Bearbeitung von Steinen nicht ganz zutreffend. Wir benutzen zwar z. T. Werkzeuge und Arbeitsverfahren, die von der Metall- und Holzverarbeitung übernommen wurden. Es werden aber damit keine „Späne" erzeugt. Das abgearbeitete Gesteinsklein kann je nach dem Bearbeitungsverfahren als Brocken, Korn, Steinmehl oder Staub anfallen.

Die Härte, Struktur und die Kornbindung sind dabei von großem Einfluß, desgleichen das Arbeitsverfahren und die Schnittbedingungen.

Mit der Einführung des Hartmetalls H 1 (Wolframkarbid) ist ein Schneidstoff vorhanden, der hohe Geschwindigkeiten und lange Standzeiten zuläßt. Dadurch ist auch die Anwendung maschineller Zerspanungsverfahren sehr gestiegen. Es ist notwendig, einmal festzustellen, wie weit unsere Kenntnis der Bearbeitung von Gesteinen gediehen ist und welche Gesetzmäßigkeiten sich herausgebildet haben.

Es ist einleuchtend, daß die Forschung auf diesem Gebiet nicht so tätig war wie bei Stahl, zumal die Verarbeitung der Steine noch mehr handwerksmäßig in Kleinbetrieben durchgeführt wird.

Im Bergbau liegen die Verhältnisse natürlich anders. Hier hat das Bohren einen wesentlichen Anteil an den Aufschluß und Gewinnungsarbeiten. Durch die Einführung geeigneter Maschinen und Hartmetallsorten war eine vollständige Umstellung der Arbeitsweise und der Leistung möglich.

Zunächst sei ein kurzer Überblick über die Werkstoffe und deren Eigenschaften gegeben.

A. Einteilung der Steine und ihre Eigenschaften.

Am naheliegendsten ist die Einteilung nach der Entstehung der Gesteine, da dadurch ihre Eigenschaften und ihre Bearbeitbarkeit weitgehend bestimmt werden[1]. Es ist zu berücksichtigen, daß es sich im Gegensatz zu anderen Werkstoffen um ein Naturprodukt handelt, das so verbraucht werden muß, wie es anfällt.

Die feste Erdrinde setzt sich aus drei Gruppen von Gesteinen zusammen: A. Erstarrungsgesteine, B. Sedimentgesteine, C. Umwandlungsgesteine.

A. Erstarrungsgesteine (Eruptiv- oder Durchbruchgesteine).

Dies sind Gesteine, die als Magma unter Druck erstarrt sind. Die Bezeichnung magma ist dem Griechischen entnommen, und man bezeichnet damit das glutflüssige Erdinnere. Sie haben eine feste Bindung und bestehen in der Hauptsache aus Silikaten und Quarz (Tiefengesteine).

Man nennt sie Ergußsteine, wenn das Magma nach dem Ausbruch aus der Erde auf dem Lande oder im Wasser erstarrt ist.

Die Erstarrungssteine haben meist körniges Gefüge. Am bekanntesten aus dieser Gruppe ist der Granit.

B. Sedimentgesteine (Ablagerungsgesteine).

Von dieser Gruppe sind technisch von besonderer Bedeutung: Sandstein, Kalkstein, Dolomit, Gips und Travertin.

C. Umwandlungsgesteine (Kristallingesteine, Schiefer).

Hierunter versteht man kristalline Gesteine, die aus den beiden ersten Gruppen durch starken Druck oder erhöhte Temperatur hervorgegangen sind. Am bekanntesten sind Gneis und Marmor.

Nachstehend werden nun die wichtigsten Gesteinsarten, die für eine spanabhebende Formgebung in Frage kommen, nach Verwendungszwecken und Verarbeitungsmöglichkeiten zusammengestellt.

A. Erstarrungsgesteine.

1. Granit. Hauptsächlich verwendet für Sockel, Randsteine, Treppenstufen, Fensterbänke, Korridorverkleidungen, Denkmäler und Säulen.

Struktur: gleichmäßig körnig, richtungslos, fein bis grobkörnig.

Die Grobkörnigkeit ist für das Schleifen günstiger, dagegen erleichtert die Feinkörnigkeit das Sägen und Schneiden. Hoher Quarzgehalt erschwert die Bearbeitung. Das Schleifen erfordert besondere Maßnahmen (vgl. S. 315).

2. Syenit: Verwendungszweck wie bei Granit.

Struktur: ähnlich wie bei Granit.

Wegen des fehlenden Quarzgehaltes leichter zu bearbeiten.

---

[1] Hütte, Taschenbuch der Stoffkunde, 2. Aufl. (1937) S. 437. — Hütte des Ing.-Taschenbuches, 26. Aufl., Band I, S. 838. Dort auch eingehende Literaturangaben.

3. Diarit: Verwendungszweck wie bei Granit und hauptsächlich für Grabsteine.

Struktur: körnig. Gut bearbeitbar.

4. Serpentin: Dient wegen geringer Wetterbeständigkeit zur Innendekoration für Säulen, Kamine, Urnen, Schalen u. dgl. Gut bearbeitbar durch Sägen, Drehen, Schleifen und Polieren.

1. Quarzporphyr. Verwendung: Sockelsteine, Wandbekleidungen, Stufen und Gesimse.

Struktur: dichte und feinkörnige Grundmasse. Einsprengungen von Feldspat und Quarz.

Die Bearbeitung ist schwierig durch die Einsprengungen und den hohen Quarzgehalt.

2. Trachyt. Verwendungszweck: Bausteine, Mühlsteine und Treppenstufen.

Struktur: Grundmasse feinkörnig, porig, rauhe Oberfläche. Leicht zu bearbeiten aber nicht zu polieren.

3. Diabas. Verwendung: Säulen und Grabsteine.

Struktur: körnig, untereinander verfilzte Mineralneubildungen, sehr zäh.

Bearbeitung durch Schleifen und Polieren.

B. Sedimentgesteine.

1. Sandstein: Der Sandstein spielt bei der technischen Anwendung und damit auch bei der spanabhebenden Bearbeitung eine große Rolle.

Anwendungsgebiet: für behauene Steine, Platten, Bildhauerarbeiten. Kieselige Gesteine für Schleifsteine und Säurebottiche. Die nicht vollständig verkieselten Lagen werden zu Mühlsteinen verarbeitet.

Struktur: Der Sandstein besteht aus körnigem Sand und einem Bindemittel. Die einzelnen Sandkörner werden durch das Bindemittel, Kieselsäure, Kalk oder Ton zu einem festen Gestein verbunden. Die Festigkeit des Bindemittels und die Form und Größe der Sandkörner sind für die technische Verwendung maßgebend und beeinflussen entscheidend die Bearbeitbarkeit und Formgebung.

2. Travertin (Kalksinter). Dieser Stein wird für Fassaden, Dekorationen und Wandbekleidungen benutzt. Travertin hat sich beim Verdunsten kalkreicher Gewässer abgesetzt. Sein Aussehen ist daher porös, blasig und röhrig. Die bruchfeuchten Blöcke können leicht zu dünnen Platten zersägt werden und erhärten nachträglich an der Luft.

3. Kalksteine (kohlensaurer Kalk). Der Kalkstein besteht aus Kalkspatkristallen. Man unterscheidet je nach dem Gefüge grobkörnige, feinkörnige und dichte Kalksteine. Die dichten Kalke werden auch als Marmor bezeichnet, wenn sie sich polieren lassen.

Der echte Marmor ist aus Kalkstein durch Sammelkristallisation ent-

Einteilung der Steine und ihre Eigenschaften. 299

standen und zählt zu den Umwandlungsgesteinen. Er ist gut bearbeitbar und polierfähig.

Verwendungszweck der Kalksteine. Bildhauerwerkstoff, Wand- und Bodenbelege, Kleinpflaster für Zierbelege, Tischplatten. Ein sehr großes Anwendungsgebiet für Marmor ist auch die Verwendung als Isolierstoff für Schalttafeln und zahlreiche elektrische Meßinstrumente. Die Bearbeitbarkeit und Polierfähigkeit ist gut.

C. Umwandlungsgesteine.

Von diesen Gesteinen ist der Gneis zu nennen, der die gleiche Zusammensetzung wie Granit hat. Er wird für Platten, Treppenstufen, Randsteine und dergleichen verwendet. Bearbeitbarkeit: ähnlich wie bei Granit.

In der nebenstehenden Tabelle sind die wesentlichen physikalischen und technologischen Eigenschaften der in den vorhergehenden Zeilen beschriebenen Gesteine zusammengestellt.

Wenn die Druckfestigkeit bekannt ist, können die Werte für die Zugfestigkeit,

Eigenschaften einiger Natursteine (wenn drei Zahlen angegeben sind, bedeutet die mittlere Zahl den Häufigkeitswert).

Gestein	DVM 2103 Wasseraufnahme Gewicht	DVM 2105 Druckfestigkeit kg/cm²	DVM 2108 Abnutzung beim Schleifen cm³/cm²	DVM 2108 Abnutzung im Sandstrahl cm³/cm²	Verfahren Böhme Abnutzung beim Schleifen cm³	Gebläseverfahren im Sandstrahl cm³
Granit	0,1—0,35—0,7	700—2000—3000	0,08—0,12—0,23	0,07—0,15—0,26	4—7	2—5
Syenit	0,1—0,7	1500—2100—3400	0,11	—	4—7	2—5
Diorit	0,1—0,5	1500—2000—2500	0,17	0,13	4—7	2—5
Quarzporphyr	0,1—0,5—3	1100—2600—5800	0,06—0,15	0,04—0,11	4—7	2—6
Diabas	0,1—1,0	1500—2200—2850	0,06—0,15	0,10—0,11	4—7	3—4
Sandstein	0,5—1,5	200—1000—3000	0,02—0,12	0,2	30—100	20—80
Kalkstein	0,2—0,5—0,8	50—1000—3500	0,13—0,35—0,80	0,07—0,17—0,43	30—40	7—10
Marmor	0,1—0,5	400—2800	0,20—0,30	0,18—0,36	20—40	5—10
Gneis	0,2—0,8	1500—2300	0,06—0,10	0,11—0,14	6—10	3—4

Biege- und Schubfestigkeit nach folgenden Verhältniszahlen umgerechnet werden.

Umrechnungszahlen zur Ermittlung der Zug-, Biege- und Schubfestigkeit bei bekannter Druckfestigkeit.

Gestein	Verhältnis zur Druckfestigkeit (= 100%)		
	Zugfestigkeit	Biegefestigkeit	Schubfestigkeit
Granit	2,8%	7,0%	7,0%
Porphyr	3,3%	6,4%	10,5%
Sandstein	2,9%	7,7%	9,5%
Kalkstein	14,5%	8,3%	12,0%

Im Bergbau ist es in neuester Zeit üblich geworden, die Härtebestimmung und die Klassifizierung von Gesteinsarten auf der Grundlage der Shorehärte zu bestimmen. Für die im nachfolgenden Abschnitt beschriebenen Zerspanungsergebnisse ist diese Regelung noch nicht allgemein durchgeführt worden. Hier ist die Druckfestigkeit noch als Vergleichsmaßstab zugrunde gelegt.

Dagegen ist bei den Angaben über die Bohrleistung im Bergbau schon die Shorehärte angegeben. Es wäre nur zu wünschen, daß sich diese Regelung trotz vorläufiger Unvollkommenheiten bald allgemein durchsetzt.

B. Das Sägen von Stein mit glattrandigen Stahlbändern und Zusatz von Quarzsand, Verwendung von Sägeblättern, mit und ohne Diamanten.

Die im Steinbruchbetrieb gewonnenen Rohblöcke werden durch einen Trennvorgang in einzelne dünne Platten zerlegt. Man benutzt glattrandige Eisenbänder, mit denen die Schnittfugen unter Zugabe von Quarz- oder Stahlsand in den zu zerlegenden Stein eingearbeitet werden. Das Verfahren wurde 1854 von CHEVALLIER erstmalig angewendet.

Ein Sägegatter für Stein trägt wie bei der Holzbearbeitung in einem Rahmen eine größere Anzahl hochkant gestellter Bandstähle (ohne Zähne) von 150—200 mm Höhe und 2—6 mm Dicke. Dieser Gatterrahmen wird mittels Schubstange und Kurbel hin und her bewegt. Hierbei wird sowohl der Hingang wie auch der Hergang als Arbeitshub benutzt. Am Anfang und am Ende der Hubbewegung wird das Gatter angehoben, um den im Verhältnis 1:1 mit Wasser in die Schnittfuge gespülten Quarzsand oder Stahlsand immer wieder unter die Schneidkante zu bringen.

Ein ähnliches Verfahren kennt man in der Tiefbautechnik bei sehr hartem Gestein. Statt eines Kronenbohrers benutzt man ein Rohr, unter dessen Stirnfläche man Stahlschrot (unbearbeitete Stahlkugeln) bringt, dessen Einzelkörner einen Durchmesser von 1—5 mm haben.

Das Sägen von Stein mit glattrandigen Stahlbändern. 301

Bei modernen Sägegattern kann man mit folgenden Schnittleistungen rechnen:

Normaler Sandstein 180—200 mm/h
Normaler Marmor 20— 22 mm/h
Harter Marmor 8— 9 mm/h.

Hierbei steigt die Schneidleistung mit zunehmender Blattbreite und größerer Körnung. Mit der breiteren Schnittfuge steigt aber auch der Werkstoffverlust. Die durch den Schneidsand herausgesprengten Werkstoffteile und der Abrieb des Schneidsandes selber sollen aus dem rückgewonnenen Schneidsand ausgeschieden werden, damit immer eine einheitliche Körnung gewährleistet ist.

In neuerer Zeit benutzt man richtiggehende Gatter, deren Sägeblätter statt mit Zähnen mit Diamanten besetzt sind. Diese Blätter schneiden ebenfalls im Hin- und Hergang, und die Leistung ist ein Vielfaches von der des alten Verfahrens.

Die Anwendung einer mit Diamanten besetzten Kreissäge ist in jedem Falle wirtschaftlicher.

Die Diamantensägen arbeiten mit einer Schnittgeschwindigkeit von 40 m/s.

Die nachstehende Tabelle gibt einen Überblick über die Durchmesser, Schnittbreite und Zahl der eingesetzten Diamanten.

Tabelle 90. *Abmessungen und Schnittbedingungen von mit Diamanten besetzten Kreissägen.*

Durchmesser	Schnittbreite	Zahl der eingesetzten Diamanten	Drehzahl U/min	Vorschub mm/U
350	4	38	2175	
600	5,5	64	1270	
1000	7	104	760	0,13—0,67
1500	8,5	158	510	
2000	11	200	380	

Damit ergeben sich je nach der Steinsorte Schnittiefen je Minute von 50 bis 250 mm.

In neuerer Zeit ist den Diamantsägeblättern ein ernster Wettbewerber durch die Hartmetallsägeblätter entstanden. An Stelle der Diamanten werden Hartmetallzähne eingesetzt, die einen hohen Druck aushalten können und, da sie größere Abmessungen haben, bis zu 20mal nachgeschliffen werden können.

Es ist in der Gesteinssägetechnik üblich, die Leistung eines Sägeblattes nach dem stündlichen Vorschub und nach der Schnittfläche zu beurteilen.

Die nachstehende Tabelle gibt nach Unterlagen der Firma L. Lacher in München einen Anhaltspunkt, welche Leistungen erreicht werden.

Tabelle 91. *Richtwerte für das Sägen von Steinen.*

Schnittleistung	Sägeblatt, eingespannt in modernes Gatter				Sägeblatt, eingespannt in einfaches Gatter			
	stündl. Vorschub o. Schnitthöhe	stündl. Schnitthöhe bei			stündl. Vorschub o. Schnitthöhe	stündl. Schnitthöhe bei		
		1 m	2 m	3 m		1 m	2 m	3 m
	cm/Std.	qm/Std.	qm/Std.	qm/Std.	cm/Std.	qm/Std.	qm/Std.	qm/Std.
Weichstein bis zu 1800 kg/cm² Druckfestigkeit	40—100	0,8—2,0	1,6—4,0	2,4—6	25—60	0,5—1,2	1,0—2,4	1,5—3,6
Kalkstein mit 1400 kg/cm² Druckfestigkeit	50	1	2	3	30	0,6	1,2	1,8
Hartstein, z.B. Porphyr, Diabas, Diorit	25—50	0,5—1,0	1,0—2,0	1,5—3,0	15—25	0,3—0,5	0,6—1,0	0,9—1,5

Auf Grund der Erfahrungen mit hartmetallbestückten Zähnen ergibt sich, daß der Quarzgehalt verschlechternd auf die Zerspanbarkeit wirkt.

C. Das Steintrennen mittels Siliziumkarbidscheiben.
(Schneidscheiben mit Stahlkern.)

Die Platten, die nach dem vorstehenden Verfahren gewonnen wurden, müssen nun meist noch in kleine Stücke zerlegt werden. Dies geschieht mit dünnen Siliziumkarbidscheiben, die mit großer Geschwindigkeit umlaufen. Dieser Vorgang ist dem des Stahltrennens mittels Trennscheiben verwandt.

Die Schneidscheiben sind dünne Schleifkörper, welche aus einem Stahlkern und einem Schleifbelag mit elastischer Bindung am Umfang bestehen. Der höchstzulässige Durchmesser für Schneidscheiben ist zur Zeit 800 mm, die höchste Umfangsgeschwindigkeit 60 m/s.

Die Breite der Schneidscheiben ist je nach Durchmesser 6—9 mm. Es werden nachstehende Scheiben empfohlen.

Schleifmittel	Siliziumkarbid
Bindung	Kunstharz
	Naturharz
Körnung	grob 16/20
	mittel 24/30
Härte	
weich	I K
mittel	M O
hart	Q S
sehr hart	T U.

Bei Sandstein und Kalkstein ergab sich, daß das Trennen im Gleichlauf wirtschaftlicher ist.

D. Die Verwendung von Hartmetall beim Drehen, Hobeln und Bohren von Gestein.

Für die spanabhebende Bearbeitung von Gestein werden die Sorten G 1 und H 1, mitunter auch H 2 benutzt. Schnellarbeitsstähle kommen nicht in Frage.

Die Sorten G 1, H 1 und H 2 sind nach folgenden Richtlinien einzusetzen: Für besonders grobe Schnitte und bei Werkzeugen mit einer Schneidkantenlänge von über 40 mm wird bei weichem Gestein, z. B. bei Muschelkalk, die Sorte G 1 bevorzugt. In den meisten Fällen wird die Sorte H 1 gebraucht, da sie sich gegenüber der Sorte G 1 durch eine höhere Verschleißfestigkeit auszeichnet. Die Sorte H 2 wird nur verwendet, wenn erhöhte Ansprüche an die Verschleißfestigkeit bei kleinen und kleinsten Werkstoffabnahmen, z. B. beim Breitschlichten, gestellt werden und keine hohe Zähigkeit verlangt wird.

Die nachstehenden Angaben der Widia-Fabrik, Essen, stellen Versuchsergebnisse beim Drehen dar, die ohne Kühlung ermittelt wurden. Bei Verwendung reichlicher Wasserkühlung wird die Standzeit etwa verdoppelt.

Werkzeug: Gerader Schruppstahl, Hartmetallsorte H 1.

$\alpha = 5°$
γ siehe Tabelle
$\varepsilon = 90°$
$\varkappa = 60°$
$r = 2$ mm.

Arbeitsbedingungen:

Werkstoff	Spanwinkel γ	v m/min	a mm	s mm/U	Drehzeit min	Verschleißmarkenbreite mm
Tuffstein	0°	200	bis 10	bis 5	10	0,2
Marmor	0°	25	0,5—5	0,5—1	10	0,2
Solenhofener Schiefer	0°	30	bis 10	bis 3	20	0,3
Ruhr-Sandstein	—3°	7	bis 10	bis 3	2	0,3
Granit	—10°	4	bis 5	bis 3	2	0,5

Für das Hobeln gelten die gleichen Arbeitsbedingungen wie beim Drehen. Die Werte für die Drehzeit und die Verschleißmarkenbreite werden bei ungleichmäßigem Werkstoff stark beeinflußt.

Für das Bohren sämtlicher Gesteine verwendet man Spiralbohrer mit einem Spitzenwinkel von 90°, Allzweckbohrer und Bohrkronen. Die Schnittgeschwindigkeit ist etwa in gleicher Höhe wie beim Drehen zu wählen, dagegen ist der Vorschub nicht mechanisch durch die Bohrmaschine, sondern von Hand oder durch Belastung mittels Gewichten auszuführen. Zur Beseitigung des anfallenden Bohrmehls ist bei größeren Bohrtiefen eine zentrale Wasserspülung notwendig.

E. Die Zerspanung im Bergbau und in der Tiefbohrtechnik.

1. Die Zerspanung der Kohle mittels Schrämwerkzeugen.

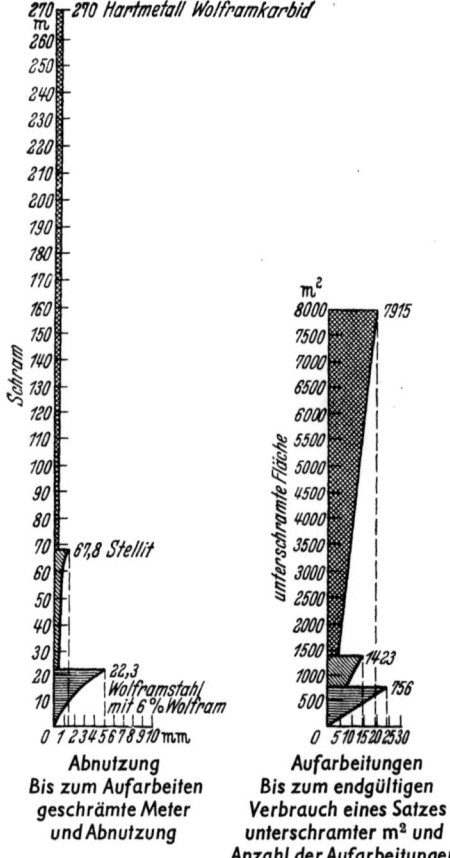

Abb. 133. Leistungsvergleich zwischen Hartmetall, Stellit und wolframlegiertem Stahl beim Kohlenschrämen mittels Kettenmeißel.

Über die Eignung von Hartmetall für die Bestückung von Schrämmeißeln bei Kettenmaschinen liegt sehr genaues Zahlenmaterial vor[1]. Die Werkzeuge haben sich in sehr harter Kohle und auch bei Einlagerungen von Schwefel, Kies und Toneisenstein bewährt.

Nach sehr umfangreichen Versuchen hat sich als beste Form des Hartmetalleinsatzes ein Rundstift von 10 mm Durchmesser erwiesen. Als Schaftwerkstoff verwendet man einen Stahl von 150 kg/mm² Festigkeit. Einen Vergleich zwischen Hartmetall, Stellit und wolframlegiertem Stahl mit 6% W zeigt Abb. 133, die auch durch die Eigenart der Darstellung bemerkenswert ist. Abb. 134 zeigt die Form und die Schleifwinkel für Kettenschrämmeißel (links) und Stangenschrämmeißel (rechts). Das Hartmetall eignet sich natürlich in gleicher Weise für Stangenschrämmeißel.

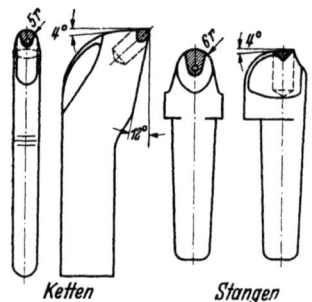

Abb. 134. Die Winkel für Kettenschrämmeißel und Stangenschrämmeißel.

2. Die Zerspanung der Kohle mittels Drehbohrwerkzeugen.

Das Hartmetall hat auch für Drehbohrwerkzeuge seine Überlegenheit bewiesen. Es hat sich gezeigt, daß man Erkenntnisse, die bei der Zerspanung von Stahl gewonnen werden, auch auf die Bearbeitung von Kohle übertragen muß[2].

---

[1] MENKE, I., Versuche und Erfahrungen mit Widiaschrämmeißeln. Glückauf 68 (1932) S. 337.

[2] DRESNER, G., Untersuchungen im Dreh-

Die Zerspanung im Bergbau und in der Tiefbohrtechnik. 305

Beim Drehbohren von Kohle ist zu berücksichtigen, daß das Werkzeug nicht nur durch Verschleiß, sondern auch noch durch hohe Temperaturen beansprucht wird. Infolge der schlechten Wärmeleitfähigkeit der Kohle erhitzen sich die Werkzeuge sehr stark.

Um die Überlegenheit des Hartmetalls infolge seines Widerstandes gegen die vorgenannten Einflüsse richtig ausnützen zu können, muß man mit hohen Schnittgeschwindigkeiten arbeiten.

Bei einem Vergleich zwischen Werkzeugstahl, Schnellarbeitsstahl und Hartmetall wurde die Drehzahl der Bohrmaschine von 320 U/min auf 775 U/min bei einem Bohrdruck von 30 kg gesteigert. Der Werkzeugstahl versagte bei diesen Schnittbedingungen, während bei Hartmetall die Bohrzeit von 200 s auf etwa 90 s sank.

Gegenüber Schnellarbeitsstahl mit einer Bohrleistung von 1,25 m ergab sich bei der höheren Schnittgeschwindigkeit eine Bohrleistung von 70 m Gesamtbohrlänge für Hartmetall.

Auch auf den Vorschub wirken sich die guten Schneideigenschaften des Hartmetalls verbessernd aus.

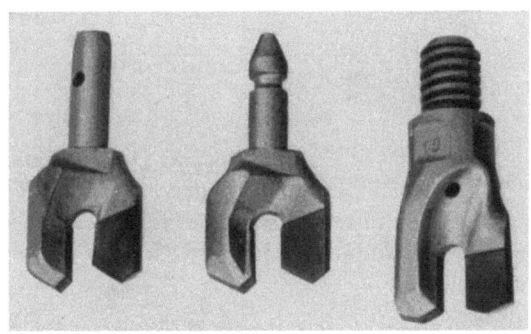

Abb. 135. Mit Hartmetall bestückte Drehbohrschneiden.

Bei Schnellarbeitsstahl ist ein Vorschub von 400—800 mm/min zulässig, der bei Hartmetall auf 1300 mm/min und darüber hinaus gesteigert werden kann.

Nach langwierigen Versuchen kam man zu der in Abb. 135 dargestellten Ausführungsform, die mit verschiedenen Anschlußzapfen hergestellt wird.

Je nach der Beschaffenheit der Kohle sind geringe Änderungen der Form notwendig, jedoch unter Beibehaltung der Grundform.

Um mehr brechende Arbeit zu leisten, sind die Schneiden exzentrisch zur Längsachse der Bohrer angeordnet. Zwischen den beiden Bohrflügeln bildet sich ein Kohlekern, der durch den Bohrdruck jeweils abgesprengt wird.

Die Stärke der Plättchen beträgt 2—4 mm.

Bei den großen Vorschüben muß naturgemäß der Freiwinkel größer genommen werden, um ein Schaben der Werkzeugfläche zu vermeiden. Gut bewährt hat sich ein Spanwinkel γ von 5°, ein Keilwinkel β von 60°

bohrbetrieb einer oberschlesischen Steinkohlengrube. Glückauf 70 (1934) S. 821.

und ein Freiwinkel α von 25°. Je nach dem Bohrgut können sich diese Größen ändern.

Die bisherigen Arbeiten haben auch gezeigt, daß der Anschliff der Hartmetallschneide von der gleichen Bedeutung ist wie bei der Stahlzerspanung. Bei den komplizierten Formen der Kohlenschneide empfiehlt es sich mit Schablonen zu schleifen. Auch soll die Abstumpfung nicht so weit getrieben werden, daß die Abschleifverluste zu groß werden. Trotz der dadurch bedingten höheren Kosten für das Schleifen sind die Hartmetallschneiden wirtschaftlicher, da die Zahl der zwischen zwei Anschliffen geleisteten Bohrmeter wesentlich größer ist.

3. Die Zerspanung von Salzen (Kali) mittels Drehbohrwerkzeugen.

Bei der Zerspanung von Salzen gilt genau wie bei der Kohle der Grundsatz: höhere Schnittgeschwindigkeit und größere Vorschübe.

Die Ausführungsformen zeigt Abb. 136. Die Form c gilt für mittelharte bis harte Salze. Für sehr harte Salze wie Anhydrit benutzt man Einplättchenschneiden als Dachschneide mit und ohne Aussparung (d u. e). Mit dieser Aussparung verfolgt man den gleichen Zweck wie beim Anspitzen der Spiralbohrerquerschneiden. Die Spitze drückt wegen mangelnder Umfangsgeschwindigkeit und fehlender Schnittwinkel mehr als sie schneidet.

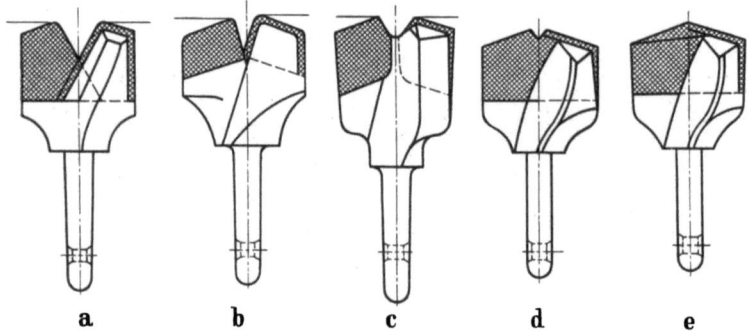

Abb. 136 a—e. Ausführungsform für Kalidrehbohrer.

Die Plättchen haben eine Stärke von 4—6 mm, da die Druckbeanspruchung höher ist.

Der Freiwinkel beträgt 8—20° je nach der Härte des Salzes. Mit Dachschneiden lassen sich nachstehende Lochtiefen bis zum Neuanschliff erbohren (nach Angabe der Siemens-Schuckert-Werke):

Hartsalz	bis 370 m Bohrlochtiefe
Kieseritische Hartsalze	bis 300 m Bohrlochtiefe
Anhydritische Sylvinite	100—150 m Bohrlochtiefe
Reiner Anhydrit	250—300 m Bohrlochtiefe.

Werkzeuge aus Schnellarbeitsstahl hatten unter gleichen Verhältnissen nur eine Leistung von 2—10 m Lochtiefe und in reinem Anhydrit nur von 10—20 cm.

Die für das Bohren von Kali üblichen Bohrerformen können auch für das Bohren weichen Gesteins, wie z. B. Wellenkalk, Tonschiefer, Sandstein usw., benutzt werden. Hierbei beträgt, um einen stärkeren Keilwinkel zu haben, der Freiwinkel nur 8—12°.

4. Die Zerspanung von Gestein mittels Drehbohrwerkzeugen.

Bei der Methangasforschung und der damit zusammenhängenden Methangewinnung unter Tage hat man Drehbohrmaschinen notwendig, die für viele bergmännische Zwecke geeignet sind[1].

Auf Grund der guten Erfahrungen bei der Bohrung auf Methangas hat man das drehende Bohren mittels dieser Maschinen auch beim Durchfahren von Gesteinsschichten mit dem gleichen Durchmesser (65 bis 125 mm) wie beim Kohlebohren angewendet.

Es wurde gefordert, daß Bohrlöcher von 100 m Tiefe, 65 bis 125 mm Durchmesser mit einer Leistung von 10 m je Bohrschicht im Gestein gefahren werden können. Dabei sollen die hartmetallbestückten Bohrkronen im Schiefer bis zu 20 m und im Sandstein etwa 3 m bis zur Abstumpfung leisten. Es wurden aber tatsächlich im Schiefer 38 m und im Sandstein 3—5 m bis zur Abstumpfung der Bohrkronen erreicht, obwohl bei diesen Versuchen die günstigste Form noch nicht gefunden war.

Diese Leistungssteigerung in Verbindung mit den maschinellen Verbesserungen gaben auch die Möglichkeit von 10 m/Schicht Bohrleistung auf über 40 m/Schicht in Schiefer zu kommen. Auf Grund dieser guten Ergebnisse in der Methanforschung hat man Untersuchungen über das drehende Bohren von Sprengbohrlöchern, die nur Durchmesser von 36 bis 40 mm erfordern, im Gesteinsstreckenvortrieb angestellt[2].

Wenn bei einem Bohrlochdurchmesser von 65 mm, wie es bei der Methanforschung üblich ist, in Sandstein mit einem Bohrfortschritt von 270 mm/min und in Schiefer sogar mit 715 mm/min gebohrt wurden, muß sich bei einem Sprenglochdurchmesser von 38 mm infolge der Querschnittverringerung ein Bohrfortschritt von 800 mm/min in Sandstein und von 2120 mm/min in Schiefer ergeben.

Dem Querschnittverhältnis entsprechend müssen also die Bohrfortschritte im umgekehrten Verhältnis stehen.

---
[1] SCHULZ, P. u. K. TRÖSKEN, Die Entwicklung des drehenden Bohrens im Dienste der Grubengasforschung. Glückauf 81/84 (1948) S. 375.
[2] SCHULZ, P. u. K. TRÖSKEN, Über Versuche zur drehenden Herstellung von Sprenglöchern. Glückauf 85 (1949) S. 107.

Die spanabhebende Bearbeitung von natürlichen Steinen.

Die Zulässigkeit solcher Rückschlüsse wird auch durch englische Arbeiten bestätigt[1]. Man kann aus diesen Unterlagen die nachstehenden Bohrfortschritte mit mechanischem Vortrieb in hartem Gestein annehmen.

Zur Kontrolle sind auch die tatsächlich erreichten Werte eingetragen.

Tabelle 92. *Errechnete und tatsächliche Bohrfortschritte in hartem Gestein.*

Durchmesser mm	Querschnitt cm²	Querschnittverhältnis	Bohrfortschritt	
			errechnet aus dem Querschnittverh. mm/min	tatsächlich gefahren mm/min
43	14,5	1	406	406
50,8	20,3	1,4	333	290
101,6	81,0	5,68	7,72	7,16

Auf Grund des zu erwartenden zunächst rechnerischen Vorteils für das drehende Bohren wurden auch in Deutschland systematische Untersuchungen angestellt.

Es ergaben sich in zwei verschiedenen Gesteinsarten folgende Leistungen.

Art der Schneide	Bohrfortschritt	
	leichter Sandstein (80 Shore) mm/min	schwerer Sandstein (85–90 Shore) mm/min
Kerbschneide	1275	855

Man sieht, daß der für schweren Sandstein errechnete Bohrfortschritt von 800 mm/min sogar noch etwas übertroffen wird.

Hier taucht zum erstenmal die Shore-Härte zur Härtebestimmung und Klassifizierung von Gesteinsarten auf. Wenn auch gegen die Shore-Härte zur Bestimmung der Bohrbarkeit von Gesteinen die gleichen Einwendungen gemacht werden können wie gegen die Brinellhärte bei der Zerspanbarkeit von Stahl gemacht werden können, ist tatsächlich eine gewisse Klassifizierung möglich. Bei gehärteten Walzen oder bei Hartgußwalzen (vgl. S. 256) hat man sich auch darauf eingestellt, die Walzen nicht nur nach der Shore-Härte zu klassifizieren, sondern auch die Zerspanbarkeit danach zu beurteilen.

Es laufen auch noch Erprobungen mit anderen Verfahren, und es muß der Entwicklung überlassen bleiben, welches das Bessere ist. Vorläufig sollte man sich wie auch der Abschnitt Drehen, Hobeln von Gestein zeigt, nach der Shore-Härte richten.

Die Gefahr der Silikose ist beim drehenden Bohren geringer, da das

---

[1] FLAX, S., Coal drilling equipment. Min. electr. mech. Engr. 82 (1948) S. 264–269 u. 291–298; Glückauf 81/84 (1948) S. 373.

Die Zerspanung im Bergbau und in der Tiefbohrtechnik. 309

Bohrklein geschnitten wird und infolgedessen gröber ausfällt. Da das drehende Bohren immer unter Wasserkühlung erfolgt, entwickelt sich überhaupt kein Staub.

5. Die Zerspanbarkeit von Gestein mittels Schlagbohren.

Für das Schlagbohren trifft der Ausdruck Zerspanbarkeit nur bedingt zu.

Das Schlagbohren geht so vor sich, daß die Schneide des Bohrers in die Bohrlochsohle schlägt und eine gewisse Menge des Gesteins absplittert. Die Schneide wird dann etwas gedreht und eine neue Kerbe geschlagen. Auf diese Weise entsteht das Bohrloch. Im Zuge der Mechanisierung der Bohrvorgänge ist seit 1856, dem Jahr der Erbauung der

Abb. 137. Mit Hartmetall bestückte Gesteinsbohrer. Von links nach rechts: Meißelschneide, Y-Schneide, Kreuzschneide, Pflockbohrer.

ersten Gesteinsbohrmaschine durch Schuhmann in Freiberg in Sachsen bis zur Anwendung der Hartmetallschneiden ein weiter Weg.

Man verwendet heute für hartmetallbestückte Schlagbohrer in der Hauptsache die Ausführungsarten (Abb. 137) mit kreisrundem Bohrkopf, Abführung des Bohrkleins durch Abflußlöcher. Das Spülwasser wird durch ein zentrales Spülloch zugeführt.

Man unterscheidet nachfolgende Ausführungsarten:

Die Meißelschneide. Sie ist leicht herzustellen und wird meist für Bohrarbeiten in kompaktem Gestein verwendet. Bei klüftigem Gestein setzt sich diese Schneide aber leicht fest. Sie bohrt schnell, neigt aber zum Bohren von dreieckigen Löchern.

Die Kreuzschneide. Sie hat die größten Anwendungsmöglichkeiten und eignet sich für die meisten Gesteinsarten, sowie für tiefe Bohrlöcher. Die Y-Schneide ist eine Ausführung, die zwischen der Meißelschneide und Kreuzschneide steht. Sie wird besonders beim Bohren für das Abteufen benutzt. Bei starkem Nachfall neigt sie nicht so leicht zum Festklemmen wie die übrigen Bohrkronen.

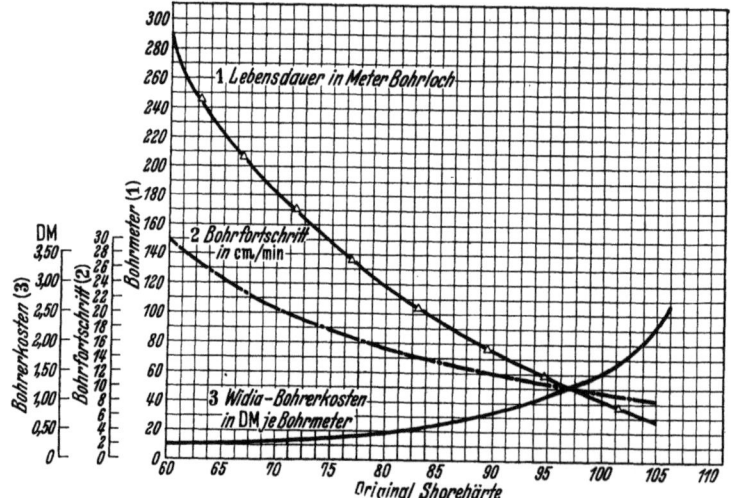

Abb. 138. Lebensdauer, Bohrfortschritt und Schlagbohrerkosten beim Bohren von Gesteinen verschiedener Härte (Kreuzschneide 39 mm ⌀, Luftdruck etwa 4,0 atü) (Widiafabrik).

Die Abb. 138 gibt einen Anhaltspunkt, welche Leistungen mit einer Kreuzschneide von 39 mm ⌀ erreicht werden können. Als Kriterium für die Gesteinshärte ist die Shore-Härte aufgetragen. Die Abb. 139 gibt noch einen guten Vergleich der Bohrgeschwindigkeit für normalen Bohrstahl und Hartmetall. Außerdem sind noch Werte angegeben für die Meißelschneide und Kreuzschneide. Es wird Hartmetall G 2 verwendet.

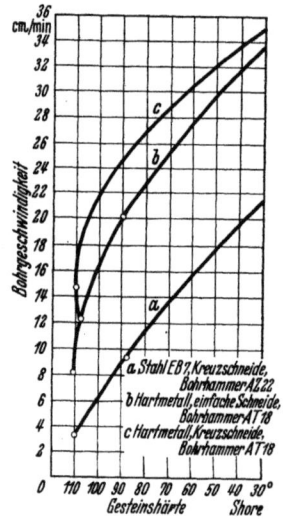

Abb. 139. Bohrgeschwindigkeit mit Hartmetall und Stahl in Gestein von verschiedener Härte.

6. Der Einsatz von Hartmetall in der Tiefbohrtechnik.

Die Tiefbohrtechnik hat einen großen Aufschwung genommen, nachdem das 1907 gefundene Stellit durch das 1914 von VOIGTLÄNDER und LOHMANN erstmalig in technisch brauchbarer Form hergestellte gegossene Wolfram-Karbid ersetzt wurde.

Die Vorherrschaft der gegossenen Hartmetalle bei der Anwendung in der Tiefbohrtechnik konnte auch nicht durch das Sintermetall durchbrochen werden. Wir haben hier das umgekehrte Verhältnis wie bei der Zerspanung von Metallen, da die Beanspruchung auch unterschiedlich ist.

Die nachstehende Tabelle gibt einen

Die Zerspanung im Bergbau und in der Tiefbohrtechnik.

Zusammensetzung und Eigenschaften von Hartmetallen und Hartlegierungen für Tiefbohrtechnik und Bergbau.

Analyse etwa						Abschm. Tem. etwa °C	Brinellfestigk. kg/mm² etwa	Auftrags-Verf.[1]	Übliche Lieferform	Handelsname amerikanisch ( )
C %	Mn %	Cr %	W %	Co %	Fe %					
3—4	5—12	25—35	—	—	67—49	1250	bis 650	A	Gußstäbe 4—10 mm ⌀	Diaweld (Stoodite)
2—4	—	20—30	10—25	35—60	0—10	1300	bis 700	E A E	Gußstäbe 4—10 mm ⌀	Percit, Celsit, Akrit (Stellite)
4	—	—	96	—	—	2600	1800—2000	A	Bruch- oder Formstücke gegossen	Widia, Wallramit, Hartal, Borium, (Haystellite)
5—6	—	—	83—92	2—12	—	2500	1400—1800	A	Bruch- oder Formstücke gesintert	Widia, Böhlerit, Titanit (Carboloy)
4	—	—	96	—	—	2600	—	E	W.-Karbidpulver	Carbon (Blackor)
50—70% W.-Karbid, Rest Fe feinkörnig grobkörnig						1800 1450	— —	A E	Fe-Röhrchen mit W.-Karbidfüllung verschiedener Körnung	Verdur, Triamant (Tube Borium)
30—50% W.-Karbid, Rest Leg. Nr. 1 oder Stahl						1300	—	A E	Verbundschweiß- stäbe mit W.- Karbidkörnung	Diaweld B (Composite Rods)

[1] A = Autogen geschweißt, E = Elektrisch geschweißt.

Überblick über die in der Tiefbohrtechnik und im Bergbau gebräuchlichen Hartmetalle und Hartlegierungen.

Die in der vorstehenden Tabelle aufgezählten Legierungen werden teils nach dem Autogenverfahren, teils mittels des elektrischen Metall- oder Kohlelichtbogens aufgetragen oder eingeschweißt. Wenn die Metalle in Pulverform oder Stabform vorliegen, wird eine richtiggehende Auftragschweißung durchgeführt. Bei den Bruch- oder Formstücken werden die Einzelteile in vorbereitete Betten eingesetzt und dort durch einen zusätzlichen Schweißvorgang verankert und umklammert.

7. Das Aufschweißverfahren und seine Anwendungsgebiete.

Nachstehend wird ein Überblick gegeben, welche Auftragsverfahren sich bewährt haben und wie sich die so vorbereiteten Werkzeuge verwenden lassen.

1. Das Wolfram-Karbid wird in Pulver- oder Körnerform mittels Kohlelichtbogens aufgetragen. Hierbei ergibt sich eine Auftragschweißung hoher Härte mit Gußstruktur. Infolge der geringen Zähigkeit darf das Werkzeug nicht durch Stoß oder Schlag, sondern nur durch drehenden Verschleiß beansprucht werden.

2. Die Schweißstäbe bestehen aus Eisenröhrchen, die mit Wolfram-Karbidpulver oder Stücken aus Hartmetall verschiedener Körnung gefüllt sind. Beim Verschweißen mittels Azetylen-Sauerstoffflamme werden diese Stücke durch den abschmelzenden Schweißstab fest in die Grundmasse eingebettet. Es ergibt sich eine harte und zähe Schweiße, die bis zu 70% Karbidanteile enthält. Die Verwendung ist wie folgt:

feine Körnung, geeignet für schlagendes Bohren,
mittlere Körnung für schlagendes und drehendes Bohren,
grobe Körnung nur für drehendes Bohren.

3. Gröbere Hartmetallstücke werden in einer Grundmasse, die schon verschleißfest ist (z. B. chrom- oder manganleg. Stähle), mittels der Autogenflamme eingebettet. Das Verfahren eignet sich für drehendes Bohren nach dem Rotaryverfahren.

4. Sog. Verbundschweißstäbe mit einer Grundmasse aus Chrom-Mangan, in die Hartmetallstücke verschiedener Körnung eingebettet sind, werden autogen oder elektrisch aufgetragen.

Dieses Verfahren wird für die Panzerung kleiner Flächen und bei Rollkronen für drehenden Verschleiß benutzt.

F. Der Einsatz von Diamantbohrkronen beim Rotarybohrverfahren.

Der Schweizer LESCHOT [1] schlug im Jahre 1862 vor, mit Diamant besetzte Bohrkronen im Tunnelbau zu benutzen. Seitdem werden Diamantbohrkronen beim Rotaryverfahren weitgehend zum Tiefbohren (Aufschlußbohren) und Sprenglochbohren in hartem Gestein angewandt.

Ursprünglich wurden sog. Karbonados (s. S. 34) verwendet, jedoch stieg sehr bald der Preis dieser ursprünglich besonders preiswerten Abart so stark, daß die meisten Verbraucher notgedrungen auf Diamantkristalle übergehen mußten.

Anfangs wurden die Diamanten in die aus weichem Stahl bestehende Bohrkrone eingestemmt. Etwa 9—12 Diamanten wurden auf der Ringfläche so angeordnet, daß jeweils eine scharfe Spitze oder Kante herausragte und dadurch ein gewisses Freischneiden erfolgte. Jeder Diamant soll auf einem anderen Ringdurchmesser liegen, auch sollen Außenseite und Innenseite der rohrförmigen Krone schneiden.

Der Bohrdruck je Diamant darf 10—20 kg nicht überschreiten. Nach SCHWEMANN [2] ergibt sich folgender Diamantenverbrauch in Karat für einen Meter Bohrtiefe:

Muschelkalk	0,046 Karat/m
Schiefer	0,122 Karat/m
Sandstein	0,820 Karat/m
Konglomerat	2,5 Karat/m.

Der stehengebliebene Kern wird durch einen federnden Fangring abgerissen und ergibt nach dem Ziehen durch Aneinanderreihen einen lückenlosen Gebirgsaufschluß. In neuerer Zeit (etwa seit 1930) hat dieses Verfahren eine weitere Entwicklung durch verbesserte Fassung der Diamanten und verbesserte Maschinen gehabt.

Man gießt oder sintert in den Kopf eine große Anzahl abnutzungsbeständiger kleiner Diamanten (drill stones) ein, oder man bettet selbst gröberes Diamantkorn in einer Metallmasse ein. Diese neuartigen Voll- oder Hohlbohrer gestatteten eine erhebliche Steigerung der Bohrgeschwindigkeit (Drehzahl) und der Bohrtiefe (Vorschub) je Stunde.

Art der Diamantbefestigung	Schnitt-(Bohr-)geschwindigkeit m/min	Bohrtiefe m/std
1. Von Hand eingesetzt	60—70	0,3—1
2. Maschinell eingesetzt	180—200	1,5—3
3. Gesintert	350—500	5 —8

Die Diamantbohrkronen, die in Amerika und Kanada genormt sind, werden auch im Bauingenieurwesen angewandt, um Baugründe für Gebäude, Brücken und Dämme zu erforschen und um Prüfblöcke aus Betonstraßen und Flugplätzen zu entnehmen. Diamantbohren wird in großem Umfange angewandt in den Vereinigten Staaten, Kanada, Südafrika, Nordrhodesien, Australien. Die mit Diamantbohrkronen erzielten Leistungen sind wegen der verschiedenen Gesteinsarten und Betriebsbedingungen schwer vergleichbar.

Diamantbohrkronen leichterer Art werden auch vielfach in der Naturstein- und Kunststeinindustrie angewandt [3].

Untersuchungen von PAHLITZSCH [4] zeigen, daß bei Vorschüben über 0,08 mm/U größere Steinteilchen herausgesprengt werden, die dann hinter der Zerspanungsstelle zwischen Bohrer und Bohrwand noch zerkleinert werden müssen. Dadurch steigt die spez. Umfangskraft stark an. Der spez. Vorschubdruck hingegen sinkt mit zunehmendem Vorschub, wie dies auch für andere Zerspanungsvorgänge zutrifft. Um den Zerspanungsvorgang einzuleiten, bedarf es jedoch immer eines gewissen Vorschubes und des dazugehörigen Vorschubdruckes. Man kann für den Vorschubdruck 50—60 kg und für den Vorschub 0,04—0,06 mm/U einsetzen.

Die erreichbaren Vorschübe sind begrenzt durch die Anzahl der Diamanten. Bei weniger als 8 Diamanten sollte man nicht über 0,1 mm/U hinausgehen, damit der eingangs erwähnte Richtwert, die Belastung von 10—20 kg pro Diamant, nicht überschritten wird. Bei kleinen Vorschüben treten hohe spezifische Schnittkräfte auf, die bei größeren Vorschüben geringer werden. Dies rührt daher, daß die Trennkraft nur wenig vom Vorschub abhängig ist. Daher hat sie bei kleinen Vorschüben einen verhältnismäßig höheren Anteil an der spez. Schnittkraft als bei größeren Vorschüben. Die Schnittkräfte sind auch hier unabhängig von der Schnittgeschwindigkeit.

Die Bohrbarkeit verhält sich umgekehrt proportional wie die Druckfestigkeit und direkt proportional wie die Abnutzbarkeit (Abschliffmenge) auf 100 mm Schleifweg. Die Ergebnisse stimmen gut mit den praktischen Erfahrungen überein.

Schrifttum.

[1] CONSTATIN, C., A watchmaker invented the first diamond drill. *Journ. Suisse de l'Horlogerie* 1940, S. 96; *Industrial Diamond Review* Bd. 1, 1940, S. 36—37.
[2] SCHWEMANN, Das Tiefbohren. Die Baumaschinen IV. Handbuch der Ing.-Wissenschaften, Leipzig 1924.
HEISE-HERBST-FRITSCHE, Lehrbuch der Bergbaukunde, 8. Aufl., 1949, 1. Bd. S. 120—122.
[3] GRODZINSKI, P., Diamond Tools, New York, London 1944, S. 268.
[4] Berichte über betriebswissenschaftliche Arbeiten Nr. 10. Steinbearbeitung, VON ROEDER, W. GRUNER, W. KERNER, G. PAHLITZSCH, Berlin 1933.

Der Einsatz von Diamantbohrkronen beim Rotarybohrverfahren. 315

G. Die Bearbeitung von Steinen durch Schleifkörper.

Außer den im vorhergehenden Abschnitt behandelten Schneidscheiben mit Stahlkern werden für die Endbearbeitung der Steine in zunehmendem Maße Schleifkörper eingesetzt. Dabei arbeitet man sehr häufig mit profilierten Schleifkörpern, die sofort die gewünschte Form erzeugen. Infolgedessen haben die Scheiben oft sehr große Abmessungen. Manchmal setzt man auch mehrere Formen zusammen, so daß sich dann Breiten bis zu 3 m ergeben.

Die Antriebleistungen der Maschinen sind entsprechend hoch und bewegen sich zwischen 60 und 150 PS.

Beim Schleifen kann man für Marmor, Schiefer, Kalkstein, Sandstein usw. die gleiche Schleifbarkeit annehmen. Bei Granit jedoch gelten andere Vorschriften.

1. Das Schleifen von Marmor, Schiefer usw.

Für das Schleifen der erstgenannten Werkstoffgruppen kann man folgende Richtlinien aufstellen[1].

Als Schleifmittel ist Siliziumkarbid geeignet. Die Schleifkörper haben einen Durchmesser bis zu zwei Meter.

Die Scheiben mit keramischer Bindung haben eine Geschwindigkeit von 28 m/s und die mit Harz gebundenen Scheiben von 38 m/s.

Für das Werkstück ist eine Geschwindigkeit von 4—5 m/min richtig.

Die Schnittiefe kann bei harten Steinen bis zu 1,6 mm betragen und bei weichen Steinen mehr als 1,6 mm.

Bei allen Schleifvorgängen der Steinbearbeitung ist reichlich mit Wasser zu kühlen.

2. Das Schleifen von Granit.

Beim Schleifen von Granit ist der Schleifvorschub wegen der großen Härte viel differenzierter. Bei der Vorbearbeitung werden bei einer Scheibengeschwindigkeit von 56—70 m/s Siliziumkarbidscheiben mit Harzoder Gummibindung verwendet.

Die Werkstückgeschwindigkeit beträgt 2,7—4,7 m/min. Bei der Profilherstellung verwendet man auch vorzugsweise harz- oder gummigebundene Scheiben bei einer Schnittgeschwindigkeit von 54 m/s.

Beim Flächenschleifen werden ebenfalls harz- oder gummigebundene Scheiben verwendet bei einer Umfangsgeschwindigkeit von 38—48 m/s.

---

[1] Abrasive Products by Carborundum for the Steel Workings Trades.

3. Die Verwendung von kombinierten Werkzeugen bei der Steinverarbeitung.

Als Beispiel für die Anwendung kombinierter Werkzeuge sei die Herstellung von Säulen für Baluster mittels Schleifkörper geschildert.

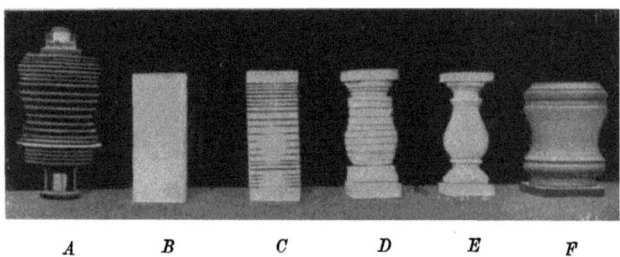

Abb. 140. Die Herstellung von Säulen für Baluster mittels kombinierter Schleifkörper.

In Abb. 140 ist bei A das aus Schneidscheiben zusammengesetzte Einstechwerkzeug zu sehen. Die Durchmesser und die Zwischenräume sind der zukünftigen Form der Säulen schon angepaßt. Der Rohling B wird auf richtige Tiefe wie bei C gezeigt, eingestochen und die stehengebliebenen Rippen mit dem Hammer abgeschlagen, so daß sich die rohe Form D ergibt. Dieses vorgearbeitete Stück wird dann mit der bei F abgebildeten Formscheibe gleich fertiggeschliffen.

Abb. 141. Das Einschleifen von Rillen in eine Marmorsäule durch Profilschleifscheiben.

Abb. 141 zeigt das Einschleifen von Rillen in eine Marmorsäule durch eine Profilschleifscheibe. Die Rillen werden aus dem Vollen gleich auf Tiefe geschliffen, wobei die richtige Teilung automatisch von der Maschine getätigt wird.

Die beiden Beispiele geben nur einen Anhaltspunkt, welche Möglichkeit die Schleiftechnik bei der modernen Steinbearbeitung hat.

XX. Die Zerspanbarkeit von Holz.
A. Allgemeine Bemerkungen über den Werkstoff Holz.

Holz und Steine sind die Baustoffe, die dem Menschen zuerst und auch reichlich zur Verfügung standen. Zunächst wurde das Holz meist nur in gebeiltem Zustand (mit dem Zimmermannsbeil bearbeitet) und dementsprechend in starken Abmessungen verwendet. Hierbei war die Spaltbarkeit des Holzes maßgebend. Erst mit der Entwicklung der Sägeindustrie kam es im letzten Drittel des vorigen Jahrhunderts zu einer großen Belebung des Bauholzmarktes. Das geschnittene Holz überwog von jetzt an bei weitem, und aus Ersparnisgründen ging man zu kleineren Abmessungen über.

Damit war aber auch der Augenblick gekommen, zu einheitlichen Vorschriften für die Holzverwertung überzugehen. Nach Angaben von STOY behandelten noch im Jahre 1919 die preußischen Hochbauvorschriften das Kapitel „Holz" auf $1/4$ Seite[1].

Diese Verhältnisse haben sich inzwischen geändert. Der Normung äußerer Abmessungen folgt allmählich auch die Gütenormung. Jedoch sind die Prüfverfahren und die Großzahl-Forschung der Ergebnisse bei weitem nicht so durchgebildet, wie dies bei Stahl und Metallen der Fall ist. Da das Holz ein natürlich gewachsener Werkstoff ist, fehlen die großen Erzeugungsstätten mit ihrem Stab an wissenschaftlichen Mitarbeitern, die ständig an der Verbesserung der Erzeugung arbeiten. Da sich Holz im allgemeinen maschinell leicht und gut verarbeiten läßt, hat man erst in den letzten zwanzig Jahren der Zerspanbarkeit größere Aufmerksamkeit zugewendet. Den Anstoß dazu gab auch die Notwendigkeit, die Schnittgeschwindigkeit allgemein noch mehr heraufzusetzen und bei einem beginnenden Austauschbau für die Abmessungen und für die Oberflächengüte gleichbleibende Werte zu erreichen.

Bei den rücksichtslosen Kahlschlägen der Nachkriegszeit durch die Besatzungsmächte wird sich für die nächsten Jahrzehnte ein großer Mangel an Holz ergeben, dem nur durch rationellere Ausnutzung der vorhandenen Bestände begegnet werden kann.

Eine dieser Möglichkeiten ist die Verringerung der Abfälle und Verluste bei der spanabhebenden Verarbeitung.

Zur Verringerung der Abfälle gehört eine gute Materialeinteilung und -aufteilung. Man muß sich genau überlegen, wie man die Schnitte legt. Man muß auch für Holzbauteile zu gewissen Toleranzen kommen, um

---

[1] Mitteilungen des Fachausschusses für Holzfragen beim Verein Deutscher Ing. und Deutschen Forstvereins. Heft Nr. 17 (1937) Holzproblem der Gegenwart, S. 30.

möglichst wenig Verschnitt zu haben. Schließlich muß man noch verlangen, daß möglichst wenig zerspant wird und daß die dabei auftretenden Stoffverluste durch Verringerung der Sägeblattdicke und Einführung moderner Maschinen klein bleiben.

Besondere Möglichkeiten bietet auch die Verwendung des Sperrholzes und spanlos verformter Bauteile.

B. Die technologischen Eigenschaften des Holzes und die Zerspanbarkeit.

Die Eigenschaften des Werkstoffes Holz als organisches Gebilde erschweren die Aufstellung allgemeiner Richtlinien für die Zerspanung sehr.

Der Schneidvorgang bei der Holzbearbeitung ist durch den uneinheitlichen Aufbau des Werkstoffes sehr verwickelt. Es ist noch gar keine Klarheit darüber, nach welchen durch Prüfung ermittelten physikalischen Eigenschaften des Holzes man Richtlinien für die Zerspanbarkeit aufstellen könnte. In Deutschland sind zwar die Prüfverfahren der physikalischen Eigenschaften in den Normblättern DIN 52180—53011 zusammengefaßt. Es fehlt aber hier noch die internationale Vereinheitlichung.

Um nun zunächst einmal eine gewisse Ordnung hineinzubringen, sei nachstehend die Einteilung nach JANKE in 6 Härteklassen gebracht[1].

1. Sehr weiche Hölzer (bis 350 kg/cm^2 Druckfestigkeit). Fichte, Kiefer, Linde, Roßkastanie, Tanne.

2. Weiche Hölzer (bis 400 kg/cm^2 Druckfestigkeit). Birke, Lärche, Wacholder.

3. Mittelharte Hölzer (500—650 kg/cm^2 Druckfestigkeit). Edelkastanie, Haselnuß, Ulme.

4. Harte Hölzer (650—1000 kg/cm^2 Druckfestigkeit). Apfel, Birne, Eibe, Eiche, Rotbuche, Vogelbeere, Walnuß, Weißbuche.

5. Sehr harte Hölzer (1000—1500 kg/cm^2 Druckfestigkeit). Bruyèreholz, Eisenholz, Speierling, Quibrache.

6. Besonders harte Hölzer (über 1500 kg/cm^2 Druckfestigkeit). Ebenholz, Pockholz.

Der Sägezahn wirkt nicht spaltend, sondern teils schneidend, teils reißend. Es ergibt einen um so glatteren Schnitt, je dichter das Holzgefüge ist. Daher hat die Spaltbarkeit des Holzes, die früher bei der überwiegenden Verwendung von gebeiltem Holz eine große Rolle spielte,

---

[1] JANKE wendet eine für Holz modifizierte Brinellprobe an. Eine Kugel von 1,1284 cm (größte Kreisfläche 1 cm^2) wird bis zur Hälfte in das Stirnholz eingedrückt und die dazu erforderliche Kraft gemessen. Diese Härtezahlen stehen in Beziehung zur Druckfestigkeit.

Die technologischen Eigenschaften des Holzes und die Zerspanbarkeit. 319

heute keine ausschlaggebende Bedeutung mehr. Es ist daher richtiger, zunächst einmal die vorstehende Einteilung nach der Härte als allgemeine Einteilung zu nehmen und den Versuch zu machen, ob hierbei eine Gesetzmäßigkeit festgestellt werden kann.

Die nachstehende Tabelle bringt für einige häufig vorkommende Holzsorten die Werte für die Druckfestigkeit parallel zur Faser (Kurzzeichen ∥) und senkrecht zur Faser (⊥), sowie für die Zugfestigkeit in beiden Richtungen.

Holzart	Druckfestigkeit ∥ kg/cm²	Druckfestigkeit ⊥ kg/cm²	Zugfestigkeit ∥ kg/cm²	Zugfestigkeit ⊥ kg/cm²
Tanne	390	36	1030	23
Fichte	250	55	750	27
Kiefer	280	50	790	23
Rotbuche	425	132	1345	70
Eiche	490	165	945	40
Esche	476	124	1259	70
Hickory	638	210	2020	97

Die Zahlenangaben über diese Eigenschaften der Hölzer schwanken sehr und sind von vielen Variabeln abhängig. So findet man in den Taschenbüchern in der gleichen Tabelle Angaben, z. B. für die Zugfestigkeit von Fichtenholz parallel zur Faserrichtung, die von 400 bis 2450 kg/cm² schwanken. Als Mittelwert ist 900 kg/cm² angegeben.

Das Gefüge des Holzes wird erkennbar durch drei rechtwinklige, zueinander geführte Schnitte.

1. Der Querschnitt oder Stirnschnitt, senkrecht zur Stammachse, zeigt die mehr oder weniger konzentrisch verlaufenden Jahresringe mit den radialen Markstrahlen. Man spricht in diesem Falle von Hirnholz.

2. Der Radial- oder Spiegelschnitt durch die Längsachse zeigt die Jahresringe als Parallele, die Markstrahlen als „Spiegel". In diesem Falle hat man also Spiegelholz.

3. Den Tangential- oder Sehnenschnitt parallel zur Längsachse. Man spricht dann von Langholz.

Abgesehen von der Art der Hölzer, z. B. Nadel oder Laubholz, ist es bei der Zerspanung von Einfluß, in welcher der drei obengenannten Richtungen zerspant wird. Insbesondere, ob quer zur Faser oder längs der Faser.

Die Feuchtigkeit des Holzes ist auch noch von großem Einfluß auf die Zerspanbarkeit. Nasses Fichtenholz z. B. kann bis zu 60% Feuchtigkeit haben. Je feuchter das Holz ist, desto schlechter ist die Zerspanbarkeit. Abgelagertes Holz hat 10—12% Feuchtigkeit.

Es sind folgende Feuchtigkeitswerte anzustreben:

Holzteile	Feuchtigkeit %
Sperrholzplatten	5—6
Möbel, Zimmertüren, Räume m. Zentralheizung	8—10
Gegenstände wie oben mit Ofenheizung	10—12
Fenster und Haustüren, Bauholz	12—15
Waggons und Gegenstände, die ständig im Freien benutzt werden	13—16

Bei den Angaben über Festigkeitswerte legt man einen Feuchtigkeitsgehalt bei einer Normaltemperatur von 15° zugrunde. Die Formeln für die Umrechnung auf diese Normalfeuchtigkeit fehlen aber noch.

Die Festigkeitswerte nehmen mit wachsendem Feuchtigkeitsgehalt ab. Z. B. ist die Druckfestigkeit von nassem Fichtenholz mit 63% Feuchtigkeit nur halb so groß wie bei lufttrockenem Holz mit 14% Feuchtigkeit[1].

Der Einfluß der Festigkeit, Struktur, Dichte und Feuchtigkeit auf die Zerspanbarkeit ist noch längst nicht so weit geklärt, daß sich hierüber schon allgemeingültige Regeln aufstellen lassen.

C. Die Zerspanbarkeit des Holzes.

Im nachstehenden sollen die einzelnen Zerspanungsarten, die bei der Holzverarbeitung Anwendung finden, besprochen werden.

Die Entwicklung auf dem Gebiete der Zerspanbarkeit von Holz geht eindeutig in Richtung der Anwendung höherer Schnittgeschwindigkeiten und Vorschübe als bisher. Wegen der geringeren Festigkeit gehört Holz zu den Werkstoffen, bei denen ähnlich wie bei Leichtmetallen die Werkzeuge nicht durch hohe Zerspanungstemperatur und hohe Schnittdrücke beansprucht werden, sondern durch Verschleißwirkung. Die Schnittgeschwindigkeiten sind daher von vornherein höher als bei anderen Werkstoffen.

1. Das Sägen von Holz.

Das Holz wird zunächst als Lang- oder Rundholz im Sägewerk angeliefert. Die spanabhebende Bearbeitung beginnt also mit dem Zersägen des Holzes in Balken oder Bretter. Hierzu werden verschiedene Arten von Sägen benutzt, die auch unterschiedliche Werkzeuge haben.

a) Die vertikalen Vollgatter.

Am verbreitetsten sind vertikale Vollgatter mit Unterantrieb. Die Sägen schneiden meist beim Niedergang des Rahmens. Für die Säge-

---

[1] Hütte, Taschenbuch für Stoffkunde, 2. Aufl., S. 582 und Hütte, 26. Aufl., Bd. II, S. 767.

Die Zerspanbarkeit des Holzes. 321

geschwindigkeit und die sonstigen Zerspanungsbedingungen gibt die nachstehende Tabelle Anhaltspunkte. Die Sägengeschwindigkeit ist in m/s angegeben. Der Schrank beträgt einheitlich 0,55 mm nach jeder Seite, also 1,1 mm insgesamt.

Tabelle 93. *Die Daten für normale und besonders schnellaufende Hochhub-Vollgatter.*

Lichte Rahmenweite mm	Schnitthöhe in mm	Sägenhub in mm	Kraftbedarf in PS normal	Sägengeschwindigk. m/s Vollgatter		Kraftbedarf in PS schnelllaufend
				normale	schnelllaufende	
400	350—400	370—430	22	3,7	4,7	26
600	550—600	450—500	36	3,8—3,9	4,5—5,5	41
800	750—800	520—570	48	3,7—3,8	4,35—5	56
1000	950—1000	600—650	60	3,6—3,7	4,2—4,5	68
1200	1150—1200	700—750	75	3,5	4,1	88

b) Die Größe des Spanraumes der Sägen.

Bei den Sägen ist außer der Teilung, den Winkeln an den Zähnen, auch noch der Spanraum wichtig. Der Spanraum muß so bemessen sein, daß er die von einem Zahn gelösten Späne während der Dauer des Eingriffs im Holz aufnehmen kann. Nach früheren Angaben nehmen die Späne (Sägemehl) mindestens das 4—5fache Volumen gegenüber dem festen Holz ein. Der Späneraum muß also dementsprechend groß genug sein, wenn nicht durch das Zusammenpressen der Späne unnötig Kraft verbraucht werden soll und das Sägeblatt unter Umständen beschädigt wird. Bei den genormten Sägeblättern ist ein genügend großer Spanraum berücksichtigt.

Die Sägeblätter sind nach 2—3 Stunden auszuwechseln, da der Kraftverbrauch für die Maschinennutzbarkeit innerhalb dieser Zeit infolge Abstumpfung der Blätter bis zum 1,5fachen ansteigt.

c) Die Horizontalgatter.

Die Horizontalgatter werden auch häufig benutzt. Sie arbeiten meist mit einem Blatt, das auf dem Hin- und Rückweg schneidet. Infolge dieser Zerspanungsart müssen diese Sägeblätter eine etwas eigenartig anmutende Form haben. Daher ist es notwendig, im nachstehenden über die Formen und Bezeichnungen ausführlicher zu sprechen.

Da die Sägen für Holzbearbeitung früher rein handwerksmäßig hergestellt wurden, herrscht in der Benennung eine große Planlosigkeit[1]. Es gibt keine Zahnungsart, für die nicht mehrere Namen im Umlauf wären, und andererseits keine Benennung, die nicht für verschiedene Zahnformen verwendet wird. Es ist daher der beste Ausweg, völlig neue Benennungen

---

[1] PLEHN, H. J., Klare Benennung der Zahnform von Holzsägen. Maschinenbau-Betrieb Bd. 14 (1936) S. 613.

322   Die Zerspanbarkeit von Holz.

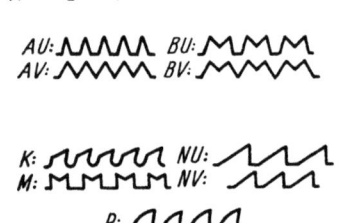

Abb. 142. Sinnbilder und Benennung der zehn häufigsten Zahnformen bei Holzsägen.

zu wählen. Da sich unbelastete Wortnamen kaum mehr finden werden, kommen als Anhaltspunkte Buchstabenbezeichnungen in Betracht, wie solche auf den andern Gebieten schon länger gebräuchlich sind.

Solche Zeichen vereinen Sinnfälligkeit mit leichter Einprägsamkeit.

Die geeigneten Zeichen sind in Abbildung 142 zusammengestellt, und danach sind die zehn häufigsten Zahnformen angegeben. Es wäre zu begrüßen, wenn sich dieser Vorschlag für die sinngemäße Bezeichnung der Sägen durchsetzen würde.

d) Die Blockbandsägen.

Je nach der Laufrichtung des Bandsägeblattes unterscheidet man senkrechte und waagerechte Blockbandsägen. Die Bandbreiten betragen 100—250 mm. Schnittgeschwindigkeit 40—45 m/s. Die Blattdicken sind sehr günstig. Sie richten sich nach dem Durchmesser der Rolle, die zur Umlenkung des Blattes dient, und sind in Stufen von 1—2 mm unterteilt.

e) Die Kreissägen.

Neben den Sägegattern haben die Kreissägen ein großes Anwendungsgebiet. Allerdings empfiehlt es sich nicht, Kreissägen mit mehr als 1500 mm Durchmesser zu verwenden, da sonst der Schnittverlust zu groß ist. Schon bei 1500 mm Durchmesser muß bei der Kreissäge eine Sägeblattdicke von 5,5 mm gewählt werden, wozu denn noch eine Schränkung von 1 mm kommt. Es ergibt sich also eine Schnittfuge von mindestens 6,5 mm Breite. Demgegenüber ergibt sich bei einer Blockbandsäge ein Schnittverlust von 1,6—2 mm und bei Vollgattern von 2,3—3,8 mm.

f) Die Vielblattkreissägen.

Die Vielblattkreissäge ist sehr vielseitig zu verwenden. Wie schon der Name sagt, sind eine ganze Anzahl von Sägeblättern mit den notwendigen Abständen nebeneinander auf einer Welle angeordnet.

Nachstehend ein Beispiel für eine vielbenutzte Sägeblattart:

Durchmesser	300 mm	Keilwinkel	42°
Zahnteilung	15 mm	Freiwinkel	23°
Zahnhöhe	9 mm	Spanwinkel	25°
Blattdicke	2,5 mm		
Schrank	0,5 mm		
Zahnzahl	62 mm		

Die Vielblattkreissägen werden häufig zum Unterteilen von verleimten Platten, zu Rahmenhölzern und Schneiden von Latten verwendet Hierbei werden die Kreissägen durch den Leim besonders auf Verschleiß beansprucht.

2. Vergleich zwischen Gattersägen und Blockbandsägen.

Mit diesen Sägen wird die erste größere spanabhebende Bearbeitung am Stamm vorgenommen. Dieser Vorgang ist deshalb von besonderer Wichtigkeit, weil nachstehende Punkte von Einfluß sind.

1. *Die Schnittleistung.* Sie soll hoch sein, damit die Wirtschaftlichkeit gewahrt ist.

2. *Die Schnittfugen* sollen schmal sein, damit die Holzverluste gering sind.

3. *Die Schnittgüte* soll so sein, daß eine weitere Verarbeitung unter geringstem Zerspanungsaufwand gewährleistet ist.

Zu Punkt 1. Bei der Schnittleistung ist, zerspanungstechnisch betrachtet, zunächst die Schnittgeschwindigkeit von Interesse. Wie aus der nachstehenden Zahlentafel hervorgeht, ist diese bei den Bandsägetypen achtmal höher als bei den Hochleistungsgattern.

Tabelle 94. *Vergleich der Leistungszahlen von je drei Blockbandsägen und Vollgattern.*

	Sägengeschwindigkeit	Sägeblattdicke	Zahnteilung	Ausnutzbar. Arbeitsweg	Schnitthöhe	Zahl der zum Angriff kommenden Zähne	Vorschub mm		Theoretisch errechnete Spandicke je Zahn	Schnittweite je Sägenblatt
	m/s	mm	mm	%	mm		je s	je Hub	mm	mm
Hochleistungsbandsäge 1200—1400 Rollen-⌀ (mm)	40	1,3	40	100	400	1000	250		0,25	2,1..2,2
	40	1,2	40	100	300	1000	333		0,33	2,0..2,1
	40	1,1	40	100	200	1000	400		0,40	1,9..2,0
Hochleistungsgatter Hub 500 $n = 300$	5	1,8	20	50	400	225	27,0	5,4	0,12	2,7..2,8
	5	1,6		50	300	200	33	6,6	0,16	2,5..2,6
	5	1,4	20	50	200	175	38,5	7,7	0,22	2,3..2,4

Aus der Aufstellung geht auch noch hervor, daß die Zeit des Unterschnittnehmens des Werkzeuges und die Vorschubgröße bei der Bandsäge günstig sind. Diese Zusammenstellung darf nicht so ausgelegt werden, daß alle Nachteile beim Gatter liegen würden.

Das Vollgatter schneidet gleichzeitig mit einer großen Anzahl von Sägeblättern, was sich vor allen Dingen bei abnehmender Schnitthöhe günstig auswirkt. Es ist auch eine raschere Klotzfolge möglich. Die Blockbandsäge ist sehr empfindlich wegen der Blattbreite der Sägeblätter und der großen Biegebeanspruchung.

Zu Punkt 2. Die Schnittfugen sollen schmal sein, damit unnötiger Verschnitt vermieden wird. Der Verschnitt ist von der Sägendicke abhängig. Rein rechnerisch ergibt sich eine Zunahme an Schnittgut von 6,9%, wenn man eine Schnittfuge von 2 mm gegenüber von 3,5 mm erreicht.

Man sollte daher versuchen, von Schnittfugenwerten, die heute noch 3—3,5 mm betragen, auf 2—2,2 mm herunter zu kommen.

Bei einer entsprechenden Stahlqualität und sorgfältiger Ausbildung der Zähne und Spanwinkel dürfte das Ziel zu erreichen sein. BIERMANN[1] rechnet aus, daß bei 25 Millionen fm Jahreseinschnitt bei rund 2% Einsparung an Schnittfugenweite 500000 fm Schnittholz gewonnen werden.

Zu Punkt 3. Die Schnitt- oder Arbeitsgüte schließt noch den Sprachgebrauch in der Holzindustrie sowohl die Arbeitsgenauigkeit wie auch die Oberflächengüte ein. Bei der weiteren Diskussion dieser Probleme muß man berücksichtigen, daß es sich beim Holz um einen ganz anders gearteten Werkstoff als bei Stahl oder Metall handelt. Das Holz als organischer Stoff unterliegt vor und während der Bearbeitung durch Feuchtigkeits- und Temperaturschwankungen Veränderungen beträchtlichen Ausmaßes. Diese gehen weit über das hinaus, was man sonst in der Mikrogeometrie der Werkstoffe kennt. Man ist über Vorschläge zur Normung der Schnittgüte noch nicht hinausgekommen.

3. Das Hobeln von Holz.

Beim Hobeln wird das Holz mittels der Hobelmesser, die auf einer Messerwelle befestigt sind, geglättet. Die Schnittgeschwindigkeiten liegen zwischen 30 und 40 m/s. Der Vorschub zwischen 3 und 80 mm/U. Früher waren bei den Messerwellen Vierkantwellen üblich, auf denen vier Messer befestigt waren.

Man hielt sehr lange Zeit an dieser Vierzahl fest, weil die Einstellung einer größeren Zahl von Messer als schwierig empfunden wurde. Damit war man dann auch an die üblichen Lippenkreisdurchmesser gebunden.

Die runden Messerwellen der heutigen Bauart haben jedoch 6 bis 12 Messer und erfordern daher, um diese Zahl unterzubringen, einen größeren Wellendurchmesser als bisher. Durch die günstige Einwirkung dieser großen Durchmesser auf den Feinhobelgrad machte die Einführung eines neuen Vergleichmaßstabes für die Oberflächengüte beim Hobeln notwendig[2].

Das Hobelmesser hinterläßt bei gleichmäßigem Hobelvorschub Wel-

---

[1] BIERMANN, O., Holz als Roh- und Werkstoff 5 (1942) S. 397.

[2] PAUSE, H., Der Feinhobelgrad von Holzoberflächen. Maschinenbau-Betrieb. Bd. 8 (1929) S. 656.

Die Zerspanbarkeit des Holzes. 325

lenberge und -täler, die auf der gehobelten, planparallelen Fläche auftreten und daher, besonders in schrägauffallendem Licht, sehr gut zu sehen sind.

Die Hütte[1] gibt folgende Werte an, für die zu einem bestimmten Lippenkreisdurchmesser gehörenden Abstände der Hobelwellenberge.

Werte für den Abstand der Hobelwellenberge δ.

Lippenkreisdurchmesser der Hobelwelle	Abstand der Hobelwellenberge δ	
	Feinhobelgrad mm	Grobhobelgrad mm
100	0,85	—
120	1,00	—
140	1,20	4,40
160	1,35	5,00
180	1,50	5,50

Beim Hobeln ist der Schnitt um so feiner, je größer die Drehzahl und die Messerzahl der Hobelwellen und je kleiner der Vorschub ist.

4. Das Langlochfräsen.

Über das Langlochfräsen[2] liegen Ergebnisse mit zwei- und dreischneidigen Fräsen vor. Es zeigte sich, daß aber das zweischneidige Werkzeug dem ein- und dreischneidigen überlegen war, da die ausgeräumten Löcher viel genauer waren.

Die Schnittiefe soll das ein- bis zweifache des Fräserdurchmessers betragen, da sonst der infolge der größeren Schnittfläche höhere Schnittdrücke den Bruch des Werkzeuges herbeiführen können. Es wird in der Praxis auch ein oder mehrere Male eingestochen, um den stehenbleibenden Werkstoff leichter durch geringe Seitenbewegung ausräumen zu können. Ein seitliches Fräsen ist bei größerer Lochtiefe sehr schwierig.

5. Das Kettenfräsen.

Das Kettenfräsen[3] wird in der Bauindustrie bei Fenstern, Türen und beim Wagenbau angewendet. Die Ketten wurden bisher aus gehärtetem Werkzeugstahl hergestellt. Beim Tiefschlitzfräsen zeigte sich, daß schon nach Erreichen einer Schlitztiefe von der Größe des halben Fräserdurchmessers eine solche zusätzliche Reibung auftritt, daß die Schnittleistung stark absinkt. Durch eine Verringerung der Zähnezahl und einen Ausgleich der Zahnhöhen wurde jedoch der Kraftbedarf gesenkt und die Vorschubleistung erhöht.

---

[1] Hütte. 26. Aufl., Bd. II, S. 778.
[2] HARNISCH, G., Langlochfräsen in Holz unter besonderer Berücksichtigung des Vergleiches der gebräuchlichen Fräsformen. Berichte über Betriebswissenschaftl. Arbeiten. Bd. 1. Berlin 1929.
[3] WALTER, J., Untersuchungen an einer Kettenfräsmaschine. Diss. Dresden 1931.

Der Spanwinkel an der Schneide des Kettenzahnes kann wie bisher mit 25° beibehalten werden. Ebenso soll die Umdrehungszahl über 3000 U/min nicht gesteigert werden. Der Verschleiß der Kette steigt mit der Tourenzahl an, und die Reibungswiderstände nehmen zu. Eine Steigerung der Drehzahl scheint erst möglich, wenn die Ausführung der Ketten genauer wird.

Die Verwendung von Schnellstahl ergab eine erhebliche Verringerung des Verschleißes, so daß die Ketten aus Schnellstahl trotz höheren Preises wirtschaftlicher sind.

6. Das Bohren von Holz (Zentrumsbohren).

Für das Bohren von Holz[1] sind zahlreiche Ausführungsformen vom Zentrumsbohrer bis zum Löffelbohrer, der mit einem sog. Kanonenbohrer Ähnlichkeit hat, im Gebrauch.

Untersuchungen ergaben, daß der Freiwinkel α für Fichte bei etwa 25° und für die übrigen Hölzer bei etwa 40° liegt. Der Freiwinkel muß beim Holzbohren größer sein als bei Stahl, da höhere Vorschübe angewendet werden.

Der Keilwinkel β hat Einfluß auf das Drehmoment. Es ergibt sich auch hier ein ausgesprochener Bestwert bei etwa 20°.

7. Das Schleifen von Holz.

Bei allen Teilen aus Holz, die später gebeizt, poliert oder lackiert werden, ist das Schleifen sehr wichtig[2]. Heute wird der Maschinenschliff weitgehend angewendet. Wesentlich ist die Kornform und die Widerstandsfähigkeit der Schneidkante.

Man unterscheidet beim Maschinenschliff, Bandschleifmaschinen und Trommelschleifmaschinen. Beide arbeiten mit Schleifpapier, das mit hoher Geschwindigkeit umläuft.

Der Schleifmittelträger kann Papier oder Gewebe sein. Bei Papier werden besondere Ansprüche gestellt. Es muß hohe Zerreißfestigkeit und geringe Dehnung haben, gute Leimaufnahmefähigkeit und hohen Widerstand gegen Zerknittern. Sie haben je nach Verwendungszweck ein Gewicht von 70—240 g/m². Bei Schleiftuchen kommen Nessel oder Baum-

---

[1] OSENBERG, W. Untersuchungen über die den Zerspanungsvorgang mittels Holzbohrern beeinflussenden Faktoren. Ausgewählte Arbeiten d. Lehrstuhles f. Betriebswissensch. d. Techn. Hochschule Dresden, 4. Bd. Berlin 1927.
SACHSENBERG, E., Neuere Forschungsergebnisse auf dem Gebiet der Holzbearbeitung. Maschinenbau-Betrieb Bd. 7 (1928) S. 1094.

[2] SUTTER, A., Zweckmäßige Anwendung der Schleifmittel in der Holzbearbeitung. Maschinenbau-Betrieb 14 (1935) S. 325.

Tabelle 95. *Haupteigenschaften von Schleifmitteln zum Holzschleifen.*

Aufbau und chem. Zusammensetzung	Schleifmittel	Bruchform	Zähigkeit	Härte nach Mohs	Eignung auf Papier oder Leinen
Silikatschmelzen Natron u. Karbid m. Kalk u. Kieselsäure gebunden	Glas	scharfkantig u. spitz	spröde schnell splitternd	4—6	nur für den Handschliff v. Holz u. Farben
Kristallinisches wasserhaltiges Siliziumdioxyd	Flint (Feuerstein)	uneben u. spitz	brüchig	5—6	f. d. Hand- u. Maschinenschliff v. Holz jeder Art
Erdalkalimetallsilikatgemisch	Granat	muschelig scharfkantig	ziemlich spröde	7	f. Maschinenschliff v. jegl. Holz. bes. Hartholz u. Edelfunieren
Aus Schmelzfluß kristalline Tonerde Al_2O_3	Edelkorund	uneben körnig scharfkantig	spröde	9	bes. f. Maschinenschliff v. Hartholz u. Edelfurnieren
SiC in kristallisierter Form	Siliziumkarbid	scharfkantig u. spitz	spröde	etwas über 9	f. Sonderzwecke zum Schleifen v. Hartholz

wollkörper in Frage. Das Gewebe soll nach Möglichkeit geringe Dehnung haben. Das gekörnte Schleifmittel wird durch eine Schicht von Hautleim gehalten. Es muß jedes Korn von Leim umklammert, aber keineswegs überzogen sein. Man kennt ja nach Verwendungszweck eine offene und dichte Bestreuung. Die offene Bestreuung wird bei solchen Hölzern angewendet, die das Schleifpapier schnell zusetzen.

Die Schleifgeschwindigkeit ist von großem Einfluß. Sie soll bei Bandschleifmaschinen über 20 m/s und bei Tellerscheiben am Umfang 50 bis 55 m/s betragen, damit bei sauberer Oberfläche die Schleifleistung genügend groß ist und der Schleifdruck herabgesetzt werden kann. Bei geringerer Schleifgeschwindigkeit wird die Holzfaser nicht abgeschnitten, sondern zerrissen und eingedrückt. Die Oberfläche wird also nicht sauber.

Beim Wässern bzw. Beizen ist dann ein Aufstehen der Fasern zu befürchten. Es ist eine zeitraubende Nachbehandlung erforderlich, um diesen Fehler zu beheben.

Die Erscheinung kann aber auch vom Hobeln herrühren, wenn der Hobelstahl die Fasern zu sehr verquetscht hat. Einzelne Fasern werden aus ihrem Zusammenhang mit dem benachbarten Werkstoff gelöst, aber später wieder an die Oberfläche angedrückt, da sie nicht abgeschnitten sind.

Die Wahl der Körnung ist von vielen Einflüssen abhängig. Es ist zu beachten, die Holzart, die notwendige Spanabnahme und die zu erzielende Oberflächengüte. Die nachstehende Tabelle gibt einen Anhaltspunkt für die richtige Auswahl:

Tabelle 96. *Richtwerte für das Schleifen von Holz.*

Holzart	Schleifmaschine	Schleifmittel	Korngröße	Bemerkungen
Rotbuche	Bandschleifmaschine	Korund und Granat	50—80	gröberes Korn bleibt länger scharf
Eiche	Tellerschleifmaschine, Bandschleifmaschine	Korund und Granat	50—90	quer zur Holzfaser in Faserrichtung
Lackschichten auf Holz	Bandschleifmaschine	Granat	150—220 (sehr fein)	trocken Kühlmittel kein Wasser
Ebene Flächen	Bandschleifmaschine	Siliziumkarbid	280—400	wasserfestes Papier verwenden

8. Der Einfluß der Hartverchromung bei Holzbearbeitungswerkzeugen.

Da bei der Stahl- und Metallbearbeitung in vielen Fällen eine Verbesserung der Standzeit der Werkzeuge durch Hartverchromen festgestellt war, lag es nahe, dies auch bei Holzbearbeitungswerkzeugen zu prüfen. Da die Chromschicht so dünn ist, daß sie kein Nachschleifen zuläßt, wurden nur Werkzeuge verwendet, die an der Freifläche, nicht jedoch an der Spanfläche nachgeschliffen wurden[1].

Die Werkzeuge konnten sehr viel länger benutzt werden, bis sie wieder nachverchromt werden mußten.

Die Arbeiten wurden mit Kreissägen, Trennkreissägen und Fräsern an Weich- und Harthölzern sowie Furnieren durchgeführt. Es ergab sich in allen Fällen eine große Überlegenheit der Schnittleistung verchromter Werkzeuge.

9. Die Verwendung von Hartmetall bei der Holzzerspanung.

Von besonderem Interesse ist noch ein Vergleich zwischen Schnellarbeitsstahl, verchromten Werkzeugstahl und Hartmetall beim Fräsen, wie die nachstehende Zusammenstellung ergibt.

---

[1] FESSEL, F., Standzeitverbesserung von Holzbearbeitungswerkzeugen durch Hartverchromen. Holz als Roh- und Werkstoff 4 (1941) S. 102.

Tabelle 97. *Schnittleistung beim Fräsen von Holz für Schnellarbeitsstahl, verchromten Schnellarbeitsstahl und für Hartmetall.*

Werkzeugart	Hartmetall	Schnellarbeitsstahl (hartverchromt)	Schnellarbeitsstahl
Schnittleistung bis zur Abnutzung des Werkzeuges in m Schneidweg	22400	7400	4500
Werkzeugkosten für 1000 m Schnittleistung DM	2,72	2,84	4,77
Mehrleistung bis zur endgültigen Abnutzung in % der Leistung der Schnellarbeitsstahl-Fräser	630	67	—

Die vorstehende Tabelle gibt einen Anhaltspunkt, welche Leistungssteigerung durch die Verwendung von Hartmetall möglich ist. Die Einführung des Hartmetalls bei der Holzzerspanung wurde notwendig, weil durch die steigende Anwendung des verleimten Sperrholzes und die Verarbeitung sehr harter ausländischer Hölzer auch die Werkzeuge aus Schnellstahl nicht mehr ausreichten. Es kam noch hinzu, daß aus Gründen der Leistungssteigerung und der Oberflächengüte die Drehzahl und damit die Schnittgeschwindigkeit vervielfacht wurde.

Es wird titanfreies Hartmetall der Gruppe G verwendet. Die äußere Form des Werkzeuges zeichnet sich durch sehr große Spanräume und — mit Ausnahme der Sägen — durch geringe Zähnezahl aus. Sie sind auch entsprechend den üblichen großen Vorschüben stark hinterdreht.

Die Hartmetallwerkzeuge müssen nach den gleichen Richtlinien wie für Stahl- und Metallbearbeitung geschliffen und geläppt werden.

10. Der Zusammenhang zwischen den Eigenschaften des Holzes und seiner Zerspanbarkeit.

Es ist nun zu prüfen, ob von den bei der Bestimmung der Eigenschaften der Hölzer angegebenen Werten ein Rückschluß auf die Zerspanbarkeit gezogen werden kann.

Da für Holz noch nicht so eine große Anzahl von Versuchswerten vorliegen wie für Stahl, ist die Untersuchung dieser Frage für Holz schwieriger.

Es war bisher üblich, die Holzarten je nach ihrer Zerspanbarkeit in Gruppen einzuteilen. Diese Gruppeneinteilung war jedoch so groß, daß sie wenig aufschlußreich war.

Für das Drehen von Holz läßt sich zwischen dem spez. Schnittdruck und der Druckfestigkeit ein gewisser Zusammenhang finden, wie aus nachstehender Tabelle hervorgeht.

Die Zerspanbarkeit von Holz.

Zusammenhang zwischen Schnittdruck und Druckfestigkeit für das Drehen von Holz.

Holzart	Spez. Schnittdruck kg/mm²	Druckfestigkeit kg/cm²
Kiefer	5	470
Pappel	5,5	370
Buche	9	525
Eiche	10,5	540

In der nachstehenden Tabelle sind für zahlreiche Holzarten einige Werte zusammengestellt. Zunächst die spez. Trommelarbeit beim Schleifen von Holz auf einer Zylinderschleifmaschine. Sie ist ein Maß für den Schleifwiderstand.

Dann ist noch die Bohrzeit angegeben, die erforderlich war, um nach KEEP-LORENZ 10 mm Bohrtiefe zu erreichen. Schließlich ist dann noch die Druckfestigkeit angegeben.

Holzart	spez. Trommelarbeit (Schleifwiderstand) Wh/cm³	Bohren s	Druckfestigkeit kg/cm²
Weißbuche	263	37	660
Eiche	226	24,5	540
Esche	226	31	480
Rotbuche	192	29,5	525
Nußbaum	166	25,5	575
Ahorn	155	23,5	525
Kirsche	146	29,5	—
Lärche	137	25,5	530
Birke	134	35,5	430
Erle	111	18,5	—
Kiefer	111	18,0	470
Linde	63	12,0	440

Die Holzsorten sind nach fallendem Schleifwiderstand geordnet. Der Bohrwiderstand stimmt nicht bei Eiche, Kirsche, Lärche und Buche mit der zu erwartenden Gruppierung überein, und bei der Druckfestigkeit kann man auch nur von einer übereinstimmenden Tendenz sprechen.

Aus dem vorstehend Gesagten geht hervor, daß es vorläufig sehr schwer sein wird, die Zerspanbarkeit des Holzes durch eine bestimmte technologische oder physikalische Eigenschaft zu kennzeichnen. Es kommt noch hinzu, daß die stets wechselnde Feuchtigkeit, wie schon erwähnt, auch noch einen großen Einfluß ausübt. Nach der Spaltbarkeit kann man auch nicht immer urteilen. Manche Hölzer, die gute Zerspanbarkeit haben, lassen sich schwer spalten und umgekehrt. Z. B. läßt sich Birke gut schleifen aber schwer spalten.

Es ist wohl auch nicht so unbedingt notwendig, für Holz solche Richtwerte zu bekommen, da ja doch das Holz als gut zerspanbar zu bezeichnen ist. Auch sind die Schnittdrücke so, daß ein so starker Werkzeugverschleiß wie bei der Stahlbearbeitung nicht auftritt.

XXI. Die Zerspanbarkeit von Glas.

Glas erhält im allgemeinen seine äußere Form durch Pressen, Blasen, Walzen oder Ziehen. Diese Verfahren ermöglichen es trotz aller Vielseitigkeit nicht, dem Glas jede beliebige Form zu geben. Es ist daher notwendig, auch bei Glas eine Formgebung durch Drehen, Bohren usw. anzuwenden. Außerdem müssen die meisten Gläser geschliffen und poliert werden. Wie in vielen anderen Fällen ist es nicht angebracht, die Erfahrungen und die Werkzeugformen der Metallbearbeitung zu übertragen.

Wegen der starken Verschleißwirkung, die Glas auf die Werkzeuge ausübt, soll ausschließlich Hartmetall verwendet werden.

A. Die Spanbildung beim Glas.

Bisher war man der Meinung, daß Glas keine Spanbildung hat, sondern zu den staubenden Werkstoffen zu rechnen ist.

Die neuen Arbeiten haben gezeigt, daß Glas unter gewissen Bedingungen sehr wohl Späne bilden kann. Dieser Effekt geht aber bei den normalen Zerspanungsvorgängen des Drehens, Schleifens usw. unter. Die entstehenden zahlreichen Spanlocken zerfallen infolge der geringen Zähigkeit, des Ausbrechens von Glasteilchen, der Deformationen der Oberfläche sofort, so daß nur Pulver bzw. Körner übrigbleiben. Es entsteht daher der Eindruck, daß es sich um eine schürfende, reißende Abtragung handelt. Um die plastische Deformierbarkeit spröder Körper zu zeigen, muß man einen vereinfachten Arbeitsvorgang anwenden. Dies ist möglich, wenn man mit einem Kristall (Diamant, Borkarbid usw.) auf dem

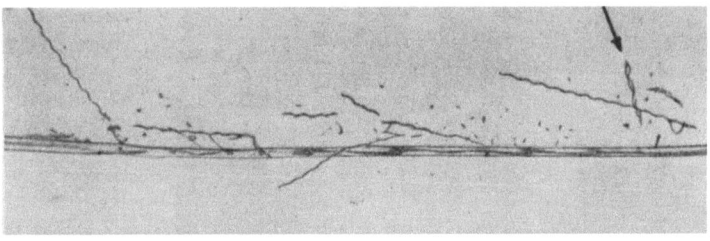

Abb. 143. Spanlocke aus Glas, geritzt mit Diamanten.

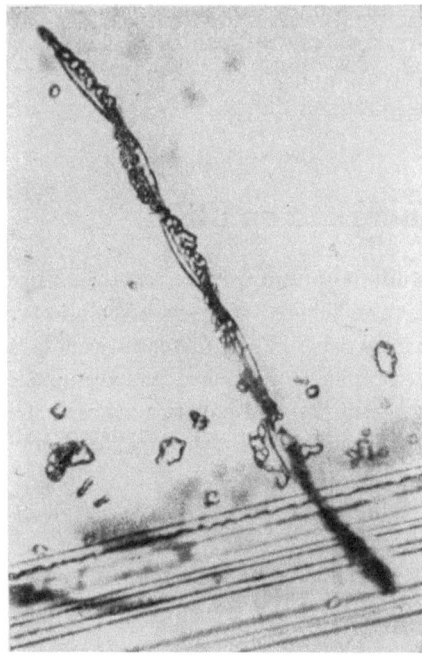

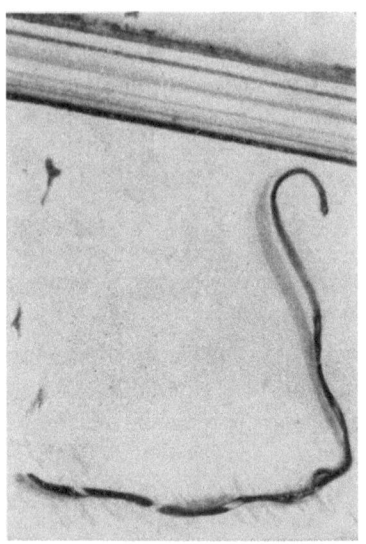

Abb. 145. Spanlocke aus Glas, geritzt mit Diamant.

Abb. 144. Spanlocke aus Abb. 143 (durch Pfeil in Abb. 143 gekennzeichnet).

Prüfkörper eine Ritzspur erzeugt[1]. Die Abb. 143 zeigt deutlich gewendelte Spanlocken aus Glas. In Abb. 144 ist der mit einem Pfeil gekennzeichnete Span vergrößert dargestellt. Man erkennt eine große Ähnlichkeit mit den Metallspänen, bei denen meist die Unterseite glatt und die Außenseite rauh ist. Einen weiteren Lockenspan zeigt Abb. 145.

Bei gesinterten Stoffen, z. B. Hartmetall, tritt die Lockenform nicht auf. Abbild. 146 zeigt die Ritzspur

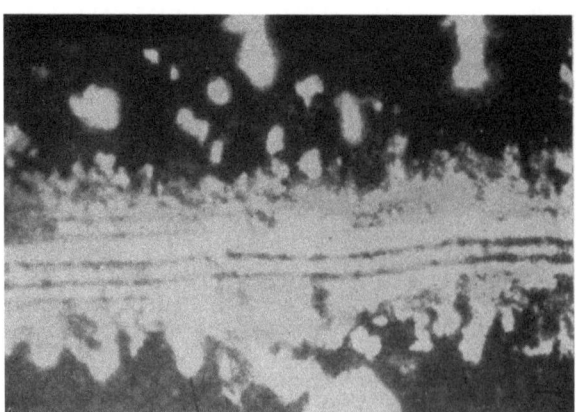

Abb. 146. Ritzspur und Staub bei Sinterthorerde, geritzt mit Diamant.

[1] VON STÖSSER, V., Über das Härteverhalten von Gläsern beim Schliff mit rotierenden Scheiben. Glastechnische Berichte 18 (1940) Heft 12, S. 337.
EUGEN RYSCHKEWITSCH, Die plastische Deformierbarkeit spröder Körper. Glastechnische Berichte 20 (1942) Heft 6, S. 166.

bei Sinterthorerde, bei der nur Staub als Zerspanungsprodukt übrigbleibt.

Wie in Abb. 147 gezeigt wird, fallen beim Schneiden von Glasstäben und Rohren mit schnellaufenden Stahlscheiben Späne an, die nach ihrer Form und ihrem Aussehen nicht durch einen eigentlichen Zerspanungsvorgang erzeugt werden. Sie sind als Nebenspäne aufzufassen.

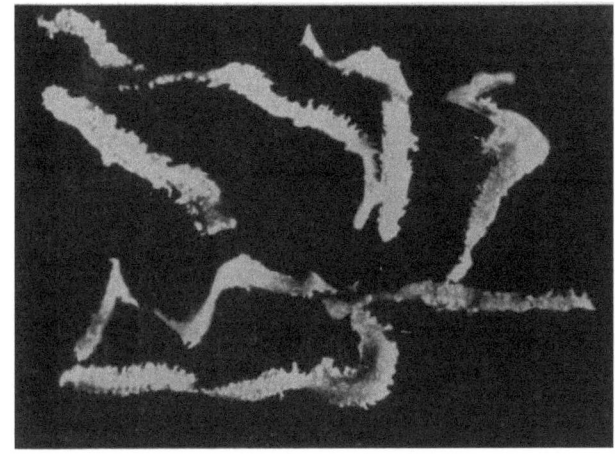

Abb. 147. Späne, die beim Schneiden von Glas mit rotierenden Stahlscheiben entstehen.

B. Das Drehen, Bohren, Fräsen von Glas.

Bei diesen Zerspanungsvorgängen zeigen sich keine Späne wie beim Ritzen. Die Spanquerschnitte sind bedeutend größer, und infolge des geringen Zusammenhaltens der einzelnen Teilchen bleibt nur noch eine regellose, mulmige Masse übrig.

Da die Glasteilchen aus dem Zusammenhang herausgerissen werden und die Anrisse der Zerspanungsstelle vorauslaufen, entsteht eine matte Oberfläche. Falls sie wieder klar und durchscheinend werden soll, muß sie poliert werden.

Die Winkelgrößen, die sich bewährt haben, sind wie folgt:
Neigungs-∡ bis 10°
Frei-∡ 6—7°
Span-∡ —8 bis —5°.

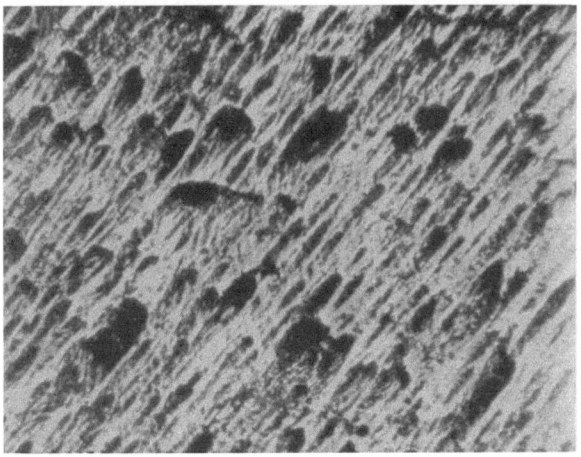

Abb. 148. Stahlfläche nach 48stündigem Sandrollen im Rommelfaß. ×66

Der Spitzenwinkel bei Hartmetallbohrern beträgt 40—50°.

Für die am meisten vorkommenden Zerspanungsarten werden für die Schnittgeschwindigkeiten und Spanabmessungen folgende Werte empfohlen:

Zerspanungsart	Schnittgeschwindigkeit m/min	Vorschub mm/U	Spantiefe mm
Drehen grob	80—100	0,1	2—3
fein	80—100	0,02	0,1
Fräsen	50	0,1	13—15
Hobeln	60 Hübe/min	0,1	0,1
Bohren	15—17	von Hand	
Gewindeschneiden	7,5	0,1	0,1

C. Das Schleifen und Polieren von Glas.

Die Arbeiten von RYSCH-KEWITSCH haben ergeben, daß sich das Schleifen aus drei Komponenten zusammensetzt:
1. Spanabhebender Vorgang.
2. Plastische Verformung ohne Abtrennung von Materialteilchen.
3. Ausreißen und Zersprengen des Werkstoffes.

Je nach den Schleifbedingungen wird die eine oder die andere Komponente überwiegen.

Die Arbeiten von BRANDT hinsichtlich des Schleifens von Glas haben experimentell folgendes ergeben.

Beim Schleifen von Glas wird das Schleifmaterial, welches aus Sand oder Schmirgel besteht, auf eine rotierende Metallplatte aufgebracht und das Glasstück dagegen gedrückt. Durch Zugabe von Wasser entsteht ein Brei, der durch Zertrümmerung und Abtragung der Rauhigkeiten eine Oberfläche schafft, die plan ist. Es entstehen Rauhtiefen von 12 bis 13 μ und ein Kraterdurchmesser von 0,03—0,05 mm.

Durch diesen Schleifprozeß wird die Oberfläche stark zergliedert, und es entstehen Mulden und Brüche. Es entstehen sogar bei der ersten Behandlung mit grobem Schmirgel kometenartige Spuren, die in schachtförmigen Aussprengungen enden. Diese ganz ausgeprägten Formen entstehen durch das Einpressen der einzelnen Schleifkörner in das spröde Glas. Sie haben eine große Ähnlichkeit mit der nach Abb. 148 festgestellten Oberfläche von Stahlteilen.

Es findet also beim Schleifen eine ausgesprochene Zertrümmerung mit nachfolgender Abtragung statt. Das Maß der Rauhtiefe ist von der Korngröße des Schmirgels abhängig und wird durch immer feinere Sorten verringert.

Die abgetragene Glasmenge ist dem Schleifweg und dem Schleifdruck direkt proportional. Der Zusammenhang mit der Härte folgt einem ähnlichen Gesetz. Die Härte wurde mit dem Zeiß-Gerät nach dem Sandstrahlverfahren bestimmt.

Solange noch eine gewisse Rauhigkeit besteht, erfolgt auch eine Abtragung, bei der aber immer mehr die horizontale Komponente überwiegt.

Mit fortschreitendem Polieren wird die Oberfläche immer feiner und feiner zerlegt, bis es nur noch darauf ankommt, die Reste der Poliermasse, die in den letzten Vertiefungen der Welligkeit zurückgeblieben sind, zu entfernen.

Es wurde rechnerisch und versuchsmäßig durch Streulichtmessungen festgestellt, wie tief die Mulden (Welligkeit) einer Glasoberfläche sein dürfen, damit sie noch als polierte durchlässige Fläche wirkt. Es ergab sich, daß bei Verwendung des amerikanischen Schmirgels die Glasproben bei einer Muldentiefe von $0{,}27\,\mu$ bis $0{,}3\,\mu$ auspoliert erscheinen und eine einwandfreie Oberfläche haben.

XXII. Die Zerspanbarkeit von Steingut und Porzellan.

Die rationelle Bearbeitung von Steingut und Porzellan wurde ebenfalls durch die Einführung des Hartmetalls ermöglicht. Es wird die Qualität H 1 verwendet.

Es haben sich folgende Schnittgeschwindigkeiten bewährt.

Werkstoff	Drehen m/min		Bohren m/min
	Grobschnitt	Feinschnitt	
Normales Steingut	10	15	10
Hartes Steingut	4	6	14
Porzellan	12	20	3

Die Spantiefe beträgt hierbei etwa 1 mm beim Grobschnitt und etwa 0,2 mm beim Schlichten. Mit dem Vorschub kann man von 0,2 auf 0,5 mm/U hinaufgehen.

Für die Winkel werden nachstehende Werte empfohlen.

Werkstoff	Freiwinkel	Spanwinkel
Porzellan	3—6°	0—5°
Steingut	3°	0°

Die Spiralbohrer sind mit Hartmetall bestückt und ohne Fase.

Bei dünnwandigen Platten nimmt man Spitzbohrer mit einem Spitzenwinkel von 30°. Für die übrigen Fälle richtet man sich nach folgender Tabelle.

Werkstoff	Spitzenwinkel zum Bohren in Vollmaterial		zum Aufbohren	
	normal	hart	normal	hart
Porzellan	60°	70°	50°	90°
Steingut	90°	100°	100°	110°
Hartgebranntes Steingut	120°		140°	

Die Umdrehungszahlen für die einzelnen Bohrerdurchmesser und Werkstoffe sind wie folgt zu wählen.

Werkstoff	Umdrehungszahlen pro Minute für Bohrerdurchmesser von						
	5	8	10	15	20	25	30 mm
Porzellan	1000	550	450	300	250	180	150
Normales Steingut	700	400	300	200	150	120	100
Hartes Steingut	200	120	90	70	vorbohren		

Wenn Löcher auszuschneiden sind, verwendet man mit Vorteil den Kreisschneider. Zum Durchschneiden von Platten kann man eine Kreissäge oder eine Trennscheibe benutzen. Durch Verwendung der neuzeitlichen Werkzeuge wird nicht nur Bruch vermieden, sondern auch erheblich viel Zeit eingespart.

XXIII. Die Zerspanbarkeit der Kunststoffe.

A. Übersicht über die Kunststoffe und deren Aufbau.

Die Zahl und die Vielgestaltigkeit der organischen Kunststoffe haben bis heute eine derartige Steigerung erfahren, daß es im Rahmen dieses Buches unmöglich ist, eine vollständige Übersicht zu geben. Es wird daher nur eine knappe Zusammenstellung der zerspanungstechnisch wichtigsten Kunststoffe mit den zugehörigen Handelsbezeichnungen gegeben und im Abschnitt B die Zerspanung dieser Kunststoffe behandelt.

Das große Gebiet der organischen Kunststoffe kann man in drei Hauptgruppen einteilen.
1. Naturstoffe,
2. Modifizierte Naturstoffe,
3. Synthetische Kunststoffe.

1. *Naturstoffe.* Die Kunststoffe, die unter diese Gruppe fallen, haben keine technische Bedeutung mehr und werden nur noch in der Elektrotechnik angewandt.

2. *Modifizierte Naturstoffe.* Diese Kunststoffe unterscheiden sich von den synthetischen Kunststoffen dadurch, daß sie bereits von Hause aus hochmolekular sind, so daß zu ihrer Herstellung nur eine chemische Umwandlung gewisser Gruppen notwendig ist. Sie sind im nachfolgenden nach ihren Rohstoffen geordnet worden.

a) Kunststoffe auf der Basis von Zellulose.

Die wichtigsten Ausgangsstoffe für Zellulose sind Baumwolle (Linters) und Holz. Zellulose entsteht durch Kochen dieser Stoffe unter Druck in Lösungen aus Kalziumbisulfit, wobei das Lignin in Lösung geht.

α) Vulkanfiber (Hydratzellulose).

Sie entsteht durch Aufquellen von Zellulosebahnen in Zinkchlorid- oder Schwefelsäure, wobei der Zellstoff seine Struktur verliert und mit benachbarten Zellstoffbahnen homogenisiert. Nach anschließendem Waschen und Trocknen erhält die Vulkanfiber seine endgültige Form durch Verfestigung auf hydraulischen Pressen. Vulkanfiber hat gute mechanische Eigenschaften (große Verschleißfestigkeit) und läßt sich vorzüglich spanabhebend bearbeiten.

β) Zellglas, Cellophan, Heliozell, Transparit (Hydratzellulose).

Seine Herstellung erfolgt gleichfalls aus Zellstoff, der in einer Lösung aus Natriumhydroxyd und Schwefelkohlenstoff in Viskose umgewandelt wird. Nach Gießen des Films wird die Viskose in einem Fällbad zersetzt und der Zellstoff als Hydrat zurückerhalten. Anwendung im Verpackungswesen und als Glas für Fenster und Brillen. Die Folienstärke ist 0,015—0,5 mm.

γ) Zellhorn oder Zelluloid (Zellulosenitrat).

Zelluloid ist eine Mischung von Zellulosenitrat und Kampfer. Zellulosenitrate sind esterartige Verbindungen von Salpetersäure mit Zellstoff. Der Kampfer *dient als Plastifikator und wird in Alkohol gelöst.*

Zelluloid ist in kaltem Zustande elastisch und wird bei 70—100° wachsähnlich und plastisch (gute Verschweißbarkeit). Seine Zerspanbarkeit, vor allem beim Schleifen und Polieren, ist gut. Von Nachteil ist die leichte Entflammbarkeit infolge des Zellulosenitrats.

δ) Cellon, Cellit, Ecarit (Zelluloseazetat).

Cellon ist eine Mischung von Zelluloseazetat und Kampfer. Zelluloseazetat wird aus reinem Zellstoff (Linters), Essigsäure und Essigsäureanhydrit in Anwesenheit eines Katalysators hergestellt (Azetylierung des Zellstoffs).

Cellon hat die gleichen Eigenschaften wie Zelluloid, ist aber schwer brennbar.

ε) Trolit W (Zelluloseazetat), Trolit F (Zellulosenitrat).

Trolit W erhält man durch Walzen von wasserhaltigem Zelluloseazetat mit hochsiedenden Plastifikatoren (an Stelle von Kampfer) ohne Lösungsmittel. Es ist ohne Füllmittel hell und durchscheinend und schmilzt bei 150—200° C. Verwendung zur Herstellung von Formteilen mittels Spritzgußverfahren.

Trolit F ist ein Kunststoff auf Zellulosenitratbasis. Seine Herstellung entspricht der beim Trolit W. Es enthält aber zusätzlich eine größere

Menge von Gips, wodurch die hohe Brennbarkeit des Zellulosenitrats aufgehoben wird.

Trolit F wird zu Platten, Röhren und Stäben verarbeitet.

b) Kunststoffe auf der Basis von Proteinen.

Proteine sind Eiweißstoffe mit großen Molekülen. Der wichtigste Vertreter der Kunststoffe auf Proteingrundlage ist:

Kunsthorn (Galalith [Milchstein], Akalit).

Kunsthorn ist homogenisiertes und gehärtetes Kasein. Das gemahlene Kasein wird mit Wasser plastifiziert, mit Füll- und Farbstoffen vermischt und auf Strangpressen zu Stäben und Plätten verarbeitet. Diese Endprodukte werden dann abschließend in einer Formaldehydlösung gehärtet (Kondensationsvorgang).

Kunsthorn läßt sich sehr gut spanabhebend bearbeiten.

1. Synthetische Kunststoffe.

Die synthetischen Kunststoffe unterscheiden sich von den natürlichen, organischen Kunststoffen dadurch, daß sie aus niedermolekularen Ausgangsstoffen aufgebaut sind. Dieser Aufbau kann erfolgen durch

Polymerisation oder
durch Polykondensation.

Entsprechend der beiden verschiedenen Wege zur Herstellung von synthetischen Kunststoffen ist es zweckmäßig, deren Einteilung danach vorzunehmen.

a) **Polymerisate** *(thermoplastisch)*
Polyvinylchloride,
Akrylharze,
Polystyrol.
b) **Polykondensate**
Phenoplaste,
Aminoplaste,
Melaminharze,
Anilinharze.

a) Polymerisate

α) Polyvinylchlorid. Der Grundstoff ist Vinylchlorid das durch Anlagerung von Salzsäure an Azetylen gewonnen wird. Die Polymerisate des Vinylchlorids der ehemaligen I. G. Farbenindustrie — die sog. Igelite — haben die umfassendste Anwendung als thermoplastischen Kunststoffrohstoff gefunden. Man unterscheidet:

Igelit PCU (*PCU — Polyvinylchlorid unchloriert*), das hochpolymer und kaum löslich ist. Es bildet harte Kunststofferzeugnisse, wie z. B. Vinidur (hornartig mit gelbbrauner Farbe), Luvitherm, Decelith H.

Igelit MP (*MP = Mischpolymerisat*) entsteht durch Polymerisation von Vinylchlorid mit Vinylverbindungen. Es ist weicher als Igelit PCU. Die bekanntesten Kunststoffe aus Igelit MP sind:

Mipolam H. Verwendung als Spritz- und Preßmasse für Formteile und in Plattenform. Farbe ist gelb.

Astralon. Es ist farblos und glasklar.

Weichgestellte Massen aus PCU und MP. Anwendung nur für Folien.

Igelit PC. Es entsteht durch Nachchlorieren von PCU. Anwendung für Faser und Folien.

β) *Akrylharze.* Ein wichtiger Grundstoff der Akrylharze ist der Methakrylsäuremethylester, der aus Azeton und Blausäure hergestellt wird. Durch Polymerisation erhält man den Polymethakrylsäuremethylester, das bekannte Plexiglas, welches sich vorzüglich zerspanen läßt. Es ist ungewöhnlich durchsichtig und fast unzerbrechlich.

γ) *Polystyrol* (Trolitul, Styroflex).

Es wird aus Styrol hergestellt, das über Zwischenstufen aus Äthylen und Benzol gewonnen wird. Durch Polymerisation geht Styrol in Polystyrol über.

Polystyrol ist in reinem Zustand glasklar. Gefärbtes und gefülltes Polystyrol kommt als Trolitul in den Handel. Gerecktes Polystyrol bezeichnet man als Styroflex.

b) Polykondensate.

Polykondensate sind Kunststoffe, die durch Polykondensation entstanden sind. Sie sind mit Ausnahme des Anilinharzes warmhärtbar, d. h. sie erreichen durch fortschreitende Erwärmung unter Druck eine hohe Härte. Ihre Hauptvertreter sind:

α) **Phenoplaste.**

Unter dem Sammelbegriff „Phenoplaste" faßt man die Phenol- und Kresolharze zusammen. Sie entstehen durch Polykondensation von Phenol bzw. Kresol mit Formaldehyd, unter Abspaltung von Wasser. Phenol und Kresol werden aus Rohphenol, das ein Destillationsprodukt des Steinkohlenteers ist, oder synthetisch aus Benzol gewonnen. Formaldehyd wird synthetisch aus Wassergas erzeugt. Die Phenoplaste finden in der Technik die umfassendste Anwendung vor allen anderen warmhärtbaren Kunststoffen, und zwar als Preßharz, Bindeharz für Preßmassen und Schichtstoffe und als Gußharz.

β) **Aminoplaste.**

Aminoplaste sind Harnstoff-Formaldehydharze — auch Karbamidharze genannt —, deren Erzeugung dem oben beschriebenen Verfahren entspricht. Harnstoff wird synthetisch aus Ammoniak und Kohlendioxyd gewonnen. Die Karbamidharze sind im Gegensatz zu den Phenoplasten farblos und lichtecht. Anwendung für Preßstoffe (Pollopas) und selten als Gußharz.

γ) **Melaminharze.**

Die Melaminharze werden auf dem gleichen Wege wie die Karbamidharze hergestellt. Statt Harnstoff nimmt man Melamin, das aus Kalkstickstoff gewonnen wird. Melaminharz ist farblos und lichtecht.

Anwendung hauptsächlich für Preßstoffe (Ultrapas).

δ) **Anilinharze.**

Sie entstehen aus dem Anilinharz und Formaldehyd. Sie lassen sich aber nicht wie die Phenoplaste aushärten.

Anwendung als Preßharz (Iganil) in Plattenform und als Bindeharz für Schichtpreßstoffe.

c) **Verwendungsarten der Polykondensationsharze.**

Die Polykondensationsharze werden in verschiedenen Modifikationen verwendet:

α) als Preßharz,
β) als Bindeharz für Preßmassen,
γ) als Bindeharz für Schichtpreßstoffe,
δ) als Guß- oder Edelkunstharz.

α) *Preßharz.* Preßharze sind Polykondensate, die keinen Trägerstoff enthalten. Sie werden im Gegensatz zu den Gußharzen unter Druck verpreßt. Infolge Fehlens des Harzträgers ist das Preßharz feuchtigkeitsunempfindlich und glasklar, dafür aber sehr spröde (hohe Kerbempfindlichkeit).

Anwendung in der Elektrotechnik und in der Schmuckwarenindustrie.

β) *Kunstharzpreßstoffe.* Kunstharzpreßstoff ist eine formlose Mischung von härtbarem Kunstharz im Zustand A (Resol) mit einem Harzträger — sog. Preßmasse —, die gewöhnlich in heißen Formen unter Druck verpreßt werden. Als Harzträger finden organische Füllstoffe, wie Baumwolle, Holzmehl, Zellstoff, und anorganische Füllstoffe, wie Asbest, Gesteinsmehl, Verwendung.

γ) Zu den **Schichtpreßstoffen** zählen Hartpapier (Pertinax), Hartgewebe (Novotext) und das Preßholz (Lignofol). Sie entstehen dadurch, daß man mehrere Lagen von Papier-Textilbahnen oder Holzfurnieren in flüssigem

Resolharz tränkt und sie unter Druck bei Temperaturen von 150—170° C zusammenpreßt.

Hartpapier dient in der Elektrotechnik als Isolier- und Baustoff. Hartgewebe wird im Maschinenbau für große mechanische Beanspruchung verwandt.

Kunstharzpreßholz wird im Maschinenbau und in der Textilindustrie angewendet.

δ) *Guß- oder Edelkunstharze* (Leukorit, Dekorit, Trolon).

Zur Herstellung von Guß- oder Edelkunstharz dienen in erster Linie die alkalisch hergestellten Phenolharze. Sie unterscheiden sich von den Preßharzen dadurch, daß man das flüssige Harz in offene Formen aus Messing, Nickel oder Glas gießt und bei niedrigeren Temperaturen drucklos aushärtet. Gußharz ist hell, farblos und sehr zäh und ergibt bei der Zerspanung keine Schwierigkeiten.

B. Die Zerspanbarkeit der Kunststoffe.

Die festen Kunststoffe lassen sich grundsätzlich alle spanabhebend bearbeiten, vorausgesetzt, daß sie nicht zu weich sind, wie z. B. Oppanol. Ist aber eine Nachbearbeitung von gummiartigen Stoffen unbedingt erforderlich, so muß man diese in flüssiger Luft einfrieren. Im nachstehenden wird auf die Zerspanung der technisch wichtigsten Kunststoffe näher eingegangen. Die Richtwerte sind in den Tabellen 98 bis 100 für die einzelnen Kunststoffarten zusammengefaßt.

1. Zerspanbarkeit der Polymerisate.

Unter den Polymerisaten besitzen das Igelit PCU und Igelit MP in ihrer handelsüblichen Form des Vinidurs und Astralons sowie das Polymethakrylat „Plexiglas" als Zerspanungswerkstoffe die größte Bedeutung.

Igelit PCU (Vinidur), Igelit MP (Mipolam, Astralon).

Die Hartigelite lassen sich im allgemeinen ebenso gut bearbeiten wie Holz und Leichtmetalle. Jedoch wirkt bei allen Arbeitsoperationen die schlechte Wärmeleitfähigkeit dieser Stoffe ungünstig auf den Zerspanungsvorgang. Es muß daher für eine gute Spanabführung sowie für eine ausreichende Kühlung Sorge getragen werden. Der Vorschub darf nicht zu groß gewählt werden, da sonst ein Erweichen des Werkstoffes eintritt, das zu einem Schmieren und zum Zusetzen der Spanräume führt.

a) Drehen.

Werkzeuge und Schnittgeschwindigkeiten beim Schruppen und Schlichten entsprechen denen der Leichtmetalle. Die Schneidwerkzeuge brauchen nicht aus Schnellstahl oder Hartmetall zu bestehen. Es genügen einfache Werkzeugstähle. Günstige Schneidenwinkel für Werkzeugstähle sind:

Spanwinkel $\gamma = 20°$
Freiwinkel $\alpha = 10°$
Keilwinkel $\beta = 60°$.

Die Spantiefe ist beim Grobschnitt nach oben unbegrenzt und hängt nur von der Stabilität des Werkstückes ab.

Es ist darauf zu achten, daß keine losen Späne am Werkstück haftenbleiben, da die auftretenden Zerspanungstemperaturen eine Zersetzung der Späne bewirken und Salzsäure frei wird (Einleitung von Korrosion an Maschinenteilen).

Kerben und scharfe Übergänge sind zu vermeiden wegen der großen Kerbempfindlichkeit der Kunststoffe.

b) Bohren.

Als Bohrwerkzeug verwendet man meist die in der Metallindustrie üblichen Spiralbohrer. Der Axialdruck darf nur gering sein, um eine zu starke Erwärmung der Kunststoffe zu vermeiden. Es ist zweckmäßig, die an der Werkzeugschneide entstehende Wärme durch Preßluft abzuführen. Beim Bohren von großen Löchern empfiehlt es sich, den Bohrvorgang in Vor- und Fertigbohren zu unterteilen.

Der Lochdurchmesser wird im allgemeinen 0,05—0,1 mm kleiner als der Bohrerdurchmesser.

c) Fräsen.

Als Werkzeuge haben sich die bei der Holzbearbeitung gebräuchlichen Schneidköpfe gut bewährt. Zahnform und Zahnteilung der Fräser müssen so gewählt werden, daß sie ein leichtes Freischneiden der Zähne und ein gutes Abfließen der Späne ermöglichen.

Die Spantiefe ist lediglich abhängig von der Stabilität des Werkstückes.

d) Hobeln.

Auch hierbei können Holzbearbeitungsmaschinen eingesetzt werden, da die Schnittgeschwindigkeit der gebräuchlichen Metallhobelmaschinen weit unterhalb der für Igelit PCU wirtschaftlichen Schnittgeschwindigkeit liegt. Die Schneidenwinkel der Hobelstähle entsprechen denen der Drehstähle.

e) Sägen.

Das Sägen ist ein vielfach angewandter Arbeitsvorgang. Materialstärken bis 20 mm werden vorteilhaft mit der Kreissäge, unterhalb 20 mm mit der Bandsäge geschnitten. Der Vorschub muß so bemessen sein, daß der Werkstoff unter dem Einfluß der Wärme nicht weich wird und die Zähne zusetzt. Die Kühlung des Sägeblattes und die Entfernung der Späne erfolgt zweckmäßig mit Preßluft.

f) Polieren.

Das Polieren geschieht vorteilhaft mit der Schwabbelscheibe, wobei aber darauf zu achten ist, daß die Werkstücke ohne Anpreßdruck gegen die Scheibe gehalten werden. Es muß auf alle Fälle vermieden werden, daß infolge der schlechten Wärmeleitfähigkeit des Kunststoffes eine Erweichung der Oberfläche und damit ein Verschmieren auftritt.

Plexiglas. Plexiglas wird seit Jahren hauptsächlich auf Holzbearbeitungsmaschinen bearbeitet. Es ist nicht notwendig, zur Erreichung hoher Stückzahlen und bei stärkster Beanspruchung Hartmetalle anzuwenden. Für die einzelnen Bearbeitungsvorgänge gilt im allgemeinen das gleiche wie das unter 1a—1f Gesagte. Abweichend davon ist noch folgendes zu beachten.

a) Drehen. Hier kommt man gleichfalls mit Schnelldrehstahl aus, dessen Standzeit nahezu unbegrenzt ist.

Günstige Schnittwinkel sind:

Spanwinkel $\gamma = 0—10°$
Freiwinkel $\alpha = 3—6°$
Keilwinkel $\beta = 82—84°$ (möglichst stumpf halten zur besseren Wärmeabfuhr).

b) Bohren. Man hat Plexiglasspezialbohrer entwickelt für Lochtiefen über 1″ Bohrdurchmesser mit steilen Drallnuten und polierten Spanräumen für leichte Spanabfuhr.

2. Zerspanbarkeit von Schichtpreßstoffen.

Die geschichteten Preßstoffe (hauptsächlich Hartpapier und -gewebe) verhalten sich hinsichtlich der Bearbeitungsverfahren wesentlich anders als die Polymerisate. Es ist darauf zu achten, daß an der Auslaufseite des Werkstückes, wenn ⊥ zur Schichtrichtung gearbeitet werden muß, ein Ausbrechen der Kanten vermieden wird. Dies geschieht mit Hilfe von geeigneten Hilfseinrichtungen, wie Stützen und Spannplatten. Nach Feststellung von SCHALLBROCH und DODERER[1] ist bei der Zerspanung von Hartgeweben das Verhältnis der Verschleißwiderstände von Werkzeugstahl (legiert) zu Schnellstahl und Hartmetall wie 1:2:17. Die starke Abstumpfung der Werkzeugschneide ist auf die geringe Wärmeleitzahl der Bindeharze (Phenol- und Kresolharz) und auf die verschleißende Wirkung der Einlagen zurückzuführen. Für die Bearbeitung eignen sich am besten Schnellstahl- und Hartmetallwerkzeuge und keramische Werkzeuge. (Hartmetall G1, G2 und H3.)

Schmiermittel sind nicht erforderlich. Für eine gute Staubabsaugung ist unbedingt Sorge zu tragen, da bei der zerspanenden Bearbeitung der

---

[1] SCHALLBROCH, H. u. P. R. v. DODERER, Zerspanungsuntersuchungen an geschichteten Kunstharzpreßstoffen, Berlin 1943.

Kunststoffe große Staubmengen anfallen, die verschleißend auf die Maschinenführungen wirken.

a) Drehen.

Schnittgeschwindigkeit, Vorschub, Werkzeugform s. Tabelle 100.

b) Fräsen.

Für kleine Stückzahlen verwendet man Fräser aus Schnellstahl, sonst aber Fräser mit Hartmetallbestückung. Um Aufspaltung der Schichten zu vermeiden, sind Fräser mit Kreuzverzahnung zu empfehlen. Die Anwendung von Oberfräsen mit Schnittgeschwindigkeiten von 800 bis 1000 m/min hat für die Bearbeitung von Kunststoffen eine große Bedeutung erlangt.

c) Bohren.

Man nimmt den Bohrerdurchmesser um 0,1 mm größer, da sich die Bohrlöcher wieder zusammenziehen (großer Wärmedehnungskoeffizient der Kunststoffe).

Feste Aufspannung des Werkstückes ist zur Vermeidung der Aufspaltung der Schichten notwendig.

d) Gewindeschneiden.

Gewinde wird in Schichtpreßstoffen nur senkrecht zur Schichtebene geschnitten. Die Spannuten müssen möglichst groß sein, um ein gutes Entfernen der Späne sicherzustellen, da sonst infolge Fressen des Bohrers eine Aufspaltung der Schichten eintritt.

e) Polieren.

Es wird auf eingefetteten Schwabbelscheiben aus Nessel mit Polierpaste zum Vorpolieren und trocken zum Nachpolieren durchgeführt. $v = 25-35$ m/s. Dabei ist darauf zu achten, daß die Werkstücke sich nicht erwärmen und die Oberflächen matt werden.

3. Die Zerspanbarkeit von Kunstharzpreßstoffen.

Kunstharzpreßstoffe werden im allgemeinen nicht spanabhebend bearbeitet, da die Werkstücke nach Möglichkeit ohne Nacharbeit die Preßform verlassen sollen. Ist aber aus wirtschaftlichen Gründen (geringe Stückzahl) eine mechanische Bearbeitung des Rohlings aus dem Vollen notwendig, so gelten bei der Zerspanung annähernd die gleichen Bedingungen wie bei geschichteten Preßstoffen.

Erschwerend ist aber bei den Preßstoffen die Tatsache, daß der Einfluß des regellosen Harzträgers bedeutend stärker in Erscheinung tritt.

Die Zerspanbarkeit der Kunststoffe.

Tabelle 98. *Die Zerspanbarkeit von Polymerisaten (Vinidur) (nach Werkstattblatt 94 Carl Hanser Verlag).*

	Vinidur		
	Schnittgeschwindigkeit	Vorschub	Werkzeug
Drehen	600—700 m/min	0,3—0,5 mm/U	Schnellstahl Hartmetall
Fräsen	30—45 m/min 250—400 m/min	40—150 mm/min 0,5—0,8 mm/U	Schnellstahl Hartmetall
Hobeln	15—20 m/min 60—70 m/min	0,2—0,5 mm 0,2—0,8 mm	Schnellstahl Hartmetall
Bohren	30—40 m/min 40—70 m/min	0,1—0,2 mm/U 0,2—0,4 mm/U	Schnellstahl Hartmetall
Schneiden		gefühlmäßig von Hand	Schlagschere
Sägen	25 m/min 40 m/min	gefühlsmäßig von Hand gefühlsmäßig von Hand	Bandsäge Kreissäge
Schleifen	25—35 m/s	0,2—0,4 m/min	Korundscheiben
Polieren	1500 bis 2000 m/min		Schwabbelscheibe 200—400 mm ⌀ 40—60 br.

Tabelle 99. *Die Zerspanbarkeit von Plexiglas.*

	Plexiglas		
	Schnittgeschwindigkeit	Vorschub	Werkzeug
Drehen	600—800 m/min	0,2—0,5 mm/U	Schnellstahl Hartmetall
Fräsen	30—40 m/min 250—400 m/min	40—150 mm/min 0,2—0,5 mm/U	Schnellstahl Hartmetall
Hobeln	15—20 m/min 60—70 m/min	0,2—0,5 mm 0,2—0,8 mm	Schnellstahl Hartmetall
Bohren	30 m/min 50—60 m/min	0,1—0,2 mm/U 0,2—0,4 mm/U	Schnellstahl Hartmetall
Schneiden			Stichel
Sägen	20—25 m/min 30—40 m/min	gefühlsmäßig von Hand gefühlsmäßig von Hand	Bandsäge Kreissäge
Schleifen	450—500 m/min	0,2 m/min	Schleifscheibe 400—500 mm ⌀
Polieren	1400 m/min		Schwabbelscheibe 300—500 mm ⌀

Tab. 100. *Die Zerspanbarkeit von Schichtstoffen (nach Werkstattbl. 90 Carl Hanser Verl.).*

	Schnittgeschwindigkeit m/min	Vorschub mm	Werkzeugform α = Freiwinkel γ = Spanwinkel
Drehen			$\alpha = 8°$
Schnellstahl	80—100	0,3—0,5	$\gamma = 25°$
Hartmetall	100—250	0,1—0,3	$\alpha = 8$—$10°$
			$\gamma = 15°$
Fräsen			
Schnellstahl	40—50	0,5—0,8	$\alpha = 20$—$30°$
Hartmetall	200—1000[1]		$\gamma = 20$—$25°$
Hobeln			
Schnellstahl	15—20	0,4—0,8	$\alpha = 10°$, $\gamma = 15°$
Hartmetall	50—60	0,2—0,5	Neigungswinkel 6°
Bohren			$\gamma = 10°$
			Hinterschliffwinkel 80°
Schnellstahl	40—70	0,2—0,4	steiler Drall, Spitzenwinkel
Hartmetall	90—120	0,2—0,4	60—100°
Sägen			
Kreissäge	2500—3000		$\alpha = 30$—$40°$
Bandsäge	1500—2000		$\gamma = 5$—$8°$
Schleifen	1800—2000		Körnung 60 Härte M Wasserkühlung

Preßstoffe, z. B. mit Holzmehl-Füllstoffen, lassen sich nur noch bohren und bedingt drehen, da die verschleißende Wirkung des anfallenden Staubes außerordentlich groß ist. Preßstoffe mit anorganischen Füllmitteln, wie Gesteinsmehl, lassen sich nur noch durch Schleifen spanabhebend bearbeiten.

XXIV. Einfluß der Kühlmittel auf die Zerspanbarkeit.

Die Kühlmittel haben bei der spanabhebenden Formgebung den Zweck, die Lebensdauer der Werkzeuge zu erhöhen und die Oberflächengüte und Maßhaltigkeit der Werkstücke zu verbessern[1]. Außerdem soll das Kühlmittel häufig die Späne wegspülen und das fertige Stück gegen Korrosion schützen.

Bei Revolverbänken und Automaten sollen die Führungen, die direkt mit dem Kühlmittel in Berührung kommen, noch geschmiert werden. Das Kühlmittel wirkt nicht direkt an der Zerspanungsstelle, da der Schnittdruck meist so hoch ist, daß es sich nicht zwischen Werkzeug und Span

---

[1] KREKELER, K., Öl im Betrieb. 2. Aufl. Heft 48 der Werkstattbücher. Berlin: Springer 1943.

halten kann. Es wirkt mehr durch mittelbare Kühlung der Umgebung der Zerspanungsstelle. Daher ist es auch Voraussetzung, daß das Kühlmittel nicht nur sehr reichlich zugeführt wird, sondern auch in ruhigem und gedämpftem Strahl die Zerspanungsstelle überflutet.

Man unterscheidet zwei Gruppen von Ölen bei der Metallbearbeitung:

1. Schneidöle (etwa nach DIN 6557). Dies sind Öle, die in unvermischtem Zustande benutzt werden. Sie dienen zur Kühlung bei der Zerspanung von Werkstoffen hoher Festigkeiten mit hohen Schnittgeschwindigkeiten und hohen Spanleistungen.

2. Kühlmittelöle (etwa nach DIN 6558), früher auch „Bohröle" genannt. Diese Öle werden mit Wasser gemischt und emulgieren zu einer mehr oder weniger weißen Flüssigkeit. Die Farbe der Flüssigkeit ist auf die Leistung der Emulsion ohne Einfluß. Meist werden Mischungen mit 2,5% Kühlmittelöl benutzt, jedoch kommen je nach Bedarf auch stärkere und schwächere Mischungen vor.

A. Schneidöle (mit Wasser nicht mischbar).

Noch vor einigen Jahrzehnten wurden als Schneidöle vegetabilische oder animalische Öle benutzt, insbesondere Rüböl und Tran. Die Überlegenheit der Fettöle über normale Mineralöle hinsichtlich Schmierergiebigkeit im Gebiet der Grenzreibung führte dazu, die Nachteile der Fettöle, nämlich leichte Oxydierbarkeit, schnelle Versäuerung und Verharzung sowie Eindickung, in Kauf zu nehmen. Die Schmiervorgänge bei der Zerspanung liegen durchweg im Gebiet der Grenzreibung, in welchem von flüssiger Reibung durch vollkommene Trennung der beiden aufeinander reibenden Flächen (Spanfläche und ablaufender Span) mit Hilfe eines keilförmigen Ölfilms keine Rede sein kann. Das Gebiet der Grenzreibung ist infolge des hohen Schnittdruckes durch metallischen Kontakt der aufeinander reibenden Körper gekennzeichnet. Die Forschung der Mineralölindustrie hat Wege gefunden, um durch chemisch reagierende, öllösliche Zusätze den Mineralölen sog. Höchstdruckeigenschaften zu geben, die gerade im Gebiet der Grenzreibung, wo metallische Berührung und als Folge davon außerordentlich hohe Drücke und Temperatursteigerungen auftreten, das gefürchtete Verschweißen bzw. Fressen vermeiden. Es handelt sich bei diesen Zusätzen um Schwefel-, Phosphor- oder Chlorverbindungen. Mineralöle mit Zusätzen sind ein vollwertiger Ersatz für die Fettöle.

Irgendwelche Kurzprüfverfahren zur Prüfung der Schneidleistung eines Öles gibt es noch nicht. Es ist auch nicht möglich, mit einem einzigen Schneidöl für alle verschiedenartigen Zerspanungsbedingungen und Werkstoffe auszukommen. Vielmehr handelt es sich darum, ähnliche Zerspanungsbedingungen gruppenweise zusammenzufassen und hierfür die

Schneidöle zu ermitteln, welche die bestmögliche Durchschnittsleistung erreichen.

Ölbenetzte Späne enthalten einen hohen Anteil an Öl, welcher durch Schleudern in Spänezentrifugen zurückgewonnen werden kann. Je zähflüssiger das Schneidöl ist, um so höher ist der Gewichtsprozentsatz des Haftöles an den Spänen. Im allgemeinen kann man bei ölbenetzten Stahlspänen mit etwa 10 Gew.-% Haftöl rechnen. Je feiner die Späne sind, um so höher steigt dieser Gewichtsprozentsatz an. In einem Großbetrieb der feinmechanischen Fertigung wurde bis zu 27% festgestellt. Sog. Spänewolle kann bis zu 60 Gew.-% Haftöl enthalten. Durch die Spänezentrifugen kann etwa bis zu 97% des Haftöles zurückgewonnen werden. Der Schneidölverbrauch wird durch Rückgewinnung aus den Spänen im Vergleich zur Betriebsweise ohne Späneschleuderung auf $1/2$ bis $1/4$ reduziert.

B. Kühlmittelöle (mit Wasser mischbar. Früher als Bohröle bezeichnet).

Bohröle sind Mischungen aus Mineralölen und Emulgatoren, denen noch Stabilisatoren beigefügt sind. Bohröle sind keine homogenen Lösungen und bedürfen größerer Sorgfalt als normale Mineralöle bei der Lagerung und Ausgabe. Die Öle sind bei der Lagerung vor Frost zu schützen und müssen verschlossen aufbewahrt werden, um das Verflüchtigen von Stabilisatoren zu vermeiden.

Bohröl-Emulsionen sind Öl-in-Wasser-Emulsionen, welche die Nachteile des Wassers, nämlich schlechtes Benetzungsvermögen und Korrosionsförderung, beseitigen und neben der überragenden Kühlfähigkeit der Wasserkomponente noch über eine mäßige Schmierkraft verfügen. Darüber hinaus müssen die Bohröl-Emulsionen eine ausreichende Lebensdauer haben.

Bei dem hohen Wasseranteil der Emulsionen kommt der Güte bzw. Art des Wassers große Bedeutung zu. Wasser von mehr als etwa 12° deutsche Härte wird vor dem Einrühren des Bohröles durch Zugabe von Soda oder Trinatriumphosphat enthärtet, wobei es sich empfiehlt, die Wasserhärte nicht vollständig zu beseitigen, sondern nur auf 5—6° deutsche Härte zu reduzieren. Völlig enthärtetes Wasser neigt zum Schäumen. 1 Liter Wasser benötigt zur Enthärtung um 1° deutsche Härte 18,9 mg kalz. Soda (Na_2CO_3) oder 51 mg Kristallsoda ($Na_2CO_3 + 10\,H_2O$).

Die in den Maschinen umlaufende Emulsion soll ständig auf die Höhe ihres Ölgehaltes und auf den p_H-Wert geprüft werden, da die Emulsion im Gebrauch ölärmer wird und der p_H-Wert[1] sinkt.

---

[1] Der p_H-Wert ist der negative BRIGGsche Logarithmus der Wasserstoffionenkonzentration. Praktisch bedeuten p_H-Werte unter 7 eine saure Reaktion, über 7 eine alkalische Reaktion, und ein p_H-Wert von 7 eine neutrale Reaktion.

Infolge der höheren Affinität des Öles zum Metall magern Bohröl-Emulsionen im Gebrauch aus, insbesondere bei Gußbearbeitung.

Durch Säurezusatz kann die Emulsion leicht zersetzt werden, wobei sich das Öl abscheidet. Diese Reaktion nutzt man zur Prüfung der Konzentration aus. Bei Verwendung eines Meßzylinders[1] läßt sich leicht der prozentuale Gehalt an Bohröl ablesen. Die Kontrolle soll sich außerdem noch auf käsige Ablagerungen, Aufrahmungen und Ölabscheidungen, sowie das Eindringen von Schmieröl erstrecken.

Der p_H-Wert wird durch Papierstreifen gemessen, die mit Hilfe von Imprägnierstoffen den Wert durch Farbumschlag anzeigen. Der p_H-Wert soll im allgemeinen nicht unter 7 fallen und muß im Bedarfsfalle durch Sodazusätze erhöht werden.

C. Physiologische Wirkungen der Schneid- und Kühlmittelöle.

Schneidöle und Bohröle sind an sich frei von Bakterien, können aber während der Gebrauchszeit Bakterien aufnehmen, die zwar keinen ausgesprochenen Nährboden vorfinden, aber auch nicht sofort abgetötet werden. Die Schneid- und Kühlflüssigkeiten können daher Bakterien übertragen und verletzte Stellen der Haut infizieren. Feinste Metallspänchen kommen noch dazu mit der Schneidflüssigkeit an Haut und Kleidung und können, bevorzugt an den Druckstellen, in die Poren eindringen und zu Entzündungen führen. Gebrauchte Schneidöle sollten daher beim akuten Auftreten von Hauterkrankungen etwa $1/2$ bis 1 Stunde auf etwa 80° erhitzt werden, Emulsionen auf etwa 60—70° C, um etwa vorhandene Bakterien schneller abzutöten. Die Kreislaufsysteme der Schneidflüssigkeiten in den Werkzeugmaschinen sind peinlich genau zu reinigen. In allererster Linie aber muß auf die persönliche Sauberkeit der Arbeiter Wert gelegt werden: regelmäßige Reinigung der Arbeitskleidung, gründliches Waschen mit heißem Wasser und milder Seife nach Arbeitsschluß, Abspülen der gefährdeten Körperteile mit desinfizierender Flüssigkeit und Schutz durch geeignete Hautsalben.

Um die feinsten Metallspänchen abzuscheiden, soll in das Kreislaufsystem der Schneidflüssigkeiten ein Magnetfilter eingebaut werden.

D. Die Starkkühlung von Schneid- und Kühlmittelölen.

Es hat sich gezeigt, daß die Senkung der Kühlmitteltemperatur durch Einschalten künstlicher Kühlung in den Kühlmittelkreislauf einen großen Einfluß auf die Verbesserung der Standzeit ausübt[2].

---

[1] Nach einem Verfahren der Deutschen Shell-A.G.
[2] PAHLITZSCH, G. Tiefkühlen bei der Metallzerspanung. Z. VDI Bd. 88 (1944) S. 365–371.

Für das Tiefkühlen lassen sich ohne weiteres die meisten der bisher üblichen Kühlmittel, wie Schneidöle, Schleiföle, Kühlmittelöle, Hilfsflüssigkeiten usw., verwenden. Bei Schneid- und Schleifölen ist darauf zu achten, daß der Stockpunkt nicht zu hoch liegt. Nach Versuchen von PAHLITZSCH lassen sich Standzeitverlängerungen von 60—100% erzielen.

Die Kühlflüssigkeiten werden je nach dem Viskositätsverhalten auf 10 bis 2°C abgekühlt. Die Betriebstemperatur der ungekühlten Flüssigkeiten liegt bei 40—50°C. Die Kühlmaschinenleistung beträgt 1200 bis 2000 kcal/h bei 10°C Verdampfertemperatur.

E. Richtlinien für die Verwendung der Schneid- und Kühlmittelöle bei der Zerspanung.

Drehen auf gewöhnlichen Drehbänken. Beim Drehen von Stahl und Stahlguß werden Schneidöl und Kühlmittelöl benutzt. Als Richtlinie kann gelten: Teures Werkzeug, schwierige Werkzeugform, zeitraubendes Neuanschleifen und Wiedereinstellen sind Gründe für die Wahl eines Schneidöles, Viskosität nach ENGLER-Grad 10—20 bei 20°C. Einfaches Werkzeug und einfache Werkzeugform, leichtes Neuanschleifen und Wiedereinstellen, grobe Schnitte mit sehr starker Wärmeentwicklung sind Gründe für die Bevorzugung einer Kühlmittelöl-Emulsion.

Es ist im allgemeinen bei Benutzung von Schneidölen mit einer Erhöhung der Schnittgeschwindigkeit v_{60} von 40—50% zu rechnen (bei konstanter Standzeit).

Drehen auf Automaten und Revolverbänken. Man sollte Schneidöl benutzen, weil die Kühlflüssigkeit ständig die Führungen der Maschine überspült. Der Gewinn an Schnittgeschwindigkeit beträgt bis zu 80%. Bei diesen Arbeitsvorgängen ist besonderer Wert auf entsprechende Ausflußtüllen zu legen. Viskosität nach ENGLER-Grad 4—8 bei 20°C.

Bohren. Im allgemeinen ist Kühlmittelöl aus Gründen seiner besseren Spülwirkung zu bevorzugen. Durch die Kühlung werden Geschwindigkeitssteigerungen bis zu 75% erreicht. Für das Tieflochbohren mit hartmetallbestückten Bohrern wird ein besonders dünnflüssiges Schneidöl verwendet, um eine gute Spülwirkung zu haben.

Senken und Reiben. Es muß beachtet werden, daß durch die Zähflüssigkeit (Viskosität) des Schneidöls die Reibüberweite wächst[1], weil die Filmdicke zwischen Werkstoff und Werkzeugschneiden größer wird. Dies kann man sich also zunutze machen, wenn man mit einer kleineren Reibahle größer reiben will. Größenordnung einige tausendstel Millimeter.

---

[1] SCHALLBROCH, Dissertation Aachen, Bericht Nr. 19: Untersuchungen über das Senken und Reiben von Eisen, Kupfer und Al-Legierungen.

Fräsen. Vorzugsweise soll Schneidöl benutzt werden. Man muß sehr große Mengen zuführen, damit die Späne weggespült werden können. Bei Fräsmaschinen kommen Pumpenleistungen von 300—400 l/min vor. Je größer die Schneidfähigkeit bei Schneidölen ist, um so geringer ist der Kraftbedarf. Ein solches Öl ergibt gegenüber Kühlmittelöl (Bohröl-Emulsion) eine Verringerung des Kraftbedarfes um 10%.

Das Gewindeschneiden ist ein schwieriger Zerspanungsvorgang. Nach Möglichkeit ist nur Schneidöl zu benutzen. Beim Innengewindeschneiden soll das Öl zwecks besserer Spülwirkung unter hohem Druck zugeführt werden.

Räumen. Bisher war es üblich, Tran zu nehmen. Man ist wegen des störenden Geruches davon abgekommen. Außerdem neigt Tran stark zum Versäuern und Verharzen, so daß Späne an den Schneiden der Räumnadeln klebenbleiben und, wenn sie nicht entfernt werden, zu Schneidenverletzungen führen. Die Schneidöle mit Höchstdruckeigenschaften haben sich gut bewährt.

Schleifen. Beim Schleifen hat man bisher sehr oft Sodawasser oder Kaliumchromat benutzt. Bei Sodawasser leidet der Anstrich der Maschine sehr, bei Kaliumchromat sind physiologische Wirkungen auf die Hände der Bedienungsleute zu befürchten.

Beim Gewindeschleifen mit Profilscheiben ist statt eines Kühlmittelöles (Bohröl) auf jeden Fall ein Schleiföl (nicht mit Wasser zu mischen) zu verwenden.

Versuche haben folgende Radiusabnahme der Schleifscheiben ergeben[1].

mit Sodawasser 1,35 mm
mit Bohröl-Emulsion 0,7 mm
mit Schleiföl 0,1 mm.

Hinsichtlich der Schleifleistung wurden folgende Abschleifleistungen des theoretisch errechneten Volumens erreicht.

Sodawasser 70%
Bohröl-Emulsion 80%
Schleiföl 95%.

Für normale Schleifarbeiten haben sich Kühlmittelöle mit einem Ölgehalt von 1—2% in der Emulsion bewährt[2].

Für das Ziehschleifen (Honen), Läppen und Feinziehschleifen (Superfinish) gelten bezüglich der Verwendung der Zerspanungsöle besondere Richtlinien, die auf S. 183 bis 189 nachzulesen sind.

---

[1] OPITZ H. u. W. VITS, Schleifscheiben beim Betrieb von Kühlmitteln. Dtsch. Kraftfahrforsch. Heft 65. VDI-Verlag 1941.

[2] STÄGER, H. Über Versuche mit Bearbeitungsölen. Schweizer Verband für die Materialprüfungen der Technik, Bericht Nr. 25. Zürich 1930.

Sachverzeichnis.

Abdruckverfahren (Mahl) 125.
Abgraten mit Schleifscheiben 179.
Abkühlungsgeschwindigkeiten von Werkzeugstählen 9.
Abrichtdiamant 34, 52.
—, Befestigungsarten 53.
—, Einstellung 55.
—, Normung 54.
Achsdruck, Bohren von Gußeisen 225.
Aluminium, Herkunft und Wirkung 2.
—, Legierung 282, 289.
Aminoplaste 340.
Anilinharz 340.
Anlaßtemperaturen, Gewindeschneidstähle 10.
—, Schnellarbeitsstähle 13.
Anpreßdruck, Feinziehschleifen 186.
—, Honen 184.
—, Läppen 185.
Antimon, Herkunft und Wirkung 2.
Aufbauschneide 15, 28.
—, Zink 279.
Auflösungsvermögen 104.
Auftragsdrähte, Schnellarbeitsstahl 22.
— für Warmarbeitswerkzeuge 251.
Auftragsschweißen, Hartmetall 312.
—, Schnellarbeitsstahl 21.
Außenschleifen, Richtwerte für Schleifscheiben 177.
Automatenstahl 235.
—, Bleizusatz 238 bis 242.
—, Natrium-Sulfit-Zusatz 249.
—, Selenzusatz 242, 251.
Automaten-Zinklegierung 280.

Bedampfungsschnittverfahren 126.
Beilby-Schicht 128.
Beryllium, Herkunft und Wirkung 2.
—, Kupfer 272.
Beschattungsverfahren 125.
Bindung, Schleifkörper 75.
Blankbremsung 82.
Blei, Herkunft und Wirkung 2.
—, Zusatz zu Stahl 238 bis 242.

Blockbandsäge 322.
Bohren, Allgemein 145 bis 147.
—, Aluminium 287.
—, Glas 333, 334.
—, Gußeisen 322.
—, Holz 327.
—, Kohle 304.
—, Kupfer 270.
—, Plexiglas 343.
—, Polyvinylchlorid 342.
—, Schichtpreßstoffe 344.
—, Schlag- 309.
— mit Diamantkrone 313.
—, Salzen 306.
—, Stein 303.
—, Steingut 335.
Bohrer, Bezeichnung am — 146.
Bohrfortschritt 307, 308, 310.
Bohröl 347.
—, Wirkung 349.
Borkarbid, Verwendung 65.
Brinellhärte, Einfluß — Zerspanbarkeit 215.
Bronze, Herkunft 3.
Brush Surface Analyser 110.
Bügelsäge 158.

Cadmium, Herkunft und Wirkung 3.
Cellon 337.
Cellophan 337.
Cer, Herkunft und Wirkung 3.
Chrom, Herkunft und Wirkung 3.

Dauermagnetstoffe 251.
Diabas 298.
Diamant 32.
—, Arten 33.
— -bohrkronen 313.
—, Einstellung der Schneiden 42.
—, Fassung- 40.
—, Formgebung der Schneide 36.
—, Fundstätten 33.
—, Kühlflüssigkeit 48.
—, Lebensdauer 46.

Sachverzeichnis.

Diamant, Oberflächengüte bei — -bearbeitung 44, 47.
—, Oberflächenrauhigkeit 48.
—, Restspanquerschnitt 47.
— -Schleifscheiben 66, 67.
—, Schneidkanten 38.
—, Schneidwerkzeug 34.
—, Schneidwinkel 36.
—, Schnittbedingungen 43, 50.
—, Schnittdruck 45.
—, Spanentfernung 48.
— -Spanform 48.
—, Werkstoffe für Diamantbearbeitung 33, 34, 49, 50.
Diamantkorn, Größe 57, 58.
—, Herstellung 56.
—, Klassifizierung 57.
—, Verwendung 59 bis 66.
Diamantpaste 62.
Diarit 298.
Drehbohrwerkzeuge 304 bis 308.
Drehen 143.
—, Alu-Legierung 286.
—, Glas 333.
—, Kupfer 269.
—, Magnes.-Legierung 294.
—, Messing 274.
—, Monelmetall 276.
—, Steingut und Porzellan 335.
—, Walzen 258.
—, Walzenzapfen 259.
—, Zinklegierung 279.
Drehmeißel, Verschleiß 82.
Drehmoment, Bohren 145, 225.
—, Gewindebohren 168.
Druckfestigkeit, Hartmetall 30.
—, Holz 319, 330.
—, Natursteine 299.
—, Schnellarbeitsstahl 30.

Einflüsse auf die Zerspanbarkeit 208.
Einhärtungstiefen von Werkzeugstählen 9.
Einsatzstähle 219.
Einschlüsse (im Stahl) 208.
Elektroneninterferenzen 127.
Elektronenmikroskopie 121.
Entfernen von Hartmetallplättchen 30.
Erstarrungsgesteine 297.
Erzeugung, Hartmetall 31.

Facettendiamant 38, 43.
Farbe, Anlauf- 91.

Farbe, Meß- 92.
—, Schleifmittel 70 bis 73.
Farbsymbol, Diamantpaste 62.
—, Hartmetall 27.
Fassung der Diamanten 40.
Feilen 163.
Feinziehschleifen 186.
Flachschleifen, Richtwerte für Schleifscheiben 178.
Forstergerät 108.
Fräsen 152 bis 156.
—, Aluminiumlegierung 288.
—, Berylliumkupfer 272, 273.
—, Gewinde 169.
—, Glas 334.
—, Holz 325.
—, Kupfer 170.
—, Polyvinylchlorid 342.
—, Schichtpreßstoffe 344.
—, Zink 281.
Fräser, hinterdrehte 157.
Fritten 25.

Gattersägen 320.
Gefügeausbildung, Einfluß, — Zerspanbarkeit 209 bis 215.
Gegenlauffräsen 156.
Gesamtlochtiefe 145, 146.
Geschichtliche Entwicklung der Schneidstoffe 7.
Gewindebohrer 167.
Gewindefräsen 169.
Gewindeschleifen 168.
Gewindeschneiden 166, 289.
Gewindeschneidstähle 10.
Gewindestrehler 166.
Glanzverchromung 15.
Glas 321.
Gleichlauffräsen 156.
Glühtemperatur, Schnellarbeitsstähle 13.
Granit 297.
Gratbildung, Trennschleifen 182.
Gußeisen 222.

Hartmetalle, Anwendungsbereich 26.
—, Autragsschweißungen 254.
—, Druckfestigkeit 30.
—, Entfernen von — -Plättchen 30.
—, Erzeugung 31.
—, gegossene 24.
—, gesinterte 25.

Sachverzeichnis.

Hartmetall für Holzbearbeitung 238.
— für Steinbearbeitung 303.
—, Klebetemperatur 30.
—, Läppen 28.
—, Oberflächenrauhigkeit bei — -bearbeitung 48.
—, Schleifen 27, 61.
—, Verschleiß 28.
—, Walzen aus — 257.
Hartverchromung, Schnellarbeitsstähle 15.
Härte, Borkarbid 72.
—, Diamanten 72.
—, Glas 72.
—, Hartmetall 30.
—, Korund 70.
—, Poliermittel 78, 79.
—, Schmirgel 73.
—, Schnellarbeitsstahl 30.
—, Siliziumkarbid 72.
Härtegrad, Schleifscheiben 75.
Härteintervall, Schnellarbeitsstähle 14.
Härteprüfung, Schleifscheiben 76 bis 79.
Härtetemperaturen, Gewindeschneidstähle 10.
—, Riffelstähle 11.
—, Schnellarbeitsstähle 13.
—, Werkzeugstähle 9.
Härtezahlen, relativ, Schleifkörner 74.
Hauchverchromung, Holzbearbeitungswerkzeuge 328.
—, Schnellarbeitsstähle 16.
Herkunft der Legierungselemente, siehe unter Legierungselemente.
Herstellung, Diamantkorn 56.
Hobelgrad 325.
Hobeln, Holz 324.
Holz 317.
Honen 183.

Innenschleifen, Richtwerte für Schleifscheiben 117.
Interferenzverfahren 112.

Kalkstein 298, 299.
Kaltfassen von Diamanten 42.
Kaltverarbeitung, Einfluß — Zerspanbarkeit 208.
Karat 34.
Karbonitrieren, Schnellarbeitsstähle 18.
Keramische Werkzeuge 80.
Kettenfräsen 325.

Klebetemperatur, Hartmetall 30.
—, Schnellarbeitsstahl 30.
Kobalt, Herkunft und Wirkung 3.
Kohlenstoff, Herkunft und Wirkung 3.
Kolkverschleiß 83.
Korngröße, Diamant 57, 58.
Kosten, Feinstbearbeitung 189.
Körnung, Schleifmittel 75.
Kraftbedarf, Gattersägen 321.
—, Trennschleifen 181.
Kreissäge 322.
—, Kalt- 158.
Kunsthorn 338.
Kunststoffe 336.
Kupfer, Herkunft und Wirkung 4.
—, Zerspanbarkeit — 268 bis 270.
Kühlflüssigkeit für Diamanten 48.
Kühlmittelöl 347, 348.
—, Verwendung 350, 351.
—, Wirkung 349.
Kühlverfahren, Trennschleifen 182.

Langlochfräsen 325.
Längenmaßeinheiten für Rauhigkeitsmessungen 115.
Läppen, Hartmetalle 28.
Leistungssteigerung bei Schnellarbeitsstählen 15.
— bei Hartmetallverwendung für Holzzerspanung 329.

Magnesium, Herkunft und Wirkung 4.
—, Legierung 292.
Mangan, Herkunft und Wirkung 4.
Marmor 298.
Mechau-Dreyhaupt 107.
Melaminharz 340.
Messerkopf 288.
Messing 273.
Metallbandsäge 162.
Metallurgie, Einfluß auf Zerspanbarkeit 208.
Mittenspandicke 154.
Molybdän, Herkunft und Wirkung 4.
Monelmetall 275.
Mustertafeln für Bestimmung der Oberflächengüte 105.

Natriumsulfit, Herkunft und Wirkung 4.
—, Zusatz für Automatenstähle 250.
Nebenschneide, Diamant 39.
Nichtrostende Stähle 234.
—, Zusätze für 242.

Sachverzeichnis.

Nickel, Herkunft und Wirkung 5.
Niob, Herkunft und Wirkung 5.
Nitrieren, Schnellarbeitsstähle 17.
Nitrierstähle 228.
Normung, Abrichtdiamant 54.
—, Aluminiumlegierung 282.
—, Automatenstahl 236.
—, Feilen 165.
—, Magnesiumlegierung 292.
—, Oberfläche in Deutschland 113.
—, Oberfläche in England 117.
—, Prüfverfahren für Holz 318.
—, Stahlguß 222.
—, Stähle 216 bis 221.
—, Temperguß 225.
—, Tieflochbohrer 295.
—, Zinklegierung 278.

Oberflächengeometrie 112.
Oberflächengüte, Diamantbearbeitung 44, 47.
—, Normung 113, 117.
—, Prüfung 106 bis 112.
—, Spanabhebende Formgebung 104.
—, Walzen 262.
Oberflächenmeßgeräte, Brush Surface Analyser 110.
—, Elektronenmikroskop 121.
—, Forster-Gerät 108.
—, Interferenzmikroskop 112.
—, Mechau-Dreyhaupt-Gerät 107.
—, Perthograph 110.
—, Profilometer 109.
—, Schmaltzgerät 106.
—, Talysurf 110.
Oberflächenprofilschnitt 113.
Oberflächenrauhigkeit, Diamantbearbeitung 48.
—, Hartmetallbearbeitung 48.
Oberfräsen 288.

Perthograph 110.
Phenoplaste 339.
—, Zerspanung 344.
Phosphor, Herkunft und Wirkung 5.
Plexiglas 339.
—, Zerspanung — 343.
Pließten 190.
Polieren 189, 334, 345, 346.
Poliermittel, Aufbau und Verwendung 78, 79.
Polystyrol 339.

Polyvinylchlorid 338.
—, Zerspanung — 341.
Porphyr 298.
Preßglänzen bei Diamanten 40.
Profilometer 109.
Prüfung. Allgem. — Zerspanbarkeit 80.
—, Kurzzeit — Zerspanbarkeit 139.
—, Zerspanbarkeit von Automatenstahl 236.

Quarz 72.

Rauhtiefe 113, 114, 119.
—, Anwendungsgebiet für — 120.
—, Umrechnung, h_{rms} 117.
Räumen 170.
Reiben 149, 281, 287.
Restspanquerschnitt bei Diamantbearbeitung 47.
Riffelstähle 11.
Rotarybohrverfahren 313.

Sägen 158.
—, Holz 320.
—, Schmelzband — 163.
—, Steinen 300, 302.
Sandstein 298.
Säurebeständige Stähle 234.
Schaben 151.
Scheinspan 279.
Schichtdicke, Hartverchromen 15.
Schichtpreßstoffe 340.
—, Zerspanung — 343.
Schichtverchromung 16.
Schlagbohren 309.
Schleifen 174.
—, Aluminiumlegierungen 290.
—, Gestein 315.
—, Glas 334.
—, Hartmetalle 27.
—, Kunststoffe 345.
—, Walzen 262, 266.
Schleifmittel 69.
—, Eigenschaften 70 bis 73.
— für Holzschleifen 327.
—, Relativhärte — 74.
—, Verwendung — 70 bis 73.
—, Verbrauch — 178, 180.
Schleifscheiben 76.
—, Auswahl 177 bis 180.
—, Bindung 75.
— mit Diamantkorn 66, 67.
—, Härtegrad — 75.

Schleifscheiben, Härteprüfung 76.
—, Körnung 75, 328.
—, Steinbearbeitung 315.
Schleifpolieren 79.
Schmaltz 106.
Schneideisen 166.
Schneidkanten, Diamant 38.
Schneidöle 347.
—, Wirkung — 349.
—, Verwendung — 350, 351.
Schneidwinkel, allgemein, am Werkzeug 200.
—, amerikanische Norm 201.
—, Bohrer 146, 295, 333.
—, Diamant 36, 37.
—, Drehbohrwerkzeuge 305, 306.
—, Feilen 164, 289.
—, Fräser 153, 288.
—, Gewindebohrer 168.
—, Holz-Kreissäge 322.
—, Räumnadel 172.
—, Reibahle 150.
—, Säge 159.
—, Schneideisen 167.
—, Schrämmeißel 304.
Schnellarbeitsstähle 11.
—, Auftragschweißen 21.
—, Druckfestigkeit 30.
—, Härte 30.
—, Hartverchromung 15.
—, Karbonitrieren 18.
—, Klebetemperatur 30.
—, Nitrieren 17.
—, Tiefkühlen 20.
Schnittgeschwindigkeit, Bedeutung 143.
—, Bohren 145, 146, 281.
—, Drehen (siehe unter Drehen).
—, Gewindebohren 168, 281, 289.
—, Gewindefräsen 169.
—, Gewindeschneidkopf 167.
— bei Glaszerspanung 334.
—, Holzhobeln 324.
—, Holzsägen 321.
— bei Kunststoffzerspanung 345, 346.
—, Kurzgewindefräsen 169.
—, Räumen 173.
—, rechnerische Ermittlung — 196.
—, Reiben 150, 281, 287.
—, Rotaryverfahren 313.
—, Sägen 158 bis 162, 281, 289.
—, Schleifen 176.
—, Schleifscheiben 44, 49, 50, 76

Schnittgeschwindigkeit, Senken 149, 287.
—, Steigerungsverfahren 84.
— bei Steingutzerspanung 335.
—, Tieflochbohren 148, 295.
—, Umrechnungstafel 144.
—, Walzendrehen 259.
Schnittkraft, spez., bei Aluminium-Zerspanung 284.
— bei Diamantbearbeitung 50.
— beim Drehen 100 bis 103.
— beim Fräsen 155.
— bei Gußeisenbearbeitung 225.
— bei Holzbearbeitung 330.
—, rechnerische Bestimmung — 198.
— beim Schleifen 175.
— bei Tempergußbearbeitung 226.
Schnittkraftmesser 97 bis 99.
Schnittkraftmessung 96.
Schnittemperatur, Abhäng-Schnittiefe 89.
—, Abhäng-Schnittgeschwindigkeit 87.
—, Fräsen 156.
—, Honen 184.
— -messung 85, 92.
—, Superfinish 188.
Schrägreflexionsverfahren 124.
Schrämmeißel 304.
Schwabbeln 191.
Schwefel, Herkunft und Wirkung 5.
Sedimentgesteine 297.
Selen 5.
Senken 148, 287.
Shorehärte, Walzen 257 bis 261.
—, Gesteine 308.
Silizium 5.
Sintern, Hartmetalle 27.
Spanbildung 132.
— bei Glas 331.
— bei Zink 278.
Spanentfernung bei Diamantbearbeitung 48.
Spangütezahl 136.
Spanraumzahl 135, 136.
Spanstufen 138.
Spanwinkel, negativ 203.
Spitzenzähler 130.
Stahlguß 222.
Standzeit, Bohren 145.
—, Diamantbearbeitung 47.
—, Ermittlung — 82 bis 96.
—, Fräsen 153.

Starkkühlung 350.
Steintrennen 302.
Stellite 23.
Stickstoff 5.
Superfinish 186.

Talysurf-Gerät 110.
Tantal 6.
Tastverfahren 108.
Temperaturen, siehe Anlaß-, Glüh- und Härtetemperatur.
Temperaturmeßverfahren 86.
Temperaturstandzeit 82, 83.
Temperguß 225.
Tellur 6.
Thallium 6.
Tiefbohrtechnik 310.
Tieflochbohren 148, 295.
Tiefkühlung, Schnellarbeitsstähle 20.
Titan 6.
Titankarbide 28.
Tombak 6.
Trachyt 298.
Traganteil einer Oberfläche 107.
Travertin 298.
Trennschleifen 180.
Trolit 337.

Umrechnungszahl, zur Ermittlung Zugfestigkeit aus Druckfestigkeit 300.
Umrechnungsziffer für v_{60}, der Schnellarbeitsstähle 12.
— bei Messingzerspanung 274.
— bei verschiedenen Einstellwinkeln 144, 284.
—, Zerspanung von Gußeisen 225.
Umwandlungsgesteine 297.
Unterscheidungswert $\varkappa$ 77.

Vanadin, Herkunft und Wirkung 6.
—, Gewindeschneiden 231.
—, Holzhobeln 324.
—, Kunststoffzerspanen 345, 346.
—, Kurzgewindefräsen 169.
—, Langgewindefräsen 170.
—, Reiben 150, 235.
—, Rotarybohrverfahren 314.
—, Sägen 289, 301.
—, Walzendrehen 259.
—, Walzenschleifen 265.
Verformungskennziffer 134.
Vergleichsverfahren 140.
Vergütungsstähle 220.

Verschleiß, Drehmeißel 82.
—, Hartmetalle 28.
—, Meßlehren 107, 108.
—, Sägen 321.
Verschleißmarkenbreite 93.
— bei Aluminiumlegierung 283, 285.
— bei Automatenstahl 240.
—, Fräsen 153.
—, Steindrehen 303.
Verschleißfeste Stähle 233.
Verwendungszweck, Auftragsdrähte für Werkzeuge zur Warm- und Kaltarbeit 254.
—, Borkarbid 65.
—, Diamantkorn 59, 66.
—, Gewindeschneidstähle 10.
—, Gußeisen 223.
—, Monelmetall 275.
—, nickellegierte Stähle 221.
—, Nitrierstähle 229.
—, Poliermittel 78, 79.
—, Schleifmittel 70 bis 73.
—, Schnellarbeitsstähle 14.
—, unlegierte Werkzeugstähle 9.
—, Walzen 256.
—, Zinklegierungen 277.
Vollgatter-Säge 320.
Vulkanfiber 337.

Walzen 256.
Warmhärte, Schnellarbeitsstahl 11.
—, Werkzeugstahl 11.
Warmsäge 159.
Warmverarbeitung, Einfluß — Zerspanbarkeit 208.
Wärmebehandlung, Schnellarbeitsstähle 13.
Wärmeleitfähigkeit, Schnellarbeitsstähle 13.
Werkstoffe für Diamantbearbeitung 33.
— für Zerspanung 207.
Werkzeuge, keramisch 80.
Werkzeugschleifen, Richtwerte für Schleifscheiben 179.
Werkzeugstähle, niedriglegiert 10.
—, unlegiert 8.
Wichte, Poliermittel 78, 79.
—, Schleifmittel 70 bis 73.
Wirkung der Legierungselemente, siehe Legierungselemente.
Wismut 6.
Wolfram 6.

Zahnformen, Holzsägen 322.
Zellglas, siehe Cellophan.
Zelluloid 337.
Zellulose 336.
Zerspanbarkeit, allgemeine Prüfung 80.
—, Aluminiumlegierungen 282, 289.
—, Auftragschweißungen 253.
—, Automatenstahl 235.
—, Berylliumkupfer 272.
—, Dauermagnetstoffe 251.
—, Glas 331.
—, Gußeisen 222.
—, Holz 317.
—, Kohle 304.
—, Kunststoffe 336.
—, Kupfer 268.
—, Kurzzeitprüfung 139.
—, Magnesiumlegierungen 292.
—, Messing 273.
—, Monelmetall 275.
—, nickellegierte Stähle 221.
—, nichtrostende und säurebeständige Stähle 234.
—, Nitrierstähle 227.
—, Porzellan 335.
—, relative —, Richtwerte 248, 249.
—, Richtwerte (allgemein) 247.
—, Stahlguß 222.
—, Steine 296, 303, 307.
—, Steingut 335.

Zerspanbarkeit, Temperguß 225.
—, verschleißfeste Stähle 233.
—, Walzen 256, 258.
—, Zinklegierungen 276.
Zerspanungsschaubild, Drehen von Gußeisen 224.
Ziehschleifen 183.
Zink, Herkunft und Anwendung 7.
Zinklegierungen 276.
Zinn, Herkunft und Wirkung 7.
Zugfestigkeit, Einfluß — auf Zerspanbarkeit 215.
—, Holz 319.
Zusammensetzung (chem)., Aluminiumlegierungen 282.
—, Auftragdrähte 254.
—, Automatenstähle 246 bis 249.
—, Baustähle 217.
—, Dauermagnetstoffe 252.
—, Einsatzstähle 219.
—, Gewindeschneidstähle 10.
—, Magnesium 292.
—, Monelmetall 275.
—, nickellegierte Stähle 222.
—, Riffelstähle 11.
—, Schnellarbeitsstähle 12.
—, unlegierte Werkzeugstähle 9.
—, Vergütungsstähle 220.
—, Walzen 256.
—, Zinklegierungen 277, 280.

SPRINGER-VERLAG / BERLIN · GÖTTINGEN · HEIDELBERG

Die Zerspanbarkeit der Werkstoffe. Von Dr.-Ing. habil. K. **Krekeler**, a. pl. Professor an der Technischen Hochschule Aachen. Dritte, verbesserte Auflage. (Werkstattbücher für Betriebsangestellte, Konstrukteure und Facharbeiter. Herausgeber: H. Haake, Hamburg, Heft 61.) Mit 70 Abbildungen und zahlreichen Tabellen im Text. 64 Seiten. 1949. DM 3,60

Schnitt-, Stanz- und Ziehwerkzeuge. Unter besonderer Berücksichtigung der Werkzeugstähle und Normung mit zahlreichen Konstruktions- und Berechnungsbeispielen. Von Dozent Dr.-Ing. habil. **Gerhard Oehler** und Oberingenieur **Fritz Kaiser**. Mit 226 Abbildungen. VII, 272 Seiten. 1949. Ganzleinen DM 18,—

Praktische Stanzerei. Ein Buch für Betrieb und Büro mit Aufgaben und Lösungen. Von **Eugen Kaczmarek**, Dozent an der Ingenieurschule Gauß, Berlin. Dritte, erweiterte und verbesserte Auflage.
Erster Band: Schneiden und Stanzen mit den dazugehörenden Werkzeugen und Maschinen. Mit 209 Textabbildungen. VIII, 176 Seiten. 1949. DM 13,50
Zweiter Band: Ziehen, Hohlstanzen, Pressen, automatische Zuführ-Vorrichtungen. Mit 175 Textabbildungen. VII, 165 Seiten. 1949. DM 13,50

Brennschneiden. (Autogenes und elektrisches Schneiden.) Von Ober-Ing. **Hans A. Horn**, Direktor der Schweißtechnischen Lehr- und Versuchsanstalt, Berlin. Mit 174 Bildern. VI, 161 Seiten. 1951. DM 12,60

Rechnen an spanabhebenden Werkzeugmaschinen. Ein Lehr- und Handbuch für Betriebsingenieure, Betriebsleiter, Werkmeister und vorwärtsstrebende Facharbeiter der metallverarbeitenden Industrie. Von **Franz Riegel**, Maschinen-Ingenieur, VDI an der Berufsoberschule der Stadt Nürnberg.
Erster Band: Hauptzeiten, Getriebeberechnungen, Kegelbearbeitung, Gewindeschneiden, Teilkopfarbeiten, Hinterdrehen. Dritte, neubearbeitete und erweiterte Auflage. Mit 279 Abbildungen, 299 Beispielen, 18 Berechnungstafeln, 20 Zahlentafeln und 7 Maschinentafeln. Etwa 220 Seiten. In Vorbereitung.

Handbuch für Maschinenarbeiter. Von Dr.-Ing. **Siegfried Werth**, Industrieberater, Düsseldorf. Zweite, erweiterte Auflage. Mit 117 Abbildungen. VI, 130 Seiten. 1950. Steif geheftet DM 6,60

Werkstattbücher für Betriebsangestellte, Konstrukteure und Facharbeiter. Herausgeber: Dr.-Ing. H. **Haake**, Hamburg. Jedes Heft 50—70 Seiten stark, mit zahlreichen Textabbildungen.
Preis jedes Heftes DM 3,60; bei Abnahme von 25 beliebigen Heften je DM 2,70
Verzeichnis aller lieferbaren Hefte auf Wunsch kostenlos!

Werkstatttechnik und Maschinenbau. Organ der Arbeitsgemeinschaft Deutscher Betriebsingenieure und der Arbeitsgemeinschaft für fertigungstechnisches Meßwesen im VDI. Herausgeber: Professor Dr.-Ing. O. **Kienzle**. Monatlich ein Heft im Umfang von 32 Seiten DIN A 4. 41. Jahrgang, 1951. Vierteljährlich (3 Hefte) DM 5,—

Zu beziehen durch jede Buchhandlung

SPRINGER-VERLAG / BERLIN · GÖTTINGEN · HEIDELBERG

Messung der Oberflächengüte. Ihre praktische Anwendung auf die Funktion zusammenarbeitender Teile. Von Dr.-Ing. **Georg Schlesinger** †, ehemals Professor an der Technischen Hochschule Berlin-Charlottenburg. Mit 154 Abbildungen und vielen Zahlentafeln. VIII, 248 Seiten. 1951. Ganzleinen DM 31,50

Lehrbuch der allgemeinen Metallkunde. Von Dr. **Georg Masing**, o. ö. Professor an der Universität Göttingen, Direktor des Instituts für Allgemeine Metallkunde Göttingen. Unter Mitwirkung von Dr. **Kurt Lücke**, Assistent am Institut für Allgemeine Metallkunde Göttingen. Mit 495 Abbildungen. XV, 620 Seiten. 1950.
DM 56,—; Ganzleinen DM 59,60

Grundlagen der Metallkunde in anschaulicher Darstellung. Von Dr. **Georg Masing**, o. ö. Professor an der Universität Göttingen, Direktor des Instituts für Allgemeine Metallkunde Göttingen. D r i t t e , verbesserte Auflage. Mit 140 Abbildungen. Etwa 160 Seiten. 1951. Etwa DM 16,50

Hochwertiges Gußeisen (Grauguß), seine Eigenschaften und die physikalische Metallurgie seiner Herstellung. Von Dr.-Ing. habil. **Eugen Piwowarsky**, ord. Professor der Eisenhüttenkunde, Direktor des Instituts für allgemeine Metallkunde und das gesamte Gießereiwesen der Rheinisch-Westfälischen Technischen Hochschule Aachen. Z w e i t e , verbesserte Auflage. Mit 1063 Abbildungen. XII. 1070 Seiten. 1951.
Ganzleinen DM 135,—

Die Edelstähle. Von Professor Dr.-Ing. **Franz Rapatz**, Stahlwerk Gebr. Böhler & Co. A.-G., Kapfenberg (Steiermark). V i e r t e , verbesserte und erweiterte Auflage. Unter Mitwirkung von Dr.-Ing. **Helmut Krainer** und Dipl.-Ing. **Joseph Frehser**, Stahlwerk Gebr. Böhler & Co. A.-G., Kapfenberg (Steiermark). Mit 338 Abbildungen und 121 Zahlentafeln. VI, 730 Seiten. In Vorbereitung.

Was ist Stahl? Einführung in die Stahlkunde für Jedermann. Von Leopold Scheer. A c h t e Auflage. Mit 49 Abbildungen und einer Tafel. VI, 107 Seiten. 1949. DM 5,70

Technologie des Holzes und der Holzwerkstoffe. Von Dr.-Ing. **Franz Kollmann**, o. ö. Professor der Universität Hamburg, Direktor der Bundesanstalt für Forst- und Holzwirtschaft Reinbek. Z w e i t e , neubearbeitete und erweiterte Auflage. E r s t e r B a n d : Anatomie und Pathologie, Chemie, Physik, Elastizität und Festigkeit. Mit 870 Textabbildungen, 191 Zahlentafeln und 6 Tafeln in einer Tasche. XIX, 1050 Seiten. 1951. Ganzleinen DM 136,—

Kunstharzpreßstoffe und andere Kunststoffe. Eigenschaften, Verarbeitung und Anwendung. Von Oberingenieur **Walter Mehdorn**, Berlin, D r i t t e , erweiterte Auflage. Mit 276 Abbildungen und einer Tafel. VIII, 354 Seiten. 1949. Ganzleinen DM 36,—

Zu beziehen durch jede Buchhandlung

MIX
Papier aus verantwortungsvollen Quellen
Paper from responsible sources
FSC® C105338

If you have any concerns about our products,
you can contact us on
ProductSafety@springernature.com

In case Publisher is established outside the EU,
the EU authorized representative is:
**Springer Nature Customer Service Center GmbH
Europaplatz 3, 69115 Heidelberg, Germany**

Printed by Libri Plureos GmbH
in Hamburg, Germany